高等学校土木工程专业教材

DESIGN PRINCIPLE
OF STEEL STRUCTURE

钢结构设计原理

郭 健　苏彦江　刘 苗
张玉元　高建强　编

人民交通出版社股份有限公司
北 京

内 容 提 要

本书是根据土木工程和道路桥梁与渡河工程等专业本科"钢结构设计原理"课程教学需要而编写的教材,以最新的《钢结构设计标准》(GB 50017—2017)为依据,主要阐述了钢结构设计的基本概念与基本原理。全书共分六章,分别为概述、钢结构的材料、钢结构的连接、轴心受力构件、受弯构件、偏心受力构件。这些内容都是设计各类钢结构的基础,课程内容符合土木工程和道路桥梁与渡河工程等专业的专业基础课教学要求。

本书可作为土木工程、建筑工程、岩土工程、道路桥梁与渡河工程、铁道工程、水利水电工程等专业的钢结构本科教材,也可作为相关行业技术人员的继续教育教材或参考用书。

图书在版编目(CIP)数据

钢结构设计原理/郭健等编. — 北京:人民交通出版社股份有限公司,2022.3
ISBN 978-7-114-17863-4

Ⅰ.①钢… Ⅱ.①郭… Ⅲ.①钢结构—结构设计—高等学校—教材 Ⅳ.①TU391.04

中国版本图书馆 CIP 数据核字(2022)第 029943 号

高等学校土木工程专业教材
Gangjiegou Sheji Yuanli

书　　名:	钢结构设计原理
著 作 者:	郭　健　苏彦江　刘　苗　张玉元　高建强
责任编辑:	卢俊丽
责任校对:	赵媛媛
责任印制:	刘高彤
出版发行:	人民交通出版社股份有限公司
地　　址:	(100011)北京市朝阳区安定门外外馆斜街3号
网　　址:	http://www.ccpcl.com.cn
销售电话:	(010)59757973
总 经 销:	人民交通出版社股份有限公司发行部
经　　销:	各地新华书店
印　　刷:	北京科印技术咨询服务有限公司数码印刷分部
开　　本:	787×1092　1/16
印　　张:	22.75
字　　数:	510 千
版　　次:	2022 年 3 月　第 1 版
印　　次:	2024 年 7 月　第 3 次印刷
书　　号:	ISBN 978-7-114-17863-4
定　　价:	59.00 元

(有印刷、装订质量问题的图书由本公司负责调换)

前·言
Preface

　　钢结构在我国土木工程领域发展十分迅速。改革开放以来,我国钢结构发展取得可喜成绩,钢结构逐渐成为土建交通行业的重要结构形式。随着交通建设的快速发展,钢结构作为一种绿色环保的建筑,已被交通运输部列为重点推广的建筑形式。大力发展钢结构也符合新时代可持续发展的基本理念。

　　为适应新时代钢结构的发展和高等学校土木工程专业本科生培养的需要,按照普通高等学校土木工程学科专业指导委员会编制的《高等学校土木工程本科指导性专业规范》中针对"钢结构基本原理"课程的核心知识单元和知识点的要求,以新版《钢结构设计标准》(GB 50017—2017)为重要依据,补充了部分现代钢结构设计的最新案例,融入了钢结构领域的新材料、新技术、新工艺及先进的结构设计理念,最终形成了本书。

　　全书共6章,分别为:概述、钢结构的材料、钢结构的连接、轴心受力构件、受弯构件、偏心受力构件。作为土木工程及相关本科专业基础课程教材,本书依据《钢结构设计标准》(GB 50017—2017)的内容编写,但重在通过讲解钢结构基本原理和基本概念,使读者掌握钢结构设计的基本方法。教材中不涉及其他方向的行业规范(如《铁路桥梁钢结构设计规范》和《公路钢结构桥梁设计规范》等),旨在使读者在熟练掌握钢结构设计的基本概念与原理后,能很快适应从事各专业方向的工程设计。

　　为了便于教学使用,本书除在各章中编入相应的例题外,还在各章后列出了反映相应重点概念和计算方法的习题,以帮助读者更好地理解和掌握教材内容。

　　本书由兰州交通大学结构设计原理课程教学团队中担任"钢结

构设计原理"课程的教师郭健、苏彦江、刘苗、张玉元、高建强共同编写。其中第1、2章由苏彦江编写,第3章及附录由刘苗编写;第4、5、6章由郭健编写;高建强、张玉元两位老师对各章例题及习题进行了计算和复核,在此表示感谢。全书由郭健修订和统稿,由苏彦江审核定稿。

本书可作为土木工程、道路桥梁与渡河工程、铁道工程、工程管理等专业本科生"钢结构设计原理"课程的教材,也可作为土建交通工程技术人员继续教育教材和参考资料。

本书编写过程中参考了国内同行的著作、教材和论文资料,在此谨致谢忱。由于编者水平所限,本教材之中不妥之处,恳请读者批评指正。

编　者

2021 年 10 月

目 录
Contents

第1章 概述 ······ 001
- 1.1 钢结构的发展概况 ······ 001
- 1.2 钢结构的特点和应用范围 ······ 005
  - 1.2.1 钢结构的特点 ······ 005
  - 1.2.2 钢结构的应用范围 ······ 006
- 1.3 钢结构的设计方法 ······ 012
  - 1.3.1 基本要求 ······ 012
  - 1.3.2 设计计算方法及其发展 ······ 012
  - 1.3.3 概率极限状态设计法 ······ 015
  - 1.3.4 钢结构设计表达式 ······ 019
- 小结 ······ 022
- 习题 ······ 022

第2章 钢结构的材料 ······ 024
- 2.1 钢材的主要工作性能 ······ 024
  - 2.1.1 钢材的基本要求 ······ 024
  - 2.1.2 钢材的强度指标和塑性指标 ······ 025
  - 2.1.3 钢材的冲击韧性 ······ 027
  - 2.1.4 钢材的冷弯性能 ······ 027
  - 2.1.5 钢材的可焊性 ······ 028
- 2.2 复杂应力状态下钢材的屈服条件 ······ 028
- 2.3 钢结构的脆性断裂 ······ 029
- 2.4 钢结构的疲劳 ······ 030
  - 2.4.1 交变应力及其循环特征 ······ 030

2.4.2　疲劳破坏的特点 ··· 031
　　2.4.3　疲劳强度 ··· 032
　　2.4.4　提高钢结构疲劳强度的措施 ·· 032
　　2.4.5　钢结构的疲劳计算 ··· 033
2.5　影响钢材性能的因素 ··· 036
　　2.5.1　化学成分 ··· 036
　　2.5.2　冶金缺陷 ··· 038
　　2.5.3　应力状态 ··· 038
　　2.5.4　应力集中和残余应力 ··· 038
　　2.5.5　温度 ·· 039
　　2.5.6　时效和冷作硬化 ··· 039
2.6　钢材的种类和加工 ·· 040
　　2.6.1　钢材的种类 ··· 040
　　2.6.2　钢材的加工 ··· 043
2.7　钢材的规格和选用 ·· 044
　　2.7.1　钢材的规格 ··· 044
　　2.7.2　钢材的选用 ··· 046
小结 ··· 047
习题 ··· 048

第3章　钢结构的连接 ·· 056
3.1　连接方法 ··· 056
　　3.1.1　焊接连接 ·· 057
　　3.1.2　螺栓连接 ·· 057
　　3.1.3　铆钉连接 ·· 057
　　3.1.4　焊接连接工艺方法 ·· 058
　　3.1.5　焊缝缺陷及焊缝质量检查 ·· 060
　　3.1.6　施焊位置 ·· 062
　　3.1.7　焊接连接的形式 ··· 062
3.2　对接焊缝的构造与计算 ·· 063
　　3.2.1　对接焊缝的构造 ··· 063
　　3.2.2　焊缝代号 ·· 064
　　3.2.3　对接焊缝的强度计算 ··· 066

3.3 角焊缝的构造与计算 ………………………………………………………… 071
　3.3.1 角焊缝的形式 …………………………………………………………… 071
　3.3.2 角焊缝的构造要求 ……………………………………………………… 072
　3.3.3 角焊缝的强度计算 ……………………………………………………… 075
3.4 焊接残余应力和焊接残余变形 ……………………………………………… 087
　3.4.1 焊接残余应力产生的原因 ……………………………………………… 087
　3.4.2 焊接残余应力的类型 …………………………………………………… 088
　3.4.3 焊接残余应力对结构的影响 …………………………………………… 090
　3.4.4 焊接残余变形 …………………………………………………………… 091
　3.4.5 减少焊接应力和焊接变形的措施 ……………………………………… 092
3.5 普通螺栓连接 ………………………………………………………………… 093
　3.5.1 普通螺栓连接的特点 …………………………………………………… 093
　3.5.2 普通螺栓连接的构造 …………………………………………………… 094
　3.5.3 普通螺栓连接的计算 …………………………………………………… 097
3.6 高强度螺栓连接 ……………………………………………………………… 109
　3.6.1 高强度螺栓连接的特点 ………………………………………………… 109
　3.6.2 摩擦型高强度螺栓连接的单栓抗剪承载力 …………………………… 109
　3.6.3 摩擦型高强度螺栓连接的计算 ………………………………………… 111
　3.6.4 承压型高强度螺栓连接的计算 ………………………………………… 114
小结 …………………………………………………………………………………… 118
习题 …………………………………………………………………………………… 119

第4章 轴心受力构件 ……………………………………………………………… 132

4.1 轴心受力构件的应用 ………………………………………………………… 132
4.2 轴心受力构件的截面形式 …………………………………………………… 133
4.3 轴心受力构件的强度和刚度 ………………………………………………… 134
　4.3.1 轴心受力构件的强度 …………………………………………………… 134
　4.3.2 轴心受力构件的刚度 …………………………………………………… 136
　4.3.3 轴心拉杆的设计 ………………………………………………………… 137
4.4 轴心受压构件的整体稳定 …………………………………………………… 140
　4.4.1 稳定问题概述 …………………………………………………………… 140
　4.4.2 理想轴心受压构件的稳定性 …………………………………………… 142
　4.4.3 实际钢压杆的整体稳定性 ……………………………………………… 150

4.4.4　实际轴心受压构件整体稳定计算 …………………………………… 154
 4.5　实腹式轴心受压构件的局部稳定 ……………………………………………… 160
  4.5.1　矩形薄板在单向均匀压力下的临界应力 …………………………… 161
  4.5.2　板件宽厚比的限值 …………………………………………………… 163
 4.6　实腹式轴心受压杆件的设计 …………………………………………………… 166
  4.6.1　设计原则 ……………………………………………………………… 166
  4.6.2　截面设计 ……………………………………………………………… 166
  4.6.3　截面尺寸的选择 ……………………………………………………… 167
  4.6.4　截面验算 ……………………………………………………………… 168
  4.6.5　有关构造要求 ………………………………………………………… 168
 4.7　格构式轴心受压杆件 …………………………………………………………… 172
  4.7.1　格构式压杆的组成及其整体稳定性 ………………………………… 172
  4.7.2　缀件的设计计算 ……………………………………………………… 177
  4.7.3　格构式压杆的横隔 …………………………………………………… 180
  4.7.4　格构式压杆的设计步骤 ……………………………………………… 180
 4.8　轴心受压柱与梁的连接形式和构造 …………………………………………… 185
  4.8.1　柱顶支承梁的构造 …………………………………………………… 185
  4.8.2　柱侧支承梁的构造 …………………………………………………… 186
 4.9　柱脚设计 ………………………………………………………………………… 187
  4.9.1　柱脚的形式和构造 …………………………………………………… 187
  4.9.2　轴心受压构件柱脚的计算 …………………………………………… 188
 小结 ……………………………………………………………………………………… 194
 习题 ……………………………………………………………………………………… 195

第 5 章　受弯构件 ……………………………………………………………………… 202

 5.1　概述 ……………………………………………………………………………… 202
  5.1.1　梁的类型 ……………………………………………………………… 202
  5.1.2　梁格布置 ……………………………………………………………… 203
  5.1.3　梁的设计计算内容 …………………………………………………… 205
 5.2　梁的强度和刚度 ………………………………………………………………… 205
  5.2.1　梁的强度 ……………………………………………………………… 205
  5.2.2　梁的刚度 ……………………………………………………………… 214
 5.3　梁的整体稳定 …………………………………………………………………… 216

  5.3.1 梁整体稳定的概念 ………………………………………………… 216
  5.3.2 梁的扭转 ………………………………………………………… 217
  5.3.3 梁的弹性临界弯矩 ……………………………………………… 223
  5.3.4 梁的整体稳定实用算法 ………………………………………… 228
 5.4 组合梁的局部稳定 …………………………………………………… 231
  5.4.1 受压翼缘板的局部稳定 ………………………………………… 233
  5.4.2 腹板的局部稳定 ………………………………………………… 235
 5.5 考虑腹板局部失稳后的强度计算 …………………………………… 247
  5.5.1 腹板局部失稳后的性能 ………………………………………… 247
  5.5.2 腹板屈曲后的强度计算公式 …………………………………… 248
  5.5.3 考虑腹板屈曲后强度组合梁加劲肋的设计特点 ……………… 250
 5.6 型钢梁的设计 ………………………………………………………… 251
  5.6.1 单向弯曲型钢梁 ………………………………………………… 251
  5.6.2 双向弯曲型钢梁 ………………………………………………… 252
 5.7 组合梁的截面设计 …………………………………………………… 256
  5.7.1 截面选择及验算 ………………………………………………… 256
  5.7.2 组合梁截面沿跨长的改变 ……………………………………… 259
  5.7.3 翼缘焊缝的计算 ………………………………………………… 259
 5.8 梁的拼接和主次梁的连接 …………………………………………… 264
  5.8.1 梁的拼接 ………………………………………………………… 264
  5.8.2 次梁与主梁的连接 ……………………………………………… 265
  5.8.3 梁的支座 ………………………………………………………… 266
小结 ………………………………………………………………………… 269
习题 ………………………………………………………………………… 269

第6章 偏心受力构件 …………………………………………………… 280

 6.1 概述 …………………………………………………………………… 280
  6.1.1 偏心受力构件的特点 …………………………………………… 280
  6.1.2 偏心受力构件的截面形式 ……………………………………… 281
  6.1.3 偏心受力构件的破坏形式 ……………………………………… 281
 6.2 偏心受力构件的强度和刚度 ………………………………………… 282
  6.2.1 偏心受力构件的强度 …………………………………………… 282
  6.2.2 偏心受力构件的刚度 …………………………………………… 284

6.3 实腹式压弯构件的整体稳定 ·· 285
   6.3.1 实腹式压弯构件在弯矩作用平面内的稳定 ·· 286
   6.3.2 实腹式压弯构件在弯矩作用平面外的稳定 ·· 291
   6.3.3 双向弯曲实腹式压弯构件的整体稳定 ·· 293
6.4 实腹式压弯构件的局部稳定 ·· 293
   6.4.1 腹板的局部稳定 ··· 293
   6.4.2 翼缘板的局部稳定 ·· 296
6.5 框架柱的计算长度 ·· 296
   6.5.1 框架柱在框架平面内的计算长度 ··· 297
   6.5.2 框架柱在框架平面外的计算长度 ··· 299
6.6 实腹式压弯构件的截面设计 ·· 300
6.7 格构式压弯构件 ··· 302
   6.7.1 格构式压弯构件的整体稳定 ··· 303
   6.7.2 格构式压弯构件的强度计算 ··· 305
   6.7.3 缀件计算 ··· 306
6.8 框架中梁与柱的连接 ·· 308
6.9 框架柱的柱脚 ·· 309
小结 ·· 312
习题 ·· 312

附录 ·· 318
  附录 1 钢材和连接的强度设计值 ·· 318
  附录 2 轴心受压构件的整体稳定系数 ··· 321
  附录 3 梁的整体稳定系数 ·· 325
  附录 4 疲劳计算的构件和连接分类 ··· 328
  附录 5 柱的计算长度系数 ·· 331
  附录 6 各种截面回转半径的近似值 ··· 333
  附录 7 各种型钢表 ·· 335
  附录 8 螺栓和锚栓规格 ··· 350

参考文献 ·· 351

第1章 概述

CHAPTER ONE

 学习要求

了解我国钢结构的发展现状、发展趋势,钢结构的特点和应用范围;掌握钢结构的设计方法,理解结构可靠性、极限状态、可靠指标、目标可靠指标、失效概率、概率设计表达式等基本概念。

 学习重点

钢结构的主要特点。

 学习难点

钢结构的设计表达式。

1.1 钢结构的发展概况

钢(steel)是一种铁碳合金,人类采用钢结构的历史和炼铁、炼钢技术的发展密不可分。早在公元前2000年左右,在人类古代文明的发祥地之一的美索不达米亚平原(位于现在伊拉克境内的幼发拉底河和底格里斯河之间)就出现了早期的炼铁术。

我国也是较早发明炼铁技术的国家之一,根据考古记录,在河南辉县等地出土的大批战国时代(公元前475年—前221年)的铁制生产工具说明:早在战国时期,我国的炼铁技术已很盛行了。公元前200多年(秦始皇时代)就已经有了用铁建造的桥墩;公元前206年(秦末)在陕西褒城马道驿的寒溪上建造了一座铁链桥。公元65年(汉明帝时代),人们已成功地用锻铁(wrought iron)为环,相扣成链,建成了世界上最早的铁链悬索桥——兰津桥。公元66年又在云南景东地区(现普洱市景东彝族自治县)的澜沧江上修建了锻铁链悬索桥。后来,为了便利交通,跨越深谷,曾陆续建造了数十座铁链桥,其中著名的有400多年前(明代)的云南沅江

桥和300多年前(清代)的贵州盘江桥。公元1705年(清康熙四十四年),康熙皇帝为了国家统一和解决汉区通往藏区的道路交通问题,下令在大渡河上修建了第一座桥梁,即四川泸定大渡河桥,如图1.1所示。该桥桥面宽2.8m,跨长100m,由9根桥面铁链和4根栏杆铁链构成,两端系于生铁铸成的直径20cm、长4m的锚柱上。该桥因"飞夺泸定桥"战斗而闻名中外。其比北美洲在1801年建造的跨度为23m的铁索桥早了近百年,比英格兰在1779年建造的跨度为30.5m的铸铁(cast iron)拱桥也早了74年。

除铁链悬索桥外,我国古代还建有许多用铁建造的建筑物,如公元694年(周武氏十一年)在洛阳建成的"天枢",高35m,直径4m,顶部有直径为11.3m的"腾云承露盘",底部有直径约16.7m用来保持天枢稳定的"铁山",相当符合力学原理。如图1.2所示为位于湖北荆州玉泉寺的当阳铁塔,该塔始建于公元1061年(北宋嘉祐六年),它是我国目前最高且保存最完整的铁塔。此外,江苏镇江的甘露寺铁塔、济宁铁塔寺铁塔等都是古代铁结构建造方面的杰作。所有这些都表明,中华民族对铁结构的应用曾经居于世界领先地位。

图1.1 四川泸定大渡河桥　　　　图1.2 玉泉寺当阳铁塔

欧美等国家和地区中最早将铁作为建筑材料的是英国,但直到1840年,人们还只能采用铸铁来建造拱桥。1840年以后,随着铆钉(rivets)连接和锻铁技术的发展,铸铁结构逐渐被锻铁结构取代,1846—1850年间在英国威尔士修建的布里塔尼亚桥(Brittania Bridge)是这方面的典型代表。该桥共有4跨,跨径布置为70m+140m+140m+70m,每跨均为箱形梁式桥,由锻铁型板和角铁经铆钉连接而成。随着1855年英国人发明贝氏转炉炼钢法和1865年法国人发明平炉炼钢法,以及1870年成功轧制出工字钢,工业化大批量生产钢材(steel products)的能力逐渐形成,从此强度高且韧性好的钢材开始在建筑领域逐渐取代锻铁材料,自1890年以后成为金属结构的主要材料。20世纪初,焊接(welding)技术的出现以及1934年高强度螺栓(high-strength bolts)连接技术的出现,极大地促进了钢结构的发展。除西欧、北美之外,钢结构在苏联和日本等国家和地区也获得了广泛的应用,逐渐发展成为全世界所接受的重要结构体系。

18世纪以后,由于欧洲工业革命的兴起,钢铁冶炼技术得到了快速发展,也促进了钢结构在欧美等国家和地区的应用。这一时期的中国,由于处于封建统治之下,生产力受到束缚,科学技术不发达,生产力水平低下,钢结构的发展非常缓慢,特别是1840年鸦片战争以后,我国沦为半殖民地半封建社会,"建筑权"掌握在外国人的手里,虽然一些帝国主义国家在我国建造了一些钢结构,包括我国的钢桥绝大部分也是由外国人设计和建造的,但数量上微不足道。即使如此,我国工程师仍有不少优秀设计和创造,如1927年建造的沈阳皇姑屯机车厂钢结构厂房;1928—1931年建造的广州中山纪念堂钢圆屋顶;1934—1937年建造的杭州钱塘江大桥,全长1072m,为我国历史上第一座由本国工程师设计和监造的双层公铁两用桥。

1949年以来,我国的冶金工业和钢结构设计、制造和安装水平也有了很大的提高,建造了许多钢结构,特别是1978年改革开放以来,我国的钢结构有些在规模上和技术上已达到世界先进水平。如钢结构厂房方面有:新中国成立初期恢复和扩建的鞍山钢铁公司厂房、武汉钢铁公司厂房和大连造船厂等,新建的有太原重型机器制造厂、富拉尔基重型机器制造厂、长春汽车制造厂、哈尔滨以及四川的三大动力厂、洛阳拖拉机厂、1978年建成的武汉钢铁公司一米七轧钢厂、上海宝山钢铁总厂等。高层建筑钢结构方面有:20世纪80年代和90年代兴建的北京中国国贸中心(高155.2m)、京城大厦(高182m)、京广中心大厦(高208m)、上海的国贸中心大厦(高139m)、上海金茂大厦(高420.5m)、深圳的深圳发展中心大厦(高165m)、深圳地王商业大厦(高325m,图1.3)等。大跨度空间钢结构方面有:1959年建成的人民大会堂(钢屋架跨度达60m)、1961年建成的北京工人体育馆(94m直径的悬索结构)、1967年建成的首都体育馆(平板网架屋盖结构,跨度达99m)、上海万人体育馆(圆形平板网架屋盖结构,直径达110m)等。1988年建成的上海国际体操中心主体育馆(图1.4),为直径68m(最宽处直径77.3m)的穹顶网壳结构。此外,还有1990年前建成亚运村,许多场馆采用网架与斜拉索混合结构,1999年建成的长春体育馆(大截面方钢管网壳屋盖结构,最大跨度达192m)等。

图1.3 深圳地王商业大厦

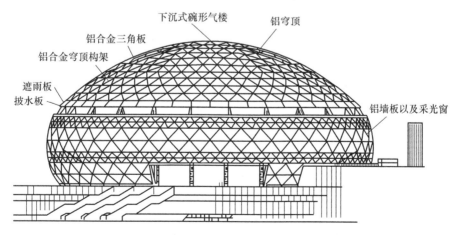

图1.4 上海国际体操中心主体育馆

塔桅结构方面有:广州电视塔(200m,图1.5)、上海电视塔(210.55m)、北京环境气象桅杆(325m)等。板壳结构方面有:1958年上海建成的湿式储气柜(54000m³)及其他石油库等。桥梁钢结构方面有:1957年建成的武汉长江大桥(公铁两用,主桥钢梁全长1156m,采用碳素结构钢A3)、1968年建成的南京长江大桥(公铁两用,主桥钢梁全长1576m,采用16Mnq钢)、1993年建成的九江长江大桥(公铁两用,主桥钢梁全长1806m,采用15MnVNq钢)、2000年建成的芜湖长江大桥(公铁两用,主桥钢梁全长2193m,采用14MnNbq钢,图1.6)以及各种大跨度公路钢桥。

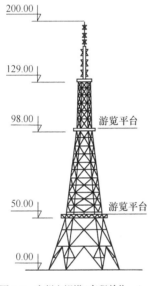

图1.5　广州电视塔(高程单位:m)

图1.6　芜湖长江大桥

新中国成立70多年来,我国的钢结构在各个方面都取得了巨大成就,已建成的许多钢结构工程都标志着我国在这些方面具有高超的科学研究、设计和施工水平。钢结构的发展主要取决于钢材的产量。1996年,我国年钢产量首次突破1亿t,超越日本成为全球最大的产钢国。在之后的26年里,我国年钢产量均稳居世界第一,到2021年粗钢产量达到10.33亿t,占据全球钢铁产量的半壁江山。

在提高钢产量的同时,还应在以下几方面进一步发展:

(1)进一步发展建筑钢材。目前,钢结构所用的钢材按强度等级有Q335、Q355、Q390、Q420和Q460等几种,今后除继续发展更高强度级别的钢材外,还要发展高韧性、可焊性、耐腐蚀性等新型钢材,并积极发展H型钢、T型钢、薄壁型钢、闭合型钢和管材,重点发展冷弯薄壁型钢和压型钢板。

(2)发展新型钢结构体系,如悬索结构、网架结构、网壳结构等大跨度空间结构及超高层建筑结构,钢-混凝土组合结构体系以及各种轻型钢结构技术。

(3)进一步改进钢结构设计方法,积极研究和完善基于结构体系的可靠度设计方法,研究适用于结构疲劳可靠度设计方法。

(4)结构设计逐步考虑优化理论,积极发展利用计算机进行辅助设计、施工放样、自动切割及钻孔技术。进一步发展厚板及薄板的焊接技术及高强度螺栓连接及检测技术,提高钢结构的安装技术水平。

(5)在传统建造技术的基础上,不断吸收和发展电子、机械、能源、材料、信息及现代管理技术的成果,将其综合应用于结构设计、制造、检验、管理服务等钢结构的全生命周期过程,以实现优质、高效、灵活、低耗、清洁的生产技术模式,技术经济效果理想的建造技术,显著提高建造效率。

1.2 钢结构的特点和应用范围

1.2.1 钢结构的特点

钢材是一种性能优良的建筑材料,因而钢结构(steel structure)具有以下优点:

1)钢材强度高,结构重量轻

结构的轻质性可以用材料的质量密度和强度的比值来衡量,比值越小,结构相对越轻。钢材与混凝土和木材相比,虽然其重度较大,但由于钢材强度(strength)更高,屈服强度和极限强度与重度之比较大。在同样的跨度上承受同样的荷载,钢屋架的重量最多仅为钢筋混凝土屋架的1/4~1/3,冷弯薄壁型钢屋架甚至接近1/10。因而,在同等承载能力下,钢结构与钢筋混凝土结构、木结构相比,构件体积小,结构重量轻,这给运输、安装带来很大方便。所以钢结构适用于建造跨度大、建筑物高、荷载重的结构,也可适用于要求拆装和移动的结构。

2)钢材材质均匀,有良好的塑性和韧性

钢材与混凝土和木材相比,钢材材质更均匀。钢材由于冶炼和轧制过程工艺控制良好,其组织比较均匀,接近各向同性,可视为理想的弹塑性体,其弹性模量和韧性模量皆较大,各个方向的物理力学性质基本相同,在结构计算时可视为各向同性材料。就目前所采用的结构设计计算方法而言,钢结构更加符合材料的力学基本假定,因此计算结果与实际受力情况更加接近,在计算中采用的经验公式不多,从而计算上的不确定性较小,因而钢结构较为稳妥可靠。而且由于钢材具有良好的塑性,结构不会因偶然超载而发生破坏;钢材韧性好,结构可适应动力荷载的要求,适用于建造受动载的结构(如吊车梁,铁路桥梁等)以及地震地区的建筑等。

3)钢材具有可焊性

随着焊接技术的不断发展,钢结构大都采用焊接连接方式。焊接技术的应用使钢结构的连接大为简化,也可满足制造各种复杂结构的需要。

4)钢结构制作工业化程度高

钢结构构件一般是在工厂制作,施工机械化程度、准确度和精密度皆较高。钢结构所有材料皆可轧制成各种型材,加工简易而迅速。钢构件重量较轻,连接简单,安装方便,施工周期短。少量钢结构和轻型钢结构尚可在现场制作,简易吊装。钢结构由于连接的特性,易于加固、改建和拆迁。钢结构构件最适合在工厂制造,不受季节影响,自动化程度高,制造质量较易控制。由于重量轻,因而施工方便,装配性好,工期短。

5) 密闭性好

钢结构的钢材和连接(如焊接)的水密性和气密性较好,适宜于要求密闭的板壳结构,如高压容器、油库、气柜、管道等,也适宜做储气罐、储油罐等储存气体、液体的结构物。

6) 结构耐腐蚀性差

钢材在自然环境中容易锈蚀,因此,处于较强腐蚀性环境中的建筑物不宜采用钢结构。钢结构一般均需要进行防锈处理,常用的方法是在表面涂防锈漆。钢结构在涂防锈油漆以前应彻底除锈,油漆质量和涂层厚度均应符合要求。在使用中应避免使结构受潮、淋雨,构造上应尽量避免出现难于检查、维修的死角。

7) 耐热但不耐火

钢材可受热,当温度在200℃以内时,其主要性能(屈服点和弹性模量)下降不多。当温度超过200℃后,材质变化较大,不仅强度逐步降低,还会出现蓝脆和徐变现象。当温度达到600℃时,钢材进入塑性状态,已不能再承受荷载。因此,设计规定钢材表面温度超过150℃后即需加以隔热防护,对有防火要求者,更需按相应规定采取隔热保护措施。

8) 结构有利于环保,节约资源

由于钢材回收后煅烧可再生循环利用,采用钢结构可大大减少对不可再生资源的破坏。另外,钢结构容易加固维修、拆卸或改建。

1.2.2 钢结构的应用范围

随着我国钢产量的提高和钢材品种的增加,钢结构的应用范围越来越广,主要有如下几个方面:

1) 工业厂房

工业厂房,如冶金工业的炼钢、轧钢车间,重型机器制造厂的铸钢机、锻压机、水压机,总装配车间等,吊车起重量大且操作频繁,动载影响大,这类厂房的主要承重骨架及吊车梁大多采用钢结构。另外,有强烈热辐射的车间,也经常采用钢结构。结构形式多为由钢屋架和阶梯柱组成的门式刚架或排架,也有采用网架做屋盖的结构形式。如图1.7所示为某单层钢结构工业厂房结构示意图。近年来,随着压型钢板等轻型屋面材料的广泛采用,轻钢结构工业厂房得到了迅速发展。其结构形式主要为实腹式变截面门式刚架,如图1.8所示为轻钢工业厂房门式刚架结构。

2) 大跨度空间结构

大跨度空间结构如大型公共建筑物(体育馆、展览馆、影剧院、大会堂等)、大型工业厂房、大跨度桥梁、飞机库等常采用钢结构。为了减轻自重,其结构体系可为网架、悬索、拱架以及框架等,这种结构可明显节约建设成本。如图1.9所示为空间承重钢结构的平面网架结构和空间网壳结构。

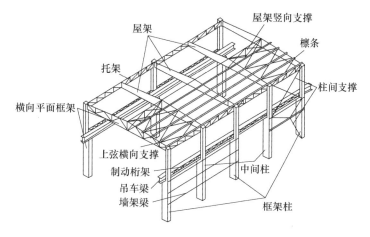

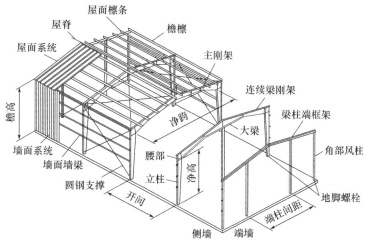

图1.7 单层钢结构厂房结构

图1.8 轻钢工业厂房门式刚架

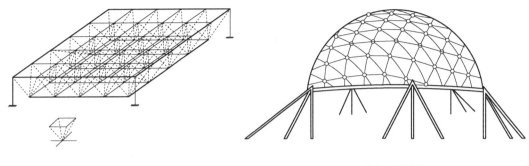

a) 平面网架结构　　　　　　　　　　b) 空间网壳结构

图1.9　空间承重钢结构

3) 高层及多层建筑

高层建筑采用钢结构,由于钢材强度高,构件截面面积小,可以获得较大的建筑空间,同时抗震性能好。

4) 轻型钢结构

轻型钢结构由于其自重轻、造价低、生产制造工业化程度高、现场安装工作量小、速度快,且外形美观、内部空旷、空间利用率高,因而极具竞争力。轻型钢结构近年来已广泛应用于工业厂房、体育设施、仓库等,并向民用住宅发展,如轻型门式刚架房屋钢结构,冷弯薄壁型钢结构以及钢管结构等。这些结构可用于使用荷载较轻或跨度较小的建筑。

5) 桥梁结构

钢材由于其自重轻、强度高,跨越能力大,因而经常用于大跨度、特大跨度的桥梁结构中。如图1.10所示的天津国泰桥为钢桁架拱桥。如图1.11所示的武汉天兴洲长江大桥为钢斜拉桥,主梁采用钢桁架结构。图1.12a) 为铁路上承式简支钢板梁桥, 图1.12b) 为下承式简支钢桁梁桥。

图1.10　天津国泰桥

图1.11　武汉天兴洲长江大桥

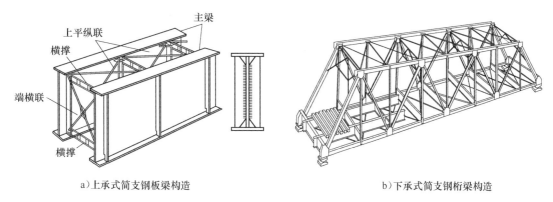

a）上承式简支钢板梁构造　　　　　　　　b）下承式简支钢桁梁构造

图1.12　铁路钢梁

6）高耸结构

高耸结构有电视塔、微波塔、输电塔、钻井塔、环境大气监测塔、广播发射桅杆等。由于其高度大，通常采用钢结构，自重轻、易安装，同时还因材料强度高，所需构件截面面积小，可以有效减小风荷载，能取得较好的经济效益。图1.13为上海金茂大厦，图1.14为黑龙江电视塔，图1.15为法国巴黎埃菲尔铁塔，均为已建成的著名高耸钢结构。

图1.13　上海金茂大厦　　　　图1.14　黑龙江电视塔　　　　图1.15　巴黎埃菲尔铁塔

7）可拆卸或移动的结构

钢结构不仅重量轻，还可以用螺栓或其他便于拆装的手段来连接，因此非常适用于需要搬迁的临时结构，如建筑工地、油田和需野外作业的生产和生活用房的骨架以及钢筋混凝土结构施工用的模板和支架等。图1.16为桥梁施工中的临时钢支架，图1.17为桥梁施工中的钢结构临时便桥。建筑施工用的脚手架等也大量采用钢材制作。建筑工业中的生产生活附属用房、临时展览馆等可拆卸结构以及塔式起重机、门式起重机、军便梁、开启桥、水工闸门等可移动的结构常采用钢结构。

图1.16 桥梁施工支架

图1.17 施工便桥

8)其他特种钢结构

其他特种钢结构包括油库、油罐、煤气库高炉、热风炉、漏斗、烟囱、水塔、各种管道以及海上采油平台、井架、栈桥等。图1.18为海上采油平台,图1.19为输油管道。图1.20为立式油罐,图1.21为钢结构水塔。

图1.18 海上采油平台

图1.19 输油管道

9)钢-混凝土组合结构

钢构件和板件受压时必须满足稳定性要求,往往不能充分发挥其强度高的特点,而混凝土为最宜于受压不适于受拉的材料,将钢材和混凝土结合,使两种材料都充分发挥它们的长处,这便是钢-混凝土组合结构。

组合结构是由钢材和混凝土两种材料组合而成的新型结构。广义的组合结构包括叠合梁、混合结构、钢管混凝土结构、波形钢腹板结构等。组合梁桥采用剪力连接件将钢梁等结构构件与钢筋混凝土桥面板结合成整体,钢筋混凝土桥面板不仅直接承受车轮荷载的作用,而且作为主梁的上翼板与钢梁形成组合截面,参与主梁共同作用。

图1.20 立式油罐

图1.21 钢结构水塔

近年来,这种结构在我国获得了长足的发展,广泛应用于高层建筑,如深圳的赛格广场(图1.22),大厦高72层,总高度355.8m,实高292m,塔楼采用43.2m×43.2m的正方形切角的八边形平面,建筑与架构紧密结合,使用钢管混凝土架构,是中国首例钢管混凝土结构的超高层建筑。我国著名的国家体育场——鸟巢(图1.23),也为钢筋混凝土框架-剪力墙和弯扭构件钢结构,其主体为钢结构组成的巨型空间马鞍形钢桁架编织式"鸟巢"结构,地上7层为钢筋混凝土框架-剪力墙结构体系,为典型的钢-混凝土组合大跨度空间结构。

图1.22 深圳赛格广场

图1.23 国家体育场

钢-混凝土组合结构也广泛应用在大跨桥梁、工业厂房和地铁站台柱等。主要构件形式有钢-混凝土组合梁和钢管混凝土柱等。图1.24所示为钢-混凝土组合桥梁常见的横截面形式。

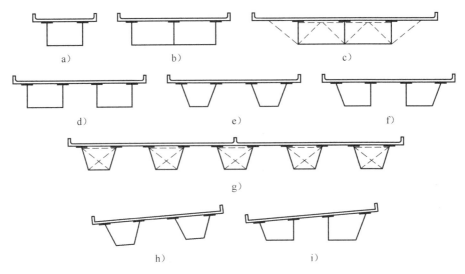

图 1.24　钢-混凝土组合梁截面

1.3　钢结构的设计方法

1.3.1　基本要求

钢结构设计的基本要求是在充分满足使用功能的基础上做到安全可靠、经济合理、技术先进、确保质量。首先,钢结构及其构件应能安全地承受预期的各种荷载,因而必须具有足够的强度和稳定性,其中稳定性问题在薄壁或较长构件中尤为突出;还要满足正常使用要求,包括对变形和振幅的限制;同时还具有一定的耐久性,注意防锈蚀、防火。钢结构应设计成建筑成本最低,重量最轻,制作和安装劳动力最省,工期最短,维护方便的结构。另外,还应采用技术先进的概率设计法,即进行结构的可靠性设计。

为了实现上述设计要求,应注意:①选用最优的结构方案,结构形式简洁,尽量采用空间结构体系;②充分掌握各种荷载的特性和量值,以及它们应有的组合;③选择合理的钢材及连接材料和连接形式;④构件尽可能标准化、模数化。当然,设计人员还应熟悉现行《钢结构设计标准》(GB 50017—2017)及其他技术规程等方面的内容,并了解其来源和规范制定背景,以便针对各种实际工程情况灵活应用。

1.3.2　设计计算方法及其发展

要达到钢结构设计的基本要求,必须按一定的设计准则(或设计方法)进行设计。由于人们对事物认识上的发展,设计准则也是不断地向更加科学、更加先进和合理的方向发展。特别是随着材料力学、结构力学等学科的兴起和发展,使人们对结构和构件的受力情况和材料性能有了深刻的了解,使得结构的设计和计算有了科学依据并日臻完善。我国在新中国成立后40余年钢结构的设计计算方法上先后采用了容许应力法和概率极限状态法。

1) 容许应力法(1949年初期—1974年)

容许应力法的思想是使用一个笼统的安全系数K来考虑各设计变量的不利影响,将材料可以使用的最大强度(如屈服强度)除以这个安全系数K,作为结构设计时容许达到的应力,称为容许应力。其设计基本原则为设计应力必须小于或等于容许应力,设计表达式为

$$\sigma = \frac{\sum N_i}{S} \leqslant \frac{f_y}{K} = [\sigma] \tag{1.1}$$

式中:$\sum N_i$——构件截面的内力组合值(这里的内力组合值是指各种荷载产生的最不利内力之和);

σ——钢材的设计应力;

$[\sigma]$——钢材的容许应力;

S——构件截面几何特征;

f_y——钢材的屈服强度;

K——大于1的安全系数。

这种方法的优点是表达式简单、概念明确、应用方便,因而应用时间较长。但随着可靠性理论的发展,人们逐渐认识到容许应力法存在一些缺点和不足,主要表现为:①容许应力法把各种参数都视为定值,没有考虑设计参数的随机分布对结构可靠度的影响,因而使结构的安全程度具有不确定性;②安全系数一般是根据设计者的经验确定,具有较大的主观随意性,安全系数不能代表结构的可靠度,所以结构的可靠度不明确;③引入一个笼统的安全系数K,将使各构件的可靠度各不相同,而整个结构的可靠度取决于可靠度最小的构件。因而,容许应力法既不能保证所设计的结构绝对安全,又不能给出结构的可靠度,难以做到先进合理、安全可靠。

对钢结构这种由单一材料组成的结构,采用以容许应力法形式表达的设计式,不但可以减少工作量,同时也因为疲劳强度的验算又只能用容许应力法进行,这样可以使整个结构设计在设计方法上得到协调统一。容许应力法是结构设计的传统方法,保留其简单而明了的形式并赋予新的内容,概念明确、使用方便,多年来国内外的设计实践证明其是一个简单易行的方法。目前,国内桥梁钢结构的设计、起重机等的设计均仍采用容许应力法。

2) 半概率极限状态设计法(水准一)(1974—1988年)

1974年我国正式编制《钢结构设计规范》(TJ 17—74),规范中形式上采用的是容许应力法的表达式,但在确定安全系数(即安全度)方面与早期的容许应力法不同,它规定了结构的承载能力极限状态和正常使用极限状态,并以这两种极限状态为依据,结合我国30多年来的工程实际经验,对影响结构安全度的诸因素以数理统计的方法进行多系数分析,求出单一的设计安全系数,以简单的容许应力法形式表达。实质上是半概率半经验的极限状态设计法。

承载能力极限状态的设计表达式为

$$\sigma = \frac{\sum N_i}{A} \leqslant \frac{f_y}{K} = [\sigma] \quad (1.2)$$

式中：K——安全系数，$K = K_1 K_2 K_3$；

K_1——荷载系数，考虑实际荷载可能的变动而预留的安全储备；

K_2——材料系数（或均质系数），考虑钢材性质的变异性；

K_3——调整系数（或工作条件系数），考虑荷载的特殊变异、结构及构件的受力特点、施工条件、工作条件，以及某些假定的计算图式与实际不完全一致等因素，其数值通常由实际经验确定；其余变量意义同前。

正常使用极限状态的设计表达式为

$$w \leqslant [w] \quad (1.3)$$

或

$$\lambda \leqslant [\lambda] \quad (1.4)$$

式中：w——结构或构件在标准荷载作用下产生的最大挠度；

$[w]$——规范规定的容许挠度；

λ——构件的长细比；

$[\lambda]$——规范规定的容许长细比。

该方法虽然简单，却存在以下不足之处：由于各种荷载的变异性不同，各种构件承受荷载的情况也不一定相同，不同构件的几何尺寸的变异性也不一定完全一致，采用统一的安全系数，显然不可能获得相同的安全度。

3）近似概率极限状态设计法（水准二）（1988年至今）

该方法是把各种参数作为随机变量，运用概率分析的方法考虑设计参数的变异性来确定设计值。这种把概率分析引入结构设计中的方法显然比容许应力法先进合理，故近年来世界各国逐渐采用此法。1988年我国颁布的《钢结构设计规范》（GBJ 17—88）采用以概率论为基础的一次二阶矩极限状态设计法，虽然是一种概率设计法，但由于在分析中忽略或简化了基本变量随时间变化的关系，在确定基本变量的概率分布时有相当程度的近似性，且为了简化计算而将一些复杂关系进行了线性化，所以还只能是一种近似的概率设计法。后来，《钢结构设计规范》（GB 50017—2003）又在《钢结构设计规范》（GBJ 17—88）的基础上作了很大的改进，但仍采用以近似概率法为基础的极限状态设计法（疲劳强度除外），按照目标可靠指标要求，用"校准法"给出了各随机变量的分项系数，提供了用分项系数表达的极限状态设计公式。《钢结构设计标准》（GB 50017—2017）沿用以概率论为基础的极限设计方法，并采用以应力形式表达的分项系数表达式进行设计计算。

4）全概率设计法（水准三）

全概率设计法（水准三）是完全基于概率论的结构整体优化设计方法，要求对整个结构采用精确的概率分析，求得结构最优失效概率作为可靠度的直接度量。由于这种方法无论在基础数据统计方面还是在可靠度计算方面都不成熟，目前尚处于研究探索阶段。全概率设计法是一种完全基于概率理论的较理想的方法。它不仅把影响结构可靠度的各种因素用随机变量概率模型去描述，更进一步考虑随时间变化的特性并用随机过程概率模型去描述，而且在对整个结构体系进行精确概率分析的基础上,以结构的失效概率作为结构可靠度的直接度量。这当然是一种完全的、真正的概率方法。目前,这还只是值得开拓的研究方向,真正达到实用阶段还需经历较长的时间。

在以上的后两种水准中,水准二是水准三的近似。在水准三的基础上再进一步发展就是运用优化理论的最优全概率法。

1.3.3 概率极限状态设计法

1) 结构的极限状态

在结构设计中采用概率设计法时,从结构的整体性出发,运用概率论的观点对结构的可靠度提出了明确的科学定义,即结构可靠度是结构在规定时间内、在规定的条件下完成预定功能的概率。

钢结构应以适当的可靠度满足4项基本功能要求:

(1) 能承受在正常施工和正常使用时可能出现的各种作用,包括荷载、温度变化、基础不均匀沉降及地震等作用;

(2) 在正常使用时具有良好的工作性能;

(3) 在正常维护下具有足够的耐久性;

(4) 在偶然事件发生时及发生后,仍能保持必需的整体稳定性。

其中(1)、(4)两项是对结构安全性的要求,第(2)项是对结构适用性的要求,第(3)项是对结构耐久性的要求。结构可靠性就是上述4项基本功能所满足的结构安全性、适用性、耐久性的总称,可靠度则是可靠性的一种度量。

若结构或结构的某一部分超过某一特定的状态就不能完成某预定的功能,则此特定的状态就称为该功能的极限状态。

2) 极限状态方程

设结构或构件的抗力(承载力)为R,它取决于材料的强度、构件的临界力、构件的面积或惯性矩。可见R是这些基本随机变量的函数,故R也是随机变量。可表示为

$$R = R(X_1, X_2, \cdots, X_n) \tag{1.5}$$

R的分布依赖于基本随机变量$X_1, X_2, \cdots, X_n$的分布,但在实际设计时,根据这些基本随机变量的统计数值运用概率法确定它们的设计取值,从而确定R的设计值。

设施加于结构或构件上各种作用所引起的作用效应(即结构内力)为S,由于各种作用为随机变量,故S当然也是随机变量。根据各种作用的统计数值运用概率法确定设计取值,从而确定S的设计值。

有了抗力R和作用效应S后,判断结构或构件的失效准则为:

$R > S$时,结构安全;

$R < S$时,结构失效;

$R = S$时,结构处于临界状态。

图1.25表示了这种准则。根据极限状态的定义,当结构或构件的抗力R等于各作用引起的作用效应S时,对应的临界状态即为结构或构件的极限状态。极限状态方程可写为

$$Z = g(R,S) = R - S = 0 \tag{1.6}$$

3) 结构的可靠度和失效概率

因为 R 和 S 都是随机变量,所以 $R>S$ 也是随机事件,由第 1 条失效准则可知,只有当随机事件 $R>S$ 发生时,结构才处于安全可靠状态。

根据可靠度的定义,结构的可靠度就是在规定时间内、在规定的条件下完成预定功能 $R>S$ 的概率。即可靠度 P_r 为

$$P_r = P\{R > S\} \tag{1.7a}$$

或

$$P_r = P\{R - S > 0\} \tag{1.7b}$$

或

$$P_r = P\{Z > 0\} \tag{1.7c}$$

可见,可靠度就是随机事件 $R>S$ 发生的概率。反之,当随机事件 $R<S$ 发生时,结构则处于失效状态,因此,随机事件 $R<S$ 发生的概率即为结构的失效概率,以 P_f 表示,则有

$$P_f = P\{R < S\} \tag{1.8a}$$

或

$$P_f = P\{R - S < 0\} \tag{1.8b}$$

或

$$P_f = P\{Z < 0\} \tag{1.8c}$$

由于事件 $R>S$ 和 $R<S$ 是对立的,故有

$$P_f = 1 - P_r \tag{1.9}$$

4) 结构的可靠指标

如果已知随机变量 R 和 S 的概率密度函数 $f_R(R)$、$f_S(S)$,如图 1.26 所示,则结构的可靠度为

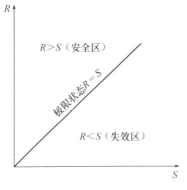

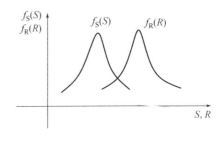

图 1.25　结构所处的状态　　　图 1.26　概率密度函数 $f_R(R)$、$f_S(S)$

$$P_r = P\{R > S\} = \int_0^\infty f_S(S) \left[\int_0^\infty f_R(R) \, dR \right] dS \tag{1.10}$$

或　　　　　　　$P_r = P\{R > S\}$

$$= \int_0^\infty f_S(S)\left[1 - \int_0^\infty f_R(R)\,\mathrm{d}R\right]\mathrm{d}S$$

$$= \int_0^\infty f_S(S)[1 - F_R(S)]\,\mathrm{d}S$$

$$= 1 - \int_0^\infty f_S(S)F_R(S)\,\mathrm{d}S \tag{1.11}$$

上述计算模型就是应力-强度干涉模型。

由于影响结构抗力 R 和作用效应 S 的因素极为复杂,因此,目前对结构抗力 R 和作用效应 S 的认识还很不够,实际上难以得到 R 和 S 的概率密度函数 $f_R(R)$、$f_S(S)$,所以无法运用上述公式精确求解实际结构的可靠度。这一点正是由现在的近似概率设计法过渡到全概率设计法的主要研究课题之一。

结构设计规范将结构抗力 R 和作用效应 S 视为正态分布的随机变量,设其均值和标准差分别为 μ_R、μ_S、σ_R、σ_S,这时 Z 也为正态分布的随机变量,其均值和标准差分别为 μ_Z、σ_Z,且有

$$\mu_Z = \mu_R - \mu_S \tag{1.12}$$

$$\sigma_Z = \sqrt{\sigma_R^2 + \sigma_S^2} \tag{1.13}$$

此时可靠指标可表示为 $\beta = \dfrac{\mu_Z}{\sigma_Z}$。当 R 和 S 的分布复杂时,$\beta = \dfrac{\mu_Z}{\sigma_Z}$ 只是一个近似计算式。

当 R 和 S 为正态分布时,可将正态分布转换为标准正态分布,则结构可靠度为

$$P_r = P\{Z > 0\} = \int_0^\infty f_Z(Z)\,\mathrm{d}Z = \int_0^\infty \frac{1}{\sqrt{2\pi}\sigma_Z}\mathrm{e}^{-\frac{1}{2}\left(\frac{Z-\mu_Z}{\sigma_Z}\right)^2}\mathrm{d}Z = \int_{-\frac{\mu_Z}{\sigma_Z}}^\infty \frac{1}{\sqrt{2\pi}}\mathrm{e}^{-\frac{1}{2}u^2}\,\mathrm{d}u$$

$$= 1 - \Phi\left(-\frac{\mu_Z}{\sigma_Z}\right) = 1 - \Phi(-\beta) \tag{1.14}$$

这里,$\Phi(\cdot)$ 是标准正态函数。可见结构的可靠度取决于 β,由图 1.27 可见,β 越大,可靠度 P_r 越大,且 β 与可靠度 P_r 之间存在一一对应的关系,说明 β 可以作为衡量结构可靠度的一个数量指标。

在现行的结构设计规范中,常常用 β 作为结构可靠度的统一尺度,称为可靠指标。β 的计算式为

$$\beta = \frac{\mu_Z}{\sigma_Z} = \frac{\mu_R - \mu_S}{\sqrt{\sigma_R^2 + \sigma_S^2}} \tag{1.15}$$

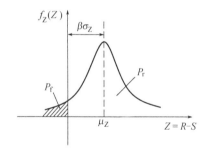

图 1.27 正态分布时 β 与 P_r 的关系

将可靠度作为结构可靠性的度量尺度,可以真正从数量上对结构可靠性进行对比,这与以往的以经验为主确定安全系数的"定值法"相比是结构设计方法上的突破和飞跃。这里应当说明的是:

(1)当 R 和 S 不服从正态分布时,应首先将它们化为等效的当量正态分布再进行计算。

(2)由于 R 和 S 的实际分布相当复杂,计算中采用了标准正态分布,因而所得的 β 值是近似的,故称为近似概率极限状态设计法,在推导 β 的计算公式时,只采用了 R 和 S 的二阶中心矩(即它们的方差),同时还做了线性化的近似处理,故又称为"一次二阶矩法"。

(3)用概率的观点看结构设计是否可靠,只能说明结构可靠度是否足够大或其失效概率是否小到可以接受的预定程度,绝对可靠的结构(即 $P_r = 1$ 或 $P_f = 0$)是不存在的。

(4)解决了可靠度度量尺度以后,必须选择一个结构最优的可靠度(或失效概率或目标可靠指标)以达到结构可靠与经济上的最佳平衡。目标可靠指标的确定目前是一项待研究的课题,现在的规范是采用"校准法"(Calibration Method)来确定结构的目标可靠指标,即通过对现存结构或以往设计规范隐含可靠度水平的反演分析,以确定结构设计时采用的目标可靠指标的方法。这种方法实际上承认了现行规范条件下结构可靠度在总体上是合理的,可以接受的,是一种比较稳妥可行的方法。目前,加拿大、美国、一些欧洲国家和我国各工程结构可靠度设计标准、规范均采用这种方法确定目标可靠指标。

5) 结构的设计基准期

按照概率设计的观点,荷载和材料性能都是随时间而变动的随机函数。结构可靠度也应是时间的函数。因此需要明确结构的"设计基准期","设计基准期"是《建筑结构可靠度设计统一标准》为确定可变作用及与时间有关的材料性能等取值而选用的时间参数。所谓结构的"设计基准期"只说明在这个时间内有关可靠性的分析结果有效,它与结构的寿命虽然有关但不相等,超过这一期限后,并不意味着结构完全不能使用,而是结构的失效概率将逐渐增大。当设计需采用不同的设计基准期时,则必须相应确定在不同的设计基准期内最大作用的概率分布及其统计参数。设计基准期与设计使用年限是不同的概念,设计基准期的选择不考虑环境作用下与材料性能老化等相联系的结构耐久性,而仅考虑可变作用随时间变化的设计变量取值大小。

6) 结构设计使用年限

结构的设计使用年限是设计规定的结构或结构构件无需进行大修即可按预定目的使用的年限。在这一规定时期内,结构或结构构件只需进行正常的维护(包括必要的检测、维护和维修)而不需进行大修就能按预期目的使用并完成的结构功能。结构可靠度与结构的使用年限有关,对新建结构,是指设计使用年限内的结构可靠度或失效概率。当结构的使用年限超过设计使用年限后,结构的失效概率可能较设计预期值大。设计使用年限是与结构适用性失效的极限状态相联系的。

7) 结构的安全等级

建筑结构安全等级是为了区别在近似概率极限状态设计方法中,针对重要性不同的建筑物,采用不同的结构可靠度而提出的。现行国家标准《建筑结构可靠性设计统一标准》(GB50068-2018)规定:建筑结构设计时,应根据结构破坏可能产生的后果的严重性,采用不同的安全等级。建筑结构安全等级划分为三个等级(一级:重要的建筑物;二级:大量的一般建筑物;三级:次要的建筑物)。至于重要建筑物与次要建筑物的划分,则应根据建筑结构的破坏后果,即危及人的生命安全、造成经济损失、产生社会影响等的严重程度确定。

同一建筑物内的各种结构构件宜与整个结构采用相同的安全等级,但允许对部分结构构件根据其重要程度和综合经济效果进行适当调整。如提高某一结构构件的安全等级所需额外费用很少,又能减轻整个结构的破坏,从而大大减少人员伤亡和财物损失,则可将该结构构件的安全等级比整个结构的安全等级提高一级;相反,如某一结构构件的破坏并不影响整个结构或其他结构构件,则可将其安全等级降低一级;任何情况结构的安全等级均不得低于三级。

在设计表达式中引入结构重要性系数 γ_0,见表 1.1。

特殊的建筑物,其安全等级可根据具体情况另行确定。按抗震要求设计时,建筑结构的安全等级应符合《建筑抗震设计规范》(GB 50011—2010)的规定。

结构重要性系数 γ_0　　　　表1.1

安全等级	产生的后果	建筑物类型	结构重要性系数 γ_0
一级	很严重	重要的工业与民用建筑	1.1
二级	严重	一般的工业与民用建筑	1.0
三级	不严重	次要的建筑物	0.9

1.3.4 钢结构设计表达式

采用计算结构的失效概率或可靠指标与目标可靠指标相比较的设计方法,实际应用比较困难,也较难掌握。我国最新的《钢结构设计标准》(GB 50017—2017)采用以近似概率法为基础的极限状态设计法,给出了用分项系数表达的极限状态设计公式。《钢结构设计标准》(GB 50017—2017)规定,各种承重结构均应按两种极限状态(即承载能力极限状态和正常使用极限状态)进行设计。

1) 承载能力极限状态设计表达式

承载能力极限状态是指结构或者结构的构件达到最大承载能力或不适宜继续承载的变形极限状态。包括构件或连接的强度破坏、疲劳破坏、脆性断裂、因过度变形而不适用于继续承载、结构或构件丧失稳定、结构转变为机动体系和结构倾覆。

(1) 基本组合

按照承载能力极限状态(ultimate limit state)设计时,应考虑作用效应的基本组合,必要时还应考虑作用效应的偶然组合。基本组合时按下列设计表达式中最不利值计算。

由可变作用效应控制的效应设计值,应按下式进行计算

$$S_d = \gamma_0 \left(\sum_{j=1}^n \gamma_{Gi} S_{Gjk} + \gamma_{Q1} \gamma_{L1} S_{Q1k} + \sum_{i=2}^n \gamma_{Qi} \psi_{ci} \gamma_{Li} S_{Qik} \right) \quad (1.16)$$

由永久作用效应控制的效应设计值,应按下式进行计算

$$S_d = \gamma_0 \left(\sum_{j=1}^m \gamma_{Gj} S_{Gjk} + \sum_{i=1}^n \gamma_{Qi} \psi_{ci} \gamma_{Li} S_{Qik} \right) \quad (1.17)$$

式中:γ_0——结构重要性系数,应按各有关建筑结构设计规范的规定采用。

γ_{Gj}——第 j 个永久作用分项系数。当永久作用效应对结构不利时,对由可变作用效应控制的组合应取 1.2,对由永久作用效应控制的组合应取 1.35;对结构的倾覆、滑移或漂浮验算,作用的分项系数应满足有关建筑结构设计规范的规定。

γ_{Qi}——第 i 个可变作用的分项系数。其中 γ_{Q1} 为主导可变作用 Q_1 的分项系数,对标准值大于 4.0kN/m^2 的工业房屋楼面结构的活荷载,取 1.3,其他情况取 1.4。

ψ_{ci}——第 i 个可变作用的组合值系数。

S_{Gjk}——按第 j 个永久作用标准值 G_{jk} 计算的作用效应值。

S_{Qik}——按第 i 个可变作用标准值 Q_{ik} 计算的作用效应值,其中 S_{Q1k} 为诸可变作用效应中起

控制作用者。

γ_{Li}——第 i 个可变作用考虑设计使用年限的调整系数,其中 γ_{L1} 为主导可变作用 Q_1 考虑设计使用年限的调整系数。按下列规定采用:对楼面和屋面可变作用,当结构设计使用年限为 5 年时,取 0.9;当结构设计使用年限为 50 年时,取 1.0;当结构设计使用年限为 100 年时,取 1.1。对雪荷载和风荷载,应取重现期为设计使用年限,按《建筑结构荷载规范》(GB 50009—2012)规定确定基本雪压和基本风压,或按有关规范的规定采用。

S_{Qik}——其他第 i 个可变作用标准值在结构或连接中产生的效应。

m——参与组合的永久作用数量。

n——参与组合的可变作用数量。

注意:基本组合中的效应设计值仅适用于作用与作用效应为线性的情况;当对 S_{Q1k} 无法明显判断时,应轮次以各可变作用效应作为 S_{Q1k},并选取其中最不利的作用组合效应设计值。

(2)偶然组合

对于偶然组合,极限状态设计表达式宜按下列原则确定:偶然作用的代表值不乘分项系数;与偶然作用同时出现的可变作用,应根据观测资料和工程经验采用适当的代表值,具体的设计表达式及各种系数,应符合专门规范的规定。

作用偶然组合的效应设计值 S_d 可按下列规定采用。

(1)用于承载能力极限状态计算的效应设计值,应按下式进行计算

$$S_d = \sum_{j=1}^{n} S_{Gjk} + S_{Ad} + \psi_{f1} S_{Q1k} + \sum_{i=2}^{n} \psi_{qi} S_{Qik} \tag{1.18}$$

永久作用效应起控制作用时,式(1.17)可写成应力的表达式

$$S_d = \sum_{j=1}^{m} S_{Gjk} + \psi_{f1} S_{Q1k} + \sum_{i=2}^{n} \psi_{qi} S_{Qik} \tag{1.19}$$

式中:S_{Ad}——按偶然作用标准值 A_d 计算的作用效应值;

ψ_{f1}——第 1 个可变作用的频遇值系数;

ψ_{qi}——第 i 个可变作用的准永久值系数。

注意:组合中的设计值仅适用于作用与作用效应为线性的情况。

2)正常使用极限状态表达式

正常使用是指结构或者结构的构件达到正常使用的某项规定的限值时的极限状态。包括影响结构、构件或非结构构件正常使用或外观的变形,影响正常使用的振动,影响正常使用或耐久性能的局部损坏(包括混凝土裂缝)。

对于正常使用极限状态(serviceability limit states),按《建筑结构荷载规范》(GB 50009—2012)的规定,要求分别采用作用的标准组合、频遇组合和准永久组合进行设计,并使变形等计算值不超过相应的规定限值。

钢结构只考虑作用的标准组合,其设计表达式为

$$S_d = \sum_{j=1}^{m} S_{Gjk} + S_{Q1k} + \sum_{i=2}^{n} \psi_{ci} S_{Qik} \leq C \tag{1.20a}$$

式中：S_{Gjk}——第 j 个永久作用标准值在结构或结构构件中产生的效应；

S_{Q1k}——起控制作用的第 1 个可变作用标准值在结构或结构构件中产生的效应（该值使计算结果为最大）；

S_{Qik}——第 i 个可变作用标准值在结构或结构构件中产生的效应；

ψ_{ci}——第 i 个可变作用的组合值系数，可按相关荷载规范的规定采用。

作用频遇组合的效应设计值 S_d 应按下式进行计算

$$S_d = \sum_{j=1}^{m} S_{Gjk} + \psi_{f1} S_{Q1k} + \sum_{i=2}^{n} \psi_{qi} S_{Qik} \leqslant C \tag{1.20b}$$

作用准永久组合的效应设计值 S_d 应按下式进行计算

$$S_d = \sum_{j=1}^{m} S_{Gjk} + \sum_{i=2}^{n} \psi_{qi} S_{Qik} \leqslant C \tag{1.20c}$$

式中：C——结构或结构构件达到正常使用要求的限值；如变形、裂缝、振幅等，具体数值见《钢结构设计标准》（GB 50017—2017）的规定。

ψ_{f1}——第 1 个可变作用的频遇值系数；

ψ_{qi}——第 i 个可变作用的准永久值系数；

其余符号意义同前。

注：以上公式只适用于作用与作用效应为线性的情况。

只考虑变形时，按正常使用极限状态进行设计的表达式为

$$v = \sum_{i=1}^{n} v_{Gik} + \sum_{j=1}^{m} v_{Qjk} \leqslant [v] \tag{1.21}$$

式中：v_{Gik}——第 i 个永久作用标准值引起的结构或构件的变形值；

v_{Qjk}——第 j 个可变作用标准值引起的结构或构件的变形值；

$[v]$——结构的容许变形值。

对于轴心或偏心受力构件，正常使用极限状态常用长细比 λ 来保证，以免构件过于纤细，易于弯曲和颤动，对构件工作不利，验算公式为

$$\lambda \leqslant [\lambda] \tag{1.22}$$

式中：λ——长细比；

$[\lambda]$——容许长细比；

注意：

①计算结构的强度、稳定性及连接的强度时，应采用作用的设计值（标准值乘以分项系数）；计算疲劳和变形时，应采用作用的标准值。

②直接承受动力作用的结构，尚应按下列情况考虑动力系数。计算结构的强度及稳定性时，动力作用应乘以动力系数，计算变形时不乘动力系数；计算吊车梁或吊车桁架及其制动结构的疲劳时，按作用在跨间内起重量最大的一台吊车荷载的标准值进行计算，不乘动力系数。

(1) 钢结构的优点是：强度高、自重轻、工作性能可靠、工业化生产程度高、环保性能好、可重复利用。钢结构的缺点是：易锈蚀、耐火性能差、低温下易脆断。

(2) 钢结构最适合于跨度大、高耸、重型、受动力荷载作用的结构，也适合建造轻型结构。随着钢产量的提高和钢结构技术的发展，钢结构的应用范围将不断扩大。

(3) 任何一种钢结构都是由一些基本构件（如梁、柱、板、桁架等）按一定方式通过焊接或螺栓连接组成的空间几何不变体系，其目的是：①满足某种功能要求；②以最有效的途径将外荷载及自重传到地基。根据组成方式不同，钢结构设计时有的可按平面结构计算，有的可按空间结构计算。

(4) 我国钢结构设计方法采用以概率理论为基础、用分项系数表达的极限状态设计法。它要求结构的可靠度要达到某一规定值或其失效概率要小于某一规定值，才能认为结构是安全的，并将极限状态分为承载能力极限状态和正常使用极限状态。

一、选择题

1. 在结构设计中，失效概率 P_f 与可靠指标 β 的关系为（　　）。
    a) P_f 越大，β 越大，结构可靠性越差
    b) P_f 越大，β 越小，结构可靠性越差
    c) P_f 越大，β 越小，结构越可靠
    d) P_f 越大，β 越大，结构越可靠

2. 若结构是失效的，则结构的功能函数应满足（　　）。
    a) $Z < 0$ 　　　　　　　　　b) $Z > 0$
    c) $Z \geqslant 0$ 　　　　　　　　d) $Z = 0$

3. 钢结构具有塑性韧性好的特点，则主要用于（　　）。
    a) 直接承受动力荷载作用的结构　　b) 大跨度结构
    c) 高耸结构和高层建筑　　　　　　d) 轻型钢结构

4. 在重型工业厂房中，采用钢结构是因为它具有（　　）的特点。
    a) 匀质等向体、塑性和韧性好　　　b) 匀质等向体、轻质高强
    c) 轻质高强、塑性和韧性好　　　　d) 可焊性、耐热性好

5. 当结构所受荷载的标准值为：永久荷载 q_{G_k}，且只有一个可变荷载 q_{Q_k}，则荷载的设计值为（　　）。

a) $q_{G_k} + q_{Q_k}$ b) $1.2(q_{G_k} + q_{Q_k})$

c) $1.4(q_{G_k} + q_{Q_k})$ d) $1.2 q_{G_k} + 1.4 q_{Q_k}$

6. 钢结构一般不会因偶然超载或局部荷载而突然断裂破坏,这是由于钢材具有(　　)。

    a) 良好的塑性   b) 良好的韧性

    c) 均匀的内部组织   d) 良好的弹性

7. 钢结构的主要缺点是(　　)。

    a) 结构的重量大   b) 造价高

    c) 易腐蚀、不耐火   d) 施工困难多

8. 大跨度结构常采用钢结构的主要原因是钢结构(　　)。

    a) 密封性好   b) 自重轻

    c) 制造工厂化   d) 便于拆装

二、填空题

1. 结构的可靠度是指结构在_____内,在_____下,完成预定功能的概率。

2. 承载能力极限状态对应于结构或构件达到了_____而发生破坏、结构或构件达到了不适于继续承受荷载的_____。

3. 正常使用极限状态的设计内容包括_____。

4. 根据功能要求,结构的极限状态可分为下列两类:_____,_____。

5. 某构件当其可靠指标 β 减小时,相应失效概率将随之_____。

三、简答题

1. 钢结构与其他材料的结构相比,具有哪些特点?

2. 钢结构采用什么设计方法?其设计基本原则是什么?

3. 两种极限状态指的是什么?判断其达到极限状态的标志有哪些?

4. 可靠性设计理论和分项系数设计公式中,各符号的意义是什么?

5. 我国在钢结构设计中采用过哪些设计方法?我国现行钢结构设计规范采用的是什么方法?这种方法与以前的方法比较有什么优点?

6. 目前我国钢结构主要应用在哪些方面?钢结构的应用范围与钢结构的特点有何关系?

7. 说明下列各词语的含义:结构极限状态、结构可靠性、可靠度(可靠概率)、失效概率、可靠指标、荷载标准值、荷载设计值、强度标准值、强度设计值。

第 2 章
CHAPTER TWO
钢结构的材料

学习要求

了解钢材的基本性能要求,静载常温下钢材的工作性能,钢材的冲击韧性、冷弯性能、可焊性;理解复杂应力状态下钢材的屈服条件、脆性断裂和疲劳;了解影响钢材性能的主要因素,钢材的种类和加工方法,钢材规格和选用方法。

学习重点

钢材的主要工作性能。

学习难点

钢材的疲劳。

2.1 钢材的主要工作性能

2.1.1 钢材的基本要求

为了使钢结构能够安全承载和正常使用,就必须要求所用的钢材满足一定的工作性能,钢材的工作性能包括力学性能和工艺性能。钢材的力学性能是指钢材在抵抗外力作用时所表现出来的各种机械性能,通常有强度和变形方面的表现,受力情况不同,其相应的力学性能指标也各不相同。钢材的工艺性能是钢材在加工时所表现出来的各种能力。建筑钢材的主要工作性能有静强度、疲劳强度、塑性、冲击韧性、可焊性及冷弯性能等。

用于建筑中的钢材,在性能方面的基本要求是具有较高的强度、良好的塑性和韧性;对于焊接结构,要求钢材具有良好的可焊性;对低温下工作的结构,要求钢材具有良好的低温冲击韧性;对于承受反复荷载作用的结构,要求钢材具有较高的疲劳强度;对于在易受大气侵蚀的露天环境中工作的钢结构,要求钢材具有耐腐蚀性(或抗锈蚀性)。

2.1.2 钢材的强度指标和塑性指标

1)单向均匀受拉时的工作特性

在常温静载下钢材力学性能包括钢材的静强度和塑性。钢材的静强度和塑性是由静载常温下的单向拉伸试验得到的,试件形式根据《计数抽样检验程序》(GB/T 2828)采用标准拉伸试样(图2.1),试验条件为室温+20℃。Q235钢材由拉伸试验得到的应力-应变关系曲线如图2.2所示,可以看出,从加载到断裂经历了五个阶段:弹性阶段(OA)、弹塑性阶段(AB)、塑性阶段(BC)、强化阶段(CD)、颈缩阶段(DE)。

其中比例极限 σ_p 是应力-应变图中直线段的最大应力值。在 σ_p 之后应变与应力不再成正比,而是成曲线关系,一直到屈服点 B,这一阶段为图2.2中的弹塑性阶段 AB。图2.2中 B 点的应力即为屈服点 σ_y,在此之后应力保持不变而应变持续发展,形成水平线段即屈服平台 BC,这是塑性流动阶段。当应力超过 σ_p 以后,任一点的变形中都将包括弹性变形和塑性变形两部分,其中的塑性变形在卸载后不再恢复,故称残余变形或永久变形。CD 段为强化阶段,这一阶段应力与应变均有所增大,D 点所对应的应力即为钢材的极限强度 σ_u;当应力超过极限强度 σ_u 后,应变增加而应力逐渐减小,此为颈缩阶段。

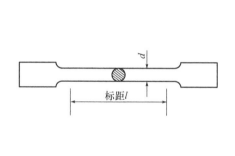

图2.1 拉伸试件

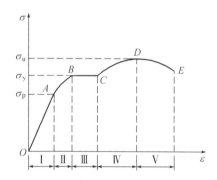

图2.2 软钢的应力-应变曲线

屈服点 σ_y 是建筑钢材的一个重要力学特性。其意义在于以下两个方面:

(1)作为结构计算中材料强度标准或材料抗力标准。应力达到 σ_y 时的应变($\varepsilon \approx 0.15\%$)与达到 σ_p 时的应变($\varepsilon \approx 0.1\%$)较接近,可以认为应力达到 σ_y 时为弹性变形的终点。同时,达到 σ_y 后在一个较大的应变范围内(ε 约从0.15%到2.5%),应力不会继续增加,表示结构一时丧失继续承担更大荷载的能力,故以 σ_y 作为弹性计算时强度的标准。

(2)形成理想弹塑性体的模型,为发展钢结构计算理论提供基础。在 σ_y 之前,钢材近于理想弹性体,σ_y 之后,塑性应变范围很大而应力保持不增长,所以接近理想塑性体。因此,可以用两根直线的图形(图2.3)作为理想弹塑性体的应力-应变模型。

2)强度指标

反映钢材静强度的指标有弹性极限 f_e、屈服极限 f_y 和强度极限 f_u。由于弹性极限和屈服极限数值很近,因而通常只考虑屈服极限。在进行结构设计时,将钢材视为理想的弹塑性体,

故取屈服极限 f_y 作为钢材可以达到的最大应力,认为当应力达到 f_y 以前钢材为完全弹性,当应力达到 f_y 后钢材完全塑性,即应力保持 f_y 不变,而变形无限增长(图 2.3),结构设计时将 f_y 作为强度设计的依据。对于强度极限 f_u,不作为强度设计的依据,将其作为强度指标是必要的,保证该种钢材的强度储备。

低碳钢和低合金钢等软钢有明显的屈服点和屈服平台(图 2.2)。而热处理钢材(硬钢),它虽然可以有较好的塑性性质但没有明显的屈服点和屈服平台,应力-应变曲线是一条连续曲线。对于没有明显屈服点的钢材,规定永久变形 $\varepsilon = 0.2\%$ 时的应力作为屈服点,有时用 $\sigma_{0.2}$ 表示。为了区别起见,把这种名义屈服点称作屈服强度(图 2.4)。生产试验时为了简单易行,也可以用与 $\varepsilon = 0.5\%$ 对应的应力作为屈服强度,因为它与 $\sigma_{0.2}$ 相差不多。以后,为简明统一起见,在钢结构中对 σ_y 与 $\sigma_{0.2}$ 不再区分而且用符号 f_y 表示,并统一用屈服强度一词。

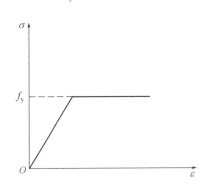

图 2.3　理想弹塑性体的应力-应变曲线　　图 2.4　硬钢的应力-应变曲线

3) 塑性指标

反映钢材塑性的指标有伸长率 δ 和断面收缩率 ψ,其定义为

$$\delta = \frac{l_1 - l_0}{l_0} \times 100\% \quad (2.1a)$$

$$\psi = \frac{A_0 - A_1}{A_0} \times 100\% \quad (2.1b)$$

式中: l_0——试件原标距间长度;

l_1——试件拉断后标距间长度;

A_0——试件原来的断面面积;

A_1——试件拉断后颈缩区的断面面积。

伸长率 δ 是衡量钢材断裂前具有塑性变形能力的指标。试件拉断时原标距间长度伸长值与原标距的百分比称为伸长率。根据试件原标距长度 l_0 与试件中间部分的直径 d_0 的比值为10 或 5 而分为 δ_{10} 或 δ_5,伸长率可按式(2.1a)计算,伸长率越大,则塑性越好,标准试件的此比值一般为 5。

断面收缩率 ψ 是试件拉断后颈缩处横断面面积的最大缩减量与原始横断面的百分比,是衡量单调拉伸的另一个塑性指标,可按式(2.1b)计算,ψ 越大,塑性越好。

钢材受压时取与受拉情况相同的性能指标,钢材受剪时的屈服极限通过强度理论进行分析得到(见 2.2 节)。

2.1.3 钢材的冲击韧性

钢材的冲击韧性是钢材在冲击荷载作用下的力学性能,反映钢材抵抗冲击荷载的能力,是强度与塑性的综合表现。钢材的冲击韧性值是指钢材在受到冲击荷载时发生一定塑性变形后断裂过程中吸收能量的多少。钢材的冲击韧性值由冲击试验得到。进行冲击试验(或称落锤试验)时,通常选择却贝试件形式(开 V 形槽口),试件尺寸外形尺寸为 $10\text{mm} \times 10\text{mm} \times 55\text{mm}$,如图 2.5 所示。韧性指标 α_k 等于冲断试件所耗的功(J/cm^2),冲击功的计算见式(2.2)。

$$\alpha_k = \frac{A_k}{A_n} \times 100\% \quad (J/cm^2) \tag{2.2}$$

式中:α_k——冲击韧性值;

A_k——冲击功;

A_n——试件缺口处的净截面面积。

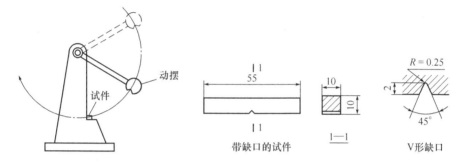

图 2.5 钢材的冲击试验示意图

钢结构设计规范对钢材的冲击韧性 α_k 有常温和负温要求的规定。选用钢材时,应根据结构的使用情况和要求提出相应温度的冲击韧性指标要求。

温度对冲击韧性有很大的影响,因此冲击韧性通常有常温(20℃)冲击韧性和低温冲击韧性(-40 ~ -20℃)。在低温下,钢材的冲击韧性值很低,这种性质称为钢材的冷脆性。因此,在低温下钢材极易发生脆断,在设计时务必要保证钢材的低温冲击韧性。

2.1.4 钢材的冷弯性能

冷弯性能表明钢材是否能够弯曲成型,是否有足够的塑性,另外还可检验钢材的质量,属于钢材的一种工艺性能,通过冷弯试验来说明。冷弯试验可以揭示钢材塑性性能的好坏,检验钢材的冷加工性能和钢材的冶金、轧制质量。试验示意图如图 2.6 所示。

冷弯试验结果的分析主要是观察试件外表面及两个侧面有无裂缝出现、有无分层现象,以无裂缝出现、无分层现象为合格。

冷弯性能是判别钢材塑性性能和质量好坏的一个综合性指标,是一个较难达到的指标。冷弯试验常作为静力拉伸试验和冲击试验的补充试验。通常只对某些重要结构和需

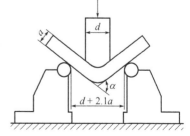

图 2.6 钢材的冷弯试验示意图

要进行冷加工的构件才要求冷弯性能合格。

需要说明的是,冷弯性能对桥梁钢结构来说,不是一项工艺性能指标,而是一项质量指标,因为在桥梁中,冷弯角度要求不会太大。

2.1.5 钢材的可焊性

焊接是钢结构的主要连接形式。对于要焊接的钢材,要求它必须具有良好的可焊性。钢材的可焊性是指在一定的材料、焊接工艺和结构条件下,经过焊接可获得良好的焊接接头。可焊性好坏通过可焊性试验来检验,即通过可焊性试验来判断结构所用钢材、焊条、焊接工艺和结构形式是否恰当,从而有效地控制裂纹产生和防止脆断。

可焊性试验内容包括抗裂性试验和使用性能的试验,抗裂性试验是检查施焊后焊缝金属及热影响区金属硬化和产生裂纹的敏感性,即材料的结合性能,以不产生裂纹和裂纹率符合规定要求为合格。使用性能的试验是判断焊件在使用过程中的脆断倾向,能否安全承载。检查焊缝金属及热影响区金属的塑性、韧性,要求在使用过程中焊接接头的性能不低于母材的性能。

另外,耐久性(耐腐蚀性、抗疲劳性、耐时效性)也是钢材的一种性能。

2.2 复杂应力状态下钢材的屈服条件

钢材在复杂应力(多向应力)状态下的工作性能与简单应力(单向应力)状态下的工作性能是不同的。由于存在着多个应力分量,钢材在复杂应力下的屈服条件不能简单地由某一个应力分量是否达到屈服点来判定,多向应力下钢材的屈服与各个应力分量的大小和方向有关,产生屈服时各应力分量所满足的条件称为屈服条件。由材料力学中的形状改变比能理论可知,三向应力状态下钢材产生屈服时,存在以下关系

$$\sigma_{zs} = \sqrt{\sigma_x^2 + \sigma_y^2 + \sigma_z^2 - (\sigma_x \sigma_y + \sigma_y \sigma_z + \sigma_z \sigma_x) + 3(\tau_{xy}^2 + \tau_{yz}^2 + \tau_{zx}^2)} = f_y \quad (2.3)$$

或以主应力表示

$$\sigma_{zs} = \sqrt{\frac{1}{2}[(\sigma_1 - \sigma_2)^2 + (\sigma_2 - \sigma_3)^2 + (\sigma_3 - \sigma_1)^2]} = f_y \quad (2.4)$$

称 σ_{zs} 为折算应力,因此,复杂应力状态下钢材的屈服条件可写成:当 $\sigma_{zs} < f_y$ 时为弹性状态;当 $\sigma_{zs} \geq f_y$ 时为塑性状态。

对于平面应力状态,折算应力可简化为

$$\sigma_{zs} = \sqrt{\sigma_x^2 + \sigma_y^2 - \sigma_x \sigma_y + 3\tau_{xy}^2} \quad (2.5)$$

当只有 σ_x 和 τ_{xy} 时(如梁的变截面处及腹板的计算高度处),折算应力得到进一步简化

$$\sigma_{zs} = \sqrt{\sigma^2 + 3\tau^2} \quad (2.6)$$

特别地,在纯剪切时,$\sigma = 0$,则折算应力为 $\sigma_{zs} = \sqrt{3\tau^2} = \sqrt{3}\tau$;发生屈服时,$\sigma_{zs} = f_y$ 亦即 $\sqrt{3}\tau = f_y$ 可得

$$\tau = \frac{1}{\sqrt{3}}f_y = 0.58f_y \tag{2.7}$$

此时的剪应力 τ 即为剪切屈服点 f_{yv}，且 $f_{yv} = 0.58f_y$。

2.3 钢结构的脆性断裂

钢材有两种破坏形式,即塑性破坏和脆性破坏。破坏前有显著塑性变形的破坏称为塑性破坏,破坏前没有显著塑性变形的破坏称为脆性破坏或称脆性断裂。比较而言,脆性破坏由于没有先兆而具有突然性。钢结构的脆性破坏涉及面相当广,如储罐、压力容器、管线、船舶、油轮(图2.7)、桥梁、钢轨(图2.8)、海上采油设备、水力发电设备、起重运输设备等等。特别是焊接结构的脆性破坏事故时有发生,如1938年比利时跨度为74.5m的哈塞尔特全焊空腹桁架桥在交付使用一年后突然裂成三段坠入阿尔培运河。破坏由下弦断裂开始,6分钟后桥即垮塌。当时气温较低,而桥梁只承受较轻的荷载。该桥用软钢制造,上、下弦均为两根工字钢组合焊成的箱形截面,最大厚度56mm,节点板为铸件,断裂口有的经过焊缝,有的只经过钢板。又如1943年1月美国的一艘焊接油轮在船坞中突然断成两截,当时气温为-5℃,船上只有试航的载重,内力约为最大设计内力的一半。在以后的10年中,又有二百多艘建造的焊接船舶在第二次世界大战期间发生破坏。1952年欧洲有三座直径44m、高13.7m的油罐发生破坏,当时这些油罐还未使用,气温为-4℃,最大板厚22mm,材料也是软钢。施工时油罐的焊缝曾从罐内加工凿平,矫正焊接变形时曾对油罐进行过猛烈的锤击。

图2.7 焊接油轮的脆性断裂

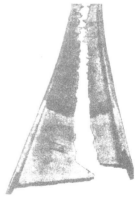
图2.8 钢轨的脆性断裂

钢结构(特别是焊接结构)发生脆性断裂时的原因有:焊接引起的缺陷(如裂纹、欠焊、夹渣和气孔等)、加工(如铲除焊缝及锤击)过程中造成的裂纹等产生的应力集中,焊接后结构内部存在的残余应力,温度变化引起的温差应力以及选材不当(如缺口韧性不足)等。

钢结构发生脆性断裂时常常具有如下几个特点:

(1)断裂前没有显著的塑性变形,断裂具有突发性,即破坏一旦发生,瞬时扩展到整个结构,因而难以事先发现和预防。按照断裂力学的观点,当裂纹的扩展动力大于扩展阻力时,即发生断裂。

(2)脆性断裂的断口形貌平直呈晶粒状,实质是拉应力作用下金属晶粒被拉断。

(3)结构发生脆断时,材料中平均应力低于设计容许应力,是一种低应力破坏。

(4)脆性断裂常发生在低温下或内部有"先天缺陷"的构件中。

影响钢结构脆性断裂的因素主要是应力状态和低温。在三向受拉的应力状态下,构件中的剪应力很小,不足以引起金属晶粒的滑移,故发生脆断。形成三向受拉应力状态的原因有很多,如由缺陷引起的应力集中、焊接残余应力、板厚效应等。在低温下,钢材的脆断强度(拉断晶粒所需的应力)比屈服强度要低(图2.9),因而更容易发生脆性断裂。因此,在选材上除了要求具有足够的强度外,还要求有适当的韧性,并注意结构构造细节的设计和采用合理的加工工艺。

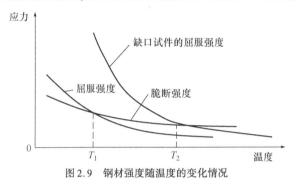

图2.9 钢材强度随温度的变化情况

2.4 钢结构的疲劳

2.4.1 交变应力及其循环特征

在随时间变化的荷载(称为交变荷载)作用下,结构构件内所产生的应力称为交变应力,也称为反复应力或疲劳应力。钢结构中的吊车梁和桥梁杆件都是承受疲劳应力作用的构件。交变应力与静载应力的区别在于交变应力重复变化,应力每重复变化一次,称为一个应力循环,每一次应力循环中的最大应力与最小应力之差称为应力幅,即 $\Delta\sigma = \sigma_{max} - \sigma_{min}$,根据应力幅的变化,疲劳可分为等幅疲劳和变幅疲劳。应力循环过程中应力幅保持不变的称为等幅疲劳,而应力循环过程中应力幅产生变化的称为变幅疲劳。

对于等幅疲劳应力循环,可分为对称循环和非对称循环,常用应力比 $\rho = \sigma_{min}/\sigma_{max}$ 表示应力循环特征。对称循环下 $\rho = -1$;非对称循环又分为拉-拉循环($\rho > 0$)、拉-压循环以拉为主($-1 < \rho < 0$)、拉-压循环以压为主($\rho < -1$);当 $\rho = 0$ 时,称为脉动循环;当 $\rho = 1$ 时,对应静荷载,可看成是一种特殊的交变应力,如图2.10所示。

对于变幅疲劳,应力幅 $\Delta\sigma$、最大应力 σ_{max}、最小应力 σ_{min} 都是随时间变化(有规律或无规律)的(图2.11),工程上常用一定的循环计数法将其进行统计处理,化为有规律的变幅应力谱

(阶梯应力谱),然后利用一定的疲劳累积损伤法则化为等效的等幅疲劳应力进行计算。

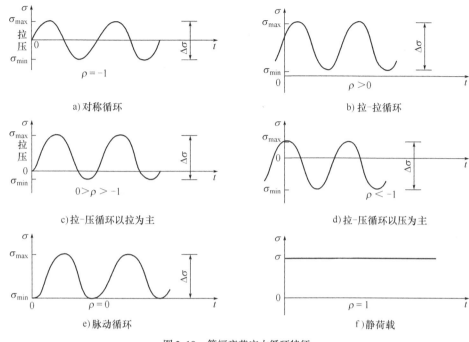

图 2.10 等幅疲劳应力循环特征

2.4.2 疲劳破坏的特点

与静载下的屈服破坏相比,疲劳破坏是在重复变化的荷载作用下,由于钢材内部的缺陷,逐渐产生裂纹,随着应力循环次数的增加,裂纹不断扩展直到最后发生突然断裂。

疲劳破坏具有如下特点:
(1)疲劳破坏时应力值远低于静荷载作用下破坏时的应力值(f_u、f_y);
(2)疲劳破坏时构件没有明显的塑性变形,是一种脆性破坏(具有突发性);
(3)疲劳破坏在多次应力循环以后才发生;
(4)疲劳破坏过程是构件中裂纹的萌生、扩展直到断裂的过程;
(5)疲劳破坏时,断口上有裂纹源、疲劳裂纹扩展区(光滑)、脆断区(粗糙),如图 2.12 所示。

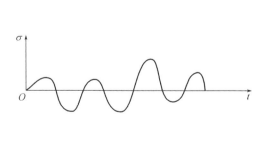

图 2.11 变幅疲劳应力循环

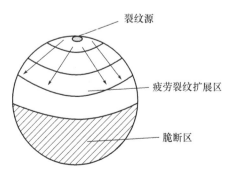

图 2.12 疲劳断口示意图

2.4.3 疲劳强度

疲劳强度的大小用疲劳极限(或称持久极限)来说明,通常意义下的疲劳极限是指在疲劳应力作用下,经无数次循环,材料或构件不发生疲劳破坏的最大应力值(或应力幅)。

这里所谓"无数次循环"是指钢结构依不同的使用要求选定的一个循环基数 N_0,N_0 的取法在试验研究中常取 1×10^7,对钢结构工程而言,国际焊接学会 IIW 和国际标准化组织 ISO 建议取 5×10^6,我国钢结构设计标准取 2×10^6,并规定疲劳寿命的最低值为 1×10^5。

在给定其他应力循环数下所得到的疲劳极限称为条件疲劳极限。疲劳极限表征了疲劳强度的高低,通过疲劳试验测定。

测定材料的疲劳极限时,先确定试样的形式(常用光滑漏斗形试样)并选择应力循环特征,然后取不同的应力水平(最大应力值或应力幅),在每一应力水平下分别进行疲劳试验,将给定应力水平下材料发生疲劳破坏时的应力循环次数称为材料的疲劳寿命。试验结果得出每一应力水平下的疲劳寿命值,将它们表示在应力-寿命坐标图中,并采用幂函数进行曲线拟合,所得出的曲线称为材料的应力-寿命曲线,也叫作疲劳 S-N 曲线,如图 2.13a)所示。曲线上的渐近线所对应的应力水平即为材料的疲劳极限。要精确测定材料的疲劳极限可用升降法[19]。

S-N 曲线方程在中等寿命区常用下式表示

$$NS^\beta = C \tag{2.8}$$

式中,C、β 表示方程参数,由试验数据拟合得到。

上式两边取对数得到双对数方程

$$\lg N + \beta \lg S = \lg C \tag{2.9}$$

在双对数坐标中上式为一条直线,由于材料疲劳性能具有一定的分散性,所以,常取 S-N 曲线中一定概率下疲劳强度的下限作为设计 S-N 曲线,如图 2.13b)所示。

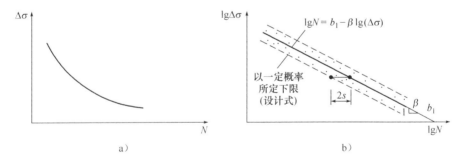

图 2.13 材料的疲劳 S-N 曲线

若要测定构件(存在应力集中)的疲劳极限,测定方法与材料的相同,只不过要采用构件作为试验件,由于构件的尺寸较大,要用大吨位的疲劳试验机,因而,试验费用将十分昂贵。

2.4.4 提高钢结构疲劳强度的措施

影响钢结构疲劳强度的因素很多,归纳起来,主要有构件的构造细节(包括形状、尺寸及表面状况、冶金缺陷等,它们和应力集中程度有关)、应力种类(循环特征)及其幅值、应力循环次数、残余应力、工作环境及材料种类等。应力集中程度越高,疲劳强度就越低。

为了提高钢结构的疲劳强度,首先要有适当的构造细节设计,同时还要有好的施工质量。此外,也可以进一步采取一些工艺措施缓和应力集中程度(如磨去对接焊缝的余高、消除焊缝的趾部的切口),或是采用合理的喷丸、锤击等工艺在表层形成压缩残余应力来提高疲劳性能。

试验表明,对于钢结构的非焊接部位,疲劳强度是由应力比与最大应力决定的,但对于焊接部位,疲劳强度主要与应力幅有关。

2.4.5 钢结构的疲劳计算

钢结构的疲劳计算方法在不同的行业规范中有所不同,现行《钢结构设计标准》(GB 50017—2017)中采用容许应力幅法计算疲劳。规定在结构使用寿命期间,当常幅疲劳和变幅疲劳的最大应力符合下列公式时,疲劳强度满足要求。

1)常幅疲劳和变幅疲劳的最大应力幅

(1)正应力幅疲劳计算公式

$$\Delta\sigma < \gamma_t [\Delta\sigma_L]_{1\times 10^8} \tag{2.10}$$

式中:$\Delta\sigma$——构件或连接计算部位的正应力幅度,按以下两种情况计算:

对于焊接部位　　　　$\Delta\sigma < \sigma_{max} - \sigma_{min}$

对于非焊接部位　　　$\Delta\sigma < \sigma_{max} - 0.7\sigma_{min}$

σ_{max}——计算部位的应力循环中的最大拉应力,拉应力取正值;

σ_{min}——计算部位的应力循环中的最小拉应力或压应力,拉应力取正值,压应力取负值;

$[\Delta\sigma_L]_{1\times 10^8}$——正应力幅的疲劳截止限,具体确定方法见《钢结构设计标准》(GB 50017—2017)附录 K 的相关规定,构件连接类别按表2.1采用。

γ_t——板厚或直径修正系数,按下列规定计算:①对横向角焊缝连接和对接焊缝连接,当连接板厚 t 超过25mm 时,$\gamma_t = \left(\dfrac{25}{t}\right)^{0.25}$;②对螺栓轴向受拉连接,当螺栓的公称直径 d(mm)大于30mm 时,应按下式计算:$\gamma_t = \left(\dfrac{30}{d}\right)^{0.25}$;③其余情况取 $\gamma_t = 1.0$。

(2)剪应力幅疲劳计算公式

$$\Delta\tau < [\Delta\tau_L]_{1\times 10^8} \tag{2.11}$$

式中:$\Delta\tau$——构件或连接计算部位的剪应力幅度,按以下两种情况计算:

对于焊接部位　　　　$\Delta\tau < \tau_{max} - \tau_{min}$

对于非焊接部位　　　$\Delta\tau < \tau_{max} - 0.7\tau_{min}$

τ_{max}——计算部位的应力循环中的最大剪应力;

τ_{min}——计算部位的应力循环中的最小剪应力;

$[\Delta\tau_L]_{1\times 10^8}$——剪应力幅的疲劳截止限,具体确定方法见《钢结构设计标准》(GB 50017—2017)附录 K 的相关规定,构件连接类别按表2.2采用。

我国《钢结构设计标准》(GB 50017—2017)将构件和连接按不同构造情况划分为 14 个类别,分别规定了它们的系数 C、β 值,见表 2.1 和表 2.2。

正应力幅的疲劳计算参数　　　　　　表 2.1

构件和连接分类	构件和连接相关系数类		循环次数 n 为 2×10^6 的容许正应力幅 $[\Delta\sigma]_{2\times10^6}$ (MPa)	循环次数 n 为 5×10^6 的容许正应力幅 $[\Delta\sigma]_{5\times10^6}$ (MPa)	疲劳截止限 $[\Delta\sigma_L]_{1\times10^8}$ (MPa)
	C_Z	β_Z			
Z1	1920×10^{12}	4	176	140	85
Z2	861×10^{12}	4	144	115	70
Z3	3.91×10^{12}	3	125	92	51
Z4	2.81×10^{12}	3	112	83	46
Z5	2.00×10^{12}	3	100	74	41
Z6	1.46×10^{12}	3	90	66	36
Z7	1.02×10^{12}	3	80	59	32
Z8	0.72×10^{12}	3	71	52	29
Z9	0.50×10^{12}	3	63	46	25
Z10	0.35×10^{12}	3	56	41	23
Z11	0.25×10^{12}	3	50	37	20
Z12	0.18×10^{12}	3	45	33	18
Z13	0.13×10^{12}	3	40	29	16
Z14	0.09×10^{12}	3	36	26	14

注:构件与连接的分类应符合《钢结构设计标准》(GB 50017—2017)附录 K 的相关规定。

剪应力幅的疲劳计算参数　　　　　　表 2.2

构件和连接分类	构件和连接相关系数类		循环次数 n 为 2×10^6 的容许剪应力幅 $[\Delta\tau]_{2\times10^6}$ (MPa)	疲劳截止限 $[\Delta\tau_L]_{1\times10^8}$ (MPa)
	C_J	β_J		
J1	4.10×10^{11}	3	59	16
J2	2.00×10^{16}	5	100	46
J3	8.61×10^{21}	8	90	55

注:构件与连接的类别应符合《钢结构设计标准》(GB 50017—2017)附录 K 的相关规定。

2)当常幅疲劳计算不能满足式(2.10)或式(2.11)的要求时

(1)正应力幅的疲劳计算应满足下列公式

$$\Delta\sigma < \gamma_t [\Delta\sigma_L] \tag{2.12a}$$

当 $n \leq 5\times10^6$ 时,

$$[\Delta\sigma] = \left(\frac{C_Z}{n}\right)^{1/\beta_Z} \tag{2.12b}$$

当 $5\times10^6 < n \leq 1\times10^8$ 时,

$$[\Delta\sigma] = \left[([\Delta\sigma]_{5\times10^6})\frac{C_Z}{n}\right]^{1/(\beta_Z+2)} \tag{2.12c}$$

当 $n > 1 \times 10^8$ 时,
$$[\Delta\sigma] = [\Delta\sigma_L]_{1 \times 10^8} \tag{2.12d}$$

(2)剪应力幅疲劳计算应满足下列公式
$$\Delta\tau < [\Delta\tau] \tag{2.13a}$$

当 $n \leq 1 \times 10^8$ 时,
$$[\Delta\tau] = \left(\frac{C_J}{n}\right)^{1/\beta_J} \tag{2.13b}$$

当 $n > 1 \times 10^8$ 时,
$$[\Delta\tau] = [\Delta\tau_L]_{1 \times 10^8} \tag{2.13c}$$

式中:$[\Delta\sigma]$——常幅疲劳的容许正应力幅度;

n——应力循环次数正应力幅度;

$\Delta\tau$——常幅疲劳的容许剪应力幅;

C_Z、β_Z——构件和连接的相关参数,应根据《钢结构设计标准》(GB 50017—2017)附录 K 的构件和连接类别,按表2.1采用。

C_J、β_J——构件和连接的相关参数,应根据《钢结构设计标准》(GB 50017—2017)附录 K 的构件和连接类别,按表2.2采用。

$[\Delta\sigma]_{5 \times 10^6}$——循环次数 n 为 5×10^6 次的容许正应力幅,应根据《钢结构设计标准》(GB 50017—2017)附录 K 的构件和连接类别,按表2.1采用。

$[\Delta\tau_L]_{1 \times 10^8}$——剪应力幅的疲劳截止限,应根据《钢结构设计标准》(GB 50017—2017)附录 K 的构件和连接类别,按表2.2采用。

3)当变疲劳计算不能满足式(2.10)或式(2.11)的要求时

(1)正应力幅的疲劳计算应满足下列公式
$$\Delta\sigma_e \leq \gamma_t [\Delta\sigma]_{2 \times 10^6} \tag{2.14a}$$
$$\Delta\sigma_e = \left[\frac{\sum n_i (\Delta\sigma_i)^{\beta_Z} + ([\Delta\sigma]_{5 \times 10^6})^{-2} \sum n_j (\Delta\sigma_j)^{\beta_Z+2}}{2 \times 10^6}\right]^{1/\beta_Z} \tag{2.14b}$$

(2)剪应力幅疲劳计算应满足下列公式
$$\Delta\tau_e \leq [\Delta\tau]_{2 \times 10^6} \tag{2.15a}$$
$$\Delta\tau_e = \left[\frac{\sum n_i (\Delta\tau_i)^{\beta_J}}{2 \times 10^6}\right]^{1/\beta_J} \tag{2.15b}$$

以上两式中:$\Delta\sigma_e$——由变幅疲劳预期使用寿命(总循环次数 $n = \sum n_i + \sum n_j$)折算成循环次数 n 为 2×10^6 的等效正应力幅;

$[\Delta\sigma]_{2 \times 10^6}$——循环次数 n 为 2×10^6 次的容许正应力幅,应根据《钢结构设计标准》(GB 50017—2017)附录 K 的构件和连接类别,按表2.1采用;

$\Delta\sigma_i$、n_i——应力谱中在 $\Delta\sigma_i \geq [\Delta\sigma]_{5 \times 10^6}$ 范围内的正应力幅度及其频次;

$\Delta\sigma_j$、n_j——应力谱中在 $[\Delta\sigma_L]_{1 \times 10^6} \leq \Delta\sigma_j < [\Delta\sigma]_{5 \times 10^6}$ 范围内的正应力幅度及其频次;

$\Delta\tau_e$——由变幅疲劳预期使用寿命(总循环次数 $n \sum n_i$)折算成循环次数 n 为 2×10^6

的等效剪应力幅;

$[\Delta\tau]_{2\times10^6}$——循环次数 n 为 2×10^6 次的容许剪应力幅,应根据《钢结构设计标准》(GB 50017—2017)附录 K 的构件和连接类别,按表 2.2 采用;

$\Delta\tau_i$、n_i——应力谱中在 $\Delta\tau_i \geq [\Delta\tau_L]_{1\times10^6}$ 范围内的剪应力幅度及其频次。

4)重级工作制吊车梁和重级、中级工作制吊车桁架的变幅疲劳

重级工作制吊车梁和重级、中级工作制吊车桁架的变幅疲劳可取应力循环中最大应力幅,按下列公式计算:

(1)正应力幅的疲劳计算应满足下列公式

$$\alpha_f \Delta\sigma_e \leq \gamma_t [\Delta\sigma]_{2\times10^6} \quad (2.16a)$$

(2)剪应力幅疲劳计算应满足下列公式

$$\alpha_f \Delta\tau_e \leq [\Delta\tau]_{2\times10^6} \quad (2.16b)$$

式中:α_f——欠载效应的等效系数,按表 2.3 采用。

吊车梁的欠载效应等效系数　　　　表 2.3

吊车类别	α_f
A6、A7、A8 工作级别(重级)的硬钩吊车	1.0
A6、A7 工作级别(重级)的软钩吊车	0.8
A6、A7 工作级别(中级)的吊车	0.5

直接承受动力荷载重复作用的高强度螺栓连接,其疲劳计算应符合下原则:抗剪摩擦型连接可不进行疲劳验算,但其连接处开孔主体金属应进行疲劳计算;栓焊并用连接应力应按全部剪力由焊缝承担的原则,对焊缝进行疲劳计算。

《铁路桥梁钢结构设计规范》(TB 10091—2017)及《公路钢结构桥梁设计规范》(JTG D64—2015)中的疲劳验算公式参见各自的规范条文。

2.5 影响钢材性能的因素

影响钢材性能的因素主要有钢材的化学成分、冶金缺陷、应力状态、应力集中、残余应力、温度、时效和冷作硬化等。

2.5.1 化学成分

钢材的化学成分直接影响钢的组织构造和力学性能。钢的基本元素是铁(Fe),约占 99%,其他元素如碳(C)、硅(Si)、锰(Mn)、硫(S)、磷(P)、氧(O)、氮(N)等,虽然含量不大,但对钢材的力学性能却影响很大。

1)碳(C)

碳直接影响钢材的强度、塑性、韧性和可焊性。碳含量增加,钢材的屈服点和抗拉强度提高,

塑性、韧性(特别是低温冲击韧性)下降,耐腐蚀性、疲劳强度、冷弯性能和可焊性也都明显下降。因此,建筑钢材的碳含量不宜太高,一般限制在0.22%以下,对焊接结构应限制在0.2%以下。

2) 硅(Si)

硅在钢中作为脱氧剂,用以制成质量较高的镇静钢,使铁液在冷却时形成无数结晶中心,使晶粒细小而均匀。硅含量适当能够提高钢材强度,而对塑性、韧性、冷弯性能和可焊性均无显著的不良影响,含量过高,可降低塑性、韧性、可焊性和抗锈性。一般限制其在0.1%~0.3%(镇静钢)或≤0.07%(沸腾钢)或0.2%~0.6%(低合金钢)。

3) 锰(Mn)

锰是一种弱脱氧剂,与铁、碳的化合物溶解于纯铁体或渗碳体中,强化纯铁体和珠光体。锰含量适当,能够提高钢材强度;消除硫(S)、氧(O)对钢材的热脆影响;改善钢材的热加工性能;改善钢材的冷脆倾向;不显著降低钢材的塑性和冲击韧性。锰的适当含量(在普通碳素钢中)为0.3%~0.8%,也是低合金钢中的合金元素。锰含量过高(≥1.0%),使钢材变得脆而硬,降低钢材的可焊性、抗锈性。

4) 硫(S)

硫在钢中是有害物质,硫与铁的化合物FeS散布在纯铁体晶粒的间层中,高温时,FeS熔化而使钢材变脆并产生裂纹(称为钢材的热脆性)。硫含量过高,会降低钢材的塑性、冲击韧性、疲劳强度、抗锈性,所以应严格控制硫的含量。一般要求硫含量≤0.055%,对焊接结构要求≤0.050%。若在钢中增加锰(Mn)的含量,形成硫化锰(MnS),其熔点高(约1600℃)、塑性较好,可减轻硫(S)的有害作用。

5) 磷(P)

磷通常也是有害物质,它与纯铁体结成不稳定的固熔体,增大纯铁体晶粒。其含量过高会严重降低钢材的塑性、冲击韧性(特别是低温时,使钢材变得很脆,称为冷脆性)、冷弯性能、可焊性。应严格控制磷含量,一般要求≤0.05%,对焊接结构要求≤0.045%。但磷的强化作用和抗锈性十分显著,有时利用磷的强化作用提高钢材的强度,经过特殊冶炼,生产高磷钢,含磷量可达0.08%~0.12%,但这时应减小含碳量(含碳量≤0.09%)以保持一定的塑性和韧性。

6) 氧(O)

氧与硫相似,具有热脆性,应限制在0.05%以下。

7) 氮(N)

氮与磷相似,显著降低钢材的塑性、韧性、冷弯性能、可焊性,增加时效倾向和冷脆性,应限制在0.08%以下。

8) 钒(V)

钒是有益的合金元素,可提高钢材的强度和抗锈能力;不显著降低钢材的塑性和韧性,如15MnV。其适合于制造高、中压容器、桥梁、船舶、起重机械和其他荷载较大的焊接结构。

9) 铜(Cu)

铜也是有益元素,在普通碳素钢中属于杂质成分,提高钢材的抗锈能力和强度;降低可焊性。

2.5.2 冶金缺陷

冶金缺陷包括偏析、夹渣、裂纹或空洞、分层等。偏析是钢中化学杂质元素分布的不均匀性，偏析(特别是硫、磷有害元素的偏析)将严重影响钢材的性能，使钢材的塑性、冲击韧性、冷弯性能、可焊性等降低。沸腾钢的杂质元素较多，所以偏析现象比镇静钢更为严重。夹渣主要为非金属夹渣，如硫化物(产生热脆)、氧化物等有害物。裂纹(空洞、气孔)可降低冷弯性能、冲击韧性、疲劳强度和抗脆断性能；分层是钢材在厚度方向不密合，分成多层的现象，可降低钢材的冷弯性能、冲击韧性、疲劳强度和抗脆断性能。

消除冶金缺陷的措施是进行轧制(热轧、冷轧)，改变钢材的组织和性能，细化晶粒，消除显微组织缺陷，提高强度、塑性、韧性，因此轧制钢材比铸钢具有更高的力学性能。轧后热处理可进一步改善组织，消除残余应力，提高强度。

2.5.3 应力状态

由复杂应力状态下钢材的屈服条件可知，当主应力 σ_1、σ_2、σ_3 同号且数值相近时，即使某个主应力超过 f_y，σ_{zs} 也会小于 f_y，可见，同号复杂应力作用时，强度提高；若某一应力异号，则可能最大主应力还小于 f_y，σ_{zs} 也会达到或超过 f_y，可见，钢材受异号复杂应力作用时，强度降低。

钢材受三向受拉应力作用时，钢材的塑性降低，因为剪切应力变小，钢材不易发生塑性变形；钢材受异号复杂应力作用时，塑性增加。

2.5.4 应力集中和残余应力

应力集中的危害是产生不利的双向或三向应力场，使结构发生脆断或产生疲劳裂纹。图2.14中带槽口的试件的应力-应变曲线反映了应力集中程度对钢材力学性能的影响情况，减少应力集中的措施是改善结构形式，减小截面突变，使截面匀顺过渡。

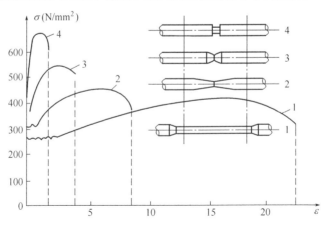

图 2.14　带槽口试件的应力-应变曲线

钢材在轧制、焊接、焰切及各种加工过程中会在其内部产生残余应力,残余应力(特别是拉伸残余应力)对钢材的力学性能有很大的影响,降低钢材的疲劳强度与冲击韧性。工程上常采用热处理、锤击、喷丸、振动等措施降低钢材内部的残余应力。

2.5.5 温度

钢材在高温、低温下的性能表现各不同:温度升高,强度下降,塑性韧性增大;温度降低,强度稍有提高,塑性、冲击韧性下降,脆性倾向增大,这种现象称为钢材的冷脆现象。钢材在约250℃时抗拉强度提高,塑性韧性下降,且表面呈蓝色,这种现象称为蓝脆现象;在260～320℃时,钢材出现徐变现象;600℃时,钢材强度几乎降为零。因此,钢结构需防火,图2.15表示出了温度对钢材性能影响,温度对冲击韧性的影响如图2.16所示。

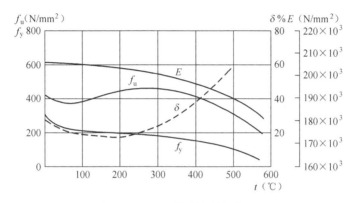

图2.15 温度对钢材性能的影响

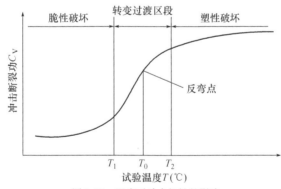

图2.16 温度对冲击韧性的影响

2.5.6 时效和冷作硬化

纯铁体中的碳、氮固溶物从中析出,形成自由的碳化物和氮化物散布于晶粒的滑移面上,起着阻碍滑移的强化作用,使金属的强度提高、塑性降低的现象称为时效。在材料产生塑性变形(约10%)后进行加热(250℃)可使时效强化快速发展,称为人工时效。

钢材受荷超过弹性范围后,若重复地卸载、加载,将使钢材的弹性极限提高、塑性降低,这种现象是钢材的冷作硬化,如图2.17所示。

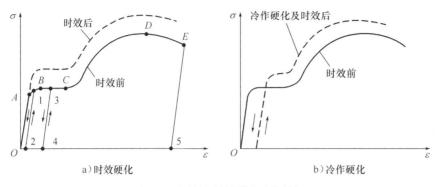

图 2.17 钢材的时效硬化与冷作硬化

2.6 钢材的种类和加工

2.6.1 钢材的种类

钢材品种繁多,性能各异,按化学成分可分为两类:碳素钢(普通、优质)、合金钢(低、中、高)。按用途可分为结构钢、工具钢和特殊用途钢。建筑钢结构用钢只是碳素结构钢和低合金结构钢中的几种。

钢结构中所用的钢材主要有两个种类,即碳素结构钢和低合金高强度结构钢。后者因含有锰、钒等合金元素而具有较高的强度。此外处在腐蚀介质中的结构应采用高耐候性结构钢,这种钢因铜、磷、铬、镍等合金元素而具有较高的抗锈能力。

1) 碳素结构钢

碳素结构钢的牌号(简称钢号)有 Q195、Q215、Q235、Q255 及 Q275。其中 Q215 包含有 Q215A、Q215B;Q235 包含有 Q235A、Q235B、Q235C、Q235D;Q255 包含有 Q255 A、Q255B。

碳素结构钢的钢号由代表屈服点的字母 Q、屈服点数值(单位为 N/mm^2)、质量等级符号(如 A、B、C、D)、脱氧方法符号(如 F、b)四个部分组成。

质量等级(A、B、C、D)表示对钢材的质量保证要求,其中 A 级只要求保证抗拉强度、屈服点,必要时才要求冷弯试验合格,对冲击韧性无要求。B、C、D 级要求保证抗拉强度、屈服点、伸长率和冷弯试验合格,同时要求一定的冲击韧性。B 级要求在 20℃时,冲击功 $A_k \geq 27J$;C 级要求在 0℃时,冲击功 $A_k \geq 27J$;D 级要求在 -20℃时,冲击功 $A_k \geq 27J$。另外,不同质量等级对材料化学成分的要求也不同。

前面已经提到,在浇铸过程中由于脱氧程度的不同,钢材有镇静钢、半镇静钢与沸腾钢之分,以符号 Z、b、F 来表示。此外还有用铝补充脱氧的特殊镇静钢,用 TZ 表示。按国家标准规定,符号 Z、TZ 在表示牌号时予以省略。以 Q235 钢来说,A、B 两级的脱氧方法可以是 Z、b、F,C 级的只能是 Z,D 级的只能是 TZ。其钢号的表示法和代表的意义如下:

Q235A——屈服强度为235N/mm²,A级,镇静钢;
Q235Ab——屈服强度为235N/mm²,A级,半镇静钢;
Q235AF——屈服强度为235N/mm²,A级,沸腾钢;
Q235B——屈服强度为235N/mm²,B级,镇静钢;
Q235C——屈服强度为235N/mm²,C级,镇静钢;
Q235D——屈服强度为235N/mm²,D级,特殊镇静钢。

另外,对碳素结构钢进行热处理,(如调质处理、正火处理)可降低杂质含量,减少缺陷,提高材料综合性能,这类钢称为优质碳素钢。其用于制作高强度螺栓、网架结构中的螺栓球、重要结构的钢铸件、预应力结构中的锚具(45号钢)和制作碳素钢丝、钢绞线(65~80号钢)等。

2)普通低合金结构钢

普通低合金结构钢是在普通碳素钢中添加少量的一种或几种合金元素制成的,以提高强度、耐腐蚀性、耐磨性和低温冲击韧性。普通低合金结构钢的含碳量一般都较低(低于0.2%),以便于钢材的加工和焊接。其强度的提高主要靠加入的合金元素来实现,合金元素总含量一般低于5%,故称低合金钢。

国家标准《低合金高强度结构钢》(GB/T 1591—2018)规定:低合金高强度结构钢分为Q355、Q390、Q420、Q460、Q500、Q550、Q620、Q690八种,其符号的含义和碳素结构钢牌号的含义相同。其中Q355、Q390、Q420、Q460是《钢结构设计标准》(GB 50017—2017)中规定采用的钢种。

钢的牌号由代表屈服强度"屈"字的汉语拼音首字母Q、规定的最小上屈服强度数值、交货状态代号、质量等级符号(B、C、D、E、F)四个部分组成。其中,交货状态为热轧时,交货状态代号AR或WAR可省略;交货状态为正火或正火轧制状态时交货状态代号均用N表示。Q为规定的最小上屈服强度数值,字母Q加上交货状态代号,简称为"钢级"。如:Q355ND,其中Q表示钢的屈服强度;355表示规定的最小上屈服强度数值,单位为兆帕(MPa);N表示交货状态为正火或正火轧制;D表示质量等级为D级。另外当需方要求钢板具有厚度方向性能时,则在上述规定的牌号后加上代表厚度方向(Z向)性能级别的符号,如:Q355NDZ25。

几类主要钢材的质量等级设置情况见表2.4和表2.5。

几类主要钢材的质量等级要求 表2.4

钢材牌号	质量等级	钢材牌号	质量等级	钢材牌号	质量等级
Q335	B、C、D	Q390N	B、C、D、E	Q420M	B、C、D、E
Q335N	B、C、D、E、F	Q390M	B、C、D、E	Q460	C
Q335M	B、C、D、E、F	Q420	B、C、D	Q460N	C、D、E
Q390	B、C、D	Q420N	B、C	Q460M	C、D、E

对Q345、Q390、Q420的质量等级要求 表2.5

钢材牌号	要求冲击韧性试验温度(℃)				合格标准	脱氧方法
	20	0	-20	-40		
Q345A、Q390A、Q420A	不做冲击韧性试验				—	F、Z、b

续上表

钢材牌号	要求冲击韧性试验温度(℃)				合格标准	脱氧方法
	20	0	-20	-40		
Q345B、Q390B、Q420B	√					Z
Q345C、Q390C、Q420C		√			34J	Z
Q345D、Q390D、Q420D			√			TZ
Q345E、Q390E、Q420E				√	27J	TZ

和碳素结构钢一样，不同质量等级是按对冲击韧性的要求区分的，E 级主要是要求 -40℃ 的冲击韧性，F 级主要是要求 -60℃ 的冲击韧性。低合金高强度结构钢属于镇静钢或特殊镇静钢，因此钢的牌号中不注明脱氧方法，冶炼方法也由供方自行选择。低合金高强度结构钢交货时，应有化学成分、屈服点、抗拉强度、冷弯等力学性能的合格保证书。当需要时，还应提出 20℃、0℃、-20℃、-40℃ 或 -60℃ 的冲击韧性合格的附加交货条件。

普通低合金钢的特点是具有较高的屈服点和抗拉强度，有良好的塑性、韧性（特别是低温冲击韧性）、耐腐蚀性，平炉和顶吹氧气转炉都可以冶炼，成本低，应用广。

采用普通低合金钢可减轻结构自重、节约钢材、延长使用寿命。对于冲击韧性，尤其是低温冲击韧性要求很高的重要结构（如桥梁、重级工作制焊接吊车梁），宜采用硅脱氧后再用铝补充脱氧的特殊镇静钢。另外，大型结构的支座常采用钢铸件，如 ZG200-400、ZG230-450、ZG270-500、ZG310579 等。

在《低合金高强度结构钢》(GB/T 1591—2018)中，对各级钢材的制作方法、质量等级、强度指标、化学成分等均做出相应调整，且由 Q355 钢材取代 Q345 钢材。由于《钢结构设计标准》(GB 50017—2017)中未有与 Q355 相匹配的钢材设计用强度指标和连接用强度指标，本章暂不对上述材料变化作详细阐述。

3）高性能建筑结构用钢板

高性能建筑结构用钢板简称高建钢，它具有易焊接、抗震、抗低温冲击等性能，主要应用于高层建筑、超高层建筑、大跨度体育场馆、机场、会展中心以及钢结构厂房等大型建筑工程。高建钢与碳素结构钢或低合金高强度结构钢相比，屈服强度设定了上限，抗拉强度有所提高，对碳当量、屈强比指标有要求。高性能建筑结构用钢有 Q235CJ、Q345GJ、Q390GJ、Q420GJ、Q460GJ 五种。其牌号由代表屈服强度的汉语拼音字母 Q、屈服强度数值、高性能建筑结构用钢的汉语拼音字母 GJ、质量等级符号 B、C、D、E 组成，分别要求 20℃，0℃，-20℃ 或 -40℃ 的冲击韧性。

4）优质碳素结构钢

优质碳素结构钢与碳素结构钢的主要区别在于含杂质元素较少，磷、硫等有害元素的质量分数均不大于 0.035%，其他缺陷的限制也较严格，具有较好的综合性能。按照《优质碳素结构钢》(GB/T 99—2015)生产的钢材共有两大类，一类为普通含锰量的钢，另一类为较高含锰量的钢，两类的钢号均用两位数字表示，它表示钢中的平均含碳量的万分数，前者数字后不加 Mn，后者数字后加 Mn，如 45 号钢，表示平均含碳量为 0.45% 的优质碳素钢；45Mn 号钢，则表示以同样处理（正火、淬火或高温回火）状态交货，要求热处理状态交货的应在合同中注明，未注明者按不进行热处理交货。由于价格较高,钢结构中较少使用优质碳素结构钢,仅用经热处理的优质碳素结构钢冷拔高强钢丝或制作高强度螺栓、自攻螺钉等。

5) Z 向钢

Z 向钢是在某一级结构钢(母级钢)的基础上,经过特殊冶炼、处理的钢材。Z 向钢在厚度方向有较好的延展性,有良好的抗层状撕裂能力,适用于高层建筑和大跨度钢结构的厚钢板结构。我国生产的 Z 向钢板的标记为在母级钢牌号后面加上 Z 向钢板等级标记,如 Z15、Z25、Z35 等,数字分别表示沿厚度方向的断面收缩率分别大于或等于 15%、25% 和 35%。

6) 耐候钢

在钢材的冶炼过程中,加入少量特定的合金元素,在金属表面形成保护层提高钢材的耐大气腐蚀性能,这类钢材称为耐候钢。耐候钢是介于普通钢和不锈钢之间的低合金钢系列,耐候钢由普碳钢添加少量铜、镍等耐腐蚀元素而成,具有优质钢的强韧、塑延、成型、焊割、磨蚀、高温、抗疲劳等特性;耐候性为普碳钢的 2~8 倍,涂装性为普碳钢的 1.5~10 倍。同时,它具有耐锈、使构件抗腐蚀延寿、减薄降耗,省工节能等特点。耐候钢主要用于铁道、车辆、桥梁、塔架、光伏、高速工程等长期暴露在大气中使用的钢结构。其用于制造集装箱、铁道车辆、石油井架、海港建筑、采油平台及化工石油设备中含硫化氢腐蚀介质的容器等结构构件。

7) 桥梁用结构钢

桥梁工程结构用钢就是专用于桥梁工程的钢材,桥梁钢所制作的构件尺寸大、形状复杂,多数情况下不可能对其进行整体淬火、回火处理,因而绝大部分是在热轧或正火条件下使用,这就要求钢材必须具有一定的屈服强度以及一定的屈强比,同时要有足够的塑性及韧性。桥梁结构的成型工艺大多数采用冷弯及焊接,因此,要求冷弯后的时效敏感性,要求焊缝区的强度和韧性不低于基材强度和韧性,具有优良的焊接性能。桥梁钢结构可能长期处于低温或暴露于一定环境介质中,因而要求钢材必须具有良好的低温韧性和耐候性。桥梁钢在出厂前要进行拉力试验、冷弯试验、4℃冲击试验、时效冲击试验、断口试验、拉伸试验等。新钢种用于桥梁之前,则要进行一系列焊接性能试验、疲劳试验、落锤撕裂性能及脆性转变温度试验等,以确保桥梁的安全可靠性。

由于桥梁结构所受荷载的特殊性,桥梁用钢的力学性能、焊接技术等要求一般都严于建筑用钢,其牌号的表达方式与其他钢材相同,只是在质量等级之前用 q 表示桥梁用钢,质量等级有(C、D、E)三级,如 Q235qC。桥梁用钢的化学成分、力学性能等参数可查阅国家标准《桥梁用结构钢》(GB/T F14—2015)。

2.6.2 钢材的加工

钢材的加工不仅改变其外观尺寸,而且能显著改变钢的内部组织和性能。钢材的加工分为热加工和冷加工。

将钢锭加热至塑性状态,依靠外力改变其形状,成为各种不同截面的型钢,称为热加工或热压力加工。钢材经热加工以后,钢锭内部的小气泡、裂纹、疏松等缺陷在压力作用下得到一定程度的压合,使钢材的组织更加密实。

钢材在常温下进行的加工称为冷加工。冷加工的目的是提高强度和硬度,但也降低了塑性和韧性。钢材的冷加工包括冷拉、冷拔、剪、冲、压、折、钻、刨、铲、撑、敲等,冷加工后会产生冷作硬化,需用热处理使其机械性能恢复正常。

2.7 钢材的规格和选用

2.7.1 钢材的规格

建筑钢结构所用的钢材主要是热轧成型的钢板、热轧型钢、冷弯成型的薄壁型钢,有时也采用圆钢和无缝钢管。热轧钢板包括厚钢板、薄钢板、扁钢、花纹钢板,其规格见表2.6。

热轧钢板的规格　　表2.6

热轧钢板分类	厚度(mm)	宽度(mm)	长度(m)	主 要 用 途
厚钢板	4.5~60	600~3000	4~12	梁、柱的腹板、翼缘、节点板
薄钢板	0.35~4	500~1500	0.4~5	冷弯薄壁型钢
扁钢	4~60	12~200	3~9	构件的连接板、组合梁的翼缘板、螺旋焊接钢管
花纹钢板	2.5~8	600~1800	0.6~12	走道板、梯子踏板

钢结构中常用的热轧型钢有角钢、工字钢、槽钢和钢管,如图2.18所示。

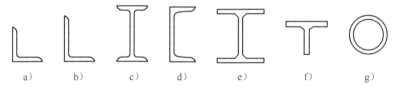

图2.18　热轧型钢截面

1)角钢

角钢分等肢角钢和不等肢角钢,表示方法为在符号"∠"后加"肢宽×厚度"(以 mm 为单位),如∠100×80×10 表示不等肢角钢,∠100×100×10 表示等肢角钢,等肢角钢也可简单地表示为∠100×10。角钢常用于受力构件和连接件。

2)工字钢

工字钢有普通工字钢、轻型工字钢和宽翼缘工字钢(即 H 型钢),普通工字钢和轻型工字钢的钢号用符号"I"后加截面高度的厘米数表示。20 号以上的工字钢,同一号数有三种腹板厚度,分别为 a、b、c 三类。如 I30a、I30b、I30c,由于 a 类腹板较薄,用作受弯构件较为经济。轻型工字钢的腹板和翼缘均较普通工字钢薄,因而在相同重量下其截面模量和回转半径均较大。

3)H 型钢

H 型钢是世界各国使用很广泛的热轧型钢,与普通工字钢相比,其翼缘内外两侧平行,便于与其他构件相连。它可分为宽翼缘 H 型钢、中翼缘 H 型钢和窄翼缘 H 型钢。宽翼缘 H 型钢的代号为符号"HW"后加截面高度 H 与翼缘宽度 B，且 $B=H$；中翼缘 H 型钢的代号为符号"HM"后加截面高度 H 与翼缘宽度 B，$B=(1/2\sim2/3)H$；窄翼缘 H 型钢的代号为符号"HN"后加截面高度 H 与翼缘宽度 B，$B=(1/3\sim1/2)H$。各种 H 型钢均可剖分为 T 型钢供应，代号分别为 TW、TM 和 TN。H 型钢和剖分 T 型钢的规格标记均采用"高度 $H\times$宽度 $B\times$腹板厚度 $t_1\times$翼缘厚度 t_2"表示。例如 HM340×250×9×14，其剖分 T 型钢为 TM170×250×9×14，单位均为 mm。

4) 槽钢

槽钢有普通槽钢和轻型槽钢两种，槽钢型号以符号"["后加截面高度的厘米数表示，如[30a。根据腹板厚度也分为 a、b、c 三类。型号相同的轻型槽钢，其翼缘较普通槽钢宽而薄，腹板也较薄，回转半径较大，重量较轻。

5) 钢管

钢管有无缝钢管和焊接钢管两种，用符号"Φ"后面加"外径×厚度"表示，如 Φ400×6，单位为 mm。

6) 薄壁型钢

薄壁型钢(图 2.19)是用薄钢板(一般采用 Q235 或 Q345 钢)，经模压或弯曲而制成，其壁厚一般为 1.5~5mm，用作轻型屋面及墙面等构件。

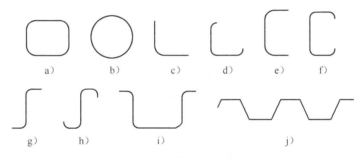

图 2.19　薄壁型钢截面

7) 钢索

用高强钢丝组成的平行钢丝束、钢绞线或钢丝绳统称为钢索。

(1) 平行钢丝束

平行钢丝束通常由 3 根、7 根、37 根或 61 根直径为 4mm 或 5mm 的钢丝组成，其截面如图 2.20a)、b)所示。平行钢丝束的各根钢丝相互平行，它们受力均匀，能充分发挥高强钢丝材料的轴向抗拉强度，弹性模量也与单根钢丝相接近。

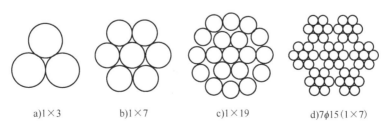

图 2.20　钢绞线截面

(2) 钢绞线

钢绞线(steel strand)一般由7根钢丝捻成,一根在中心,其余6根在外层同一方向,标记为(1×7),如图2.20b)所示。我国有的厂家还生产由2根、3根钢丝捻成的钢绞线标记为(1×2)、(1×3),如图2.20a)所示。也有多根钢丝如19根[图2.20c)]、37根等捻成的钢绞线,分别由三层、四层钢丝组成,标记为(1×19)、(1×37)。国内常用(1×7)钢绞线,或多根(1×7)钢绞线平行组成的钢丝束,如图2.20d)所示。

(3) 钢丝绳(图2.21)

钢丝绳(steel cable)通常是由7股钢绞线捻成,以一股钢绞线作为核心,外层的6股钢绞线沿同一方向缠绕。由7股(1+6)的钢绞线捻成的钢丝绳,其标记为"绳7(7),股(1+6)"。还有一种钢丝绳是由7股(1+6+12)的钢绞线捻成的,其标记为"绳7(19),股(1+6+12)"。钢丝绳中每股钢绞线的捻向可以相反,也可以相同。钢丝绳的强度和弹性模量略低于钢绞线,其优点是比较柔软,适用于需要弯曲曲率较大的构件。

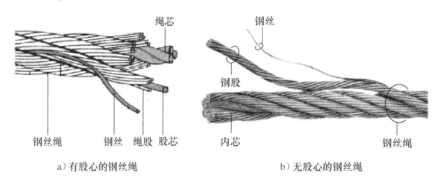

图2.21 钢丝绳的组成示意

2.7.2 钢材的选用

为了保证钢结构安全可靠,经济合理,钢结构设计前首先要正确选择合适的钢材种类,对于承重结构,选择钢材时,应考虑以下原则:

1) 结构的重要性

根据《建筑结构可靠性设计统一标准》(GB 50068—2018)的规定,结构安全等级有一级(重要的)、二级(一般的)和三级(次要的)。安全等级不同,所选钢材的质量也应不同。对重要的结构,如重型工业建筑结构、大跨度公用建筑结构、高层或超高层民用建筑结构等,应考虑选用质量好的钢材。同时,还应考虑构件破坏时对结构整体使用功能的影响,当构件破坏导致整个结构不能正常使用时,则后果严重;如果构件破坏只造成局部损害而不致危及整个结构的正常使用,则后果就不十分严重,两者对材质的要求应有所不同。

2) 荷载种类

对直接承受动荷载(冲击或疲劳)的结构和强烈地震区的结构,应选用综合性能好的钢材,对承受静荷载的一般结构可选用质量等级稍低的钢材,以降低造价。

3) 连接方法

钢结构的连接方法有焊接和螺栓连接两种。对于焊接结构,为保证焊缝质量,要求选用可焊性较好的钢材。

4) 结构的工作环境

在低温下工作的结构,尤其是焊接结构,应选用有良好冲击韧性和抗低温脆断性能的镇静钢。在露天工作或在有害介质环境中工作的结构,应考虑钢材要有较好的防腐性能,必要时应采用耐候钢。

另外,还需考虑结构形式、应力状态以及钢材厚度等因素,并注意避免钢材发生脆性破坏。对于具体的钢结构工程,选用哪一种钢材应根据上述原则结合工程实际情况及钢材供货情况进行综合考虑。

钢材供货时,我国《钢结构设计标准》(GB 50017—2017)规定:承重结构采用的钢材应具有抗拉强度,伸长率,屈服强度和硫、磷含量的合格保证,对焊接结构尚应具有碳含量的合格保证。焊接承重结构以及重要的非焊接承重结构采用的钢材还应具有冷弯试验的合格保证。

对于需要验算疲劳的焊接结构的钢材,应具有常温冲击韧性的合格保证。当结构工作温度不高于0℃但高于-20℃时,Q235和Q345钢应具有0℃冲击韧性的合格保证;Q390和Q420钢应具有-20℃冲击韧性的合格保证。当结构工作温度不高于-20℃时,Q235和Q345钢应具有-20℃冲击韧性的合格保证;Q390和Q420钢应具有-40℃冲击韧性的合格保证。

对于需要验算疲劳的非焊接结构的钢材,也应具有常温冲击韧性的合格保证。当结构工作温度不高于-20℃时,Q235和Q345钢应具有0℃冲击韧性的合格保证;Q390和Q420钢应具有-20℃冲击韧性的合格保证。

对于连接材料,如焊条、焊丝及焊剂、普通螺栓、高强度螺栓、锚栓等,选择时要符合现行国家相关标准的规定。

小结

(1) 建筑钢材的基本要求是强度高、塑性韧性好,焊接结构还要求可焊性好。

(2) 衡量钢材强度的主要指标是屈服点,衡量钢材塑性的指标是伸长率和断面收缩率,冷弯性能综合反映钢材塑性和质量,冲击韧性值是衡量钢材韧性的指标。

(3) 钢材有两种破坏形式:塑性破坏和脆性破坏。脆性破坏时变形小,破坏具有突发性,造成的后果严重。为此应注意:①选用钢材时要有冲击韧性值的合格保证;②设计时特别注意结构细节,避免截面突变,尽可能减少应力集中;③制造、安装过程中严格按有关规范、技术规程操作,焊缝中不得有缺陷;④注意钢材在温度、局部的应力状态等因素影响下由塑性转向脆性的可能性,并在设计、制造、安装中采取措施严加防止。

(4) 影响钢材疲劳的主要因素是构造细节(应力集中)、作用的应力幅、应力比和应力循环次数。焊接结构疲劳强度主要取决于应力幅,非焊接结构疲劳强度主要取决于应力幅和应力比。《钢结构设计标准》(GB 50017—2017)采用容许应力幅的方法验算疲劳。

(5)碳素结构钢的主要化学成分是铁和碳,其他为杂质成分;低合金高强度钢的主要化学成分除铁和碳外,还有总量不超过 5% 的合金元素,如锰、钒、铜等,这些元素以合金的形式存在于钢中,可以改善钢材性能。此外低合金高强度钢中也有杂质成分,如硫、磷、氧、氮等是有害成分,应严格控制其含量。对于焊接结构,含碳量不宜过高,要求控制在 0.2% 以下。

(6)影响钢材机械性能的因素除化学成分外,还有冶金缺陷、轧制工艺、脱氧程度、加工工艺、残余应力、受力状态、应力集中、重复荷载和环境温度等因素。

(7)《钢结构设计标准》(GB 50017—2017)推荐建筑钢结构宜采用碳素结构钢中的 Q235、Q345、Q390、Q420、Q460 和 Q345GJ 钢及低合金高强度钢中的 Q345、Q390、Q420 钢。

(8)选择钢材时,应考虑结构的重要性、荷载情况、连接方法及结构所处的温度和工作环境等因素。

(9)钢结构的疲劳计算方法在不同的行业规范中有所不同,计算时应根据具体情况参照本行业的设计规范。

一、选择题

1. 钢材在低温下,强度(　　),塑性(　　),冲击韧性(　　)。
   a) 提高　　　　　　　　　　　　b) 下降
   c) 不变　　　　　　　　　　　　d) 可能提高也可能下降

2. 钢材应力-应变关系的理想弹塑性模型是(　　)。

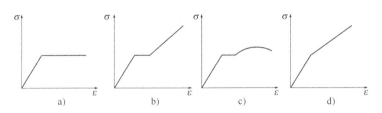

图 2.22　选择题 2 图

3. 在构件发生断裂破坏前,有明显先兆的情况是(　　)的典型特征。
   a) 脆性破坏　　　　　　　　　　b) 塑性破坏
   c) 强度破坏　　　　　　　　　　d) 失稳破坏

4. 建筑钢材的伸长率与(　　)标准拉伸试件标距间长度的伸长值有关。
   a) 到达屈服应力时　　　　　　　b) 到达极限应力时
   c) 试件塑性变形后　　　　　　　d) 试件断裂后

5. 钢材的设计强度是根据(　　)确定的。
   a) 比例极限　　　　　　　　　　b) 弹性极限
   c) 屈服点　　　　　　　　　　　d) 极限强度
6. 结构工程中使用钢材的塑性指标,目前最主要用(　　)表示。
   a) 流幅　　　　　　　　　　　　b) 冲击韧性
   c) 可焊性　　　　　　　　　　　d) 伸长率
7. 钢材牌号 Q235,Q345,Q390 是根据材料(　　)命名的。
   a) 屈服点　　　　　　　　　　　b) 设计强度
   c) 标准强度　　　　　　　　　　d) 含碳量
8. 钢材经历了应变硬化(应变强化)之后(　　)。
   a) 强度提高　　　　　　　　　　b) 塑性提高
   c) 冷弯性能提高　　　　　　　　d) 可焊性提高
9. 型钢中的 H 型钢和工字钢相比,(　　)。
   a) 两者所用的钢材不同
   b) 前者的翼缘相对较宽
   c) 前者的强度相对较高
   d) 两者的翼缘都有较大的斜度
10. 钢材是理想的(　　)。
    a) 弹性体　　　　　　　　　　　b) 塑性体
    c) 弹塑性体　　　　　　　　　　d) 非弹性体
11. 有两个材料分别为 Q235 和 Q345 钢的构件需焊接,采用手工电弧焊,(　　)采用 E43 焊条。
    a) 不得　　　　　　　　　　　　b) 可以
    c) 不宜　　　　　　　　　　　　d) 必须
12. 3 号镇静钢设计强度可以提高 5%,是因为镇静钢比沸腾钢(　　)好。
    a) 脱氧　　　　　　　　　　　　b) 炉种
    c) 屈服强度　　　　　　　　　　d) 浇铸质量
13. 同类钢种的钢板,厚度越大,(　　)。
    a) 强度越低　　　　　　　　　　b) 塑性越好
    c) 韧性越好　　　　　　　　　　d) 内部构造缺陷越少
14. 钢材的抗剪设计强度 f_v 与 f 有关,一般而言,$f_v =$ (　　)。
    a) $f/\sqrt{3}$　　　　b) $\sqrt{3}f$　　　　c) $f/3$　　　　d) $3f$
15. 对钢材的分组是根据钢材的(　　)确定的。
    a) 钢种　　　　　　　　　　　　b) 钢号
    c) 横截面面积　　　　　　　　　d) 厚度与直径

16. 钢材在复杂应力状态下的屈服条件是由( )等于单向拉伸时的屈服点决定的。
    a) 最大主拉应力 σ_1　　　　　　　b) 最大剪应力 τ_1
    c) 最大主压应力 σ_3　　　　　　　d) 折算应力 σ_{zs}

17. α_k 是钢材的( )指标。
    a) 韧性性能　　　　　　　　　　b) 强度性能
    c) 塑性性能　　　　　　　　　　d) 冷加工性能

18. 大跨度结构应优先选用钢结构,其主要原因是( )。
    a) 钢结构具有良好的装配性
    b) 钢材的韧性好
    c) 钢材接近各向均质体,力学计算结果与实际结果最符合
    d) 钢材的重量与强度之比小于混凝土等其他材料

19. 进行疲劳验算时,计算部分的设计应力幅应按( )。
    a) 标准荷载计算
    b) 设计荷载计算
    c) 考虑动力系数的标准荷载计算
    d) 考虑动力系数的设计荷载计算

20. 沸腾钢与镇静钢冶炼浇铸方法的主要不同之处是( )。
    a) 冶炼温度不同
    b) 冶炼时间不同
    c) 沸腾钢不加脱氧剂
    d) 两者都加脱氧剂,但镇静钢再加强脱氧剂

21. 符号∠125×80×10 表示( )。
    a) 等肢角钢　　　b) 不等肢角钢　　　c) 钢板　　　d) 槽钢

22. 假定钢材为理想的弹塑性体,是指屈服点以前材料为( )。
    a) 非弹性的　　　　　　　　　　b) 塑性的
    c) 弹塑性的　　　　　　　　　　d) 完全弹性的

23. 在钢结构的构件设计中,认为钢材屈服点是构件可以达到的( )。
    a) 最大应力　　　　　　　　　　b) 设计应力
    c) 疲劳应力　　　　　　　　　　d) 稳定临界应力

24. 当温度从常温下降为低温时,钢材的塑性和冲击韧性( )。
    a) 升高　　　　b) 下降　　　　c) 不变　　　　d) 升高不多

25. 在连续反复荷载作用下,当应力比 $\rho = \dfrac{\rho_{\min}}{\rho_{\max}} = -1$ 时,称为( );当应力比 $\rho = \dfrac{\rho_{\min}}{\rho_{\max}} = 0$ 时,称为( )。

a) 完全对称循环 b) 脉冲循环
c) 不完全对称循环 d) 不对称循环

26. 在钢材的力学性能指标中,最基本、最主要的是(　　)时的力学性能指标。
a) 承受剪切 b) 承受弯曲
c) 单向拉伸 d) 双向和三向受力

27. 钢材的冷作硬化,使(　　)。
a) 强度提高,塑性和韧性下降
b) 强度、塑性和韧性均提高
c) 强度、塑性和韧性均降低
d) 塑性降低,强度和韧性提高

28. 承重结构用钢材应保证的基本力学性能内容应是(　　)。
a) 抗拉强度、伸长率
b) 抗拉强度、屈服强度、冷弯性能
c) 抗拉强度、屈服强度、伸长率
d) 屈服强度、伸长率、冷弯性能

29. 对于承受静荷载常温工作环境下的钢屋架,下列说法不正确的是(　　)。
a) 可选择 Q235 钢 b) 可选择 Q345 钢
c) 钢材应有冲击韧性的保证 d) 钢材应有三项基本保证

30. 钢材的三项主要力学性能为(　　)。
a) 抗拉强度、屈服强度、伸长率
b) 抗拉强度、屈服强度、冷弯
c) 抗拉强度、伸长率、冷弯
d) 屈服强度、伸长率、冷弯

31. 验算组合梁刚度时,荷载通常取(　　)。
a) 标准值 b) 设计值 c) 组合值 d) 最大值

32. 钢结构设计中钢材的设计强度为(　　)。
a) 强度标准值 f_k
b) 钢材屈服点 f_y
c) 强度极限值 f_u
d) 钢材的强度标准值除以抗力分项系数 f_k/γ_R

33. 随着钢材厚度的增加,下列说法正确的是(　　)。
a) 钢材的抗拉、抗压、抗弯、抗剪强度均下降
b) 钢材的抗拉、抗压、抗弯、抗剪强度均有所提高
c) 钢材的抗拉、抗压、抗弯强度提高,而抗剪强度下降
d) 视钢号而定

34. 有四种厚度不等的 Q345 钢板,其中(　　)厚的钢板设计强度最高。

a) 12mm　　　　　b) 18mm　　　　c) 25mm　　　d) 30mm

35. 钢材的抗剪屈服强度(　　)。
   a) 由试验确定　　　　　　　　b) 由能量强度理论确定
   c) 由计算确定　　　　　　　　d) 按经验确定

36. 在钢结构房屋中,选择结构用钢材时,下列因素中的(　　)不是主要考虑的因素。
   a) 建造地点的气温　　　　　　b) 荷载性质
   c) 钢材造价　　　　　　　　　d) 建筑的防火等级

37. 下列论述中不正确的是(　　)项。
   a) 强度和塑性都是钢材的重要指标
   b) 钢材的强度指标比塑性指标更重要
   c) 工程上塑性指标主要用伸长率表示
   d) 同种钢号中,薄板强度高于厚板强度

38. 热轧型钢冷却后产生的残余应力(　　)。
   a) 以拉应力为主　　　　　　　b) 以压应力为主
   c) 包括拉、压应力　　　　　　d) 拉、压应力都很小

39. 钢材内部除含有 Fe,C 外,还含有害元素(　　)。
   a) N,O,S,P　　b) N,O,Si　　c) Mn,O,P　　d) Mn,Ti

40. 在普通碳素钢中,随着含碳量的增加,钢材的屈服点和极限强度(　　),塑性(　　),韧性(　　),可焊性(　　),疲劳强度(　　)。
   a) 不变　　　　　　　　　　　b) 提高
   c) 下降　　　　　　　　　　　d) 可能提高也有可能下降

41. 在低温工作(-20℃)的钢结构选择钢材除强度、塑性、冷弯性能指标外,还需(　　)指标。
   a) 低温屈服强度　　　　　　　b) 低温抗拉强度
   c) 低温冲击韧性　　　　　　　d) 疲劳强度

42. 钢材脆性破坏同构件(　　)无关。
   a) 应力集中　　　　　　　　　b) 低温影响
   c) 残余应力　　　　　　　　　d) 弹性模量

43. 某构件发生了脆性破坏,经检查发现在破坏时构件内存在下列问题,但可以肯定其中(　　)对该破坏无直接影响。
   a) 钢材的屈服点不够高
   b) 构件的荷载增加速度过快
   c) 存在冷加工硬化
   d) 构件由构造原因引起的应力集中

44. 当钢材具有较好的塑性时,焊接残余应力(　　)。
   a) 降低结构的静力强度

b) 提高结构的静力强度

c) 不影响结构的静力强度

d) 与外力引起的应力同号,将降低结构的静力强度

45. 应力集中越严重,钢材也就变得越脆,这是因为(　　)。

a) 应力集中降低了材料的屈服点

b) 应力集中产生同号应力场,使塑性变形受到约束

c) 应力集中处的应力比平均应力高

d) 应力集中降低了钢材的抗拉强度

46. 某元素超量严重降低钢材的塑性及韧性,特别是在温度较低时促使钢材变脆。该元素是(　　)。

a) 硫　　　　b) 磷　　　　c) 碳　　　　d) 锰

47. 影响钢材基本性能的因素是(　　)。

a) 化学成分和应力大小　　　b) 冶金缺陷和截面形式

c) 应力集中和加荷速度　　　d) 加工精度和硬化

48. 最易产生脆性破坏的应力状态是(　　)。

a) 单向压应力状态　　　　　b) 三向拉应力状态

c) 二向拉一向压的应力状态　d) 单向拉应力状态

49. 在多轴应力下,钢材强度的计算标准为(　　)。

a) 主应力达到 f_y

b) 最大剪应力达到 f_v

c) 折算应力达到 f_y

d) 最大拉应力或最大压应力达到 f_y

50. 钢中硫和氧的含量超过限量时,会使钢材(　　)。

a) 变软　　　　b) 热脆　　　　c) 冷脆　　　　d) 变硬

51. 处于常温工作的重级工作制吊车的焊接吊车梁,其钢材不需要保证(　　)。

a) 冷弯性能　　　　　b) 常温冲击性能

c) 塑性性能　　　　　d) 低温冲击韧性

52. 正常设计的钢结构,不会因偶然超载或局部超载而突然断裂破坏,这主要是由于钢材具有(　　)。

a) 良好的韧性

b) 良好的塑性

c) 均匀的内部组织,非常接近于匀质和各向同性体

d) 良好的韧性和均匀的内部组织

53. 当温度从常温开始升高时,钢的(　　)。

a) 强度降低,但弹性模量和塑性却提高

b) 强度、弹性模量和塑性均降低

c) 强度、弹性模量和塑性均提高

d) 强度和弹性模量降低,而塑性提高

54. 下列钢结构计算所取荷载设计值和标准值,哪一组为正确的?( )。

a. 计算结构或构件的强度、稳定性以及连接的强度时,应采用荷载设计值

b. 计算结构或构件的强度、稳定性以及连接的强度时,应采用荷载标准值

c. 计算疲劳和正常使用极限状态的变形时,应采用荷载设计值

d. 计算疲劳和正常使用极限状态的变形时,应采用荷载标准值

  a) a,c   b) b,c   c) a,d   d) b,d

55. 与节点板单面连接的等边角钢轴心受压构件,$\lambda = 100$,计算角钢构件的强度时,钢材强度设计值应采用的折减系数是( )。

  a) 0.65   b) 0.70   c) 0.75   d) 0.85

二、填空题

1. 钢材代号 Q235 的含义为_____。

2. 钢材的硬化,提高了钢材的_____,降低了钢材的_____。

3. 伸长率 δ_{10} 和伸长率 δ_5,分别为标距长 $l = $_____和 $l = $_____的试件拉断后的_____。

4. 当用公式 $\Delta\sigma \leq [\Delta\sigma]$ 计算常幅疲劳时,式中 $\Delta\sigma$ 表示_____。

5. 钢材的两种破坏形式为_____和_____。

6. 钢材的设计强度等于钢材的屈服强度 f_y 除以_____。

7. 钢材在复杂应力状态下,由弹性转入塑性状态的条件是折算应力等于或大于钢材在_____。

8. 按_____不同,钢材有镇静钢和沸腾钢之分。

9. 钢材的 α_k 值与温度有关,在 -20℃ 或在 -40℃ 所测得的 α_k 值称_____。

10. 通过标准试件的一次拉伸试验,可确定钢材的力学性能指标为:抗拉强度_____和_____。

11. 钢材设计强度 f 与屈服点 f_y 之间的关系为_____。

12. 韧性是钢材在塑性变形和断裂过程中_____的能力,亦即钢材抵抗_____荷载的能力。

13. 钢材在 250℃ 左右时抗拉强度略有提高,塑性却降低的现象称为_____。

14. 当钢材厚度较大时或承受沿板厚方向的拉力作用时,应附加要求板厚方向的_____满足一定要求。

15. 钢中含硫量太多会引起钢材的_____;含磷量太多会引起钢材的_____。

16. 钢材受三向同号拉应力作用时,即使三向应力绝对值很大,甚至大大超过屈服点,但两两应力差值不大时,材料不易进入_____状态,发生的破坏为_____破坏。

17. 如果钢材具有_____性能,那么钢结构在一般情况下就不会因偶然或局部超载而发生突然断裂。

18. 应力集中易导致钢材脆性破坏的原因在于应力集中处_____受到约束。

19. 影响构件疲劳强度的主要因素有重复荷载的循环_____、_____和_____。

20. 随着温度下降,钢材的_____倾向增加。

21. 根据循环荷载的类型不同,钢结构的疲劳分_____和_____两种。

22. 衡量钢材抵抗冲击荷载能力的指标称为_____。它的值越小,表明击断试件所耗的能量越_____,钢材的韧性越_____。

23. 对于焊接结构,除应限制钢材中硫、磷的极限含量外,还应限制_____的含量不超过规定值。

24. 随着时间的增长,钢材强度提高,塑性和韧性下降的现象称为_____。

三、简答题

1. 钢结构的破坏形式有哪两种?其特点如何?
2. 钢材有哪几项主要机械性能指标?各项指标可用来衡量钢材哪些方面的性能?
3. 什么是钢材的疲劳?影响疲劳强度的主要因素是哪些?疲劳计算有哪些原则?
4. 影响钢材机械性能的主要因素有哪些?各因素大致有哪些影响?
5. 钢结构采用的钢材主要是哪两大类?牌号如何表示?
6. 承重结构的钢材应具有哪些机械性能及化学成分的合格保证?
7. 钢材的规格如何表示?
8. 钢结构对钢材性能有哪些要求?这些要求用哪些指标来衡量?
9. 钢材受力有哪两种破坏形式?它们对结构安全有何影响?
10. 影响钢材机械性能的主要因素有哪些?为何在低温及复杂应力作用下的钢结构要求质量较高的钢材?
11. 钢结构中常用的钢材有哪几种?钢材牌号的表示方法是什么?
12. 钢材选用应考虑哪些因素?怎样选择才能保证经济合理?

第 3 章
CHAPTER THREE

钢结构的连接

学习要求

掌握对接焊缝的构造要求和计算方法,掌握角焊缝的构造要求和计算方法;了解焊接残余应力和焊接残余变形产生的原因和防止措施,掌握螺栓连接的构造要求,掌握普通螺栓连接的工作性能和计算方法,掌握高强度螺栓连接的工作性能和计算方法。

学习重点

不同受力情况角焊缝的计算,普通螺栓和高强度螺栓连接的计算。

学习难点

角焊缝在轴心力、弯矩和扭矩作用下的计算,普通螺栓及高强度螺栓的受拉和受剪计算。

3.1 连接方法

钢结构通常是由钢板、型钢通过组合连接成为基本构件,再通过安装连接成为整体结构骨架。连接往往是传力的关键部位,连接构造不合理,将使结构的计算简图与真实情况相差很远;连接强度不足,将使连接破坏,导致整个结构迅速发生破坏。连接构造的部位往往比较复杂且存在应力集中,容易出现脆性破坏和疲劳破坏。因此,连接在钢结构中占有很重要的地位,连接设计是钢结构设计的重要环节之一。连接的设计要符合安全可靠、构造简单、传力明确、便于制造与安装等原则。

钢结构中所用的连接方法有:焊接连接、铆钉连接和螺栓连接三种,如图 3.1 所示。最早出现的连接方法是螺栓连接,而目前主要采用焊接连接为主的连接方法,后来高强度螺栓连接迅速发展,在实际工程中的使用也越来越多,而铆钉连接由于施工工艺复杂且成本高已逐渐被淘汰。

a) 焊接连接　　　　b) 铆钉连接　　　　c) 螺栓连接

图 3.1　钢结构的连接方法

3.1.1　焊接连接

焊接连接是现代钢结构最主要的连接方式,它的优点是任何形状的结构都可采用焊缝连接,连接构造简单。焊接连接一般不需要拼接材料,且省钢、省工、省时,随着科技的发展能实现全自动化操作,生产效率较高,焊接质量可以得到保证。目前工程中采用焊接连接的结构占绝对优势。但是焊接连接的焊缝质量易受材料、焊接工艺的影响,因此对钢材性能要求较高。对高强度钢更有严格的焊接程序和焊接工艺要求,焊缝质量要通过多种途径的检验来保证。

3.1.2　螺栓连接

螺栓连接分为普通螺栓连接和高强度螺栓连接。

1) 普通螺栓

普通螺栓分为 A、B 级螺栓和 C 级螺栓两种。A、B 级螺栓习称精制螺栓,其栓杆与栓孔的加工都有严格要求,受力性能较 C 级螺栓好,但由于加工精度高,故费用也较高。C 级螺栓习称粗制螺栓,直径与螺栓孔径相差 1.0～1.5mm,便于安装,但螺杆与钢板孔壁之间不够紧密,螺栓不宜受剪。

2) 高强度螺栓

高强度螺栓根据传力性能分为摩擦型连接和承压型连接两种。二者均采用强度较高的钢材制作,安装时需要通过特制的扳手以较大的扭矩上紧螺帽,使螺杆产生很大的预应力,预应力把被连接的部件夹紧,使部件的接触面间产生很大的摩擦力,外力可通过摩擦力来传递。当仅考虑以部件接触面间的摩擦力传递外力时称为高强度螺栓摩擦型连接;而同时考虑依靠螺杆和螺栓孔之间的承压来传递外力时称为高强度螺栓承压型连接。

3.1.3　铆钉连接

铆钉连接需要先在构件上开孔,孔径比铆钉直径大 1mm,后将铆钉加热至 900～1000℃,并用铆钉枪打铆,然后自然冷却。铆钉连接刚度大,传力牢固可靠,韧性和塑性较好,质量易于检查,对经常受动力荷载作用,所受荷载较大和跨度较大的结构,可采用铆接连接。但是,由于铆钉连接对施工技术和工艺要求高,一般要在高温环境中工作,工人劳动强度大,施工条件恶劣,施工速度慢,目前已逐步被高强度螺栓所取代。

除上述常用连接方法外,在薄钢结构中还经常采用自攻螺钉(图3.2)、钢拉铆钉、射钉和焊钉等连接方式。图3.3所示为轻型钢结构紧固件连接方式。主要用于压型钢板之间和压型钢板与冷弯型钢等支撑构件之间的连接。

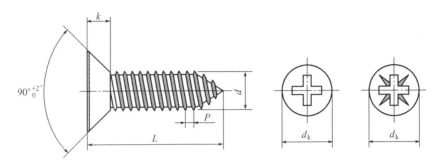

图3.2 自攻螺钉
d-螺纹直径;d_k-头部直径;k-头部厚度;90°-沉头角度

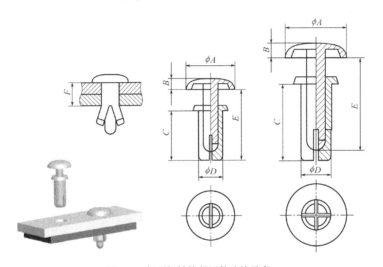

图3.3 轻型钢结构紧固件连接示意

3.1.4 焊接连接工艺方法

常见的焊接连接在生产上采用的工艺方法有电弧焊(包括手工电弧焊,埋弧自动焊,半自动焊等)、电阻焊、气体保护焊和气焊等。

1)手工电弧焊

图3.4所示为手工电弧焊的原理示意图。它是由焊条、焊钳、焊件、电焊机和导线等组成电路,通电后在焊条与焊件之间产生电弧,使焊条熔化,滴入被电弧吹成的焊件熔池中,同时焊药燃烧,在熔池周围形成保护气体,稍冷后在焊缝熔化金属的表面又形成熔渣,隔绝熔池中的液体金属和空气中的氧、氮等气体的接触,避免形成脆性化合物。焊缝金属冷却后就与焊件熔为一体。

手工电弧焊对不同的母材应采用不同型号的焊条,焊条型号可分为碳钢焊条和低合金钢焊条,碳钢焊条的型号有E43型,低合金钢焊条的型号有E50型、E55型等。其中E表示焊条,43

表示焊缝金属的抗拉强度不低于 430N/mm², 依次类推。焊条型号的选择应与母材强度相适应, 如对 Q235 钢, 应采用 E43 型焊条; 对 Q345 钢, 应采用 E50 型焊条; 对 Q390 和 Q420 钢, 应采用 E55 型焊条。当不同强度的两种钢材焊接时, 宜采用与低强度钢材相适应的焊条。手工电弧焊的优点是设备简单、适应性强、应用广泛。但焊缝质量取决于焊工的操作技术水平。

2) 埋弧自动焊

埋弧自动焊的工作原理如图 3.5 所示, 先将裸露的焊丝卷在转盘上, 焊接时转盘旋转, 焊丝自动进条, 装在漏斗中的散状焊剂不断流下覆盖住熔融的焊缝金属, 因而看不见强烈的弧光, 全部装备安装在能自动走行的小车上, 小车的移动由专门机构控制完成, 从而实现自动焊接。埋弧自动焊的电弧热量集中, 熔深大, 适用于厚板的焊接。同时, 焊缝质量均匀, 塑性好, 冲击韧性高, 抗腐蚀性能强。

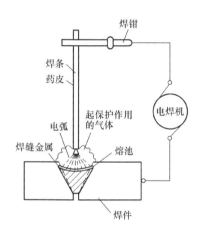

图 3.4　手工电弧焊原理示意图　　图 3.5　埋弧自动焊原理示意图

埋弧自动焊的焊条型号也应与母材强度相匹配, 对于 Q235 钢, 宜采用 H08、H08A、H08Mn 焊丝配合高锰、高硅型熔剂, 对于 Q345 钢, 宜采用 H10Mn2 焊丝配合高锰型熔剂或低锰型熔剂, 或用惰性气体代替熔剂。

进行电弧焊时必须控制其工艺参数才能得到良好的焊接接头。电弧焊的工艺参数一般是焊接电流、电压、焊条型号及直径、焊速(进条速度)、输入线能量和翻身次数等。对于一定的钢材, 应严格按照已制订的相应焊接规范及标准执行, 以保证焊缝质量。

3) 电阻焊

电阻焊的工作原理是在焊件组合后, 通过电极施加压力和馈电, 再利用电流流经焊件的接触面及临近区域产生的电阻热来熔化金属完成焊接(图 3.6)。电阻焊适用于模压及冷弯薄壁型钢的焊接及厚度为 6~12mm 板的叠合焊接。

4) 气体保护焊

气体保护焊是利用二氧化碳气体或其他惰性气体作为保护介质的一种电弧熔焊方法, 如图 3.7 所示。气体保护焊的焊缝熔化区没有熔渣, 焊工能够清楚地看到焊缝成型的过程; 由于保护气体是喷射的, 有助于熔滴的过渡; 又由于热量集中, 焊接速度快, 焊件熔深大, 故所形成的焊缝强度比手工电弧焊高,塑性和抗腐蚀性好,适用于全位置的焊接。但不适用于在风较大的地方施焊。

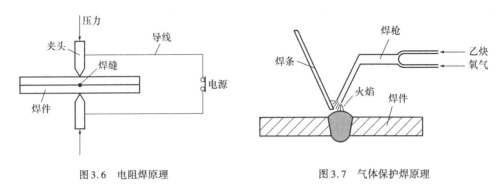

图3.6 电阻焊原理　　　　　　　　图3.7 气体保护焊原理

5) 气焊

气焊是利用乙炔在氧气中燃烧形成的高温使焊条和焊件金属熔化形成焊缝,而把被连接件连接在一起的焊接方法。气焊用于薄钢板的焊接或小型结构连接;另外,在没有电源的地方,也可以用气焊施焊。

3.1.5 焊缝缺陷及焊缝质量检查

1) 焊缝缺陷

焊缝缺陷是指在焊接过程中产生于焊缝金属或附近热影响区钢材表面或内部的缺陷。裂纹是焊缝连接中最危险的缺陷。产生裂纹的原因很多,如钢材的化学成分不当、焊接工艺条件(如电流、电压、焊速、施焊次序等)选择不合适及焊件表面油污未清除干净等。

焊接过程基本上有两种冶金现象,即在不同焊接层次(焊道)的熔化金属的固化现象和焊缝周围的母材金属的热处理现象。焊接的特点是少量金属的快速熔化和由于周围金属(母材)的散热造成快速冷却,这就容易在焊缝和周围的热影响区内出现热裂纹和冷裂纹(图3.8)。

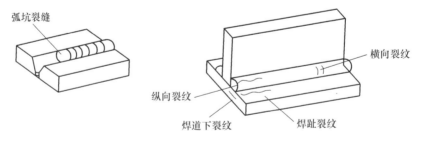

图3.8 焊接裂纹

热裂纹是在焊接过程中,焊缝或其周围金属仍处于靠近熔点的温度时,由于杂质成分的偏析(杂质成分的熔点低于金属的熔点)而出现的裂纹。热裂纹是一种晶粒间的断裂。冷裂纹是在低于200℃下产生的裂纹,冷裂纹通常是穿晶的,可能在焊缝金属或周围的热影响区内产生,在钢焊件中引起冷裂纹的主要原因是氢的存在(称为氢致裂纹)。在确定某种钢对冷裂纹是否敏感时,化学成分(特别是碳)也是一个非常重要的因素。使用低氢工艺和把焊件预热,是防止冷裂纹的有效方法。我国《钢结构工程施工质量验收标准》(GB 50205—2020)规定,普通碳素结构钢厚度大于34mm和低合金结构钢厚度大于或等于30mm,工作地点温度不低于0℃时,应进行预热,其焊接预热温度及层间温度宜控制在100~150℃,预热区应在焊接坡口两侧各80~100mm范围内(低于0℃时,按试验确定)。预热可以减慢焊接时在热影响区所产生的最大冷却速度。冷却速度的降低能导致在热影响区产生较软的组织。另外,预热能使热影响区的温度有足够长的时间保持在一定温度以上,以使氢在冷却时能从该区扩散出来,避免发生焊道下的开裂。

焊接缺陷除裂纹(或裂缝)外,还有焊瘤、烧穿、弧坑、气孔、夹渣、咬边、未熔透(未焊透)以及焊缝尺寸不符合要求、焊缝成形不良等(图3.9)。焊接缺陷的存在将会引起显著的应力集中,降低焊缝的强度,特别是当结构有动荷载作用时,焊接缺陷常常是导致脆性断裂严重后果的祸根。

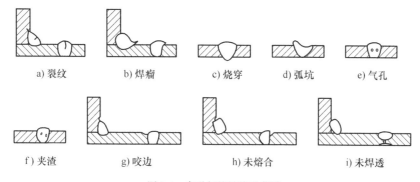

图3.9 各种焊接缺陷示意图

2) 焊缝质量检验

如上所述,焊缝缺陷的存在对连接的强度、冲击韧性及冷弯性能等均有不利的影响。因此,焊缝质量检验极为重要。焊缝质量检验一般采用外观检查及内部无损检验,前者检查外观缺陷和几何尺寸,后者检查内部缺陷。内部无损检验目前广泛采用超声波检验,使用灵活、经济,对内部缺陷反应灵敏,但不易识别缺陷性质;有时还用磁粉检验、荧光检验等较简单的方法作为辅助。此外,还可采用X射线或γ射线透照或拍片。

《钢结构工程施工质量验收标准》(GB 50205—2020)规定焊缝按其检验方法和质量要求分为一级、二级和三级。其中三级焊缝只要求对全部焊缝作外观检查且符合三级质量标准;一级、二级焊缝则除外观检查外,还要求一定数量的超声波检查和X射线检查,详见表3.1。

焊缝质量检查等级　　　　表3.1

焊缝质量等级	一级焊缝	二级焊缝	三级焊缝
检查方法	外观检查; 超声波检查; X射线检查	外观检查; 超声波检查	外观检查(基本要求:焊缝表面焊波均匀、不得有裂纹、夹渣、焊瘤、烧穿、弧坑、气孔等,焊接区不得有飞溅物,焊缝实际尺寸偏差不得超过规范容许值)

3.1.6 施焊位置

由于实际结构中焊件的位置不同,施焊时焊接人员采用不同的施焊位置,施焊位置有平焊、立焊、横焊、仰焊及船位焊[图3.10a)]。平焊(又称俯焊)施焊方便。立焊和横焊要求焊工操作水平比平焊高一些,仰焊的操作条件最差,焊缝质量不易保证,因此应尽量避免采用仰焊。对于焊接工字形截面,常常通过杆件翻身形成船位焊[图3.10b)],以便焊接。

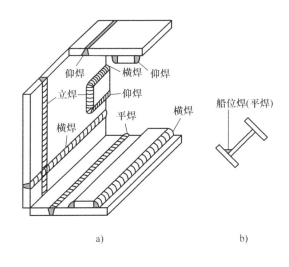

图3.10 焊缝的施焊位置

3.1.7 焊接连接的形式

钢结构中常见的焊缝连接形式有对接连接、搭接连接、T形连接和角接连接,如图3.11所示。这些连接所采用的焊缝种类主要是对接焊缝和角焊缝。

对接连接常用于连接位于同一平面内两块等厚或不等厚的构件,可直接采用对接焊缝连接[图3.11a)],这种连接的特点是传力平顺、受力性能好、用料省,但焊件坡口加工精度要求高;也可采用双层盖板(或称拼接板)以角焊缝的形式相连[图3.11b)],这种连接的特点是对板边的加工要求低,制造省工,但传力不直接,有应力集中,且用料较多。

搭接连接常用于连接厚度不等的构件,用角焊缝连接[图3.11c)],同样对板边的加工要求低,制造省工,但传力也不直接,力线弯折,有一定的应力集中。

T形连接常用于制作组合截面,可采用角焊缝连接[图3.11d)],焊件间存在缝隙,应力集中现象严重,疲劳强度较低,可用于不直接承受动力荷载结构的连接中。对于直接承受动力荷载的结构,如重级工作制吊车梁,其上翼缘与腹板的连接,应采用图3.11e)所示的K形坡口焊缝进行连接。

角接连接主要用于制作箱形截面,可采用角焊缝[图3.11f)]或坡口焊缝连接[图3.11g)]。

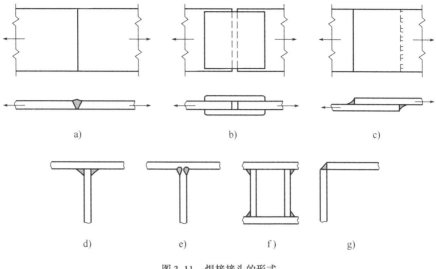

图 3.11 焊接接头的形式

3.2 对接焊缝的构造与计算

3.2.1 对接焊缝的构造

对接焊缝多属于传力性连接,为了保证焊透,根据所焊板件厚度的不同,需加工不同形式的坡口,因此,对接焊缝也叫坡口焊缝。

对接焊缝坡口的形式与尺寸应根据焊件厚度和施焊条件来确定,以保证焊缝质量、便于施焊和减小焊缝截面为原则。一般由制造厂结合工艺条件并根据国家标准来确定。

坡口形式通常可分为 I 形(即不开坡口)、单边 V 形、V 形、J 形、U 形、K 形和 X 形等(图 3.12)。各种坡口中,沿板件厚度方向通常有高度为 p、间隙为 c 的一段不开坡口,称为钝边,焊接从钝边处(根部)开始。当采用手工焊时,若焊件较薄($t \leqslant 10\text{mm}$)可用 I 形坡口;板件稍厚($t = 10 \sim 20\text{mm}$),可用 V 形坡口;板件更厚($t > 20\text{mm}$)时可用 U 形或 X 形坡口。T 形或角接接头中以及对接接头一边板件不便开坡口时,可采用单边 V 形、J 形或 K 形坡口。

其中 V 形缝和 U 形缝为单面施焊,但在焊缝根部还需补焊。对于没有条件补焊时,要事先在根部加垫板(图 3.13)。当焊件可随意翻转施焊时,使用 K 形缝和 X 形缝较好。

在对接焊缝的起点和终点,施焊时常因起弧和熄弧而出现弧坑(或称火口)等缺陷,从而产生应力集中。为避免这种缺陷,施焊时应在焊缝两端设置引弧板(图 3.14),这样起弧点和熄弧点均在引弧板上发生,焊接完后用气割切除引弧板,并将板边修磨平整。当受条件限制而无法采用引弧板施焊时,则每条焊缝的计算长度取为实际长度减 $2t$(此处 t 为较薄焊件的厚度)。

当对接焊缝处的焊件宽度不同或厚度相差超过规定值时,应将较宽或较厚的板件加工成坡度不大于 1∶2.5 的斜坡[图 3.15、图 3.16a)],形成平缓的过渡,使构件传力平顺,减少连接部位的应力集中。当厚度相差不大于规定值 Δt 时,可以不做斜坡,直接使焊缝表面形成斜坡即可[图 3.16b)]。Δt 规定为:当较薄焊件厚度为 $t = 5 \sim 9\text{mm}$ 时,$\Delta t = 2\text{mm}$;当 $t = 10 \sim 12\text{mm}$ 时,$\Delta t = 3\text{mm}$;$t > 12\text{mm}$ 时,$\Delta t = 4\text{mm}$。

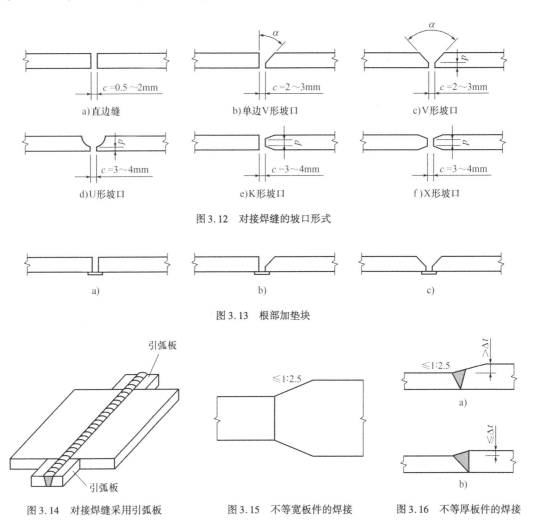

图 3.12 对接焊缝的坡口形式

图 3.13 根部加垫块

图 3.14 对接焊缝采用引弧板　　图 3.15 不等宽板件的焊接　　图 3.16 不等厚板件的焊接

对于直接承受动力荷载且需计算疲劳的结构,上述变宽度、变厚度处的坡度斜角不应大于 1∶4。焊接时还应控制焊缝的增高量以减少应力集中。

3.2.2 焊缝代号

《焊缝符号表示法》(GB/T 324—2008)规定焊缝代号由引出线图形符号和辅助符号部分组成。引出线由横线和带箭头的斜线组成。箭头指到图形上的相应焊缝处,横线的上面和下面用来标注图形符号和焊缝尺寸。当引出线的箭头指向焊缝所在的一面时,应将图形符号和焊缝尺寸等标注在水平横线的上面;当箭头指向对应焊缝所在的另一面时,则应将图形符号和焊缝尺寸标注在水平横线的下面。必要时,可在水平横线的末端加一尾部作为其他说明之用。

图形符号表示焊缝的基本形式,如用△表示角焊缝,用V表示V形坡口的对接焊缝。辅助符号表示辅助要求,如▶表示现场安装焊缝等。表3.2列出了一些常用焊缝代号,可供设计时参考。

焊 缝 代 号　　　　　　　表3.2

焊缝类型		焊缝形式	标注方法
角焊缝	单面焊缝		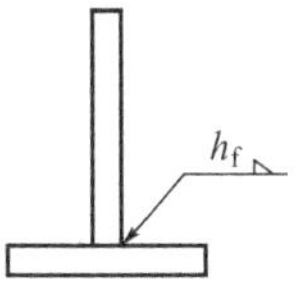 h_f
	双面焊缝	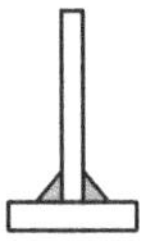	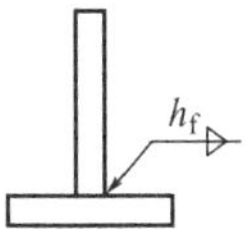 h_f
	安装焊缝		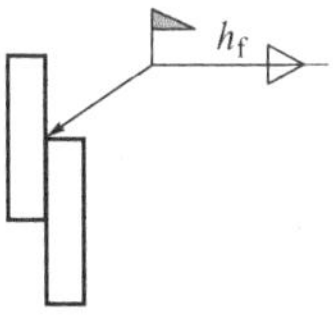 h_f
	相同焊缝	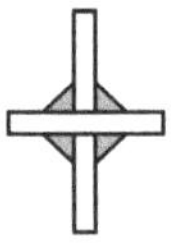	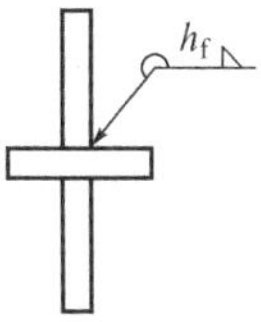 h_f
对接焊缝		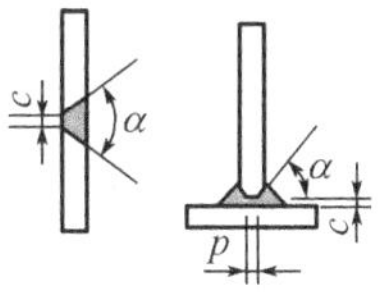	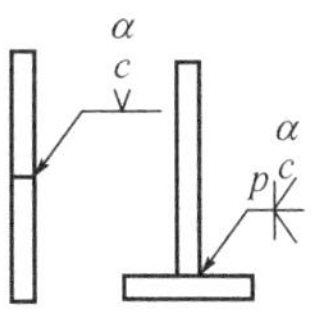
三面围焊		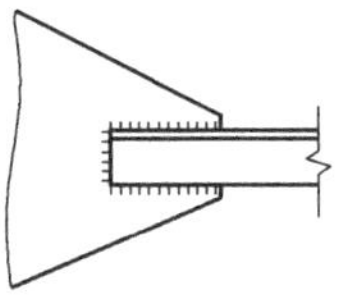	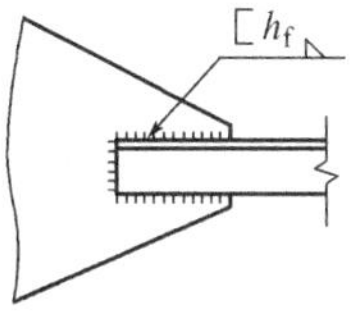 h_f

当焊缝分布比较复杂或用上述注标方法不能表达清楚时,可在标注焊缝代号的同时,在图上加栅线表示焊缝,如图3.17所示。

a)正面焊接　　　　b)背面焊接　　　　c)安装焊接

图 3.17　用栅线表示焊缝

3.2.3　对接焊缝的强度计算

对接焊缝的强度与所用钢材的牌号、焊条型号及焊缝质量的检验标准等因素有关。如果焊缝中不存在任何缺陷,焊缝金属的强度高于母材。但由于焊接技术问题,焊缝中可能有气孔、夹渣、咬边、未焊透等缺陷。实验证明,焊接缺陷对受压、受剪的对接焊缝影响不大,故可认为受压、受剪的对接焊缝与母材强度相等,但受拉的对接焊缝对缺陷甚为敏感。当缺陷面积与焊件截面积之比超过 5% 时,对接焊缝的抗拉强度将明显下降。由于三级焊缝允许存在一定的缺陷,故其抗拉强度为母材强度的 85%,而一、二级焊缝的抗拉强度可认为与母材强度相等。

由于对接焊缝是焊件截面的组成部分,焊缝中存在着焊接缺陷,焊接接头处存在应力集中和焊接残余应力等各种因素,焊缝中实际的应力分布情况非常复杂,工程中为了简化计算,对焊缝的变形做了平截面假定,认为焊缝中的应力分布情况基本上与焊件原来的情况相同,故焊缝的计算方法与构件的强度计算一样。

1)轴心受力对接焊缝的计算

(1)垂直受力的对接焊缝的计算

轴心受力的对接焊缝[图 3.18a)],可按下式计算。

$$\sigma = \frac{N}{l_w t_w} \leqslant f_t^w \quad 或 \quad f_c^w \tag{3.1}$$

式中:N——轴心拉力或压力;

l_w——焊缝的计算长度。用引弧板施焊时,取焊缝的实际长度;若施焊时未采用引弧板,取实际长度减去 $2t$ 为板件的厚度(或 10mm);

t_w——焊缝的有效厚度,取对接接头中连接件的较小厚度;在 T 形接头中取腹板厚度;

f_t^w、f_c^w——对接焊缝的抗拉、抗压强度设计值,按附表 1.2 采用。

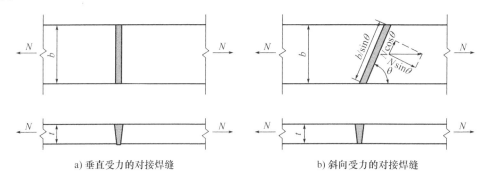

a)垂直受力的对接焊缝　　　　b)斜向受力的对接焊缝

图 3.18　轴心受力的对接焊缝

(2)斜向受力的对接焊缝的计算

对接焊缝受斜向力是指作用力通过焊缝重心,且与焊缝长度方向呈 θ 夹角,其应力计算公式为

$$\sigma = N\sin\theta/(l_w t_w) \tag{3.2}$$

$$\tau = N\cos\theta/(l_w t_w) \tag{3.3}$$

式中：θ——焊缝长度方向与作用力方向间的夹角；

l_w——斜向焊缝计算长度，即

$$l_w = b/\sin\theta - 2t \quad （无引弧板） \tag{3.4}$$

$$l_w = b/\sin\theta \quad （有引弧板） \tag{3.5}$$

b——焊件的宽度。

由于一、二级焊缝的强度与母材强度相等，故只有三级焊缝才需按式(3.1)进行强度验算。当正焊缝满足不了强度时，可采用斜焊缝，如图3.18b）。计算证明，焊缝与作用力间的夹角 θ 满足 $\tan\theta \leq 1.5$ 时，斜焊缝的强度不低于母材强度，可不再进行验算。

例题 3.1 试验算图 3.18 所示钢板的对接焊缝的强度。图中 $b = 500\text{mm}$，$t = 20\text{mm}$，轴心力设计值为 $N = 2200\text{kN}$。钢材为 Q235-B，采用手工焊，焊条为 E43 型，三级焊缝，施焊时加引弧板。

解：由附表 1.2 查得，三级焊缝的抗拉强度设计值为 $f_t^w = 175\text{N/mm}^2$。抗剪强度设计值为 $f_v^w = 120\text{N/mm}^2$，则焊缝的正应力为

$$\sigma = \frac{N}{l_w t_w} = \frac{2200 \times (10^3)}{500 \times 20} = 220(\text{N/mm}^2) > f_t^w = 175\text{N/mm}^2$$

强度不满足，现改用斜对接焊缝，焊缝斜度取为 1.5:1，即 $\theta = 56°$。焊缝长度为

$$l_w = \frac{b}{\sin\theta} = \frac{500}{\sin 56°} = 603(\text{mm})$$

此时，焊缝的正应力为

$$\sigma = \frac{N\sin\theta}{l_w t_w} = \frac{2200 \times 10^3 \times \sin 56°}{603 \times 20} = 151.234(\text{N/mm}^2) < f_t^w = 175\text{N/mm}^2$$

焊缝的剪应力为

$$\tau = \frac{N\cos\theta}{l_w t_w} = \frac{2200 \times 10^3 \times \cos 56°}{603 \times 20} = 102(\text{N/mm}^2) < f_v^w = 120\text{N/mm}^2$$

说明当 $\tan\theta \leq 1.5$ 时，焊缝强度能够保证，可不必计算。

2）弯矩和剪力共同作用下对接焊缝的计算

（1）焊缝截面为矩形

如图 3.19a）所示，对接接头受到弯矩 M 和剪力 V 的共同作用，由于焊缝截面是矩形，正应力与剪应力的最大值应分别满足下列强度条件

$$\sigma_{\max} = \frac{M}{W} \leq f_t^w \tag{3.6}$$

$$\tau_{max} = \frac{VS}{It} \leq f_v^w \tag{3.7}$$

式中：W——焊缝截面模量；
　　　S——焊缝截面面积矩；
　　　I——焊缝截面惯性矩。
　　　f_t^w、f_v^w——对接焊缝的抗拉、抗剪强度设计值，按附表1.2采用。

(2) 焊缝截面为工字形

如图3.19b)所示，工字形截面梁采用对接焊缝连接，受到弯矩 M 和剪力 V 的共同作用，除应按式(3.6)和式(3.7)分别验算最大正应力和剪应力外，对于同时受有较大正应力和较大剪应力处，例如腹板与翼缘的交接点，还应按下式验算折算应力

$$\sigma_{zs} = \sqrt{\sigma_1^2 + 3\tau_1^2} \leq 1.1 f_t^w \tag{3.8}$$

式中：σ_1、τ_1——验算点处的焊缝正应力和剪应力；
　　　1.1——考虑到最大折算应力只在局部出现，而将强度设计值适当提高的系数。
　　　f_t^w——对接焊缝的抗拉强度设计值。

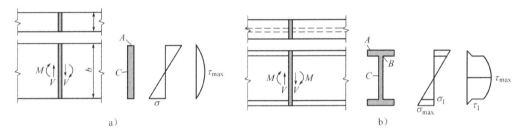

图3.19　对接焊缝承受弯矩和剪力

当对接焊缝承受弯矩、剪力和轴心力共同作用时，焊缝的最大正应力应为轴心力和弯矩引起的应力之和，剪应力按式(3.7)验算，折算应力仍按式(3.8)验算，这里不再赘述。

例题3.2　计算工字形截面牛腿与钢柱连接的对接焊缝强度(图3.20)。荷载设计值 $F = 550\text{kN}$，偏心距 $e = 300\text{mm}$。钢材为Q235-B，焊条为E43型，手工焊。三级焊缝，施焊时加引弧板。

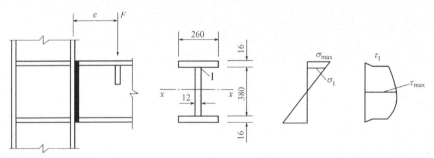

图3.20　例题3.2图(尺寸单位：mm)

解：1) 截面几何特性计算。

由于对接焊缝的计算截面与牛腿的截面相同，因而计算截面对 x 轴的惯性矩

$$I_x = \frac{1}{12} \times 1.2 \times 38^3 + 2 \times \frac{1}{12} \times 26 \times 1.6^3 + 2 \times 26 \times 1.6 \times \left(\frac{38}{2} + \frac{1.6}{2}\right)^2 = 38123(\text{cm}^4)$$

中性轴以外部分截面对 x 轴的面积矩

$$S_{x1} = 26 \times 1.6 \times 19.8 + 19 \times 1.2 \times 9.5 = 1040(\text{cm}^3)$$

一块翼缘板对 x 轴的面积矩

$$S_{x1} = 26 \times 1.6 \times 19.8 = 824(\text{cm}^3)$$

2）焊缝所受内力

焊缝所受的剪力值：$V = F = 550\text{kN}$

焊缝所受的弯矩值：$M = Fe = 550 \times 0.3 = 165(\text{kN} \cdot \text{m})$

3）焊缝应力计算

焊缝的最大正应力为

$$\sigma_{\max} = \frac{M}{I_x} \cdot \frac{h}{2} = \frac{165 \times 10^6}{38123 \times 10^4} \times \frac{412}{2} = 89.2(\text{N/mm}^2) < f_t^w = 185\text{N/mm}^2$$

焊缝的最大剪应力为

$$\tau_{\max} = \frac{VS_x}{I_x t} = \frac{550 \times 10^3 \times 1040 \times 10^3}{38123 \times 10^4 \times 12} = 125(\text{N/mm}^2) \approx f_v^w = 125\text{N/mm}^2$$

上翼缘和腹板交接处"①"点的正应力

$$\sigma_1 = \sigma_{\max} \cdot \frac{190}{206} = 82.3(\text{N/mm}^2)$$

剪应力

$$\tau_1 = \frac{VS_{x1}}{I_x t} = \frac{550 \times 10^3 \times 824 \times 10^3}{38123 \times 10^4 \times 12} = 99(\text{N/mm}^2)$$

则"①"点的折算应力

$$\sigma_{zs} = \sqrt{\sigma_1^2 + 3\tau_1^2} = \sqrt{82.3^2 + 3 \times 99^2} = 190.2(\text{N/mm}^2) < 1.1 \times 185 = 204(\text{N/mm}^2)$$

对接焊缝的强度满足要求。

3）轴心力、弯矩和剪力共同作用下的对接焊缝计算

如图 3.21 所示为轴力和弯矩作用下对接焊缝产生正应力，剪力作用下产生剪应力，其计算公式为

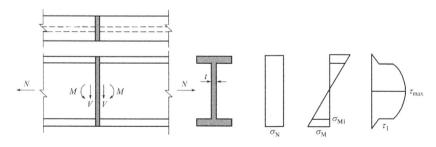

图 3.21 轴力、弯矩和剪力共同作用下的对接焊缝

$$\sigma_{\max} = \sigma_N + \sigma_M = \frac{N}{A_W} + \frac{M}{W_W} \leq f_t^w \tag{3.9}$$

$$\tau_{\max} = VS_{\max}/(I_w t_w) \leq f_v^w \tag{3.10}$$

式中：A_W——焊缝计算面积。

对于工字形、箱形截面，还要计算腹板与翼缘交界处的折算应力，其公式为

$$\sigma_f = \sqrt{(\sigma_N + \sigma_{M1})^2 + 3\tau_1^2} \leq 1.1 f_t^w \tag{3.11}$$

例题 3.3 计算工字形截面牛腿连接焊缝的对接焊缝强度（图 3.22）。$F = 365\text{kN}$，偏心距 $e = 350\text{mm}$。钢材为 Q235B，焊条为 E43 型，手工焊。焊缝为三级检验标准。上、下翼缘加引弧板施焊。

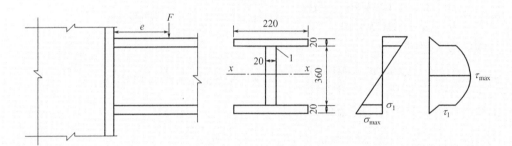

图 3.22 例 3.3 图（尺寸单位：mm）

解：1）焊缝受力

$V = F = 365\text{kN}$，$M = 365 \times 0.35 = 127.75(\text{kN} \cdot \text{m})$

2）惯性矩

$$I_x = \frac{1}{12} \times 20 \times 360^3 + 2 \times \frac{1}{12} \times 220 \times 20^3 + 2 \times 220 \times 20 \times 190^2 = 3.95733 \times 10^8 (\text{mm}^4)$$

3）翼缘面积矩

$$S_{x1} = 220 \times 20 \times 190 = 836000(\text{mm}^3)$$

4）最大正应力

$$\sigma_{\max} = \frac{M}{I_x} \cdot \frac{h}{2} = \frac{127.75 \times 10^6}{39573 \times 10^4} \times \frac{400}{2} = 64.56(\text{N/mm}^2) < f_t^w = 175\text{N/mm}^2$$

5）最大剪应力

$$\tau_{\max} = \frac{VS_x}{I_x t} = \frac{365 \times 10^3 \times \left(836000 + 180 \times 20 \times \frac{180}{2}\right)}{39573 \times 10^4 \times 20} = 53.5(\text{N/mm}^2) < f_v^w = 120\text{N/mm}^2$$

中和轴以外部分截面对 x 轴的面积矩

$$S_x = 220 \times 20 \times 190 + 180 \times 20 \times 90 = 1160000 (\text{mm}^3)$$

上翼缘和腹板交接处"1"点的正应力

$$\sigma_1 = \sigma_{\max} \frac{180}{200} = 64.56 \times \frac{180}{200} = 58.104 (\text{N/mm}^2)$$

上翼缘和腹板交接处"1"点的剪应力

$$\tau_1 = \frac{VS}{I_x t} = \frac{365 \times 10^3 \times 836000}{39573 \times 10^4 \times 20} = 38.5541 (\text{N/mm}^2)$$

由于"1"点同时受有较大的正应力和剪应力,故应验算折算应力

$$\sigma_f = \sqrt{\sigma_2^1 + 3\tau_1^2} = \sqrt{58.104^2 + 3 \times 38.55^2} = 88.51 (\text{N/mm}^2) \leq 1.1 f_t^w = 1.1 \times 185$$
$$= 203.5 (\text{N/mm}^2)$$

3.3 角焊缝的构造与计算

3.3.1 角焊缝的形式

角焊缝是钢结构中最常用的焊缝,角焊缝用于搭接、拼接及 T 形等焊接接头中,既可用于连接同一平面的钢板(如拼接),又可用于不同平面内的钢板连接(如 T 形)。

角焊缝按其与作用力的关系可分为端焊缝、侧焊缝和斜焊缝。长度方向与作用力垂直的角焊缝叫端焊缝;长度方向与作用力平行的角焊缝叫侧焊缝;焊缝长度方向与作用力斜交的角焊缝叫斜焊缝(图 3.23)。

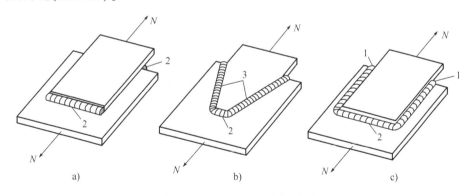

图 3.23 端焊缝、侧焊缝和斜焊缝
1-侧焊缝;2-端焊缝;3-斜焊缝

按截面形式,角焊缝可分为直角角焊缝和斜角角焊缝。直角角焊缝按其截面形式可分为普通焊缝、平坡焊缝和深熔焊缝,如图 3.24 所示。通常,手工焊时形成普通焊缝,表面微凸;端焊缝宜做成平坡焊缝;埋弧自动焊时形成深熔焊缝,表面呈凹形。直角角焊缝的有效截面视为等腰直角三角形;其边长 h_f 称为正边尺寸或焊脚尺寸;直角角焊缝的计算截面为 45°方向的截

面,有效厚度为 $h_e = 0.7 h_f$。

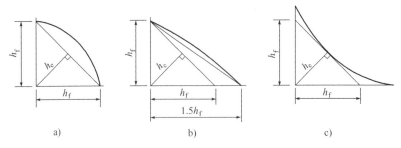

图 3.24 直角角焊缝的截面形式

两焊脚边的夹角 $\alpha > 90°$ 或 $\alpha < 90°$ 的焊缝称为斜角角焊缝,如图 3.25 所示。斜角角焊缝常用于钢管结构中。对于夹角 $\alpha > 135°$ 或 $\alpha < 60°$ 的斜角角焊缝,除钢管结构外,不宜用作受力焊缝。斜角角焊缝的有效截面视为等腰三角形,腰长 h_f 称为焊脚尺寸。

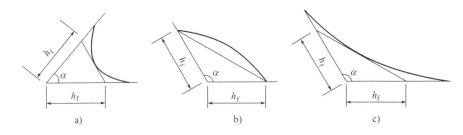

图 3.25 斜角角焊缝

3.3.2 角焊缝的构造要求

为了保证质量,角焊缝除了满足强度要求外,还需要满足构造要求,以下讨论角焊缝的具体构造要求,强度要求将在下节讨论。

1. 焊脚尺寸

角焊缝的焊脚尺寸 h_f 的大小会影响焊缝的使用性能。h_f 太大,焊接线能量大,较薄的焊件容易被烧穿,焊接变形较大,热影响区较宽,焊缝呈脆性;h_f 太小,焊缝冷却过快,出现裂纹,焊缝不易焊透。h_f 的大小要考虑到板厚,熔深及焊接方法等因素,h_f 的上限和下限值,不同的规范有所区别。

(1)最小焊角尺寸

角焊缝的焊角尺寸不能过小,以保证焊缝的最小承载力,否则焊接时产生的热量较小,而焊件厚度较大,致使施焊时冷却速度过快,产生淬硬组织,导致母材开裂。《钢结构设计标准》(GB 50017—2017)规定,角焊缝的焊脚尺寸应满足

$$h_f \geq 1.5\sqrt{t_2} \tag{3.12}$$

式中:t_2——较厚焊件厚度(mm)。

此外,《钢结构设计标准》(GB 50017—2017)规定:当母材厚度 $t \leq 6$mm 时,最小焊脚尺寸取 3mm;当母材厚度 6mm $< t \leq 12$mm 时,最小焊脚尺寸取 5mm;当母材厚度 12mm $< t \leq 20$mm

时,最小焊脚尺寸取 6mm;当母材厚度 $t>20$mm 时,最小焊脚尺寸取 8mm。

(2)最大焊脚尺寸

为了避免焊缝收缩时产生较大的焊接残余应力和残余变形,且热影响区扩大,容易产生热脆,较薄焊件容易烧穿,《钢结构设计标准》(GB 50017—2017)规定,除直接焊接的钢管结构的焊脚尺寸不宜大于钢管壁厚的 2 倍外,如图 3.23a)所示,角焊缝的焊角尺寸应满足

$$h_f \leqslant 1.2t_1 \tag{3.13}$$

式中:t_1——较薄焊件厚度(mm)。

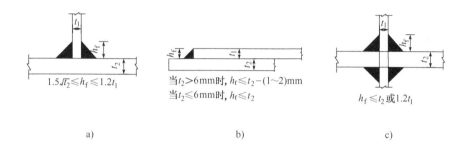

图 3.26 最大焊角尺寸

当采用搭接形式时,如图 3.23b)所示,搭接角焊缝沿母材棱边的最大焊脚尺寸,当板厚 $t>6$mm 时,根据焊工的施焊经验,不易焊满全厚度,故取 $h_f = t_2 - (1 \sim 2)$mm;当 $t \leqslant 6$mm 时,通常采用小焊条施焊,易于焊满全厚度,则最大焊脚尺寸取母材厚度,即 $h_f \leqslant t_2$。

对十字形板件边缘的角焊缝,如图 3.23c)所示,取 $h_f \leqslant 1.2t_1$ 或 t_2。

2)角焊缝的计算长度

(1)角焊缝的最大计算长度

实验表明,如果侧焊缝的长度过长,沿长度方向的剪应力分布不均匀,两端大而中间小,即呈马鞍形分布(图 3.27)。当焊缝受力较大时,焊缝两端的应力可能达到极限而导致破坏。焊件的局部加热严重,焊缝起灭弧所引起的缺陷相距太近,加之焊缝中可能产生的其他缺陷(气孔、非金属夹杂等)使焊缝不够可靠。

对搭接连接的侧面角焊缝而言,如果焊缝长度过小,由于力线弯折大,也会造成严重的应力集中。因此,规定在承受动力荷载时侧焊缝的计算长度 $l_w \leqslant 40h_f$,承受静力荷载时计算长度 $l_w \leqslant 60h_f$。当侧焊缝的实际长度超过此规定数值时,超过部分在计算中不予考虑;但是,若内力沿侧缝全长均匀分布时则不受此限制,例如,截面柱或梁的翼缘与腹板的角焊缝连接等。

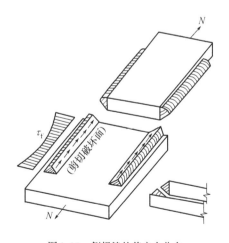

图 3.27 侧焊缝的剪应力分布

(2) 侧面角焊缝的最小计算长度

侧面角焊缝在弹性阶段沿长度方向受力不均匀,两端大而中间小。焊缝越长,应力集中越明显。在静力荷载作用下,如果焊缝长度适宜,当焊缝两端处的应力达到屈服强度后,继续加载,应力会渐趋均匀。但是,如果焊缝长度超过某一限值时,有可能首先在焊缝的两端破坏,故一般规定侧面角焊缝的计算长度 $l_w \leq 60h_f$。当实际长度大于上述限值时,其超过部分在计算中不予考虑。若内力沿侧面角焊缝全长分布,例如焊接梁翼缘板与腹板的连接焊缝,计算长度可不受上述限制。

如果角焊缝的长度 l_w 过小,起弧点与熄弧点相距太近,应力集中严重,焊缝工作不可靠;因此,又规定角焊缝的计算长度 $l_w \geq 8h_f$ 且不小于40mm。

3) 搭接连接中的构造要求

在搭接连接中,为减小因焊缝收缩产生过大的焊接残余应力及因偏心产生的偏心弯矩,要求搭接长度不小于较薄焊件厚度的5倍,且不小于25mm(图3.28)。角焊缝在构件的转角处不能熄弧,必须连续施焊绕过转角长度为 $2h_f$ 的长度再熄弧,以避免熄弧缺陷在此造成较严重的应力集中。

当板件端部仅有两条侧面角焊缝连接时(图3.28),试验结果表明,连接的承载力与 B/l_w 有关。B 为两侧焊缝的距离,l_w 为侧焊缝的计算长度。当 $B/l_w > 1$ 时,连接的承载力随着 B/l_w 的增大而明显下降。这主要是由于应力传递的过分弯折使构件中应力不均匀分布的影响。为使连接强度不致过分降低,应使每条侧焊缝的计算长度不宜小于两侧焊缝之间的距离,即 $B/l \leq 1$。两侧面角焊缝之间的距离 b 也不宜大于 $16t(t > 12\text{mm})$ 或 $200\text{mm}(t \leq 12\text{mm})$,$t$ 为较薄焊件的厚度,在搭接连接中,当仅采用正面角焊缝(图3.29)时,其搭接长度不得小于焊件较小厚度的5倍,也不得小于25mm。若不满足此规定则应加端焊缝,以免因焊缝横向收缩,引起板件向外发生较大拱曲(图3.30)。

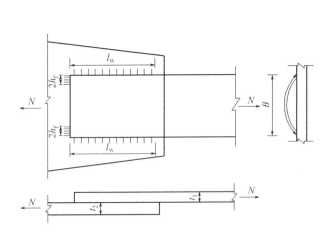

图3.28 焊缝长度及两侧焊缝间距

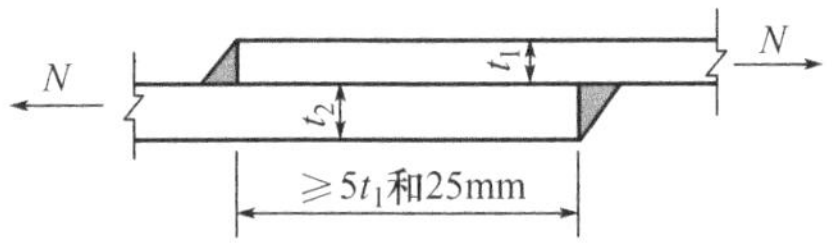

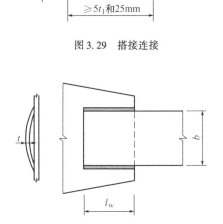

图3.29 搭接连接

图3.30 仅用两条侧焊缝连接时的构造要求

4)减小角焊缝应力集中的措施

杆件端部搭接采用三面围焊时,在转角处截面突变,会产生应力集中,如在此处起灭弧,可能出现弧坑或咬肉等缺陷,从而加大应力集中的影响。故所有围焊的转角处必须连续施焊。对于非围焊情况,当角焊缝的端部在构件转角处时,可连续地实施长度为 $2h_f$ 的绕角焊(图 3.31)。不同行业的设计规范对角焊缝的构造要求有所不同,设计时应参照本行业的设计规范。

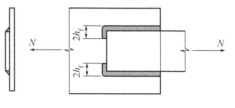

图 3.31　角焊缝在构件转角处的构造要求

3.3.3　角焊缝的强度计算

1)角焊缝的破坏形式

大量试验结果表明,侧焊缝主要承受剪应力。剪应力沿焊缝长度方向的分布不均匀,两端大中间小。焊缝越长,应力分布越不均匀,但在接近塑性工作阶段时,产生应力重分布,可使应力分布的不均匀现象渐趋缓和。因此,可以假定剪应力均匀分布。通常,破坏发生在最小截面(图 3.27),即沿 45°截面。

端焊缝的受力情况较复杂,它既受拉、受剪又受弯(图 3.32),试验表明,端焊缝的平均强度比侧焊缝高,但较脆,塑性差。在荷载作用下,端焊缝有三种破坏形式,即焊缝剪坏、焊缝拉坏、焊缝斜截面断裂(图 3.33)。焊缝破坏时,首先在根部出现裂缝,然后扩及整个焊缝截面,分别按上述三种形式破坏。

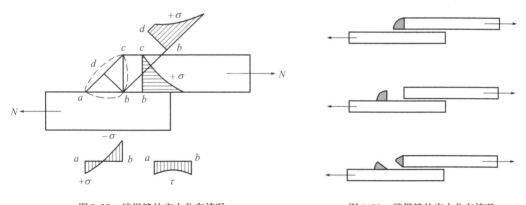

图 3.32　端焊缝的应力分布情况　　　　图 3.33　端焊缝的应力分布情况

由于角焊缝的应力分布复杂,且端焊缝与侧焊缝工作差别很大,要精确计算很困难。实际计算采用简化的方法,即假定角焊缝的破坏截面均在最小截面上,其面积为角焊缝的计算厚度 h_e 与焊缝计算长度 l_w 的乘积,此截面称为角焊缝的计算截面,并假定截面上的应力沿焊缝计算长度均匀分布。同时不论是端焊缝还是侧焊缝,均按破坏时计算截面上的平均应力来确定其强度,并采用统一的强度设计值 f_f^w。

角焊缝中端缝的应力状态要比侧缝复杂得多,有明显的应力集中现象,塑性性能也差,但端缝的破坏强度比侧缝的破坏强度要高一些,二者之比为 1.35~1.55。

2) 焊缝破坏面及应力分布

(1) 焊缝的有效截面

不论是端缝或侧缝,角焊缝假定沿焊脚截面的 α/2 面破坏。α 为焊脚边的夹角。破坏面上焊缝厚度称为有效厚度 h_e,如图 3.34a)、b)所示,其值为

当两焊件间隙 $b \leqslant 1.5$mm 时

$$h_e = 0.7h_f \tag{3.14}$$

当两焊件间隙 $1.5\text{mm} < b \leqslant 5\text{mm}$ 时

$$h_e = 0.7(h_f - b) \tag{3.15}$$

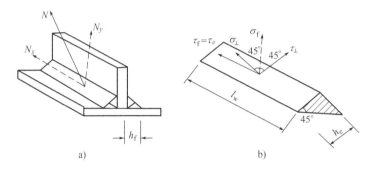

图 3.34 T 形连接角焊缝受斜向力 N 作用

(2) 焊缝的有效截面

焊缝的破坏面又称为角焊缝的有效截面。角焊缝的应力分布比较复杂,端缝与侧缝工作性能差别较大。端缝在外力作用下应力分布如图 3.35 所示。从图中看出,焊缝的根部产生应力集中,通常总是在根脚处首先出现裂缝,然后扩至整个焊缝截面以致断裂。侧缝的应力分布如图 3.36 所示,焊缝的应力分布沿焊缝长度并不均匀,焊缝长度越长,越不均匀。因此,角焊缝的强度受到很多因素的影响,有明显的分散性。

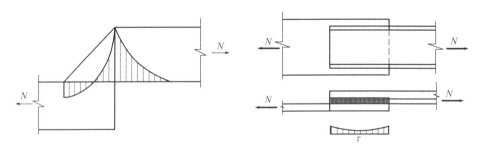

图 3.35 端焊缝应力分布　　图 3.36 侧焊缝应力分布

3) 角焊缝强度计算的基本公式

(1) 直角角焊缝强度计算的基本公式

试验表明,直角角焊缝的破坏面通常发生在 45°方向的最小截面,此截面称为直角角焊缝的有效截面或计算截面。在外力作用下,直角角焊缝有效截面上产生三个方向应力,即 $\sigma_\perp$、$\tau_\perp$、$\tau_{/\!/}$(图 3.37)。根据试验研究,三个方向应力与焊缝强度间的关系可用下式表示。

$$\sqrt{\sigma_\perp^2 + 3(\tau_\perp^2 + \tau_{/\!/}^2)} \leqslant \sqrt{3} f_f^w \tag{3.16}$$

式中：$\sigma_\perp$——垂直于角焊缝有效截面上的正应力；

$\tau_\perp$——有效截面上垂直于焊缝长度方向的剪应力；

$\tau_{/\!/}$——有效截面上平行于焊缝长度方向的剪应力；

f_f^w——角焊缝的强度设计值。

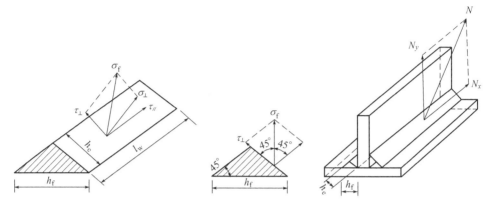

图 3.37 焊缝有效截面上的应力

以图 3.37 所示受斜向轴心力 N（互相垂直的分力 N_y 和 N_x）作用的直角角焊缝为例，说明角焊缝基本公式的推导。N_y 在焊缝有效截面上引起垂直于焊缝一个直角边的应力 σ_f，该应力对有效截面既不是正应力，也不是剪应力，而是 $\sigma_\perp$ 和 $\tau_\perp$ 的合应力。

$$\sigma_f = \frac{N_y}{h_e l_w} \tag{3.17}$$

式中：N_y——垂直于焊缝长度方向的轴心力；

h_e——直角角焊缝的有效厚度，$h_e = 0.7 h_f$；

l_w——焊缝的计算长度，考虑起灭弧缺陷，按各条焊缝的实际长度每端减去 h_f 计算。

由图 3.37 可知，对直角角焊缝：

$$\sigma_\perp = \tau_\perp = \sigma_f / \sqrt{2} \tag{3.18}$$

沿焊缝长度方向的分力 N_x 在焊缝有效截面引起平行于焊缝长度方向的剪应力 $\tau_f = \tau_{/\!/}$，

$$\tau_f = \tau_{/\!/} = \frac{N_x}{h_e l_w} \tag{3.19}$$

则得直角角焊缝在各种应力综合作用下，σ_f 和 τ_f 共同作用处得计算式为

$$\sqrt{4\left(\frac{\sigma_f}{\sqrt{2}}\right)^2 + 3\tau_f^2} \leqslant \sqrt{3} f_f^w$$

令 $\beta_f = \sqrt{\dfrac{3}{2}} = 1.22$，则

$$\sqrt{\left(\frac{\sigma_f}{\beta_f}\right)^2 + \tau_f^2} \leqslant f_f^w \tag{3.20}$$

式中：β_f——正面角焊缝的强度增大系数，对承受静力荷载和间接承受动力荷载的结构，

$$\beta_{\mathrm{f}} = \sqrt{\frac{3}{2}} = 1.22\ ;对直接承受动力荷载的结构,\beta_{\mathrm{f}} = 1。$$

对正面角焊缝,此时 $\tau_{\mathrm{f}} = 0$,得

$$\sigma_{\mathrm{f}} = \frac{N_y}{h_{\mathrm{e}} l_{\mathrm{w}}} \leqslant \beta_{\mathrm{f}} f_{\mathrm{f}}^{\mathrm{w}} \qquad (3.21)$$

对侧面角焊缝,此时 $\sigma_{\mathrm{f}} = 0$,得

$$\tau_{\mathrm{f}} = \frac{N}{h_{\mathrm{e}} l_{\mathrm{w}}} \leqslant f_{\mathrm{f}}^{\mathrm{w}} \qquad (3.22)$$

式(3.20)~式(3.22)即为角焊缝的基本计算公式。只要将焊缝应力分解为垂直于焊缝长度方向的应力 σ_{f} 和平行于焊缝长度方向的应力 τ_{f},上述基本公式就可适用于任何受力状态。

角焊缝的强度与熔深有关。埋弧自动焊熔深较大,若在确定焊缝有效厚度时考虑熔深对焊缝强度的影响,可带来较大的经济效益。我国规范不分手工焊和埋弧焊,均统一取有效厚度 $h_{\mathrm{e}} = 0.7 h_{\mathrm{f}}$,对自动焊来说,是偏于保守的。

(2)轴心力作用的角焊缝连接计算

①采用盖板的角焊缝连接计算

当轴心力通过连接焊缝中心时,可认为焊缝应力是均匀分布的。如图 3.38 所示的连接中,当只有侧面角焊缝时,按式(3.22)计算,当只有正面角焊缝时,按式(3.21)计算。

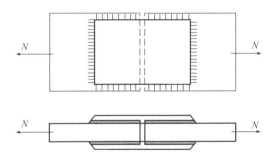

图 3.38 受轴心力的盖板连接

当采用三面围焊时,先按式(3.21)计算正面角焊缝所承担的内力

$$N_1 = \beta_{\mathrm{f}} f_{\mathrm{f}}^{\mathrm{w}} \sum h_{\mathrm{e}} l_{\mathrm{w1}} \qquad (3.23)$$

式中:$\sum h_{\mathrm{e}} l_{\mathrm{w1}}$ ——连接一侧正面角焊缝有效面积的总和。

再由式(3.22)计算侧面角焊缝的强度

$$\tau_{\mathrm{f}} = \frac{N - N_1}{\sum h_{\mathrm{e}} l_{\mathrm{w}}} \leqslant f_{\mathrm{f}}^{\mathrm{w}} \qquad (3.24)$$

式中:$\sum h_{\mathrm{e}} l_{\mathrm{w}}$ ——连接一侧侧面角焊缝有效面积的总和。

例题 3.4 如图 3.39 所示,两块钢板用双面盖板拼接,已知钢板宽度 $B = 270\,\text{mm}$,厚度 $t_1 = 28\,\text{mm}$,该连接承受的静态轴心力 $N = 1400\,\text{kN}$(设计值),钢材为 Q235-B,手工焊,焊条为 E43 型。试设计此连接。

解:设计此连接就是确定拼接盖板的尺寸及焊脚尺寸。拼接盖板的宽度取决于构造要求,为了能够布置侧焊缝,取拼接盖板的宽度略小于钢板宽度,设拼接盖板的宽度 $b = 250\,\text{mm}$。拼接盖板的厚度根据强度要求确定,在钢材种类相同的情况下,拼接盖板的截面积应大于钢板的截面积,设拼接盖板的厚度为 t_2,则 $2bt_2 \geq Bt_1$,得到

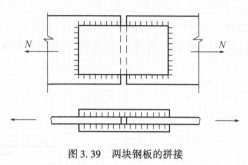

图 3.39 两块钢板的拼接

$$t_2 \geq Bt_1/2b = 270 \times 28/500 = 15.12\,(\text{mm})$$

取 $t_2 = 16\,\text{mm}$,并取焊脚尺寸 $h_\text{f} = 8\,\text{mm}$。焊缝的抗剪强度设计值 $f_\text{f}^\text{w} = 160\,\text{N/mm}^2$。

拼接盖板的长度要根据侧焊缝的长度来确定,当采用三面围焊时,可先根据式(3.23)计算端焊缝所承担的内力

$$N' = 1.22 f_\text{f}^\text{w} h_\text{e} \sum l_\text{w} = 1.22 \times 160 \times 0.7 \times 8 \times 500 = 546.56\,(\text{kN})$$

式中:$\sum l_\text{w}$——连接一侧端焊缝计算长度的总和。

连接一侧 4 条侧焊缝所受的力为 $N - N'$,1 条侧焊缝所受的力为

$$N_1 = \frac{1}{4}(N - N') = \frac{1}{4} \times (1400 - 546.56) = 213.4\,(\text{kN})$$

根据式(3.22),1 条侧焊缝所需的长度为

$$l_1 = \frac{N_1}{h_\text{e} f_\text{f}^\text{w}} = \frac{213.4 \times 1000}{0.7 \times 8 \times 160} = 238.2\,(\text{mm})$$

在两块钢板间设 10 mm 的接缝,并考虑焊接起弧、熄弧所造成缺陷的影响,则所需拼接盖板的长度为 $2 \times 238.2 + 10 + 2 \times 8 = 502.4\,(\text{mm})$,实际可取 510 mm。

②角钢杆件与节点板连接的角焊缝计算

角钢杆件与节点板连接时,要求角钢的形心线通过焊缝有效截面的形心,防止焊缝受偏心力作用;采用三面围焊时,焊缝在转弯处不间断。

角钢用侧缝连接时(图 3.40),由于角钢截面形心到肢背和肢尖的距离不相等,靠近形心的肢背焊缝承受较大的内力。设 N_1 和 N_2 分别为角钢肢背与肢尖焊缝承担的内力,由平衡条件可知

$$N_1 + N_2 = N$$
$$N_1 e_1 = N_2 e_2$$
$$e_1 + e_2 = b$$

解上式得角钢肢背和肢尖受力为:

$$N_1 = \frac{e_2}{b}N = k_1 N \\ N_2 = \frac{e_1}{b}N = k_2 N \right\} \quad (3.25)$$

式中：N——角钢承受的轴心力；

k_1、k_2——角钢角焊缝的内力分配系数，按表 3.3 采用。

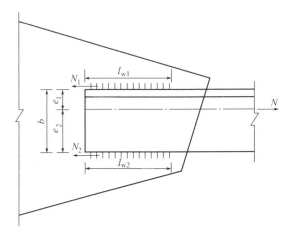

图 3.40　角钢的侧缝连接

在 N_1 和 N_2 作用下，侧缝的直角角焊缝计算公式为

$$\frac{N_1}{\sum 0.7 h_{f1} l_{w1}} \leq f_f^w \\ \frac{N_2}{\sum 0.7 h_{f2} l_{w2}} \leq f_f^w \right\} \quad (3.26)$$

式中：h_{f1}、h_{f2}——分别为肢背、肢尖的焊脚尺寸；

l_{w1}、l_{w2}——分别为肢背、肢尖的焊缝计算长度。

考虑到每条焊缝两端的起灭弧缺陷，实际焊缝长度为计算长度加 $2h_f$；但对于三面围焊，由于在杆件端部转角处必须连续施焊，每条侧面角焊缝只有一端可能起灭弧，故焊缝实际长度为计算长度加 h_f；对于采用绕角焊的侧面角焊缝实际长度等于计算长度（绕角焊缝长度 $2h_f$ 不进入计算）。

角钢用三面围焊时[图 3.41a)]，既要照顾到焊缝形心线基本上与角钢形心线一致，又要考虑到侧缝与端缝计算的区别。计算时先选定端焊缝的焊脚尺寸 h_{f3}，并算出它所能承受的内力为

$$N_3 = \beta_f \times \sum 0.7 h_{f3} l_{w3} f_f^w \quad (3.27)$$

式中：h_{f3}——端缝的焊脚尺寸；

l_{w3}——端缝的焊缝计算长度。

通过平衡关系得肢背和肢尖侧焊缝受力为

$$N_1 = k_1 N - \frac{1}{2}N_3 \qquad (3.28)$$

$$N_2 = k_2 N - \frac{1}{2}N_3 \qquad (3.29)$$

在 N_1 和 N_2 作用下,侧焊缝的计算公式与式(3.26)相同。

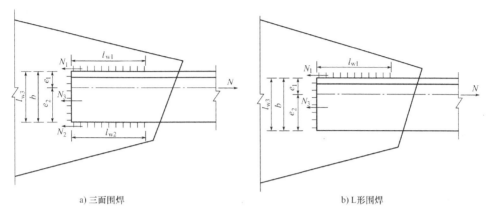

a) 三面围焊　　　　　　　　b) L形围焊

图3.41　角钢角焊缝围焊的计算

当采用L形围焊时[图3.41b)],令 $N_2 = 0$,由式(3.25)得

$$\left. \begin{array}{l} N_3 = 2k_2 N \\ N_1 = k_1 N - k_2 N = (k_1 - k_2)N \end{array} \right\} \qquad (3.30)$$

L形围焊角焊缝计算公式为

$$\left. \begin{array}{l} \dfrac{N_3}{\sum 0.7h_{f3}l_{w3}} \leqslant f_f^w \\ \dfrac{N_1}{\sum 0.7h_{f1}l_{w1}} \leqslant f_f^w \end{array} \right\} \qquad (3.31)$$

如图3.42a)所示的角钢杆件与节点板采用两条侧焊缝连接,图3-42b)所示为采用三面围焊的焊缝连接,图3.42c)所示为采用侧焊缝和端焊缝的连接。在轴心力 N 作用下,肢背焊缝所受的力为 $N_1 = k_1 N$,肢尖焊缝所受的力为 $N_2 = k_2 N$,其中 k_1、k_2 分别为内力对肢背和肢尖的分配系数,按表3.3选用。

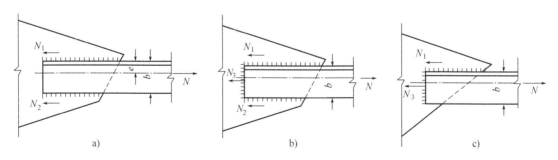

图3.42　角钢杆件与节点板的连接

内力对角钢肢背和肢尖的分配系数   表3.3

角钢种类	k_1	k_2
等肢角钢	0.70	0.30
不等肢角钢短边焊连	0.75	0.25
不等肢角钢长边焊连	0.65	0.35

根据式(3.26),角钢肢背和肢尖所需焊缝的长度分别为

$$l_1 = \frac{N_1}{0.7 h_f f_f^w} \quad l_2 = \frac{N_2}{0.7 h_f f_f^w} \tag{3.32}$$

式中:h_f——角焊缝的焊脚尺寸,考虑到每条焊缝两端的起灭弧缺陷,实际焊缝长度为计算长度加$2h_f$。

例题 3.5 如图 3.43 所示,角钢和节点板采用两边侧焊缝连接,承受拉力 $N = 660$kN(设计值),角钢为 $2\angle 100\times 10$,节点板厚度 $t = 12$mm,钢材为 Q235B-F,焊条为 E43 型,手工焊。试确定所需角焊缝的长度和焊脚尺寸。

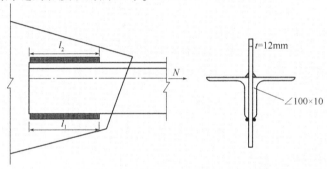

图 3.43 例题 3.5 图

解:角焊缝的强度设计值:$f_f^w = 160 \text{N/mm}^2$

根据构造要求,$h_f \geq 1.5\sqrt{t_2} = 1.5\sqrt{12} = 5.2$(mm)

角钢肢尖处:$t_1 = 10\text{mm} > 6\text{mm}$,$h_f \leq t_1 - (1 \sim 2)$ mm $= 9 \sim 8$mm

角钢肢背处:$h_f \leq 1.2 t_2 = 1.2 \times 10 = 12$(mm)

因此,角钢肢尖、肢背处均可取 $h_f = 8$mm。

肢背焊缝所受的力为:$N_1 = k_1 N = 0.7 \times 660 = 462$(kN)

肢尖焊缝所受的力为:$N_2 = k_2 N = 0.3 \times 660 = 198$(kN)

所需肢背焊缝的长度为

$$l_1 = \frac{N_1}{2 h_e f_f^w} + 2h_f = \frac{462 \times (10^3)}{2 \times 0.7 \times 8 \times 160} + 2 \times 8 \approx 273.8 \text{(mm)},实际取 275\text{mm}。$$

所需肢尖焊缝的长度为

$$l_2 = \frac{N_2}{2 h_e f_f^w} + 2h_f = \frac{198 \times (10^3)}{2 \times 0.7 \times 8 \times 160} + 2 \times 8 \approx 126 \text{(mm)},实际取 130\text{mm}。$$

(3)轴心力(拉力、压力和剪力)作用下角焊缝的计算

如图 3.44 所示,通过焊缝重心作用一轴向力 N,轴向力与焊缝长度方向夹角为 θ,有两种

计算方法。

①分力法

将力 F 分解为垂直和平行于焊缝长度方向的分力 $N = F\sin\theta$,$V = F\cos\theta$,则

$$\sigma_f = \frac{F\sin\theta}{\sum h_e l_w} \quad (3.33)$$

$$\tau_f = \frac{F\cos\theta}{\sum h_e l_w} \quad (3.34)$$

将式(3.33)和式(3.34)代入式(3.20)验算角焊缝的强度。

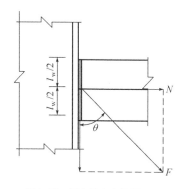

图 3.44 斜向轴心力作用

$$\sqrt{\left(\frac{\sigma_f}{\beta_f}\right)^2 + \tau_f^2} \leq f_f^w$$

②直接法

将式(3.33)和式(3.34)代入式(3.20)中,得

$$\sqrt{\left(\frac{F\sin\theta}{\beta_f \sum h_e l_w}\right)^2 + \left(\frac{F\cos\theta}{\sum h_e l_w}\right)^2} \leq f_f^w \quad (3.35)$$

取 $\beta_f^2 = 1.22^2 \approx 1.5$,得

$$\frac{F}{\sum h_e l_w}\sqrt{\frac{\sin^2\theta}{1.5} + \cos^2\theta} = \frac{F}{\sum h_e l_w}\sqrt{1 - \frac{\sin^2\theta}{3}} \leq f_f^w \quad (3.36)$$

令 $\beta_{f\theta} = \dfrac{1}{\sqrt{1 - \dfrac{\sin^2\theta}{3}}}$,则斜焊缝的计算公式为

$$\frac{F}{\sum h_e l_w} \leq \beta_{f\theta} f_f^w \quad (3.37)$$

式中:$\beta_{f\theta}$——斜焊缝的强度增大系数,其值取 1.0 ~ 1.22;对直接承受动力荷载的结构,$\beta_{f\theta} = 1$;

θ——作用力与焊缝长度方向的夹角。

如图 3.45 所示的 T 形连接,角焊缝承受轴力 N、弯矩 M 及剪力 V,分别产生应力 σ_f^N、σ_f^M、τ_f^V。图中 A 点应力最大,为控制设计点。

轴力 N 所引起的应力为

$$\sigma_f^N = \frac{N}{0.7h_f \sum l_w} \quad (3.38)$$

式中:$\sum l_w$——角焊缝计算长度的总和;

h_f——角焊缝的焊脚尺寸。

剪力 V 所引起的应力为

$$\tau_f^V = \frac{V}{0.7h_f \sum l_w} \quad (3.39)$$

弯矩 M 所引起的应力(最大值)为

$$\sigma_f^M = \frac{M}{I_x} \cdot \frac{l_w}{2} \tag{3.40}$$

式中：I_x——角焊缝计算截面对 x 轴的惯性矩；

l_w——角焊缝计算截面的高度。

由式(3.20)，角焊缝的强度计算式为

$$\sqrt{\left(\frac{\sigma_f^M + \sigma_f^N}{1.22}\right)^2 + (\tau_f^V)^2} \leqslant f_f^w \tag{3.41}$$

式中：f_f^w——角焊缝抗剪强度设计值，按附表1.2采用。

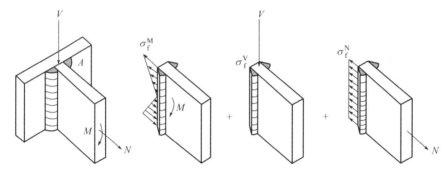

图 3.45 用角焊缝连接的 T 形接头

例题 3.6 试验算图 3.46 所示的牛腿与柱的连接角焊缝强度。钢材为 Q345，焊条为 E50 型，手工焊，竖向力 F 的设计值 380kN。

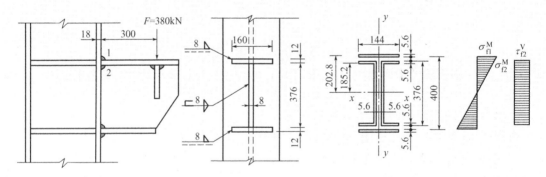

图 3.46 例题 3.5 图(尺寸单位：mm)

解：首先将作用力 F 移至焊缝计算截面形心轴线上，则焊缝同时承受弯矩 $M = Fe$ 及剪力 $V = F$ 的共同作用，假定剪力全部由腹板上的两条竖向焊缝承担，弯矩由全部焊缝承担。

1) 焊缝计算截面的几何参数

取 $h_f = 8$ mm，两条竖向焊缝的计算截面面积为

$$A_m = 2 \times 0.7 \times 8 \times 376 = 4211.2 \text{ (mm}^2\text{)}$$

全部焊缝计算截面对 x 轴的惯性矩为

$$I_w = 2 \times \frac{1}{12} \times 0.7 \times 8 \times 376^3 + 2 \times 0.7 \times 8 \times (160 - 2 \times 8) \times 202.8^2 + 4 \times 0.7 \times$$

$$8 \times (76 - 5.6 - 8) \times 185.2^2 = 1.14 \times 10^8 (\text{mm}^4)$$

全部焊缝计算截面对 x 轴的截面抵抗矩为

$$W_x = \frac{1.14 \times (10^8)}{205.6} = 5.545 \times 10^5 (\text{mm}^3)$$

2)验算角焊缝的强度

角焊缝的强度设计值 $f_f^w = 160\text{N/mm}^2$,翼缘焊缝的最大应力为

$$\sigma_{f1}^M = \frac{M}{W_m} = \frac{380 \times 10^3 \times 300}{5.545 \times 10^5} = 205.6(\text{N/mm}^2) < 1.22 \times 200 = 244\text{N/mm}^2$$

腹板焊缝上由剪力 V 产生的平均剪应力为

$$\tau_f^V = \frac{V}{A_m} = \frac{380 \times 1000}{4211.2} = 90.2 \text{ N/mm}^2$$

腹板焊缝上由弯矩 M 产生的最大应力为

$$\sigma_{f2}^M = \sigma_{f1}^M \times \frac{188}{205.6} = 188\text{N/mm}^2$$

腹板焊缝的强度验算

$$\sqrt{\left(\frac{\sigma_f^M + \sigma_f^N}{1.22}\right)^2 + (\tau_f^V)^2} = \sqrt{\left(\frac{188}{1.22}\right)^2 + 90.2^2} = 178.6(\text{N/mm}^2) < 200\text{N/mm}^2$$

焊缝强度均满足要求。

4)剪力和扭矩共同作用下搭接连接角焊缝的计算

如图 3.47 所示,三面围焊搭接连接角焊缝承受偏心力 F 作用,等效于角焊缝承受剪力 $V(=F)$ 和扭矩 $T(=Fe)$ 共同作用。通常假定被连接构件为刚性体,焊缝按弹性工作计算,不考虑焊缝的塑性变形及应力重分布。角焊缝在扭矩 T 作用下绕焊缝形心 O 发生扭转,焊缝上任一点处剪力的方向垂直于该点与形心之间的连线,大小与此连线的距离成正比。焊缝上距离形心 O 最远处的点(A 点或 A' 点)所受的剪力最大,因而是验算控制点。

根据平衡条件,焊缝上任一点处的剪应力为

$$\tau_f = \frac{T}{I_P} \cdot r \tag{3.42}$$

式中:I_P——角焊缝计算截面对形心点 O 的极惯性矩,$I_P = I_x + I_y$。

将 τ_f^T 沿 x 轴和 y 轴进行分解,可得

$$\tau_{fx}^T = \frac{T}{I_P} r_y \quad \sigma_{fy}^T = \frac{T}{I_P} r_x \tag{3.43}$$

剪力 $V(=F)$ 引起的平均剪应力为

$$\sigma_{fy}^V = \frac{V}{0.7 h_f \sum l_w} \tag{3.44}$$

则剪力和扭矩共同作用下搭接连接角焊缝的强度计算公式为

$$\sqrt{\left(\frac{\sigma_{fy}^{T}+\sigma_{fy}^{V}}{\beta_{f}}\right)^{2}+(\tau_{fx}^{T})^{2}} \leqslant f_{f}^{w} \qquad (3.45)$$

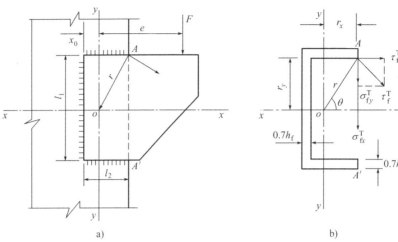

图 3.47 角焊缝承受偏心力作用

例题 3.7 如图 3.47 所示,一支托板与柱搭接连接,$l_1 = 400\text{mm}$,$l_2 = 300\text{mm}$,$e = 500\text{mm}$,作用力的设计值 $F = 200\text{kN}$,钢材为 Q235,焊条为 E43 型,手工焊。支托板厚度 $t = 12\text{mm}$,试设计角焊缝。

解: 将力 F 平移至焊缝形心处,该焊缝承受竖向剪力 F 和扭矩 $T = Fe$ 的共同作用,设三面围焊焊缝的焊脚尺寸相同,取 $h_f = 8\text{mm}$。因为水平焊缝和竖向焊缝在转角处连续施焊,所以在计算焊缝长度时,仅在水平焊缝端部减去 8mm。

1) 角焊缝计算截面的形心位置

$$x_0 = \frac{2 \times 0.7 \times 8 \times (300-8)^2/2}{0.7 \times 8 \times (400 + 292 \times 2)} = 86.6(\text{mm})$$

2) 角焊缝计算截面的惯性矩

$$I_x = \frac{1}{12} \times 0.7 \times 8 \times 400^3 + 2 \times 0.7 \times 8 \times (300-8) \times (200 + 0.7 \times 8/2)^2 = 1.644 \times 10^8 (\text{mm}^4)$$

$$I_y = 0.7 \times 8 \times 400 \times 86.6^2 + 2 \times \frac{1}{12} \times 0.7 \times 8 \times 292^3 + 2 \times 0.7 \times 8 \times 292 \times (292/2 - 86.6)^2 = 0.5158 \times 10^8 (\text{mm}^4)$$

$$I_P = I_x + I_y = 2.1598 \times 10^8 \text{mm}^4$$

3) 强度验算

剪力 F 产生的平均剪应力为

$$\sigma_{fy}^{F} = \frac{F}{0.7h_f \sum l_w} = \frac{200 \times 1000}{0.7 \times 8 \times (400 + 2 \times 292)} = 36.3(\text{N/mm}^2)$$

扭矩 $T = Fe = 200 \times 0.5 = 100(\text{kN·m})$,产生的最大剪应力沿 x 轴和 y 轴分解,可得

$$\tau_{fx}^T = \frac{T}{I_P} r_y = \frac{100 \times 10^6 \times 200}{2.1598 \times 10^8} = 92.6 (N/mm^2)$$

$$\sigma_{fy}^T = \frac{T}{I_P} r_x = \frac{100 \times 10^6 \times (292 - 86.6)}{2.1598 \times 10^8} = 95.1 (N/mm^2)$$

$$\sqrt{\left(\frac{\sigma_{fy}^T + \sigma_{fy}^V}{\beta_f}\right)^2 + (\tau_{fx}^T)^2} = \sqrt{\left(\frac{95.1 + 36.3}{1.22}\right)^2 + (92.6)^2} = 142(N/mm^2) \leq f_f^w = 160 N/mm^2$$

满足要求。

3.4 焊接残余应力和焊接残余变形

3.4.1 焊接残余应力产生的原因

钢结构在焊接过程中,局部区域受到高温作用,焊接中心处可达1600℃以上。不均匀的加热和冷却,使构件产生焊接变形。同时,高温部分钢材在高温时的体积膨胀及在冷却时的体积收缩均受到周围低温部分钢材的约束而不能自由变形,从而产生焊接应力。

焊接过程结束后,在构件内留存下来的应力称为焊接残余应力。实际上,金属在加工、制造、安装等过程中都会产生残余应力,如:磨削残余应力,铸造残余应力,喷丸残余应力,锤击、滚压残余应力,淬火残余应力等。

焊接过程中,焊件上某点温度随时间由低到高达到最大值后又由高到低的变化过程称为焊接热循环,因此焊接过程是一个不均匀加热和冷却的过程(图3.48),在这个过程中焊件发生了不均匀的塑性变形,焊缝在冷却过程中,要受到周围材料的约束,从而产生了焊接残余应力。通常,沿焊缝方向的纵向残余应力大于横向残余应力,当焊件较厚时,厚度方向也会出现残余应力,从而形成三向残余应力,严重降低焊件的塑性。

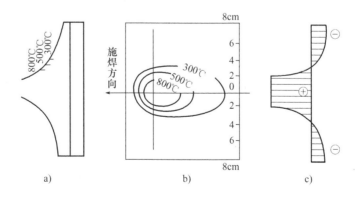

图 3.48 施焊时焊缝及附近的温度场和焊接残余应力

焊接残余应力是一种内应力，在构件内自相平衡，在同一截面上既有残余拉应力又有残余压应力，且残余拉应力总是出现在焊缝及其附近。图 3.49 所示的是几种典型焊接构件内纵向残余应力的分布。

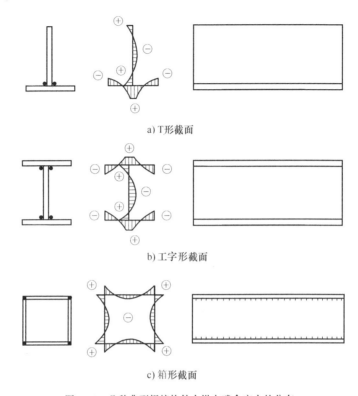

a) T形截面

b) 工字形截面

c) 箱形截面

图 3.49 几种典型焊接构件内纵向残余应力的分布

3.4.2 焊接残余应力的类型

焊接应力可根据应力方向与钢板长度方向及钢板表面的关系分为纵向应力、横向应力和厚度方向应力。其中纵向应力指沿焊缝长度方向的应力，横向应力是垂直于焊缝长度方向且平行于构件表面的应力，厚度方向应力则是垂直于焊缝长度方向且垂直于构件表面的应力。

1) 纵向焊接应力

焊接结构中焊缝沿焊缝长度方向收缩时产生纵向焊接应力。例如在两块钢板上施焊时，钢板上产生不均匀的温度场，从而产生了不均匀的膨胀。焊缝附近高温处的钢材膨胀最大，稍远区域温度稍低，膨胀较小。膨胀大的区域受到周围膨胀小的区域的限制，产生了热塑性压缩。冷却时过程与加热时刚好相反，即焊缝区钢材的收缩受到两侧钢材的限制。相互约束作用的结果是焊缝中央部分产生纵向拉力，两侧则产生纵向压力，这就是纵向收缩引起的纵向应力，如图 3.50a) 所示。

又如三块钢板拼成的工字钢，如图 3.50b) 所示，腹板与翼缘用焊缝顶接，翼缘与腹板连接处因焊缝收缩受到两边钢板的阻碍而产生纵向拉应力，两边因中间收缩而产生压应力，因而形成中部焊缝区受拉而两边钢板受压的纵向应力。腹板纵向应力分布则相反,由于腹板与翼缘焊缝收缩受到腹板中间钢板的阻碍而受拉,腹板中间受压,因而形成中间钢板受压而两边焊缝区受拉的纵向应力。

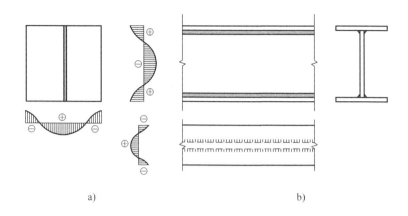

图 3.50 焊缝纵向收缩引起的纵应力

2) 横向焊接应力

焊缝的横向(垂直焊缝长度方向)焊接应力包括两部分:其一是由于焊缝纵向收缩,使两块钢板趋向于形成反方向的弯曲变形,而实际上焊缝将两块板连成整体,从而在两块板的中间产生横向拉应力,两端则产生压应力,如图 3.51b)所示;其二为由于焊缝在施焊过程中冷却时间的不同,先焊的焊缝凝固后具有一定强度,阻止后焊焊缝在横向自由膨胀,使之发生横向塑性压缩变形。随后冷却焊缝的收缩受到已凝固的焊缝限制而产生横向拉应力,而先焊部分则产生横向压应力,因应力自相平衡,更远处的焊缝则受拉应力,如图 3.51c)所示。这两种横向应力叠加成最后的横向应力,如图 3.51d)所示。

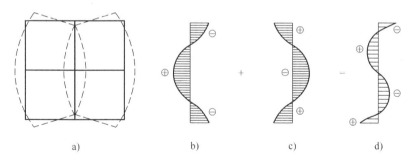

图 3.51 焊缝的横向焊接应力

3) 厚度方向焊接应力

较厚钢板焊接时,焊缝与钢板接触面和与空气接触面散热较快而先冷却结硬,厚度中部冷却比表面缓慢而收缩受到阻碍,形成中间焊缝受拉,四周受压的状态。因而焊缝在厚度方向出现应力 σ_z (图 3.52)。当钢板厚度 <25mm 时,厚度方向的应力不大;但板厚≥50mm 时,厚度方向应力较大,可达 50N/mm² 左右。

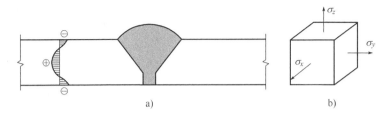

图 3.52 厚度方向的焊接应力

影响焊接残余应力大小的因素包括焊接工艺、施焊状况(如约束度大小,焊接时有无预热等)、板厚、温度等。对于交叉焊缝,如十字形焊缝可形成较大的双向应力,立体交叉焊缝可形成较大的三向应力,会引起结构脆断,因此,在设计时要采取措施避免形成交叉焊缝。

3.4.3 焊接残余应力对结构的影响

焊接残余应力对钢结构的使用产生非常不利的影响。首先,焊接残余应力会在构件内部形成三向受拉的应力场,从而导致脆性断裂;焊接残余应力也使构件截面上的局部区域较早地进入塑性工作阶段,降低构件的刚度和压杆的整体稳定性;对承受疲劳荷载的结构,焊接残余应力减少了疲劳寿命,降低疲劳强度;对常温下工作并具有一定塑性的钢材,焊接残余应力对构件的静力强度不会产生过大的影响。

焊接应力对在常温下承受静力荷载结构的承载能力没有影响,因为焊接应力加上外力引起的应力达到屈服点后,应力不再增大,外力由两侧弹性区承担,直到全截面达到屈服点为止。这可用图 3.53 作简要说明。

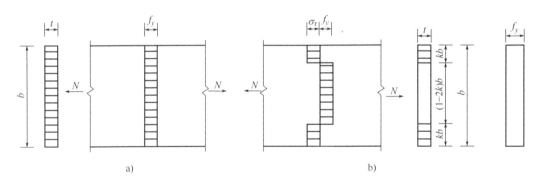

图 3.53 有焊接应力截面的强度

图 3.53b)表示一受拉构件中的焊接应力情况,σ_r 为焊接压应力。

当构件无焊接应力时,由图 3.53a)可得其承载力值为

$$N = btf_y \tag{3.46}$$

当构件有焊接应力时,由图 3.53b)可得其承载力值为

$$N = 2kbt(\sigma_r + f_y) \tag{3.47}$$

由于焊接应力是自平衡应力,故

$$2kbt\sigma_r = (1 - 2k)btf_y \tag{3.48}$$

解得

$$\sigma_r = \frac{1-2k}{2k}f_y \qquad (3.49)$$

将 σ_r 代入式(3.47)得

$$N = 2kbt\left(\frac{1-2k}{2k}f_y + f_y\right) = btf_y \qquad (3.50)$$

这与无焊接应力的钢板承载能力相同,虽然在常温和静载作用下,焊接应力对构件的强度没有什么影响,但对其刚度则有影响。

由于焊缝中存在三向应力[图 3.52b)],阻碍了塑性变形,使裂缝易发生和发展,因此焊接应力将使疲劳强度降低。此外,焊接应力还会降低压杆稳定性和使构件提前进入塑性工作阶段。降低或消除焊缝中的残余应力是改善结构低温冷脆性能的重要措施。同时焊接残余应力对结构的疲劳强度有明显的不利影响。

对不利的残余应力可采用一些措施来消除或降低应力峰值,如热处理可以消除残余应力,喷丸或锤击可以在构件表面引入残余压应力,抵消拉应力,提高疲劳强度,对结构事先进行预加载,利用塑性变形使应力松弛或重分布。

3.4.4 焊接残余变形

由于焊接过程的热胀冷缩,会产生各种残余变形,如纵向缩短、横向缩短、弯曲变形、角变形、扭曲、波浪形等,如图 3.54 所示。

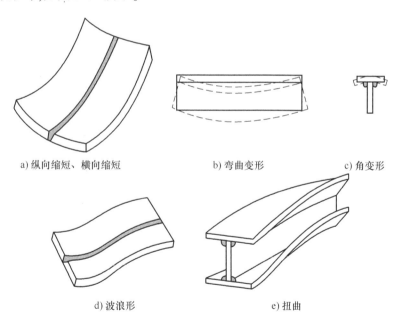

a) 纵向缩短、横向缩短   b) 弯曲变形   c) 角变形

d) 波浪形   e) 扭曲

图 3.54 焊接残余变形

焊接变形的种类很多,也相当复杂,严重地影响结构的正常使用,所以必须进行矫正。矫正措施有热矫(火焰矫正)和冷矫(机械矫正)。

3.4.5 减少焊接应力和焊接变形的措施

大多数的构件产生过大的焊接应力和焊接变形多系由构造不当或焊接工艺欠妥造成,而焊接应力和焊接变形的存在将造成构件局部应力集中及处于复杂应力状态下,影响材料工作性能,为了减少焊接应力和焊接变形,应从设计和焊接工艺两方面采取措施:

(1)采取适当的焊接次序和方向,例如钢板对接时采用分段焊[图3.55a)],厚度方向分层焊图[3.55b)],工字形顶接时采用对角跳焊[图3.55c)],钢板分块拼焊[图3.55d)]。

(2)尽可能采用对称焊缝,连接过渡尽可能平滑,避免出现截面突变,并在保证安全的前提下,避免焊缝厚度过大。

(3)避免焊缝过分集中或多方向焊缝相交于一点。

(4)施焊前使构件有一个和焊接变形相反的预变形。例如在顶接中将翼缘预弯,焊接后产生焊接变形与预变形抵消[图3.56a)]。在平接中使接缝处预变形[图3.56b)],焊接后产生焊接变形也与之抵消。这种方法可以减少焊接后的变形量,但不会根除焊接应力。

(5)对于小尺寸的杆件,可在焊前预热,或焊后回火加热到600℃左右,然后缓慢冷却,可消除焊接应力。焊接后对焊件进行锤击,也可减少焊接应力与焊接变形。此外也可采用机械法校正来消除焊接变形。

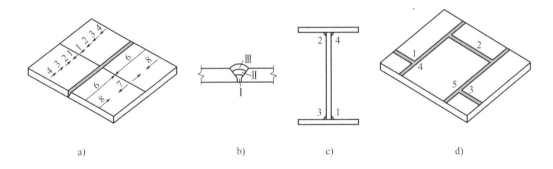

图 3.55 合理的焊接次序

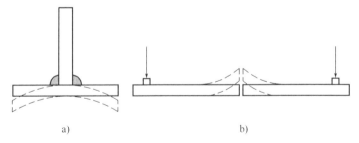

图 3.56 减少焊接变形的措施

3.5 普通螺栓连接

3.5.1 普通螺栓连接的特点

根据加工精度，普通螺栓可分为 A、B 和 C 三级。A 级和 B 级螺栓又称为精制螺栓，C 级螺栓又称为粗制螺栓。

精制螺栓(turned close tolerance bolt)，其材料性能属于 8.8 级，一般由优质碳素钢中的 45 号钢和 35 号钢毛坯在车床上经过切削加工精制而成，表面光滑，尺寸精确，螺栓杆的直径仅比栓孔直径小 0.3~0.5mm；其对制孔质量要求较高，一般采用钻模钻孔，或冲后扩孔，孔壁平滑，质量较高（属于Ⅰ类孔）。螺栓孔分类是按照加工精度分为Ⅰ类孔和Ⅱ类孔，达到 H1 的精度，以孔壁表面粗糙度不大于 12.5μm 为Ⅰ类孔，其制作费工，成本高；以孔壁表面粗糙度不大于 25μm 为Ⅱ类孔，容许的加工偏差大，其制作成本低；由于精制螺栓栓杆与栓孔之间的空隙很小，故受剪力后连接的滑移变形很小，工作性能较好，能承受剪力和拉力。但精制螺栓由于制作和安装精度要求较高，造价较昂贵，故目前在钢结构中已很少采用。

C 级普通螺栓(black bolt)，性能等级属于 4.6、4.8 级，一般由普通碳素钢 Q235BF 钢制成，其制作精度和螺栓的允许偏差、孔壁表面粗糙度等要求都比 A、B 级普通螺栓更低。C 级普通螺栓的螺杆直径较螺孔直径小 1.0~1.5mm，对制孔的质量要求不高，一般采用冲孔或不用钻模钻成的孔（属于Ⅱ类孔）。受剪时工作性能较差，在螺栓群中各螺栓所受剪力也不均匀，因此适用于承受拉力的连接中和安装连接和可拆卸的结构中。

采用普通螺栓连接时，由于栓杆与栓孔之间存在较大的空隙，受剪力时容易产生滑移，使连接产生较大的变形，影响连接的刚度和使用性能。同时，连接的螺栓群中各个螺栓受力不均匀，个别螺栓有可能先与孔壁接触，产生较大的超载应力而容易造成破坏。粗制螺栓的优点是安装方便，能有效地传递拉力，但抗剪能力差。在拉剪联合作用的安装连接中，可设计成螺栓仅承受拉力，另用承托承受剪力。粗制螺栓宜用于承受拉力的连接中或用于不重要的受剪连接或作为安装时临时固定之用。

C 级普通螺栓公称直径与对应的螺栓孔孔径见表 3.4。制图中螺栓及螺栓孔图例见表 3.5。

C 级普通螺栓直径与对应的螺栓孔孔径 表 3.4

螺杆公称直径(mm)	12	16	20	(22)	24	(27)	30
孔公称直径(mm)	13.5	17.5	22	(24)	26	(30)	33

螺栓、螺孔、电焊铆钉的图例   表3.5

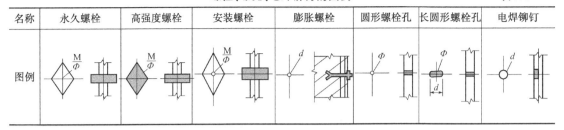

注:1. M 表示螺栓型号。
2. Φ 表示螺栓孔直径。
3. 细"+"表示定位线。
4. d 表示膨胀螺栓、电焊铆钉的直径。
5. 采用引出线标注螺栓时,横线上标注螺栓规格、横线下标注螺栓直径。

3.5.2 普通螺栓连接的构造

1) 普通螺栓的规格

钢结构采用的普通螺栓形式为六角头形,其代号用字母 M 和公称直径的毫米数表示,建筑工程中常用的螺栓规格有 M16、M20、M24 等。为安装方便,一般情况下,同一结构中应尽可能采用一种直径的螺栓,不得已时用两种甚至三种。选择螺栓直径时要考虑传力大小和所连接板束的总厚度,受力螺栓一般用 M16 以上规格的螺栓。

计算螺栓个数时常用内力法和等承载力法,内力法以杆件内力为出发点进行计算,等承载力法以杆件的承载力为出发点进行计算,对于一般结构,采用内力法计算螺栓数,对于承受动荷载的重要结构(如铁路钢桥、吊车梁等),则采用等承载力法计算螺栓数。当连接板束厚度过大时应增加螺栓数。

2) 螺栓的布置方式

螺栓在构件上的排列应简单、统一、整齐而紧凑,螺栓的布置方式有并列式(棋盘式)和错列式(梅花式)两种(图3.57)。并列式布置简单、紧凑,多用于传力性连接,栓距接近容许最小值、所用拼接板小;错列式布置稍显复杂,所用螺栓数少,省工,多用于缀连性连接,栓距接近容许最大值,所用拼接板尺寸较大,但对截面削弱少。

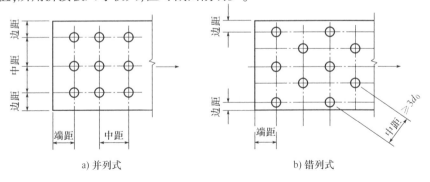

图 3.57 钢板螺栓的布置方式

螺栓的布置要满足受力、构造及施工要求,螺栓在构件上的排列应符合最小距离要求,以便用扳手拧紧螺帽时有一定的空间,并避免受力时钢板在孔之间以及孔与板端、板边之间发生剪断、截面过分削弱等现象。螺栓在构件上的排列也应符合最大距离要求,以避免受压时被连接的板件间发生张口、鼓出或被连接的构件因接触面不够紧密、潮气进入缝隙而产生腐蚀等现象。为此,《钢结构设计标准》(GB 50017—2017)规定了螺栓布置时的最大、最小容许距离,见表 3.6。

螺栓布置时的最大、最小容许距离 表3.6

名称	位置和方向			最大容许距离 (取两者的较小值)	最小容许距离
中心间距	外排(垂直内力方向或顺内力方向)			$8d_0$ 或 $12t$	$3d_0$
	中间排	垂直内力方向		$16d_0$ 或 $24t$	
		顺内力方向	压力	$12d_0$ 或 $18t$	
			拉力	$16d_0$ 或 $24t$	
	沿对角线方向			—	
中心至构件边缘距离	顺内力方向			$4d_0$ 或 $8t$	$2d_0$
	中间排	剪切边或手工气割边			$1.5d_0$
		轧制边自动精密气割或锯割边	高强度螺栓		$1.5d_0$
			其他螺栓或铆钉		$1.2d_0$

注:1. d_0 为螺栓孔或铆钉孔直径,t 为外层较薄板件的厚度。
2. 钢板边缘与刚性构件(如角钢、槽钢等)相连的螺栓或铆钉的最大间距,可按中间排的数值采用。

规定最小容许距离的原因是便于拧紧螺帽,不影响邻近螺栓;避免构件截面削弱厉害;保证不发生构件端部破坏。规定最大值容许距离的原因是保证板束中各板贴合紧密;防止钢板翘曲离缝,防止水气及灰尘进入而锈蚀。布置螺栓时还应注意以下几点:

(1) 使螺栓群形心的位置大致在构件的形心轴线上,以便减少由偏心引起的附加力矩。

(2) 使截面削弱尽可能少。

(3) 为便于制作加工,在同类型的各构件中尽可能采用同样的钉距、端距和线距。

(4) 型钢中的螺栓布置要考虑型钢截面具有圆角的特点,如角钢两肢螺栓位置可错开布置以减少对截面的削弱,具体规定见表 3.7 ~ 表 3.9。

角钢上螺栓或铆钉线距表(mm) 表3.7

单行排列	角钢肢宽	40	45	50	56	63	70	75	80	90	100	110	125
	线距 e	25	25	30	30	35	40	40	45	50	55	60	70
	钉孔最大直径	11.5	13.5	13.5	15.5	17.5	20	22	22	24	24	26	26

双行错排	角钢肢宽	125	140	160	180	200	双行并排	角钢肢宽	160	180	200
	e_1	55	60	70	70	80		e_1	60	70	80
	e_2	90	100	120	140	160		e_2	130	140	160
	钉孔最大直径	24	24	26	26	26		钉孔最大直径	24	24	26

工字钢和槽钢腹板上的螺栓线距表(mm)   表3.8

工字钢型号	12	14	16	18	20	22	25	28	32	36	40	45	50	56	63
线距 c_{min}	40	45	45	45	50	50	55	60	60	65	70	75	75	75	75
槽钢型号	12	14	16	18	20	22	25	28	32	36	40	—	—	—	—
线距 c_{min}	40	45	50	50	55	55	55	60	65	70	75	—	—	—	—

工字钢和槽钢翼缘上的螺栓线距表(mm)   表3.9

工字钢型号	12	14	16	18	20	22	25	28	32	36	40	45	50	56	63
线距 a_{min}	40	40	50	55	60	65	65	70	75	80	80	85	90	95	95
槽钢型号	12	14	16	18	20	22	25	28	32	36	40	—	—	—	—
线距 a_{min}	30	35	35	40	40	45	45	45	50	56	60	—	—	—	—

根据上述要求,钢板上螺栓的排列规定见图3.57和表3.6。型钢上的螺栓的排列除应满足表3.6的最大和最小距离外,尚应充分考虑拧紧螺栓时的净空要求。在角钢、普通工字钢、槽钢截面上排列螺栓的线距应满足表3.7～表3.9的要求。在H型钢截面上排列螺栓的线距,腹板上的 c 值可参照普通工字钢;翼缘上的 e 值或 e_1、e_2 值可根据其外伸宽度参照角钢。

3)螺栓连接接头的构造形式

钢结构中常见的螺栓连接接头的构造形式有以下几种(图3.58)。

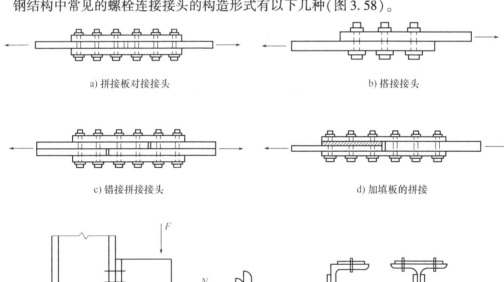

a) 拼接板对接接头   b) 搭接接头

c) 错接拼接接头   d) 加填板的拼接

e) 牛腿连接构造   f) 型钢截面的拼接接头

图3.58 螺栓连接接头的构造形式

(1)用两块拼接板的对接接头。这种连接接头受力情况对称,不发生挠曲或转动,螺栓受双剪,承载力比单剪高。

(2)搭接接头。这种连接接头的特点是施工简便,缺点是受力时产生附加弯矩,螺栓受单剪,承载力较低。

(3)错接拼接接头。用于双层板的搭接,双层翼缘板,不同时断开,节约拼接板。

(4)加填板的拼接。厚度小于 6mm 的填板,不计其传力,不必伸出拼接板外。填板较厚时,参与传力,伸出拼接板外,并用额外的螺栓与构件连牢。螺栓少受弯曲,连接变形较小,工作情况较好。

(5)牛腿连接构造。螺栓可承受剪力或拉力。

(6)型钢截面的拼接接头。角钢的拼接,用拼接角钢拼接,工作性能好,若用板条分别拼接角钢两肢,工作性能差。槽钢或工字钢的拼接,用拼接板分别拼接其翼缘或腹板,传力直接,各处变形小。

3.5.3 普通螺栓连接的计算

根据螺栓的传力方式,普通螺栓可分为:受剪螺栓、抗拉螺栓和剪-拉复合螺栓,以下分别讨论它们的工作性能和强度计算。

1)受剪螺栓连接的工作性能及破坏形式

受剪螺栓依靠螺杆本身的受剪和构件栓孔壁的承压来传递垂直于螺杆方向的外力。如图 3.59 所示,为一个螺栓受剪过程中所测得的荷载-位移曲线。从图中可以看到,受剪螺栓连接随着拉力的增大经过了如下几个阶段:

(1)弹性阶段。外力小于板束之间的摩擦力,连接靠摩擦传力,荷载-位移关系呈直线关系。

(2)滑动阶段。外力大于摩擦力,板束之间产生相对滑动,荷载-位移呈水平直线关系,直至栓杆与螺栓孔壁靠紧后,连接靠螺杆受剪和孔壁承压传力。

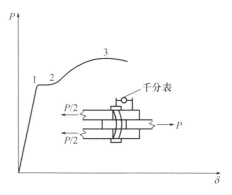

图 3.59 单个受剪螺栓荷载-位移图

(3)弹塑性阶段。外力进一步增大时,螺栓发生塑性变形,产生弯曲,进一步压紧板束,荷载-位移呈上升曲线关系,连接进入弹塑性工作阶段。

(4)塑性阶段。随着外力的继续增加,连接进入塑性工作阶段,位移迅速增大,直至连接发生破坏。

受剪螺栓连接的破坏形式有以下几种:

(1)栓杆被剪断[图3.60a)]。栓杆的抗剪能力不够,须通过强度验算。

(2)构件孔壁挤压破坏[图3.60b)]。构件孔壁承压能力不够,须通过强度验算。

(3)构件或拼接板被拉断[图3.60c)]。须按净截面验算强度。

(4)构件端部被拉坏[图3.60d)]。端距太小,按规范要求从构造上保证。

(5)栓杆过度弯曲[图3.60e]。连接板束太厚,栓杆太细,选择合适的栓杆直径及控制板束厚度或增加螺栓数。

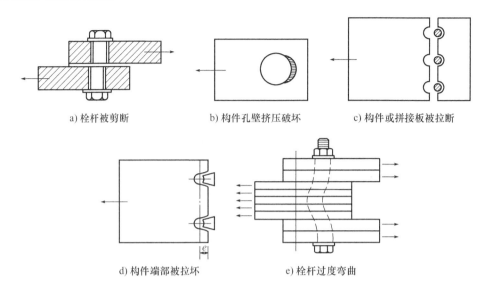

a) 栓杆被剪断　　b) 构件孔壁挤压破坏　　c) 构件或拼接板被拉断

d) 构件端部被拉坏　　e) 栓杆过度弯曲

图 3.60　常见受剪螺栓连接的破坏形式

2)单个受剪螺栓的承载力设计值

单个受剪螺栓的承载力可按栓杆受剪(剪切条件)和孔壁承压(承压条件)两种情况分别计算,取较小者。

假定剪应力在栓杆截面上均匀分布,按剪切条件计算的单个受剪螺栓的承载力设计值为

$$N_v^b = n_v \frac{\pi d^2}{4} f_v^b \tag{3.51}$$

式中:N_v^b——按剪切条件确定的单栓承载力;

n_v——单个螺栓的剪切面数;

d——栓杆直径;

f_v^b——螺栓的抗剪强度设计值,按附表1.3采用。

假定承压应力在栓杆直径平面上均布分布,按承压条件计算单个受剪螺栓的承载力设计值为

$$N_c^b = d \sum t f_c^b \tag{3.52}$$

式中:N_c^b——按承压条件确定的单栓承载力;

d——栓杆直径;

$\sum t$——同一方向承压板束总厚度,取较小者;

f_c^b——螺栓的承压强度设计值,按附表1.3采用。

单个受剪螺栓的承载力设计值N^b取式(3.51)、式(3.52)计算结果的最小值,即

$$N^b = \min(N_v^b, N_c^b) \tag{3.53}$$

3)受剪螺栓连接在轴力作用下的计算

试验证明,在轴心力N作用下,受剪螺栓连接的螺栓群在长度方向各螺栓受力不均匀

(图 3.61),两端受力大,而中间受力小。当连接长度 $l_1 \leq 15d_0$(d_0 为螺栓孔直径)时,由于连接工作进入弹塑性阶段后,内力发生重分布,螺栓群中各螺栓受力逐渐接近,故可认为轴心力 N 由每个螺栓平均分担,则保证螺栓不发生破坏的条件是

$$N_1 = \frac{N}{n} \leq N^b \tag{3.54}$$

式中:n——螺栓总数;
N^b——单个受剪螺栓的承载力设计值取式(3.51)、式(3.52)计算结果的最小值。
也可按内力法计算所需的螺栓数:

$$n \geq \frac{N}{N^b} \tag{3.55}$$

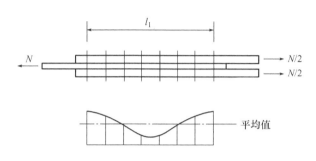

图 3.61 受剪螺栓在长度方向的内力分布

当螺栓群范围过大,使 $l_1 > 15d_0$ 时,连接工作进入弹塑性阶段后,各螺杆所受内力不易均匀,为了防止端部螺栓首先破坏而导致连接破坏的可能性,标准采用降低螺栓抗剪承载力的方法进行设计,《钢结构设计标准》(GB 50017—2017)规定:当 $l_1 > 15d_0$ 时,应将单栓的承载力设计值 N^b 乘以折减系数 η。

$$n \geq \frac{N}{\eta N^b} \tag{3.56}$$

式中:当 $l_1 \leq 15d_0$ 时,折减系数,$\eta = 1.0$;
当 $15d_0 < l_1 \leq 60d_0$ 时,$\eta = 1.1 - l_1/150d_0$;
当 $l_1 > 60d_0$ 时,折减系数,$\eta = 0.7$(d_0 为螺栓孔径)。

除螺栓不发生破坏以外,螺栓孔削弱了受拉钢板的截面面积,要保证连接螺栓栓孔净截面处构件或拼接板也能不发生破坏,因此,须按下式验算构件或拼接板的抗拉强度。

$$\sigma = \frac{N}{A_n} \leq 0.7f_u \tag{3.57}$$

式中:A_n——构件或拼接板验算截面上的净截面面积;
N——构件或拼接板验算截面处的轴心力设计值;
f_u——钢材的抗拉(或抗压)强度设计值,按附表 1.1 采用。

值得注意的是,验算截面应选择最不利截面,即内力最大或净截面面积较小的截面。以图 3.62 所示的两块钢板拼接连接为例,该连接螺栓采用并列布置,拉力 N 通过每侧 12 个螺栓传递给拼接板。假定均匀传递,则每个螺栓承受 $N/12$,构件在截面Ⅰ-Ⅰ、Ⅱ-Ⅱ、Ⅲ-Ⅲ处的拉

力分别为 N、$8N/12$、$4N/12$,因此最不利截面为截面Ⅰ-Ⅰ,其内力最大为 N,之后各截面因前面螺栓已传递部分内力,故逐渐递减。但拼接板各截面的内力恰好与被连接构件相反,截面Ⅲ-Ⅲ受力最大亦为 N,因此,还须按下面公式比较它和被连接构件截面Ⅰ-Ⅰ的净截面面积,以确定最不利截面,然后按式(3.57)进行验算。

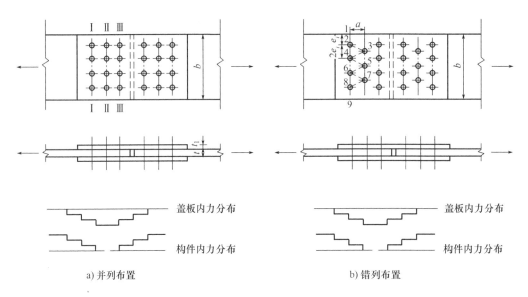

图 3.62 拼接连接承受轴心拉力

被连接构件截面Ⅰ-Ⅰ的净截面面积: $A_n = (b - n_1 d_0)t$

拼接盖板截面Ⅲ-Ⅲ的净截面面积: $A_n = 2(b - n_3 d_0)t_1$

式中:n_1,n_3——分别为截面Ⅰ-Ⅰ和截面Ⅲ-Ⅲ上的螺栓数;

t,t_1——分别为被连接构件和拼接盖板的厚度;

d_0——螺栓孔直径;

b——被连接构件和拼接盖板的宽度。

如该连接螺栓采用图 3.62b)所示的错列布置时,除了验算截面Ⅰ-Ⅰ的净截面强度外,还要验算锯齿形截面 1-2-3-4-5-6-7-8-9 上的净截面强度。

此时,锯齿形截面 1-2-3-4-5-6-7-8-9 上的净截面面积为

$$A_n = [2e_1 + (n_2 - 1)\sqrt{a^2 + e_1^2} - n_2 d_0] \cdot t$$

式中:n_2——截面 1-2-3-4-5-6-7-8-9 上的螺栓数。

例题 3.8 如图 3.63 所示,两块钢板 2—□14×400 采用双盖板拼接连接,C 级螺栓 M20,钢材 Q235,轴心拉力设计值 $N = 950$ kN,试设计此连接。

解:拼接盖板的材料仍采用 Q235 钢,取拼接盖板的宽度与钢板同宽,即 $b = 400$ mm,为使连接的强度不小于钢板的强度,即要求拼接盖板的面积不小于钢板的面积,取拼接盖板的厚度 $t = 8$ mm。

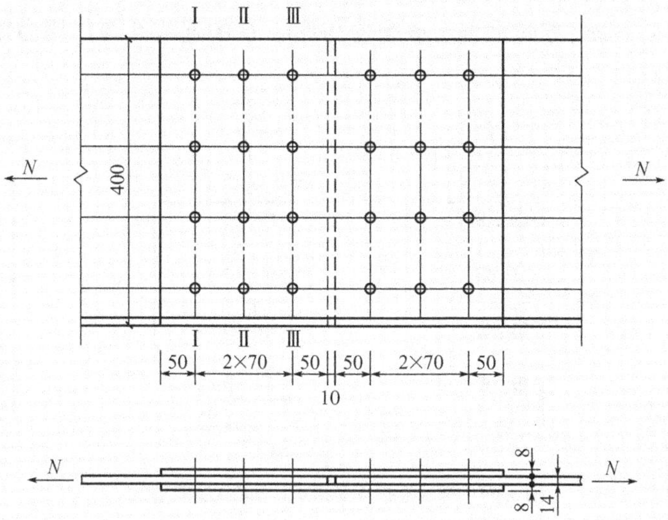

图 3.63 例题 3.7 图(尺寸单位:mm)

1) 单个螺栓承载力设计值

按剪切条件计算的单个螺栓承载力设计值为

$$N_v^b = n_v \frac{\pi d^2}{4} f_v^b = 2 \times \frac{3.14 \times 20^2}{4} \times 140 = 87920(\text{N})$$

按承压条件计算的单个螺栓承载力设计值为

$$N_c^b = d \sum t f_c^b = 20 \times 14 \times 305 = 85400(\text{N})$$

因此,单个螺栓的承载力设计值为: $N^b = 85400\text{N}$
连接一侧所需的螺栓数为

$$n \geq \frac{N}{N^b} = \frac{950 \times 1000}{85400} = 11.1,取 n = 12 \text{ 个}$$

采用并列布置,拼接盖板的长度为 $L = 2 \times (50 + 70 + 70 + 50) + 10 = 490(\text{mm})$。则拼接盖板的尺寸为 2—□8×400×490。

2) 钢板净截面强度验算

Ⅰ-Ⅰ截面的净面积为: $A_n = (400 - 4 \times 22) \times 14 = 4368(\text{mm}^2)$

Ⅰ-Ⅰ截面的应力为: $\sigma = \frac{N}{A_n} = \frac{950 \times 1000}{4368} = 215.2 \text{ N/mm}^2$,略超过 215N/mm²(通过)。

拼接盖板的净面积大于钢板的净截面,不必验算。

4) 受剪螺栓群在扭矩和轴心力共同作用下的计算

如图 3.64 所示的螺栓连接构造,承受竖向荷载 F 和水平荷载 N,将荷载 F 等效地移到螺栓群中心 O 处,则使螺栓群产生附加扭矩 $T = Fe$,这样,螺栓群共同承受竖向荷载 F、水平荷载 N 以及扭矩 T 的作用,这些荷载均使螺栓受剪。

首先分析扭矩 T 单独作用下螺栓的内力,假定被连接构件是刚性的,而螺栓群是弹性的,

在扭矩 T 的作用下螺栓群绕形心 O 点转动，则各螺栓所受力的大小 N_i^T 与该螺栓到形心 O 的距离 r_i 成正比，即 $N_i^T = kr_i$，方向垂直于该螺栓与形心 O 的连线并与作用力矩方向一致。

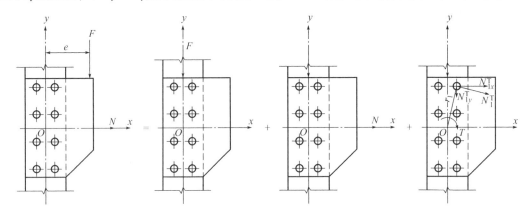

图 3.64　螺栓连接承受扭矩和轴心力共同作用

根据静力平衡条件，各螺栓所受力对转动点 O 的力矩之和等于扭矩 T 的大小，即

$$\sum N_i^T r_i = T \tag{3.58}$$

将 $N_i^T = kr_i$ 代入上式，可求得

$$k = \frac{T}{\sum r_i^2} = \frac{T}{\sum (x_i^2 + y_i^2)} \tag{3.59}$$

则单个螺栓所受力的大小为

$$N_i^T = kr_i = \frac{T}{\sum (x_i^2 + y_i^2)} r_i \tag{3.60}$$

距离形心 O 最远处的螺栓受力最大，最大力为

$$N_{1x}^T = kr_1 = \frac{T}{\sum (x_i^2 + y_i^2)} r_1 \tag{3.61}$$

将 N_1^T 在 x、y 方向上分解，所得到的分量为

$$N_{1x}^T = \frac{T}{\sum (x_i^2 + y_i^2)} y_1 \quad N_{1y}^T = \frac{T}{\sum (x_i^2 + y_i^2)} x_1 \tag{3.62}$$

假设竖向荷载 F 单独作用下所产生的螺栓内力均匀分布，则每个螺栓的内力为

$$N_y^F = \frac{F}{n} \tag{3.63}$$

假设水平荷载 N 单独作用下所产生的螺栓内力均匀分布，则每个螺栓的内力为

$$N_x^N = \frac{N}{n} \tag{3.64}$$

其中 n 为螺栓总数。

这样，在竖向荷载 F、水平荷载 N 以及扭矩 T 的共同作用下螺栓的最大内力应满足如下的强度条件

$$\sqrt{(N_{1x}^T + N_x^N)^2 + (N_{1y}^T + N_y^F)^2} \leqslant N^b \tag{3.65}$$

例题 3.9 试设计图 3.65 所示的普通螺栓连接,柱翼缘厚度为 10mm,连接板厚度为 8mm,钢材 Q235-B,荷载设计值 $F=150$ kN,偏心距 $e=250$ mm,螺栓为 C 级 M22。

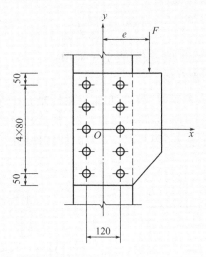

图 3.65 例题 3.8 图(尺寸单位:mm)

解:先计算单个螺栓的承载力设计值,C 级螺栓的抗剪强度设计值 $f_v^b=140\text{N/mm}^2$,承压强度设计值 $f_c^b=305\text{N/mm}^2$。

1) 单个螺栓的抗剪和承压承载力

$$N_v^b = n_v \frac{\pi d^2}{4} f_v^b = 1 \times \frac{3.14 \times 22^2}{4} \times 140 = 53.2(\text{kN})$$

$$N_c^b = d \sum t f_c^b = 22 \times 8 \times 305 = 53.7(\text{kN})$$

因此,单个螺栓的承载力设计值为 $N^b=53.2$ kN

$\sum(x_i^2+y_i^2) = 10 \times 60^2 + 4 \times 80^2 + 4 \times 160^2 = 164000(\text{mm}^2)$

$T = Fe = 150 \times 0.25 = 37.5(\text{kN} \cdot \text{m})$

$$N_{1x}^T = \frac{T}{\sum(x_i^2+y_i^2)} y_1 = \frac{37.5}{164000 \times 10^{-6}} \times 0.16 = 36.6 (\text{kN})$$

$$N_{1y}^T = \frac{T}{\sum(x_i^2+y_i^2)} x_1 = \frac{37.5}{164000 \times 10^{-6}} \times 0.06 = 13.7(\text{kN})$$

$$N_y^F = \frac{F}{n} = \frac{150}{10} = 15(\text{kN})$$

2) 螺栓群承载力

竖向荷载 F 和扭矩 T 的共同作用下螺栓的最大内力为

$$\sqrt{(N_{1x}^T)^2 + (N_{1y}^T + N_y^F)^2} = \sqrt{36.6^2 + (13.7+15)^2} = 46.5 (\text{kN}) < 53.2\text{kN}$$

5) 抗拉螺栓连接及其单栓承载力

如图 3.66 所示的抗拉螺栓连接中,外力将使被连接构件的接触面有互相脱开的趋势,螺栓杆直接承受拉力来传递平行于螺杆方向的外力。因此,抗拉螺栓连接的破坏形式为螺栓杆被拉断。

单个抗拉螺栓的承载力设计值为

$$N_t^b = \frac{\pi d_e^2}{4} f_t^b \tag{3.66}$$

式中:f_t^b——螺栓抗拉的强度设计值,按附表 1.3 采用;

d_e——螺栓螺纹处的有效直径。

抗拉螺栓连接常用于 T 形连接中,拉力通过与螺杆垂直的板件传递给螺栓,如果连接件的刚度较小,受力后与螺栓垂直的连接件总会有变形,形成杠杆作用,螺栓有被撬开的趋势,使螺杆中的拉力增加并产生弯曲现象(图 3.67)。考虑杠杆作用时,螺杆的轴心力为

$$N_t = N + Q \tag{3.67}$$

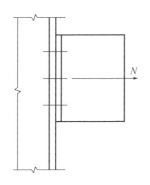
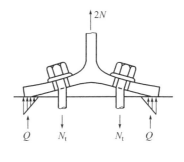

图 3.66　抗拉螺栓连接　　图 3.67　抗拉螺栓连接中的撬拔现象

撬力 Q 的确定较复杂,工程上采用了简便的处理方法,即忽略撬力 Q 而取螺栓的抗拉强度设计值为相同钢号钢材抗拉强度设计值 f 的 0.8 倍,并用加劲肋提高连接的刚度(图 3.68)。

6)螺栓群在轴力作用下的计算

如图 3.68 所示,当外力 N 通过螺栓群中心使螺栓受拉时,可以假定各个螺栓所受拉力相等,这样每个螺栓所受的力应满足如下强度条件

$$N_t = \frac{N}{n} \leqslant N_t^b \tag{3.68a}$$

式中:n——螺栓总数,可按下式计算所需螺栓数:

$$n \geqslant \frac{N}{N_t^b} \tag{3.68b}$$

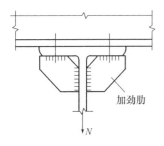

图 3.68　用加劲肋提高连接刚度

7)螺栓群在弯矩作用下的计算

图 3.69 所示为牛腿与一工字形截面柱翼缘用螺栓连接,螺栓群在弯矩作用下,连接上部牛腿与翼缘有分离的趋势。计算时,通常近似假定牛腿绕最底排螺栓旋转,从而使螺栓受拉。弯矩产生的压力则由弯矩指向一侧的部分牛腿端板通过挤压传递给柱身。设备排螺栓所受拉力为 $N_1,N_2,\cdots,N_n$,转动轴 O' 到各排螺栓的距离分别为 $y_1,y_2,\cdots,y_n$,并偏安全地忽略端板压力形成的

力矩,认为外弯矩只与螺栓拉力产生的弯矩平衡。各排螺栓所受拉力的大小与该排螺栓到转动轴线的距离 y_i 成正比。即

$$\frac{N_1}{y_1} = \frac{N_2}{y_2} = \cdots = \frac{N_n}{y_n} \tag{3.69}$$

顶排螺栓(1号)所受拉力最大。这样,由平衡条件和基本假定得

$$M = m(N_1 y_1 + N_2 y_2 + \cdots + N_n y_n) \tag{3.70}$$

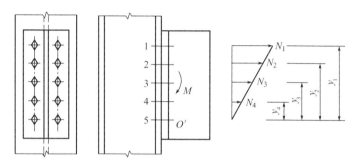

图 3.69 牛腿与柱翼缘连接螺栓受弯矩作用

由式(3.69)和式(3.70)可求得螺栓所受的最大拉力并要求满足如下强度条件

$$N_1 \leqslant \frac{M y_1}{m \sum y_i^2} \leqslant N_t^b \tag{3.71}$$

式中:m——螺栓的纵向列数。

8)螺栓群在弯矩和轴力共同作用下的计算

如图3.70a)所示,抗拉螺栓群承受弯矩 $M = Ne$ 和轴心力 N 的共同作用(或偏心拉力 N 作用),根据弯矩大小(或偏心距大小)分两种情况计算。

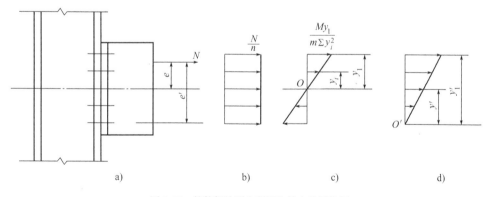

图 3.70 抗拉螺栓群在弯矩和轴力共同作用

(1)当弯矩较小时(小偏心受拉情况)

螺栓群以承受轴心拉力 N 为主,所有螺栓均受拉。计算中假定在轴心力单独作用下,轴心力由各螺栓均匀承受,如图3.70b)所示;在弯矩单独作用下,假定构件绕螺栓群的形心 O 转动,螺栓受力呈三角形分布,上半部分螺栓受拉,下半部分螺栓受压,如图3.70c)所示。并偏于安全地忽略受压螺栓对力矩的贡献,叠加后可得螺栓群的最大和最小拉力为

$$N_{\max} = \frac{N}{n} + \frac{My_1}{m\sum y_i^2} \tag{3.72}$$

$$N_{\min} = \frac{N}{n} - \frac{My_1}{m\sum y_i^2} \tag{3.73}$$

式中：m——螺栓的纵向列数，Σ 取所有螺栓到转动形心 O 的距离之和。

要求 $N_{\min} \geq 0$，才能保证所有螺栓均受拉。螺栓的最大拉力 $N_{\max}$ 应满足如下强度条件

$$N_{\max} \leq N_t^b \tag{3.74}$$

（2）当弯矩较大时（大偏心受拉情况）

若式(3.73)中的 $N_{\min} < 0$ 时，说明弯矩较大或大偏心受拉，此时连接下部受压，计算中可偏安全地假定构件绕底排螺栓中线 O' 转动，如图 3.70d)所示，此时顶排螺栓受力最大，对底排螺栓轴线取矩，顶排螺栓的受力最大，最大拉力应满足的强度条件为

$$N_{\max} = \frac{N}{n} + \frac{Ne'y_1'}{m\sum y_i'^2} \leq N_t^b \tag{3.75}$$

式中：m——螺栓的纵向列数。

例题 3.10 图 3.71 为一刚接屋架下弦节点，竖向力由支托承受，螺栓为 C 级 M22，只承受水平偏心拉力。钢材 Q235，试验算该连接的螺栓是否安全。

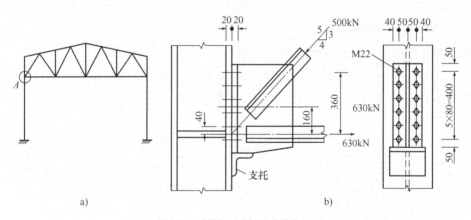

图 3.71 例题 3.9 图（尺寸单位：mm）

解：螺栓所受的竖向力为 $V = 500 \times \frac{3}{5} = 300(\text{kN})$，由支托承受。螺栓所受的水平偏心拉力为 $N = 630 - 500 \times \frac{4}{5} = 230(\text{kN})$，偏心距 $e = 160\text{mm}$，由连接的螺栓群承受。

由于

$$N_{\min} = \frac{N}{n} - \frac{My_1}{m\sum y_i^2} = \frac{230}{12} - \frac{230 \times 160 \times 200}{2 \times 2 \times (40^2 + 120^2 + 200^2)} = -13.7(\text{kN}) < 0$$

可见，螺栓属于大偏心受拉，取最顶排螺栓为螺栓群的转动轴，最底排螺栓受力最大。

$$N_{\max} = \frac{N}{n} + \frac{Ne' y_1'}{m \sum y_i'^2} = \frac{230}{12} + \frac{230 \times 360 \times 400}{2 \times (80^2 + 160^2 + 240^2 + 320^2 + 400^2)} = 75.42(\text{kN})$$

M22 螺栓的抗拉强度设计值 $f_t^b = 170\text{N/mm}^2$，有效截面面积 $A_e = 303.4\text{mm}^2$，单个螺栓的抗拉承载力设计值为

$$N_t^b = A_e f_t^b = 303.4 \times 170 = 51.58(\text{kN}) < 75.42\text{kN}$$

则螺栓的抗拉强度不满足要求。

9）剪-拉复合螺栓的强度计算

图 3.72 所示的连接，螺栓群承受剪力 V 和偏心拉力 N（即轴心拉力 N 和弯矩 $M = Ne$）的共同作用。对于 C 级螺栓，其抗剪能力差，剪力 V 通常由承托承受，对于 A 级或 B 级螺栓，具有一定的抗剪能力，可同时承受剪力、轴心拉力和弯矩的共同作用。

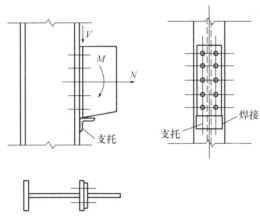

图 3.72 剪-拉复合螺栓连接

对于同时承受剪力、轴心拉力和弯矩的普通螺栓应考虑两种可能的破坏形式：一是螺杆受剪兼受拉破坏；二是孔壁承压破坏。

根据试验结果可知，兼受剪力和拉力的螺杆，将剪力和拉力分别除以各自单独作用的承载力，这样无量纲化后的相关关系近似为一圆曲线，如图 3.73 所示。故螺栓的强度计算式为

$$\sqrt{\left(\frac{N_v}{N_v^b}\right)^2 + \left(\frac{N_t}{N_t^b}\right)^2} \leq 1 \quad (3.76)$$

为防止孔壁承压破坏，还要求

$$N_v \leq N_c^b \quad (3.77)$$

式中：N_v——单个螺栓承受的剪力设计值；

N_t——由偏心拉力引起的螺栓最大拉力；

N_v^b——单个螺栓的抗剪承载力设计值；

N_t^b——单个螺栓的抗拉承载力设计值；

N_c^b——单个螺栓的孔壁承压承载力设计值。

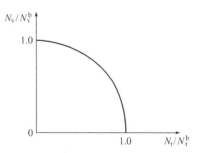

图 3.73 剪-拉复合螺栓的相关方程曲线

例题 3.11 图 3.74 为梁与柱的连接,剪力 $V=250\mathrm{kN}$, $e=120\mathrm{mm}$,螺栓为 C 级,梁端竖板下有承托。钢材为 Q235-B,手工焊,焊条 E43 型,试按考虑承托传递全部剪力 V 和不承受 V 两种情况设计此连接。

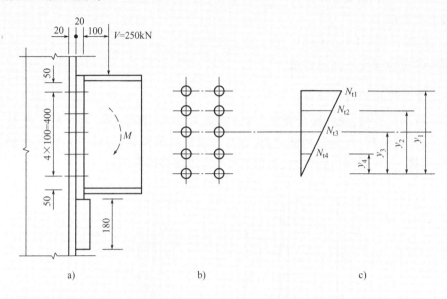

图 3.74　例题 3.10 图(尺寸单位:mm)

解:1)考虑承托承受剪力

承托传递全部剪力 $V=250\mathrm{kN}$,螺栓群只承受由偏心力引起的弯矩 $M=V\cdot e=250\times0.12=30(\mathrm{kN\cdot m})$,按弹性设计法,可假定螺栓群旋转中心在弯矩指向的最下排螺栓的轴线上。设螺栓为 M20($A_e=244.8\mathrm{mm}^2$),则受拉螺栓数 $n_t=8$,连接螺栓列数 $m=2$,则一个螺栓的抗拉承载力设计值为

$$N_t^b = A_e f_t^b = 244.8 \times 170 = 41.62(\mathrm{kN})$$

螺栓的最大拉力为

$$N_t = \frac{My_1}{m\sum y_i^2} = \frac{30\times 10^3 \times 400}{2\times(400^2+300^2+200^2+100^2)} = 20\ (\mathrm{kN}) < 41.62\mathrm{kN}$$

设承托与柱翼缘的连接为两条侧焊缝,并取焊脚尺寸 $h_f=8\mathrm{mm}$,焊缝应力为

$$\tau_f = \frac{V}{0.7h_f \sum l_w} = \frac{250\times 10^3}{0.7\times 8\times 2\times(180-2\times 8)} = 136.1(\mathrm{MPa}) < f_f^w = 160\mathrm{MPa}$$

2)不考虑承托承受剪力

不考虑承托承受剪力 V,即取消承托。此时,螺栓群同时承受剪力 $V=250\mathrm{kN}$ 和弯矩 $M=30\mathrm{kN\cdot m}$ 作用。则一个螺栓承载力设计值为

$$N_v^b = n_v \frac{\pi d^2}{4} f_v^b = 1 \times \frac{3.14\times 20^2}{4} \times 140 = 44.0(\mathrm{kN})$$

$$N_c^b = d\sum t f_c^b = 20\times 20 \times 305 = 122(\mathrm{kN})$$

$$N_t^b = A_e f_t^b = 244.8 \times 170 = 41.62(\text{kN})$$

一个螺栓的最大拉力为:$N_t = 20\text{kN}$

一个螺栓的最大剪力为:$N_v = \dfrac{V}{n} = \dfrac{250}{10} = 25(\text{kN}) < 44\text{kN}$

剪力和拉力联合作用下

$$\sqrt{\left(\dfrac{N_v}{N_v^b}\right)^2 + \left(\dfrac{N_t}{N_t^b}\right)^2} = \sqrt{\left(\dfrac{25}{44}\right)^2 + \left(\dfrac{20}{41.62}\right)^2} = 0.744 < 1 \quad (\text{通过})$$

3.6 高强度螺栓连接

3.6.1 高强度螺栓连接的特点

高强度螺栓分为摩擦型高强度螺栓和承压型高强度螺栓。摩擦型高强度螺栓在安装时采用特制的扳手将螺帽拧紧,使螺杆中产生很大的拉力,将构件的接触面压紧,使连接受力后构件滑移面上产生很大的摩擦力来阻止被连接构件间的相互滑移,以达到传递外力的目的。摩擦型高强度螺栓在抗剪连接中,设计时以剪力达到板件接触面间可能发生的最大摩擦力为极限状态。而承压型高强度螺栓在受剪时,则允许摩擦力被克服并发生相对滑移,之后外力还可继续增加,并以栓杆抗剪或孔壁承压的最终破坏为极限状态。在受拉时两者没有区别。

高强度螺栓采用强度较高的钢材制成,目前高强度螺栓的螺杆一般采用45号钢、35号钢或合金钢40B(40硼)、20MnTiB(20锰钛硼)、35VB(35钒硼)等制成,螺帽和垫圈采用45号钢或35号钢制成,且都经过热处理提高其强度,因而高强度螺栓连接的强度高。目前我国采用的高强度螺栓性能等级,按热处理后的强度分为8.8级和10.9级两种。级别划分的整数部分表示螺栓成品的抗拉强度;小数部分代表屈强比,例如8.8级钢材的抗拉极限强度要求不低于$800\text{N}/\text{mm}^2$,屈服点不低于$0.8 \times 800 = 640(\text{N}/\text{mm}^2)$。

高强度螺栓连接具有施工简单、连接紧密、整体性好、受力性能好、耐疲劳、能承受动力荷载及可拆卸等优点。目前已广泛用于桥梁钢结构、大跨度房屋及工业厂房钢结构中。

高强度螺栓连接的构造和排列要求,除栓杆与孔径的差值较小外,与普通螺栓相同。

3.6.2 摩擦型高强度螺栓连接的单栓抗剪承载力

摩擦型高强度螺栓主要用于承受垂直于螺栓杆方向的外力的连接中(通常称为抗剪连接),单个螺栓连接的抗剪强度主要取决于施加在螺栓杆中的预拉力和连接表面的处理状况。

增大预拉力 P 时要考虑螺杆材料的韧性、塑性及有无延迟断裂,保证螺栓在拧紧过程中不会屈服或断裂。因此,控制预拉力是保证连接质量的一个关键性因素。预拉力值与螺栓的

材料强度和有效截面等因素有关,《钢结构设计标准》(GB 50017—2017)规定按下式确定:

$$P = \frac{0.9 \times 0.9 \times 0.9 f_u A_e}{1.2} = 0.6075 f_u A_e \qquad (3.78)$$

式中:A_e——螺栓的有效截面面积,按附表 8.1 取用;

f_u——螺栓材料经热处理后的最低抗拉强度,对 8.8 级螺栓,$f_u = 830\text{N/mm}^2$,对于 10.9 级螺栓,$f_u = 1040\text{N/mm}^2$。

系数 1.2 是考虑拧紧时螺栓杆内将产生扭转剪应力的不利影响。另外式中 3 个 0.9 系数则分别考虑了:①螺栓材质的不均匀性;②补偿螺栓紧固后有一定松弛引起预拉力损失(一般超张拉为 5%~10%),采用的超张拉系数;③式中未按 f_y 计算预拉力,而是按 f_u 计算,取值应适当降低,引入的附加安全系数。

按式(3.78)计算并经适当调整,即得《钢结构设计标准》(GB 50017—2017)规定的预拉力设计值 P(表 3.10)。

高强度螺栓的预拉力设计值 P(kN) 表 3.10

螺栓的性能等级	螺栓公称直径(mm)					
	M16	M20	M22	M24	M27	M30
8.8 级	80	125	155	185	230	285
10.9 级	100	155	190	225	290	355

一套高强度螺栓由一个螺栓、一个螺母和两个垫圈组成。我国现有大六角头型和扭剪型两种高强度螺栓。大六角头型和普通六角头粗制螺栓相同,如图 3.75a)所示。扭剪型的螺栓头与铆钉头相仿,但在它的螺纹端头设置了一个梅花卡头和一个能够控制紧固扭矩环形槽沟,如图 3.75b)所示。

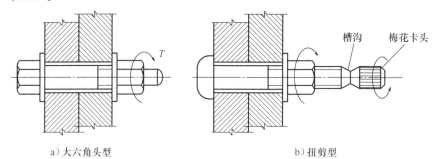

a) 大六角头型　　　　　　　　b) 扭剪型

图 3.75　高强度螺栓

为了达到设计所需要的预拉力值,必须采取合适的方法拧紧螺帽。目前拧紧螺帽的方法有 3 种:大六角头型采用转角法和扭矩法,扭剪型采用扭掉螺栓尾部的梅花卡头法。

连接构件表面处理的目的是提高摩擦面的抗滑移系数 μ。表面处理一般采用下列方法:

1) 喷丸

用直径 1.2~1.4mm 的铁丸在一定压力下喷射钢材表面,除去表面浮锈及氧化铁皮,提高表面的粗糙度,增大抗滑移系数 μ。

2) 喷丸后涂无机富锌漆

表面喷丸后若不立即组装,可能会受污染或生锈,为此常在表面涂一层无机富锌漆,但这样处理将使摩擦面的抗滑移系数 μ 值降低。

3)喷丸后生赤锈

实践及研究表明,喷丸后若在露天放置一段时间,让其表面生出一层浮锈,再用钢丝刷除去浮锈,可增加表面的粗糙度,抗滑移系数 μ 值会比原来提高。《钢结构设计标准》(GB 50017—2017)采用这种方法,但规定其 μ 值与喷丸处理相同。

另外注意,为了保证抗滑移系数不致太低,摩擦面涂红丹防锈漆后抗滑移系数很低(小于0.4),经处理后仍然较低,故摩擦面应严格避免涂红丹防锈漆。在潮湿或淋雨状态下进行连接拼装,也降低 μ 值,故应采取防潮措施并避免在雨天施工。在高强度螺栓连接范围内,构件接触面的处理方式应在设计图中说明。

《钢结构设计标准》(GB 50017—2017)对摩擦面抗滑移系数 μ 值的规定见表 3.11。

摩擦面抗滑移系数 μ 值　　　　　　表 3.11

在连接处构件接触面的处理方法	构件的钢号		
	Q235 钢	Q345 钢、Q390 钢	Q420 钢
喷丸	0.45	0.50	0.50
喷丸后涂无机富锌漆	0.35	0.40	0.40
喷丸后生赤锈	0.45	0.50	0.50
钢丝刷清除浮锈或未经处理的干净轧制表面	0.30	0.35	0.40

摩擦型高强度螺栓连接的单栓抗剪承载力设计值为

$$N_v^b = 0.9 k n_f \mu P \tag{3.79}$$

式中:n_f——传力摩擦面数;

P——每个高强度螺栓的预拉力,按表 3.10 取值;

μ——摩擦面的抗滑移系数,按表 3.11 取值;

0.9——螺栓抗力系数分项系数 1.111 的倒数值。

3.6.3　摩擦型高强度螺栓连接的计算

与普通螺栓连接相似,高强度螺栓连接也可分为受剪螺栓连接、受拉螺栓连接以及同时受剪和受拉的螺栓连接。

1)受剪螺栓连接的计算

摩擦型高强度螺栓连接沿垂直螺栓杆方向受轴心力或偏心力作用时的计算分析方法与受剪普通螺栓连接一样,只不过单个受剪摩擦型高强度螺栓的承载力设计值 N_v^b 按式(3.79)计算。高强度螺栓连接计算中对螺栓群布置长度的限制及对强度的折减系数也与普通螺栓一样。

摩擦型高强度螺栓连接中构件净截面强度的计算要考虑孔前传力,如图 3.76 所示,由于摩擦型高强度螺栓是依靠被连接件接触面间的摩擦力传递剪力,假定每个螺栓所传递的内力相等,且接触面间的摩擦力均匀地分布于螺栓孔的四周,则每个螺栓所传递的内力在螺栓孔中心线的前面和后面各传递一半。这种通过螺栓孔中心线以前板件接触面间的摩擦力传递现象

称为"孔前传力"。构件净截面Ⅰ-Ⅰ上所受的力 N' 应取为

$$N' = N - 0.5n_1 \frac{N}{n} = N\left(1 - 0.5\frac{n_1}{n}\right) \tag{3.80}$$

式中：n、n_1——构件一端和截面Ⅰ-Ⅰ处的螺栓数目。

则净截面Ⅰ-Ⅰ的强度计算公式为

$$\sigma = \frac{N'}{A_n} = \frac{N\left(1 - 0.5\frac{n_1}{n}\right)}{A_n} \leqslant 0.7f_u \tag{3.81}$$

此外，由于 $N' < N$，所以除对有孔截面进行验算外，还应对毛截面的强度进行验算。

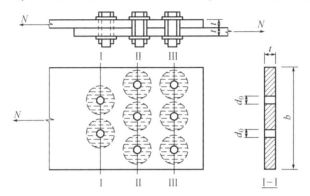

图 3.76 摩擦型高强度螺栓连接中构件的孔前传力

2) 受拉螺栓连接的计算

高强度螺栓连接由于预拉力作用，构件间在承受外力作用前已经有较大的挤压力，高强度螺栓受到外拉力作用时，首先要抵消这种挤压力，在克服挤压力之前，螺杆的预拉力基本不变。

如图 3.77 所示，设高强度螺栓在外力作用之前，螺杆受预拉力 P，钢板接触面上产生挤压力 C，而挤压力 C 与预拉力 P 相平衡。

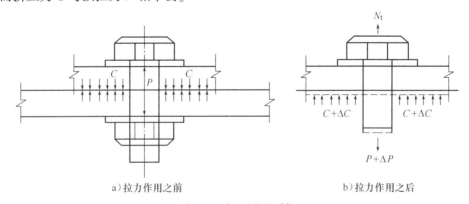

a) 拉力作用之前   b) 拉力作用之后

图 3.77 高强度螺栓受拉

当对螺栓施加外拉力 N_t，则栓杆在钢板间的压力未完全消失前被拉长，此时螺杆中拉力增量为 ΔP，同时把压紧的板件拉松，使压力 C 减小 ΔC，如图 3.77b) 所示，由平衡条件得

$$P + \Delta P = (C - \Delta C) + N_t$$

在外力作用下,螺杆的伸长量应等于构件压缩的恢复量。设螺杆截面面积为 A_b,钢板厚度为 δ,钢板挤压面积为 A_c,由变形关系可得

$$\Delta_b = \frac{\Delta P \delta}{EA_b} = \frac{(P_f - P)\delta}{EA_b}$$

$$\Delta_c = \frac{\Delta C \delta}{EA_c} = \frac{(C - C_f)\delta}{EA_c}$$

式中:Δ_b——螺栓在 δ 长度内的伸长量;

Δ_c——钢板在 δ 长度内的恢复量。

$$\Delta_b = \Delta_c$$

$$\Delta P = \frac{N_t}{1 + A_c/A_b} \tag{3.82}$$

$$P_f = P + \Delta P = P + \frac{N_t}{1 + A_c/A_b} \tag{3.83}$$

一般螺栓孔周围的承压面积比螺杆截面面积大得多,即 $A_c \gg A_b$,一般取 $A_c = 10A_b$,故可以认为 $\Delta P \approx 0$。当构件刚好被拉开时,$C_f = 0$,$P_f = N_t$,代入式(3.83)可得 $P_f = 1.1P$。

可见,当外力 N_t 刚好把构件拉开时,螺栓杆拉力增量最多为拉力的110%,可认为螺栓杆内的原预拉力基本不变,即,$P_f = P$。设计中为了避免外拉力 N_t 大于螺栓杆的预拉力使被连接的板件产生松弛现象,因此,《钢结构设计标准》(GB 50017—2017)规定,单个摩擦型高强度螺栓承受拉力时的单栓承载力设计值为

$$N_t^b = 0.8P \tag{3.84}$$

摩擦型高强度螺栓连接沿螺栓杆方向受轴心拉力 N 作用时的计算方法与普通受拉螺栓连接一样,只不过单个受拉螺栓的承载力设计值 N_t^b 按式(3.84)计算。

摩擦型高强度螺栓连接承受使螺栓杆受拉的弯矩 M 作用时,只要确保螺栓所受最大外拉力不超过 $0.8P$,被连接件接触面将始终保持密切贴合。因此,可以认为螺栓群在 M 作用下将绕螺栓群中心轴转动。最外排螺栓所受拉力 N_1 最大,可按下式计算

$$N_1 = \frac{My_1}{m \sum y_i^2} \leq N_t^b = 0.8P \tag{3.85}$$

式中:y_1——最外排螺栓至螺栓群中心的距离;

y_i——第 i 排螺栓至螺栓群中心的距离;

m——螺栓纵向列数。

摩擦型高强度螺栓连接承受使螺栓杆受拉的偏心拉力作用时,如前所述,只要螺栓最大拉力不超过 $0.8P$,连接件接触面就能保证紧密结合。因此不论偏心力矩的大小,均可按受拉普通螺栓连接小偏心受拉情况计算,即按式(3.72)和式(3.73)计算,但式中取 $N_t^b = 0.8P$。

3)摩擦型高强度螺栓同时承受剪力和拉力时的计算

图 3.78a)所示为一柱与牛腿用高强度螺栓相连的 T 形连接,承受偏心竖向荷载 V 和偏心水平荷载 N,将竖向荷载 V 和水平荷载 N 分别平移至螺栓群中心处,则螺栓群同时承受剪力 V、拉力 N 和弯矩 $M = Ve_1 + Ne_2$,如图 3.78b)所示。其中剪力 V 在连接摩擦间产生剪力,拉力 N 和弯矩 M 在螺栓杆中产生拉力 N_t,《钢结构设计标准》(GB 50017—2017)规定,对于同时

承受摩擦面的剪力和螺栓杆轴方向的外拉力时,螺栓的承载力按下式计算

$$\frac{N_v}{N_v^b} + \frac{N_t}{N_t^b} \leq 1 \tag{3.86}$$

式中:N_v、N_t——高强度螺栓所承受的剪力和最大拉力,按下式计算

$$N_v = \frac{V}{n} \quad N_t = \frac{N}{n} + \frac{My_1}{m\sum y_i^2} \tag{3.87}$$

n——螺栓总数;

m——螺栓纵向列数;

N_v^b、N_t^b——一个高强度螺栓的受剪和受拉承载力设计值,分别按式(3.79)和式(3.84)计算。

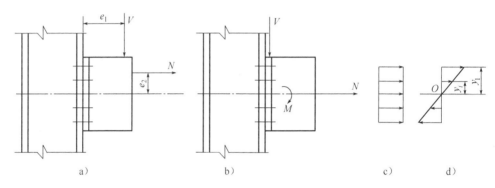

图 3.78　柱与牛腿的高强度螺栓连接

3.6.4　承压型高强度螺栓连接的计算

1) 承压型高强度螺栓连接承受剪力时的计算

承压型高强度螺栓连接承受剪力时以栓杆受剪破坏或孔壁承压破坏为极限状态,故其计算方法基本上与受剪普通螺栓连接相同。单个承压型高强度螺栓的抗剪承载力设计值为

$$N_v^b = n_v \frac{\pi d_e^2}{4} f_v^b \tag{3.88}$$

式中:f_v^b——承压型高强度螺栓的抗剪强度设计值,按附表 1.3 采用;

n_v——单个螺栓的剪切面数;

d_e——栓杆有效直径。

单个承压型高强度螺栓的承压承载力设计值为

$$N_c^b = d \sum t f_c^b \tag{3.89}$$

式中:f_c^b——承压型高强度螺栓连接的孔壁承压强度设计值,按附表 1.3 采用;

d——栓杆直径(取公称直径);

$\sum t$——同一方向承压板束总厚度,取较小者。

单个承压型高强度螺栓的承载力设计值为

$$N_{min}^b = \min(N_v^b, N_c^b) \tag{3.90}$$

承压型高强度螺栓连接承受剪力时的承载力验算

$$N_v = \frac{N}{n} \leqslant N_{\min}^b \tag{3.91}$$

或计算所需的螺栓数

$$n = \frac{N_v}{N_{\min}^b} \tag{3.92}$$

2) 承压型高强度螺栓承受拉力时的计算

承压型高强度螺栓承受拉力时的单栓承载力设计值为

$$N_t^b = \frac{\pi d_e^2}{4} f_t^b \tag{3.93}$$

式中：d_e——承压型高强度螺栓的有效直径；

f_t^b——承压型高强度螺栓的抗拉强度设计值，按附表 1.3 采用。

承压型高强度螺栓连接承受拉力时的承载力验算公式为

$$N_t = \frac{N}{n} \leqslant N_t^b \tag{3.94}$$

所需螺栓数的计算

$$n \geqslant \frac{N}{N_t^b} \tag{3.95}$$

3) 承压型高强度螺栓同时承受剪力和拉力时的计算

承压型高强度螺栓同时承受剪力和拉力时的承载力按下列公式验算：

$$\sqrt{\left(\frac{N_v}{N_v^b}\right)^2 + \left(\frac{N_t}{N_t^b}\right)^2} \leqslant 1 \tag{3.96}$$

且

$$N_v = \frac{V}{n} \leqslant N_c^b/1.2 \tag{3.97}$$

对于同时受剪和受拉的承压型高强度螺栓，要求螺栓所受剪力 N_v 不得超过孔壁承压承载力设计值除以 1.2。这是考虑由于螺栓同时承受外拉力，使连接件之间压紧力减小，导致孔壁承压强度降低的缘故。

例题 3.12 如图 3.79 所示的连接，螺栓采用 8.8 级高强度螺栓 M20，构件接触面经喷丸后涂无机富锌漆，钢材 Q235。$V = 100\text{kN}$，$N = 120\text{kN}$，$e = 200\text{mm}$，试分别按摩擦型高强度螺栓和承压型高强度螺栓验算该连接是否安全。

解：8.8 级高强度螺栓的预拉力 $P = 125\text{kN}$，抗滑移系数 $\mu = 0.35$。单个螺栓的抗拉承载力设计值 $N_t^b = 0.8P = 0.8 \times 125 = 100$ (kN)

1) 按摩擦型高强度螺栓计算

螺栓在拉力和弯矩共同作用下产生的最大拉力为

$$N_t = \frac{N}{n} + \frac{My_1}{m\sum y_i^2} = \frac{120}{10} + \frac{100 \times 200 \times 140}{2 \times 2 \times (70^2 + 140^2)} = 40.6(\text{kN})$$

单个螺栓所受的平均剪力为

$$N_v = \frac{V}{n} = \frac{100}{10} = 10(\text{kN})$$

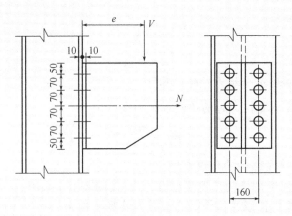

图 3.79 例 3.11 图(尺寸单位:mm)

单个摩擦型高强度螺栓的抗剪承载力设计值为

$$N_v^b = 0.9 n_f \mu P = 0.9 \times 1 \times 0.35 \times 125 = 39.4(\text{kN})$$

$$\frac{N_v}{N_v^b} + \frac{N_t}{N_t^b} = \frac{10}{39.4} + \frac{40.6}{100} = 0.6598 < 1 \quad (\text{通过})$$

2) 按承压型高强度螺栓计算

$$N_v^b = n_v \frac{\pi d_e^2}{4} f_v^b = 1 \times \frac{3.14 \times 17.65^2}{4} \times 250 = 61.14(\text{kN})$$

$$N_c^b = d \sum t f_c^b = 20 \times 10 \times 470 = 94.0(\text{kN})$$

从而,单栓的抗剪承载力设计值为:$N^b = 61.14\text{kN}$

单栓的抗拉承载力设计值为:$N_t^b = \frac{\pi d_e^2}{4} f_t^b = \frac{3.14 \times 17.65^2}{4} \times 400 = 97.82(\text{kN})$

$$\sqrt{\left(\frac{N_v}{N_v^b}\right)^2 + \left(\frac{N_t}{N_t^b}\right)^2} = \sqrt{\left(\frac{10}{61.14}\right)^2 + \left(\frac{40.6}{97.82}\right)^2} = 0.446 < 1 \,(\text{通过})$$

且 $N_v = 10\text{kN} < N_c^b/1.2 = 78.3\text{kN}$ （通过）

本章主要计算公式汇总

序号	连接种类	计算公式	备注
1	对接焊缝连接	$\sigma = \dfrac{N}{l_w t_w} \leq f_t^w 或 f_c^w$	轴心受力的对接焊缝计算公式
2		$\sigma = N\sin\theta / (l_w t_w)$	斜对接焊缝的正应力计算公式
3		$\sigma = N\cos\theta / (l_w t_w)$	斜对接焊缝的剪应力计算公式
4		$l_w = b/\sin\theta - 2t$	斜对接焊缝的长度计算公式(无引弧板)
5		$l_w = b/\sin\theta$	斜对接焊缝的长度计算公式(有引弧板)
6		$\sigma_{max} = \dfrac{M}{W} \leq f_t^w$	受弯的对接焊缝计算公式
7		$\tau_{max} = \dfrac{VS}{It} \leq f_v^w$	受剪的对接焊缝计算公式
8		$\sigma_{zs} = \sqrt{\sigma_1^2 + 3\tau_1^2} \leq f_v^w$	受剪和受弯矩对接焊缝折算应力计算公式
9		$\sigma_{max} = \dfrac{N}{A_w} + \dfrac{M}{W_w} \leq f_t^w$	受轴向力和弯矩时对接焊缝最大正应力计算公式
10		$\tau_{max} = \dfrac{VS_{max}}{I_w t_w} \leq f_v^w$	对接焊缝最大剪应力计算公式
11		$\sigma_f = \sqrt{(\sigma_N + \sigma_{M1})^2 + 3\tau_1^2} \leq 1.1 f_t^w$	受轴向力和弯矩时对接焊缝折算应力计算公式
12	角焊缝连接	$\sqrt{\left(\dfrac{\sigma_f}{\beta_f}\right)^2 + \tau_f^2} \leq f_f^w$	角焊缝受平行和垂直于焊缝长度方向的轴力作用时计算公式
13		$\sigma_f = \dfrac{N_y}{h_e \sum l_w} \leq f_f^w$	正面角焊缝计算公式
14		$\tau_f = \dfrac{N}{h_e \sum l_w} \leq f_f^w$	侧面角焊缝计算公式
15		$\sigma_f = \dfrac{M}{W_f} \leq \beta_f f_f^w$	弯矩作用时角焊缝的计算公式
16		$\tau_f = \dfrac{Tr}{J}$	扭矩作用时角焊缝的计算公式

续上表

序号	连接种类	计算公式	备注
17	普通螺栓连接	$N_v^b = n_v \dfrac{\pi d^2}{4} f_v^b$	单个普通螺栓的抗剪承载力设计值
18		$N_c^b = d \sum t f_c^b$	单个普通螺栓的承压承载力设计值
19		$N_t^b = \dfrac{\pi d_e^2}{4} f_t^b$	单个普通螺栓的抗拉承载力设计值
20		$\sqrt{\left(\dfrac{N_v}{N_v^b}\right)^2 + \left(\dfrac{N_t}{N_t^b}\right)^2} \leqslant 1$ $N_v = \dfrac{V}{n} \leqslant N_c^b$	单个普通螺栓既受剪又受拉时承载力设计值
21	摩擦型高强度螺栓	$N_v^b = 0.9 k n_f \mu P$	单个高强度螺栓摩擦型连接的承载力设计值
22		$N_t^b = 0.8 P$	单个高强度螺栓受拉时承载力设计值
23		$N_v^b = 0.9 n_f \mu (P - 1.25 N_t)$ $N_t \leqslant 0.8 P$	单个高强度螺栓既受拉又受剪时承载力设计值
24	承压型高强度螺栓	$N_v = n_v \dfrac{\pi d_e^2}{4} f_v^b$ $N_c^b = d \sum t f_c^b$	高强度螺栓承压型连接时承载力设计值,当剪切面在螺纹处时 $N_v^b = n_v \dfrac{\pi d_e^2}{4} f_v^b$
25		$N_t = \dfrac{\pi d_e^2}{4} f_t^b$	高强度螺栓承压型连接时抗拉承载力设计值
26		$\sqrt{\left(\dfrac{N_v}{N_v^b}\right)^2 + \left(\dfrac{N_t}{N_t^b}\right)^2} \leqslant 1$ $N_v \leqslant \dfrac{N_c^b}{1.2}$	高强度螺栓承压型连接受拉兼受剪时承载力设计值

(1)现代钢结构的连接方法主要有焊接连接和螺栓连接。焊接连接广泛应用于钢结构的制造和安装中,其中角焊缝的受力性能虽然较差,但加工方便,故应用很广;对接焊缝受力性能好,但加工精度要求高,只用于制造构件重要部位的连接。螺栓连接多用于拼装连接,其中普通螺栓宜用作受拉螺栓或次要连接中用作受剪螺栓;摩擦型高强度螺栓连接应用较多,常用于结构主要部位的安装和直接承受动力荷载的安装连接。

(2)焊接连接和螺栓连接的设计要求构造合理,满足强度要求,同时还要采用合理的施工顺序及严格的质量检验程序来保证其安全可靠。

(3)除三级受拉对接焊缝和不采用引弧板的对接焊缝需进行计算外,其余各种对接焊缝与母材等强无需进行计算。角焊缝连接的设计要进行各种受力情形下的强度验算。

(4)焊接残余应力与残余变形是焊接过程中焊件的局部加热和冷却,导致不均匀膨胀和收缩产生的。焊缝附近的残余应力常常很高,可达钢材的屈服点。残余应力是自相平衡的内应力,由于钢材塑性好,有较长的屈服台阶,因此残余应力对结构的静力强度无影响,但它使构件截面部分区域提前进入塑性,截面弹性区减小,使构件的刚度和稳定承载力降低,并使受动力荷载的焊接结构应力实际是在f_y和$f_y-\Delta\sigma$之间循环,因此焊接结构疲劳计算必须采用应力幅计算准则。此外残余应力与荷载应力叠加可能产生二向或三向同号拉应力,引起钢材性能变脆。残余变形会影响结构设计尺寸的准确性。因此在设计、制造和安装中应注意采取有效措施防止或减少焊接残余应力与残余变形的产生。

(5)对螺栓连接进行验算时,首先分析判断螺栓连接的受力特点,属于哪一种受力类型,再根据其受力特点进行强度验算,必要时还须对构件的净截面或毛截面进行强度验算。

(6)钢结构的连接形式多种多样,学习中只要把握以下几点便能正确进行计算:①弄清连接构造形式及各构件的空间几何位置;②能正确地将外力按静力平衡条件分解到焊缝或栓杆处;③熟悉并理解焊缝基本计算公式和单个螺栓的承载力计算公式;④熟悉并理解《钢结构设计标准》(GB 50017—2017)中有关连接构造要求的各项规定。

一、选择题

1. 连接所采用的焊缝种类主要有两种,它们是(　　)。
   a)手工焊缝和自动焊缝　　　　　　b)仰焊缝和俯焊缝
   c)对接焊缝和角焊缝　　　　　　　d)连续焊缝和断续焊缝

2. 钢结构连接中所使用的焊条应与被连接构件的强度相匹配,通常在被连接构件选用 Q345 时,焊条选用(　　)。
   a)E55　　　　　　　　　　　　　b)E50
   c)E43　　　　　　　　　　　　　d)前三种均可

3. 产生焊接残余应力的主要因素之一是(　　)。
   a)钢材的塑性太低　　　　　　　　b)钢材的弹性模量太高
   c)焊接时热量分布不均　　　　　　d)焊缝的厚度太小

4. 不需要验算对接焊缝强度的条件是斜焊缝的轴线和外力 N 之间的夹角满足(　　)。
   a) $\tan\theta \leq 1.5$　　　　　　　　　　b) $\tan\theta > 1.5$
   c) $\theta \geq 70°$　　　　　　　　　　　　d) $\theta < 70°$

5. 角钢和钢板间用侧焊缝搭接连接,当角钢肢背与肢尖焊缝的焊脚尺寸和焊缝的长度都等同时,(　　)。
   a) 角钢肢背的侧焊缝与角钢肢尖的侧焊缝受力相等
   b) 角钢肢尖侧焊缝受力大于角钢肢背的侧焊缝
   c) 角钢肢背的侧焊缝受力大于角钢肢尖的侧焊缝
   d) 由于角钢肢背和肢尖的侧焊缝受力不相等,因而连接受有弯矩的作用

6. 在动荷载作用下,侧焊缝的计算长度不宜大于(　　)。
   a) $60 h_f$　　　　　　　　　　　　　b) $40 h_f$
   c) $80 h_f$　　　　　　　　　　　　　d) $120 h_f$

7. 直角角焊缝的有效厚度 h_e 为(　　)。
   a) $0.7 h_f$　　　　　　　　　　　　b) 4mm
   c) $1.2 h_f$　　　　　　　　　　　　d) $1.5 h_f$

8. 等肢角钢与钢板相连接时,肢背焊缝的内力分配系数为(　　)。
   a) 0.7　　　　　　　　　　　　　　b) 0.75
   c) 0.65　　　　　　　　　　　　　　d) 0.35

9. 对于直接承受动力荷载的结构,计算正面直角焊缝时(　　)。
   a) 要考虑正面角焊缝强度的提高
   b) 要考虑焊缝刚度影响
   c) 与侧面角焊缝的计算式相同
   d) 取 $\beta_f = 1.22$

10. 直角角焊缝的强度计算公式 $\tau_f = \dfrac{N}{h_e l_w} \leq f_f^w$ 中,h_e 是角焊缝的(　　)。
    a) 厚度　　　　　　　　　　　　　b) 有效厚度
    c) 名义厚度　　　　　　　　　　　d) 焊脚尺寸

11. 焊接结构的疲劳强度的大小与(　　)关系不大。
    a) 钢材的种类　　　　　　　　　　b) 应力循环次数
    c) 连接的构造细节　　　　　　　　d) 残余应力大小

12. 承受静力荷载的构件,当所用钢材具有良好的塑性时,焊接残余应力并不影响构件的(　　)。
    a) 静力强度　　　　　　　　　　　b) 刚度
    c) 稳定承载力　　　　　　　　　　d) 疲劳强度

13. 图 3.80 所示为单角钢(L80×5)接长连接,采用侧面角焊缝(Q235钢和 E43 型焊条,$f_f^w = 160\text{N}/\text{mm}^2$),焊脚尺寸 $h_f = 5\text{mm}$。求连接承载力设计值(静载) = (   )。

   a) $2 \times 0.7 \times 5 \times (360 - 10) \times 160$
   b) $2 \times 0.7 \times 5 \times (360) \times 160$
   c) $2 \times 0.7 \times 5 \times (60 \times 5 - 10) \times 160$
   d) $2 \times 0.7 \times 5 \times (60 \times 5) \times 160$

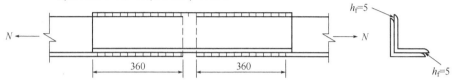

图 3.80　选择题 13 图(尺寸单位:mm)

14. 如图 3.81 所示两块钢板用直角角焊缝连接,其最大的焊脚尺寸 $h_{f\max} = (\quad)\text{mm}$。

    a) 6　　　　　　b) 8　　　　　　c) 10　　　　　　d) 12

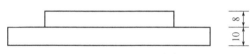

图 3.81　选择题 14 图(尺寸单位:mm)

15. 图 3.82 所示的两块钢板间采用角焊缝,其焊脚尺寸可选(   )mm。

    a) 7　　　　　　b) 8　　　　　　c) 9　　　　　　d) 6

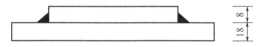

图 3.82　选择题 15 图(尺寸单位:mm)

16. 钢结构在搭接连接中,搭接的长度不得小于焊件较小厚度的(   )。

    a) 4 倍,并不得小于 20mm
    b) 5 倍,并不得小于 25mm
    c) 6 倍,并不得小于 30mm
    d) 7 倍,并不得小于 35mm

17. 图 3.83 所示中的焊脚尺寸 h_f 是根据(   )选定的。

    a) $h_{f\min} = 1.5\sqrt{10} = 4.7\text{mm}$,$h_{f\max} = 1.2 \times 10 = 12\text{mm}$ 和 $h_{f\max} = 6\text{mm}$
    b) $h_{f\min} = 1.5\sqrt{6} = 3.7\text{mm}$,$h_{f\max} = 1.2 \times 10 = 12\text{mm}$ 和 $h_{f\max} = 6\text{mm}$
    c) $h_{f\min} = 1.5\sqrt{10} = 4.7\text{mm}$,$h_{f\max} = 1.2 \times 6 = 7.2\text{mm}$ 和 $h_{f\max} = 6 - (1 \sim 2)\text{mm}$
    d) $h_{f\min} = 1.5\sqrt{10} = 4.7\text{mm}$,$h_{f\max} = 1.2 \times 10 = 12\text{mm}$ 和 $h_{f\max} = 8\text{mm}$

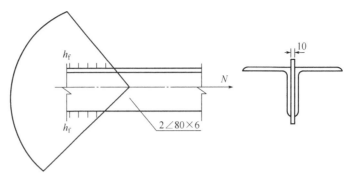

图 3.83 选择题 17 图(尺寸单位:mm)

18. 在满足强度的条件下,图 3.84 所示①号和②号焊缝合理的 h_f 应分别是( )。

  a)4mm,4mm   b)6mm,8mm

  c)8mm,8mm   d)6mm,6mm

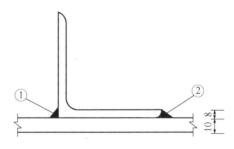

图 3.84 选择题 18 图(尺寸单位:mm)

19. 图 3.85 所示的单个螺栓的承压承载力中,$N_c^b = d\sum t \cdot f_c^b$,其中 $\sum t$ 为( )。

  a)$a+c+e$ b)$b+d$

  c)$\max(a+c+e,b+d)$ d)$\min(a+c+e,b+d)$

图 3.85 选择题 19 图

20. 每个受剪拉作用的摩擦型高强度螺栓所受的拉力应低于其预拉力的( )。

  a)1.0 倍   b)0.5 倍

  c)0.8 倍   d)0.7 倍

21. 摩擦型高强度螺栓连接与承压型高强度螺栓连接的主要区别是( )。
   a) 摩擦面处理不同 b) 材料不同
   c) 预拉力不同 d) 设计计算不同

22. 承压型高强度螺栓可用于( )。
   a) 直接承受动力荷载
   b) 承受反复荷载作用的结构的连接
   c) 冷弯薄壁型钢结构的连接
   d) 承受静力荷载或间接承受动力荷载结构的连接

23. 一个普通剪力螺栓在抗剪连接中的承载力是( )。
   a) 螺杆的抗剪承载力
   b) 被连接构件(板)的承压承载力
   c) 前两者中的较大值
   d) 前两者中的较小值

24. 摩擦型高强度螺栓在杆轴方向受拉的连接计算时,( )。
   a) 与摩擦面处理方法有关 b) 与摩擦面的数量有关
   c) 与螺栓直径有关 d) 与螺栓性能等级无关

25. 图 3.86 所示为粗制螺栓连接,螺栓和钢板均为 Q235 钢,则该连接中螺栓的受剪面有( )。
   a) 1 个 b) 2 个
   c) 3 个 d) 不能确定

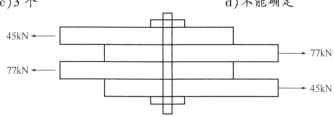

图 3.86 选择题 25 图

26. 图 3.87 所示为粗制螺栓连接,螺栓和钢板均为 Q235 钢,连接板厚度如图示,则该连接中承压板厚度为( )mm。
   a) 10 b) 20
   c) 30 d) 40

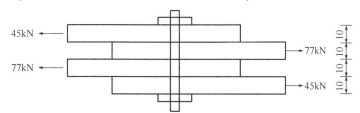

图 3.87 选择题 26 图(尺寸单位:mm)

27. 普通螺栓和承压型高强度螺栓受剪连接的 5 种可能破坏形式是：Ⅰ.螺栓剪断；Ⅱ.孔壁承压破坏；Ⅲ.板件端部剪坏；Ⅳ.板件拉断；Ⅴ.螺栓弯曲变形。其中(　　)种形式是通过计算来保证的。

  a) Ⅰ,Ⅱ,Ⅲ   b) Ⅰ,Ⅱ,Ⅳ

  c) Ⅰ,Ⅱ,Ⅴ   d) Ⅱ,Ⅲ,Ⅳ

28. 摩擦型高强度螺栓受拉时，螺栓的抗剪承载力(　　)。

  a) 提高

  b) 降低

  c) 按普通螺栓计算

  d) 按承压型高强度螺栓计算

29. 高强度螺栓的抗拉承载力(　　)。

  a) 与作用拉力大小有关   b) 与预拉力大小有关

  c) 与连接件表面处理情况有关   d) 与前三者都无关

30. 一宽度为 b、厚度为 t 的钢板上有一直径为 d_0 的孔，则钢板的净截面面积为(　　)。

  a) $A_n = bt - \dfrac{d_0}{2} \cdot t$ b) $A_n = bt - \dfrac{\pi d_0^2}{4} \cdot t$

  c) $A_n = bt - d_0 t$ d) $A_n = bt - \pi d_0 t$

31. 剪力螺栓在破坏时，若栓杆细而连接板较厚时易发生(　　)破坏；若栓杆粗而连接板较薄时，易发生(　　)破坏。

  a) 栓杆受弯破坏   b) 构件挤压破坏

  c) 构件受拉破坏   d) 构件冲剪破坏

32. 摩擦型高强度螺栓的计算公式 $N_v^b = 0.9 n_f \cdot \mu (P - 1.25 N_t)$ 中符号的意义，下述正确的是(　　)。

  a) 对同一种直径的螺栓，P 值应根据连接要求计算确定

  b) 0.9 是考虑连接可能存在偏心、承载力降低的系数

  c) 1.25 是拉力的分项系数

  d) 1.25 是用来提高拉力 N_t，以考虑摩擦系数在预压力减小时变小使承载力降低的不利因素

33. 在直接受动力荷载作用的情况下，采用下列(　　)连接方式最为适合。

  a) 角焊缝   b) 普通螺栓

  c) 对接焊缝   d) 高强度螺栓

34. 采用螺栓连接时，栓杆发生剪断破坏，是因为(　　)。

  a) 栓杆较细   b) 钢板较薄

  c) 截面削弱过多   d) 边距或栓间距太小

35. 采用螺栓连接时,构件发生冲剪破坏,是因为( )。
   a) 栓杆较细   b) 钢板较薄
   c) 截面削弱过多   d) 边距或栓间距太小

36. 摩擦型高强度螺栓连接受剪破坏时,作用剪力超过了( )。
   a) 螺栓的抗拉强度
   b) 连接板件间的摩擦力
   c) 连接板件间的毛截面强度
   d) 连接板件的孔壁的承压强度

37. 在抗拉连接中采用摩擦型高强度螺栓或承压型高强度螺栓,承载力设计值( )。
   a) 是后者大于前者   b) 是前者大于后者
   c) 相等   d) 不一定相等

38. 承压型高强度螺栓抗剪连接,其变形( )。
   a) 比摩擦型高强度螺栓连接小
   b) 比普通螺栓连接大
   c) 与普通螺栓连接相同
   d) 比摩擦型高强度螺栓连接大

39. 杆件与节点板的连接采用 22 个 M24 的螺栓,沿受力方向分两排按最小间距排列,螺栓的承载力折减系数是( )。
   a) 0.70   b) 0.75
   c) 0.8   d) 0.90

40. 一般按构造和施工要求,螺栓直径为 d 时,钢板上螺栓的最小允许中心间距为( ),最小允许端距为( )。
   a) $3d$ b) $2d$
   c) $1.2d$ d) $1.5d$

二、填空题

1. 焊接的连接形式按构件的相对位置可分为_____、_____、_____和_____四种类型。

2. 焊接的连接形式按构造可分为_____和_____两种类型。

3. 焊缝按施焊位置分_____、_____、_____和_____,其中_____的操作条件最差,焊缝质量不易保证,应尽量避免。

4. 当两种不同强度的钢材采用焊接连接时,宜用与强度_____的钢材相适应的焊条。

5. 承受弯矩和剪力共同作用的对接焊缝,除了分别计算正应力和剪应力外,在同时受有较大正应力和剪应力处,还应按_____计算折算应力强度。

6. 当承受轴心力的板件用斜对接焊缝连接,焊缝轴线方向与作用力方向间的夹角 θ 符合_____时,其强度可不计算。

7. 当对接焊缝无法采用引弧板施焊时,计算每条焊缝的长度时应减去_____。

8. 当焊件的宽度不同或厚度相差 4mm 以上时,在对接焊缝的拼接处,应分别在焊件的宽度方向或厚度方向做成坡度不大于_____的斜角。

9. 在承受_____荷载的结构中,垂直于受力方向的焊缝不宜采用不焊透的对接焊缝。

10. 工字形或 T 形牛腿的对接焊缝连接中,一般假定剪力由_____的焊缝承受,剪应力均布。

11. 凡通过一、二级检验标准的对接焊缝,其抗拉设计强度与母材的抗拉设计强度_____。

12. 选用焊条型号应满足焊缝金属与主体金属等强度的要求。Q235 钢应选用_____型焊条,15MnV 钢应选用_____型焊条。

13. 当对接焊缝的焊件厚度很小(≤10mm)时,可采用_____坡口形式。

14. 直角角焊缝可分为垂直于构件受力方向和_____,前者较后者的强度_____,塑性_____。

15. 在静力或间接动力荷载作用下,正面角焊缝(端缝)的强度设计值增大系数 β_f =_____;但对直接承受动力荷载的结构,应取 β_f =_____。

16. 角焊缝的焊脚尺寸 h_f(mm)不得小于_____,t 为较厚焊件的厚度(mm)。但对自动焊,最小焊脚尺寸可减小_____;对 T 形连接的单面角焊缝,应增加_____。

17. 角焊缝的焊脚尺寸不宜大于较薄焊件厚度的_____倍(钢管结构除外),但板件(厚度为 t)边缘的角焊缝最大焊脚尺寸,尚应符合下列要求:当 t ≤ 6mm 时,h_{fmax} = _____;当 t > 6mm 时,h_{fmax} = _____。

18. 侧面角焊缝或正面角焊缝的计算长度不得小于_____和_____。

19. 侧面角焊缝的计算长度不宜大于_____(承受静力或间接动力荷载时)或_____(承受动力荷载时)。

20. 在搭接连接中,搭接长度不得小于焊件较小厚度的_____倍,并不得小于_____。

21. 当板件的端部仅有两侧面角焊缝连接时,每条侧面角焊缝长度不宜小于两侧面角焊缝之间的距离;同时两侧面角焊缝之间的距离不宜大于_____(当 t > 12mm)或_____(当 t ≤ 12mm),t 为较薄焊件的厚度。

22. 普通螺栓按制造精度分为_____和_____两类；按受力分析分为_____和_____两类。

23. 普通螺栓是通过_____来传力的；摩擦型高强度螺栓是通过_____来传力的。

24. 高强度螺栓根据螺栓受力性能分为_____和_____两种。

25. 在高强度螺栓性能等级中，8.8级高强度螺栓的含义是_____；10.9级高强度螺栓的含义是_____。

26. 普通螺栓连接受剪时，限制端距$\geq 2d$，是为了避免_____破坏。

27. 单个螺栓承受剪力时，螺栓承载力应取_____和_____的较小值。

28. 在摩擦型高强度螺栓连接计算连接板的净截面强度时，孔前传力系数可取_____。

29. 单个普通螺栓承压承载力设计值$N_c^b = d \cdot \sum t \cdot f_c^b$，式中$\sum t$表示_____。

30. 剪力螺栓的破坏形式有_____、_____、_____、_____。

31. 采用剪力螺栓连接时，为避免连接板冲剪破坏，构造上采取_____措施，为避免栓杆受弯破坏，构造上采取_____措施。

32. 摩擦型高强度螺栓是靠_____传递外力的，当螺栓的预拉力为P，构件的外力为T时，螺栓受力为_____。

33. 承压型高强度螺栓仅用于承受_____荷载和_____荷载结构中的连接。

34. 普通螺栓群承受弯矩作用时，螺栓群绕_____旋转。高强度螺栓群承受弯矩作用时，螺栓群绕_____旋转。

三、简答题

1. 钢结构主要有哪几种连接方法？它们各自的特点和适用范围是什么？

2. 钢结构的焊接方法、焊缝类型主要有哪些？焊接时焊条如何选用？

3. 角焊缝焊脚尺寸h_f对焊缝工作有什么不利影响？角焊缝计算长度l_w对连接有什么不利影响？

4. 对接焊缝强度如何计算？在什么情况下对接焊缝强度可不必计算？

5. 摩擦型和承压型高强度螺栓连接受力时，其承载力极限状态各是什么？

6. 焊接残余应力和残余变形是怎样产生的？在设计和施工中如何防止或减少焊接残余应力和残余变形？焊接残余应力和残余变形对结构受力性能有什么影响？

7. 普通螺栓连接有哪几种破坏形式？螺栓群在各种力单独或共同作用时承载力如何计算？螺栓的排列有哪些形式？

8. 高强度螺栓连接有哪些类型？高强度螺栓连接在各种力作用下承载力如何计算？采取哪些措施可提高摩擦型高强度螺栓的承载力？

四、计算题

1. 设计 2—□400mm×14mm 钢板的对接焊缝连接。钢板承受轴心拉力，其中恒载和活载标准值引起的轴心拉力值分别为 650kN 和 400kN，相应的荷载分项系数为 1.2 和 1.4。已知钢材为 Q235，采用 E43 型焊条，手工电弧焊，焊缝为三级质量标准，施焊时未用引弧板。

2. 验算图 3.88 所示柱与牛腿连接的对接焊缝。已知 T 形牛腿的截面尺寸为：翼缘宽度 $b=120\text{mm}$、厚度 $t=12\text{mm}$；腹板高度 $h_w=200\text{mm}$、厚度 $t_w=10\text{mm}$。距焊缝 $e=100\text{mm}$ 处作用有一竖向力 $F=180\text{kN}$（设计值），钢材为 Q390，采用 E55 型焊条，手工焊，三级质量标准，施焊时不用引弧板。

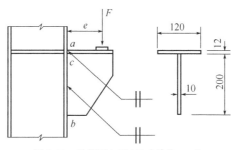

图 3.88 计算题 2 图(尺寸单位：mm)

3. 试验算图 3.89 所示角焊缝的强度。已知焊缝承受的静态斜向力 $N=260\text{kN}$（设计值），$\theta=45°$，角焊缝的焊脚尺寸 $h_f=8\text{mm}$，实际长度 $l=165\text{mm}$，钢材为 Q235-B，手工焊，焊条为 E43 型。

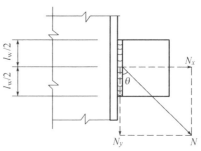

图 3.89 计算题 3 图

4. 试验算图 3.90 所示一支托板与柱搭接连接的角焊缝强度。荷载设计值 $N=30\text{kN}$, $V=180\text{kN}$（均为静力荷载），钢材为 Q235，E43 型焊条，手工焊。

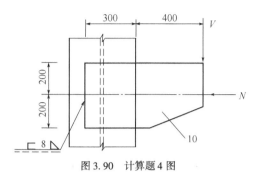

图 3.90 计算题 4 图

5. 试确定图 3.91 所示承受静态轴心力的三面围焊连接的承载力及肢尖焊缝的长度。已知角钢为 $2\angle 125\times 10$，与厚度为 8mm 的节点板连接，其搭接长度为 300mm，焊脚尺寸 $h_f=8\text{mm}$，钢材为 Q235-B，手工焊，焊条为 E43 型。

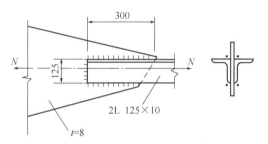

图 3.91 计算题 5 图

6. 试验算图 3.92 所示钢管柱与钢底板的连接角焊缝。图中内力均为设计值，其中 $N=280\text{kN}$, $M=16\text{kN}\cdot\text{m}$, $V=212\text{kN}$。焊脚尺寸 $h_f=8\text{mm}$，钢材为 Q235，手工焊，焊条为 E43 型。

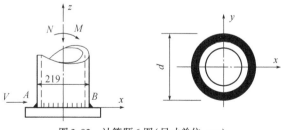

图 3.92 计算题 6 图（尺寸单位：mm）

7. 试验算图 3.93 所示环形角焊缝承受扭矩 $T=42\text{kN}\cdot\text{m}$ 作用时的强度。已知钢管外径为 180mm，焊脚尺寸 $h_f=8\text{mm}$，钢材为 Q235，手工焊，焊条为 E43 型。（注：对于薄壁圆环可取极惯性矩 $I_\rho=2\pi h_e r^3$。）

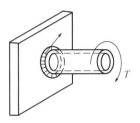

图 3.93 计算题 7 图

8. 如图 3.94 所示的受拉杆件,采用 5.6 级精制螺栓的搭接接头连接,构件截面尺寸为 310mm × 14mm,钢材 Q235AF,抗拉强度设计值 $f = 215$MPa,计算内力 $N = 800$kN,螺栓直径 $d = 20$mm,$f_v^b = 190$MPa,$f_c^b = 405$MPa,栓孔直径 $d_0 = 20.5$mm,试验算螺栓的承载力是否足够?构件的承载力是否足够?

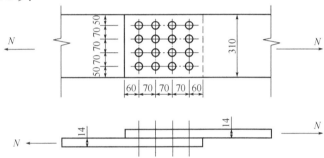

图 3.94 计算题 8 图(尺寸单位:mm)

9. 如图 3.95 所示,两个不等肢角钢长肢并拢与节点板用角焊缝 A 相连,节点板与端板用角焊缝 B 连接,端板与柱翼缘用 C 级普通螺栓连接。焊缝为手工焊,焊条型号 E43 型,螺栓型号 M22,钢材 Q235。轴心拉力设计值 $N = 500$kN(静力荷载)。(1)设计角焊缝 A;(2)设计角焊缝 B;(3)验算螺栓的强度。

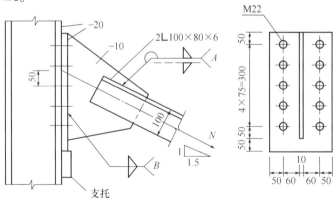

图 3.95 计算题 9 图(尺寸单位:mm)

10. 试设计用摩擦型高强度螺栓连接的钢板双盖板拼接。钢板截面为 340mm×20mm，钢材为 Q235。

11. 验算图 3.96 所示的摩擦型高强度螺栓连接。螺栓为 10.9 级，M22，钢材为 Q235，接触面采用喷丸处理。

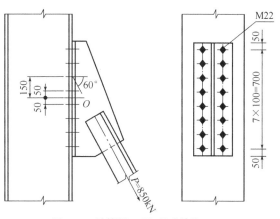

图 3.96　计算题 11 图(尺寸单位：mm)

12. 如图 3.97 所示为铁路钢桥桥面系的纵横梁连接，设纵梁梁端传递的剪力为 $V=660\text{kN}$，弯矩 $M=640\text{kN}\cdot\text{m}$，采用 10.9 级摩擦型高强度螺栓连接，M22，连接处钢材表面的抗滑移系数 $\mu_0=0.45$，安全系数 $K=1.7$，钢材为 Q345。计算连接角钢与纵梁腹板的连接螺栓数 n_1，连接角钢与横梁腹板的连接螺栓数 n_2，鱼形板与纵梁翼缘的连接螺栓数 n_3。（假设剪力全部由连接角钢传递，弯矩由鱼形板传递）

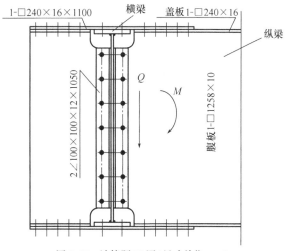

图 3.97　计算题 12 图(尺寸单位：mm)

第4章 CHAPTER FOUR
轴心受力构件

了解轴心受力构件的特点和截面形式,掌握轴心受力构件的强度和刚度、实腹式轴心受压构件的整体稳定;理解实腹式轴心受压构件的局部稳定;掌握实腹式轴心受压构件的设计方法;理解格构式压杆的组成及其整体稳定性;掌握格构式受压构件的设计;理解轴心受压柱与梁的连接形式和构造,柱脚的形式、构造和设计方法。

轴心受力构件的强度和刚度、实腹式轴心受压构件的整体稳定;格构受压构件的设计。

学习难点

实腹式轴心受压构件和格构式轴心压杆的设计。

4.1 轴心受力构件的应用

轴心受力构件是指外力作用线沿杆件截面形心纵轴的一类构件,如图4.1所示。在力学中所指的"二力杆"即为轴心受力构件,根据外力作用方向的不同,有轴心受拉构件(轴心拉杆)、轴心受压构件(轴心压杆)和受拉兼受压杆件。

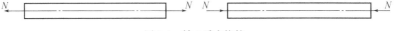

图4.1 轴心受力构件

轴心受力构件在钢结构中应用十分广泛,如平面或空间桁架(roof truss)、网架(grid structure)、塔架、轴心受压柱等结构。在结构分析时,通常将这些杆件节点假设为铰接,在只承受节点荷载作用时,都可当作轴心受力构件。各种索结构中的钢索也是轴心受拉构件。

设计轴心受力构件时,应同时满足承载能力极限状态和正常使用的极限状态的要求。对于承载能力极限状态,受拉构件一般以强度控制设计,而受压构件一般以整体稳定控制设计。对轴心受力构件正常使用极限状态的要求即刚度要求,是通过保证构件的长细比不超过容许长细比来达到的。因此,按其受力性质的不同,轴心受拉构件的设计需分别进行强度和刚度的验算,而轴心受压构件的设计需分别进行稳定(包括整体稳定和局部稳定)、强度和刚度的验算。

4.2 轴心受力构件的截面形式

轴心受力构件的截面形式很多,按其生产制作情况分为型钢截面和组合截面两种,组合截面又可分为实腹式组合截面和空腹式(格构式)组合截面两大类。

如图 4.2a)所示的截面为单个型钢截面(如角钢、槽钢、工字钢、H 型钢、T 型钢、圆钢及钢管等),其制作安装简单,省时省工,节约成本,适合受力较小的构件。图 4.2b)所示为由型钢或钢板组成的组合截面,适合受力较大的构件。普通桁架结构中的弦杆和腹杆,除 T 型钢外,常采用角钢或双角钢组合截面[图 4.2c)];在轻型桁架结构中可采用冷弯薄壁型钢截面[图 4.2d)];在重型桁架结构(如铁路钢桁架桥)中采用 H 形、箱形等组合截面[图 4.2b)]。受拉构件一般选择紧凑截面(如圆钢或板件宽厚比小的截面)或对两主轴刚度相差悬殊的截面(如单槽钢、工字钢等)。而受压构件通常采用较为展开、宽肢薄壁的截面。实腹式构件制作简单,与其他构件连接也较方便。

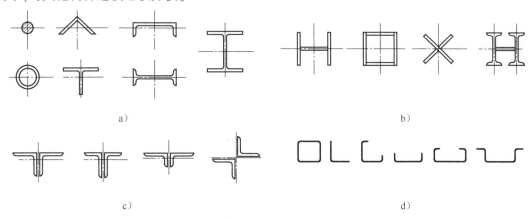

图 4.2 轴心受力构件实腹式截面形式

格构式构件(图 4.3)的截面一般由两个或多个分肢组成,分肢通常为槽钢或由钢板组成的槽形截面,分肢之间采用缀条或缀板连成整体,缀板和缀条统称为缀系或缀件(图 4.4)。其几何尺寸不受限制,可根据受力性质的大小选用合适的截面形式,使截面有较大的回转半径,增大截面惯性矩。格构式构件容易使压杆实现两主轴方向等稳定性的要求,刚度较大,抗扭性能也较好,用料较省。

格构式构件的截面组成部分是分离的，常以角钢、槽钢、工字型钢作为肢件，肢件间由缀件相连(图4.3)。通常把穿过肢件腹板的截面主轴称为实轴，穿过缀件的截面主轴称为虚轴。根据肢件数目，又可分为双肢式[图4.3 a),b),c)]、四肢式[图4.3d)]和三肢式[图4.3e)]。其中双肢式外观平整，易连接，多用于大型桁架的拉、压杆或受压柱；四肢式由于在两个主轴方向能达到等强度、等刚度和等稳定性，广泛用于履带式起重机的塔身、轮胎起重机的臂架等，以减轻重量。根据缀件形式不同，分为缀条式[图4.4a)]和缀板式[图4.4b)]。缀条采用角钢或钢管，在大型构件上用槽钢；缀板采用钢板。

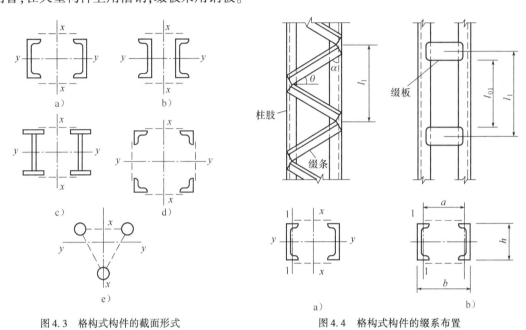

图4.3　格构式构件的截面形式　　　　图4.4　格构式构件的缀系布置

4.3　轴心受力构件的强度和刚度

4.3.1　轴心受力构件的强度

对截面无削弱的轴心受力构件，无论是轴心受拉构件或轴心受压构件，其承载力是以截面上的平均应力达到钢材的屈服应力为极限状态。因此，对截面无削弱的轴心受力构件强度计算公式为

$$\sigma = \frac{N}{A} \leqslant \frac{f_y}{\gamma_R} = f \tag{4.1}$$

式中：A——构件验算截面上的毛截面面积(mm^2)；

N——构件验算截面处的轴心力设计值(N)；

f_y——钢材的屈服强度(N/mm^2)；

γ_R——钢材的分项系数；

f——钢材的抗拉（或抗压）强度设计值（N/mm²），按附表1.1采用。

但当构件的截面局部有螺栓孔削弱时，截面上的应力分布不再是均匀的，在孔洞附近有应力集中现象，在弹性工作阶段，孔壁边缘的最大应力可能达到构件平均应力的3倍（图4.5）。若拉力继续增加，当孔壁边缘的最大应力达到材料的屈服强度以后，根据钢材是理想弹塑性体的假定，应力不再继续增加而只发展塑性变形，截面上的应力产生重分布，最后达到均匀分布。因此，《钢结构设计标准》（GB 50017—2017）规定，对于有截面削弱的轴心受力构件，应以净截面断裂为承载能力极限状态，即应控制净截面上的平均应力不超过材料的抗拉强度作为设计时的强度控制条件。对于有截面削弱的轴心受力构件，强度计算公式为

$$\sigma = \frac{N}{A_n} \leq 0.7 f_u \tag{4.2}$$

式中：A_n——构件验算截面上的净截面面积（mm²）；

N——构件验算截面处的轴心力设计值（N）；

f_u——钢材的抗拉（或抗压）强度最小值（N/mm²）。

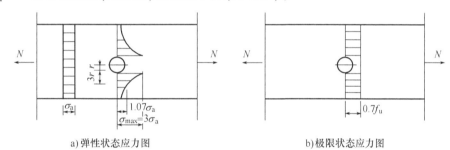

图4.5 空洞截面处的应力分布

采用高强度螺栓摩擦型连接的构件，其毛截面强度应按式（4.1）计算，其净截面断裂强度应按式（4.3）计算。

$$\sigma = \left(1 - 0.5 \frac{n_1}{n}\right) \frac{N}{A_n} \leq 0.7 f_u \tag{4.3}$$

式中：n——节点连接处构件一端连接的高强度螺栓数目；

n_1——计算截面处（最外列螺栓处）高强度螺栓数目；

其余符号意义同前。

当进行轴心受力构件强度计算时，要正确判断最危险截面（即验算截面），根据螺栓的布置情况选择净截面面积最小、轴心力最大的截面进行验算。对于摩擦型高强度螺栓连接的杆件，验算净截面强度时轴心力的计算应考虑构件截面上的孔前传力（见3.6节）。

对于承受疲劳荷载的轴心受力构件，应按式（2.10）~式（2.16）进行疲劳强度验算。对轴心受压构件含有虚孔时，需对虚孔所在截面计算其净截面断裂强度。

《钢结构设计标准》（GB 50017—2017）规定，对于轴心受力构件当其组成板件在节点或拼接处并非全部直接传力时，应将危险截面乘以有效截面系数η，不同构件截面形式和连接方式的η值应符合表4.1的规定。

轴心受力构件其组成板件在节点或拼接处的有效截面系数 η 表 4.1

构件截面形式	连接形式	η	图 例
角钢	单边连接	0.85	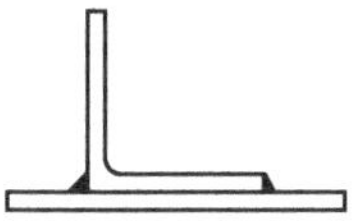
工字形、H形	翼缘连接	0.90	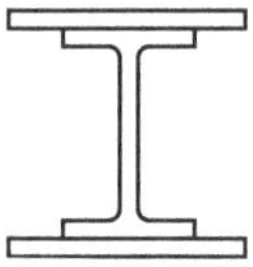
工字形、H形	腹板连接	0.70	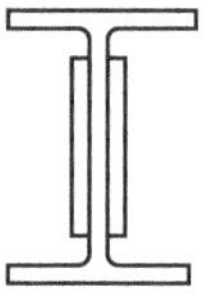

4.3.2 轴心受力构件的刚度

为满足结构的正常使用要求，轴心受力构件不应做得过分柔细，而应具有一定的刚度，当构件的刚度不足时，会产生下列不利影响：①在运输和安装过程中产生弯曲或过大的变形；②使用期间因其自重而明显下挠；③在动力荷载作用下发生较大的振动；④特别对于压杆，刚度不足时，除具有前述各种不利因素外，还使得构件的极限承载力显著降低，同时，初弯曲和自重产生的挠度也将对构件的整体稳定带来不利影响。

轴心受拉和受压构件的刚度都是以保证其长细比不超过容许长细比来实现的，刚度的计算公式为

$$\lambda_{max} = \frac{l_0}{i} \leq [\lambda] \tag{4.4}$$

式中：λ_{max}——构件的最不利方向的长细比，一般取两主轴方向长细比的较大值；

l_0——相应主轴方向上构件的计算长度；

i——相应主轴方向上截面的回转半径；

$[\lambda]$——构件的容许长细比，按标准中的规定取值。

《钢结构设计标准》(GB 50017—2017)在总结了钢结构长期使用经验的基础上，根据构件的重要性和荷载情况，对受压构件的容许长细比规定了不同的要求和数值，见表4.2。《钢结构设计标准》(GB 50017—2017)对受拉构件容许长细比的规定更为严格，见表4.3。

受压构件的长细比容许值　　　　　　　　　　　　　　　　　　表 4.2

项次	构 件 名 称	容许长细比
1	柱、桁架天窗架构件	150
1	柱的缀条、吊车梁或吊车桁架以下的柱间支撑	150
2	支撑（吊车梁或吊车桁架以下的柱间支撑除外）	200
2	用以减小受压构件长细比的杆件	200

注：1. 桁架（包括空间桁架）的腹杆，当其内力等于或小于承载力的50%时，容许长细比可为200。
　　2. 计算单角钢受压构件的长细比时，应采用角钢的最小回转半径，但计算在交叉点相互连接的交叉点杆件平面外的长细比时，可采用与角钢肢边平行轴的回转半径。
　　3. 跨度等于或大于60m的桁架，其受压弦杆和端压杆的容许长细比值宜取100，其他受压腹杆可取150（承受静力荷载或间接承受动力荷载）或120（直接承受动力荷载）。
　　4. 由容许长细比控制的杆件，在计算其长细比时，可不考虑扭转效应。

受拉构件的长细比容许值　　　　　　　　　　　　　　　　　　表 4.3

项次	构 件 名 称	承受静力荷载或间接承受动力荷载的结构			直接承受动力荷载的结构
		一般建筑结构	对腹杆提供平面外支点的弦杆	有重级工作制起重机的厂房	
1	桁架的构件	350	250	250	250
2	吊车梁或吊车桁架以下的柱间支撑	300	—	200	—
3	除张紧的圆钢外的其他拉杆、支撑系杆等	400	—	350	—

注：1. 承受静力荷载的结构中，可只计算受拉构件在竖向平面内的长细比。
　　2. 在直接或间接承受动力荷载的结构中，单角钢受拉构件长细比的计算方法与表4.2注2相同。
　　3. 有中、重级工作制起重机厂房桁架下弦杆的长细比不宜超过200。
　　4. 在设有夹钳或刚性料耙等硬钩起重机的厂房中支撑（表中第2项除外）的长细比不宜超过300。
　　5. 受拉构件在永久荷载与风荷载组合作用下受压时，其长细比不宜超过250。
　　6. 跨度等于或大于60m的桁架，其受拉弦杆和腹杆的长细比不宜超过300（承受静力荷载或间接承受动力荷载）或250（直接承受动力荷载）。

4.3.3　轴心拉杆的设计

轴心受拉构件设计时通常要考虑强度和刚度两个方面的问题。对于承受较大静荷载的轴心受拉构件，一般由静强度控制设计；对承受反复变化的疲劳荷载作用的拉杆，一般由疲劳强度控制设计；当拉力较小时，还可能由刚度控制设计。

当轴心受拉构件由强度控制设计时，通常按强度条件计算所需要的净截面面积，再选择截面，然后进行强度和刚度验算。当由刚度控制设计时，按刚度要求计算所需要的截面回转半径，再选择截面，然后进行强度和刚度验算。

例题 4.1 有一中级工作制起重机厂房屋架的下弦杆(图 4.6),承受轴心拉力 1100kN(设计值),几何长度为 $l = 3$m,钢材为 Q235,杆端用 C 级 M20 普通螺栓连接,试设计该杆件。

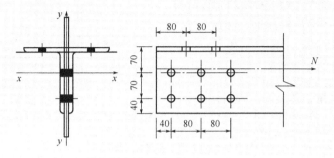

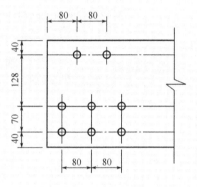

图 4.6 例题 4.1 图(尺寸单位:mm)

解: 1) 截面选择

该杆件由强度控制设计,由强度条件式(4.3),所需的杆件净截面面积为

$$A_n \geqslant \frac{N}{0.7f} = \frac{1100 \times 10^3}{0.7 \times 215} = 7309 \ (\text{mm}^2) = 73.09 \text{cm}^2$$

选用 2∠180×110×12,长肢并拢,共提供截面积 $A_n = 2 \times 33.7 = 67.4 (\text{cm}^2)$,回转半径 $i_x = 3.1$cm,$i_y = 4.4$cm。

2) 杆端连接螺栓

按剪切条件计算的单个螺栓承载力设计值为

$$N_v^b = n_v \frac{\pi d^2}{4} f_v^b = 2 \times \frac{3.14 \times 20^2}{4} \times 140 = 87964 (\text{N})$$

按承压条件计算的单个螺栓承载力设计值为

$$N_c^b = d \sum t f_c^b = 20 \times 12 \times 305 = 73200 (\text{N})$$

因此,单个螺栓的承载力设计值为 $N^b = 73200$N。

所需杆端连接螺栓数 $n = \dfrac{N}{N^b} = \dfrac{1100 \times 10^3}{73200} = 15.02$,取 16 个,按图 4.6 排列。

3) 强度验算

正交截面的净面积为

$A_n = 2 \times (278 \times 12 - 2 \times 20 \times 12) = 5712 (\text{mm}^2)$

锯齿截面的净面积为

$A_n = 2 \times (40 + \sqrt{128^2 + 40^2} + 70 + 40 - 3 \times 20) \times 12 = 5378.5 (\text{mm}^2)$

可见,控制截面为锯齿截面。

$\sigma = \dfrac{N}{A_n} = \dfrac{1100 \times 10^3}{5378.5} = 204.5 (\text{N/mm}^2) < 0.7 f_u = 0.7 \times 370 = 259 (\text{N/mm}^2)$ （强度满足要求）

4) 刚度验算

取杆件的计算长度 $l_{0x} = l_{0y} = 3\text{m}$，长细比为

$\lambda_x = \dfrac{l_{0x}}{i_x} = \dfrac{3 \times 10^2}{3.1} = 96.8 < 350, \lambda_y = \dfrac{l_{0y}}{i_y} = \dfrac{3 \times 10^2}{4.4} = 68.2 < 350$ （刚度满足要求）

例题 4.2 试设计某铁路简支钢桁架桥的主桁下弦杆。设计资料：设计最大内力 3334.42 kN，疲劳计算最大内力 $N_{max} = 3062.94$ kN，最小内力 $N_{min} = 785.45$ kN，强度计算杆件几何长度为 8m，材料为 Q345qD，设计基本容许应力 $[\sigma] = 200\text{MPa}$，疲劳容许应力幅 $[\Delta\sigma] = 130.7\text{MPa}$，容许长细比 $[\lambda] = 100$。

解：铁路钢桁架桥的主桁下弦杆承受疲劳荷载,由疲劳强度控制设计。

1) 截面选择

根据疲劳强度条件,所需的净截面面积为

$A_j \geq \dfrac{N_{max} - N_{min}}{\gamma[\Delta\sigma]} = \dfrac{(3062.94 - 785.45) \times 10^3}{1.0 \times 130.7} = 17425.3 (\text{mm}^2)$

根据设计经验,估计杆件的毛截面面积为

$A_m \approx A_j / 0.85 = 20500.39 \text{mm}^2$

选取截面形式为 H 形，截面组成为（图 4.7）：

竖板：2—□460×20

水平板：1—□420×12

杆端采用摩擦型高强度螺栓连接,根据工厂标准螺栓网络线,每侧竖板布置 4 排栓孔,孔径 $d = 23\text{mm}$。

提供毛截面面积：$A_m = 2 \times 460 \times 20 + 420 \times 12 = 23440 (\text{mm}^2)$

栓孔削弱的面积：$\Delta A = 8 \times 23 \times 20 = 3680 (\text{mm}^2)$

净截面面积：$A_j = A_m - \Delta A = 23440 - 3680 = 19760 (\text{mm}^2) > 17425.3 \text{mm}^2$ （疲劳强度满足要求）

截面惯性矩：$I_x = 9.6465 \times 10^8 \text{mm}^4, I_y = 3.2445 \times 10^8 \text{mm}^4$

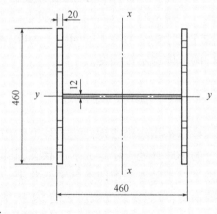

图 4.7 例题 4.2 图(尺寸单位:mm)

回转半径 $i_x = \sqrt{\dfrac{I_x}{A}} = \sqrt{\dfrac{9.6465 \times 10^8}{23440}} = 202.86 \text{ (mm)}$；$i_y = \sqrt{\dfrac{I_y}{A}} = \sqrt{\dfrac{3.2445 \times 10^8}{23440}} = 117.65 \text{ (mm)}$

2) 强度和刚度验算

强度验算

$$\sigma = \frac{N_{\max}}{A_j} = \frac{3334.42 \times 10^3}{19760} = 168.75 \text{ (N/mm}^2\text{)} < 200 \text{ N/mm}^2 \quad \text{（强度满足要求）}$$

刚度验算

$$\lambda_x = \frac{l_{0x}}{i_x} = \frac{8000}{202.86} = 39.44 < [\lambda] = 100 \text{；} \lambda_y = \frac{l_{0y}}{i_y} = \frac{8000}{117.65} = 68.0 < [\lambda] = 100 \quad \text{（刚度满足要求）}$$

4.4 轴心受压构件的整体稳定

轴心受压构件的承载能力极限状态除了强度破坏（对较为短粗或者截面有很大削弱的压杆，净截面的平均应力达到屈服强度而发生破坏）以外，更重要的是因丧失整体稳定性而发生破坏。一般情况下，轴心受压构件的承载能力是由整体稳定性条件决定的。整体稳定性是受压构件设计中最为突出的问题。为此，本节先介绍稳定问题的基本概念，然后再讨论轴心受压构件的整体稳定性问题。

4.4.1 稳定问题概述

稳定是指结构或构件受到外力作用发生变形后所处平衡状态的一种属性。众所周知，凹面上的小球是处于稳定的平衡状态，凸面上的小球则是处于不稳定的平衡状态，而平面上的小球则是处于随遇平衡即临界平衡状态（图4.8）。同样地，对于一个构件（或结构），随着外荷载的增加，可能在强度破坏之前，就从稳定的平衡状态经过临界平衡状态，进入不稳定的平衡状态，从而丧失稳定性。为了保证结构安全，要求所设计的结构处于稳定的平衡状态。将临界平衡状态的荷载称为临界荷载，它也是结构保持稳定的极限荷载。研究稳定问题就是要解决如何计算结构或构件的临界荷载，以及采取何种有效措施来提高临界荷载。

a) 稳定平衡状态　　b) 随遇平衡状态　　c) 不稳定的平衡状态

图4.8　小球的平衡状态

稳定对于钢结构来说是一个极为重要的问题。这是因为钢材强度高,组成结构的构件相对较细长,所用板件也较薄,因而常常出现钢结构的失稳破坏。在工程史上,国内外曾多次发生由于构件失稳而导致的钢结构坍塌事故。其中许多就是因为对稳定问题认识不足,导致结构布置不合理、设计构造处理不当或施工措施不当。结构失稳破坏常常是突然发生的,事先无明显征兆,因此危害极大。

钢结构按构件和结构的形式不同,有各种不同的稳定问题,如压杆的稳定问题、梁的稳定问题、偏心压杆的稳定问题以及板件的局部稳定问题等;此外,对结构整体来说,还有框架的稳定、拱的稳定、薄壳的稳定等问题。

稳定问题和强度问题在物理概念、分析计算方法方面都有本质的区别,现简略介绍如下:

(1)强度问题是构件中局部截面上应力达到极限值,它与材料的强度极限(或屈服点)、截面形式及大小有关,而稳定问题则是构件(或结构)受力达到临界荷载后所处平衡状态的属性发生改变,它与构件(或结构)的变形有关。提高构件(或结构)稳定性的关键是提高其抵抗变形的能力,即提高其整体刚度。为此,一般采取的措施是增加截面惯性矩、减小构件支撑间距、增加支座对构件的约束程度(如铰支座改为固定端支座)等。

(2)钢结构中的强度按净截面计算,考虑到构件局部削弱对其整体刚度影响不大,稳定问题按毛截面进行计算。

(3)从材料性能的角度考虑,在弹性工作阶段,构件(或结构)的整体刚度仅与材料的弹性模量有关,而与其强度大小无关。因此采用高强度钢材只能提高强度承载力,但不能提高弹性工作阶段的稳定承载力。

(4)分析强度问题时,在构件或结构原有的位置(受荷前的位置)上列出平衡方程,求解内力(称为一阶分析方法),并根据这个内力来验算强度是否满足要求。在弹性工作范围内,按一阶分析方法求得的内力与结构的外荷载大小成正比,与结构的变形无关,因此一阶分析方法又称为线性分析方法。一阶分析可应用叠加原理,即对同一结构,两组荷载产生的内力等于各组荷载分别产生的内力之和。分析稳定问题时,在构件或结构受力变形后的位置上列出平衡方程,求得满足这个方程的荷载(称为二阶分析方法),这个荷载就是稳定极限承载力。按二阶分析方法求得的内力与结构的变形有关,内力与外荷载大小不一定成正比,因此二阶分析方法又称为非线性分析方法。二阶分析中,由于结构内力与变形有关,因此稳定分析不能应用叠加原理。

随着钢结构工程的发展,稳定理论也有了重大的进展,其特点是:①逐步由理想弹性杆件的研究转向考虑实际情况的弹塑性杆件的研究;②由单个杆件稳定研究转向对结构整体稳定性的研究。

目前,由于各类稳定问题研究深度不一致,《钢结构设计标准》(GB 50017—2017)对各类构件及薄板稳定设计公式及其有关规定的理论依据也各不相同。例如,对于实腹式中心压杆的弯曲失稳情况,是取具有初弯曲及残余应力的实际杆件,按弹塑性分析求得的多条柱子曲线来制定稳定设计公式,这是到目前为止最精确的稳定设计公式;对偏心压杆是依据弹塑性分析的数据采用半经验半理论的相关公式;对于格构式中心压杆,则是依据理想弹性杆件的欧拉公式,通过换算长细比将它等效地转换成实腹构件来进行设计的;至于薄板的稳定临界应力,是取理想的平板按弹性分析求得后,再考虑弹塑性影响粗略地加以修正确定的;又如梁的整体稳定,也是取理想的直梁按弹性分析求得其临界荷载,然后考虑弹塑性加以修正;至于框架设计,《钢结构设计标准》(GB 50017—2017)也是按近似的弹性分析,求得各杆的计算长度,然后单独地对各杆进行设计。这实际上是把整体结构的稳定问题化为单个构件的稳定问题来处理,这种做法无疑是近似的。目前各国正在研究将框架作为一个整体考虑其弹塑性,更精确地分析它的稳定承载力及可靠度水平,并且试图研制出可直接用于设计的框架稳定分析计算机程序。这种针对一个整体结构将精确的结构稳定分析和精确的结构可靠度分析相结合,建立一种称为基于可靠性的设计方法,是钢结构设计方法研究的发展趋势。

4.4.2 理想轴心受压构件的稳定性

1) 理想轴心压杆

所谓理想轴心受压构件,是满足如下假设的杆件:
(1) 杆件为等截面理想直杆,即杆件的轴线绝对平直;
(2) 压力作用线与杆件形心轴重合;
(3) 荷载无偏心且不存在初始应力;
(4) 材质均匀、各向同性且无限弹性,应力-应变关系符合胡克定律。

理想轴心压杆当压力达到临界压力后,杆件不能维持其原来的直线平衡状态的稳定性,当压力继续增加时,产生过大的变形,杆件丧失承载能力,这种现象称为压杆丧失整体稳定性或整体失稳。压杆发生整体失稳时,其强度还未达到其极限值,压杆过早地丧失承载能力,使其强度得不到充分发挥。

2) 理想轴心压杆的失稳形式

理想轴心压杆发生整体失稳时,有 3 种可能的失稳形式(或称屈曲形式),它们分别是弯曲失稳、扭转失稳及弯扭失稳,如图 4.9 所示。

(1) 弯曲失稳

失稳时构件绕一个截面主轴旋转,构件的轴心线由直线变成曲线;这是双轴对称截面构件最基本的屈曲形式。如图 4.9a)所示为工字钢弯曲屈曲情况。

(2) 扭转失稳

失稳时构件绕纵轴线发生扭转;当双轴对称截面构件的轴力较大而构件较短时或开口薄壁杆件,可能发生这种屈曲形式。如图 4.9b)所示为双轴对称的开口薄壁十字压杆的屈曲情况。

(3) 弯扭失稳

失稳时构件在产生弯曲变形的同时伴有扭转变形。单轴对称截面或无对称轴截面的细长压杆则可能产生弯扭失稳。如图 4.9c)所示为单轴对称的 T 形截面压杆的屈曲情况。

轴心压杆的失稳形式主要取决于截面的形式和尺寸、杆的长度和杆端的支承条件。对于一般双轴对称截面的细长压杆,大多产生弯曲失稳,但也有特殊情况,如薄壁十字形截面的细长压杆,可能产生扭转失稳。多数单轴对称截面或无对称轴截面的细长压杆则可能产生弯扭失稳。

3)理想轴心压杆的弹性弯曲失稳

如图 4.10 所示,两端铰支,长度为 l 的理想细长压杆,当压力 N 较小时,杆件只有轴向压缩弹性变形,杆轴线保持平直。如有侧向干扰使之微弯,当干扰撤去后,杆件仍恢复为原来的直线平衡状态,这表示荷载对微弯杆各截面的外力矩小于各截面的抵抗力矩,直线状态的平衡是稳定的。当力 N 逐渐加大到某一数值 N_{cr} 时,如有干扰使之微弯,而撤去此干扰后,杆件仍然保持微弯状态不再恢复其原有的直线平衡状态,这时除直线状态的平衡外,还存在微弯状态下的平衡位置。这种现象称为平衡的"分枝"或"分叉",而且此时外力和内力的平衡是随遇的,叫作中性平衡(或随遇平衡)。当外力 N 超过此数值 N_{cr} 时,微小的干扰将使杆件产生很大的弯曲变形随即破坏,此时的平衡是不稳定的,即杆件"失稳"(或"屈曲")。中性平衡状态是从稳定平衡过渡到不稳定平衡的一个临界状态,此时的外力 N_{cr} 值称为临界力。

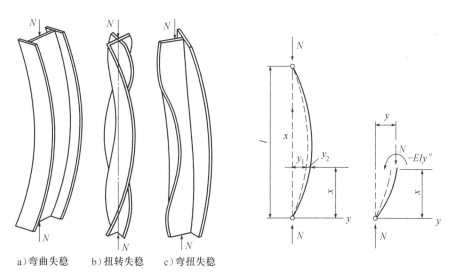

图 4.9 理想轴心压杆的失稳形式　　图 4.10 理想压杆的弯曲

设理想轴心压杆发生弯曲时,截面中将引起弯矩 M 和剪力 V,压杆任一截面上由弯矩产生的变形为 y_1,由剪力 V 产生的变形为 y_2,如图 4.10 所示,总变形为 $y = y_1 + y_2$。

根据材料力学,有

$$\frac{d^2 y_1}{dx^2} = -\frac{M}{EI} \quad \text{a)}$$

剪力 V 产生的轴线转角(剪应变)为

$$\gamma = \frac{dy_2}{dx} = \frac{\beta V}{GA} \quad \text{b)}$$

式中:A、I——杆件截面面积和惯性矩;

E、G——材料弹性模量和剪切模量;

β——与截面形状有关的系数。

由于 $V = \dfrac{dM}{dx}$,所以

$$\frac{d^2 y}{dx^2} = \frac{d^2 y_1}{dx^2} + \frac{d^2 y_2}{dx^2} = -\frac{M}{EI} + \frac{\beta}{GA}\frac{d^2 M}{dx^2} \qquad c)$$

考虑到 $M = Ny$，式 c) 成为

$$\frac{d^2 y}{dx^2} = -\frac{N}{EI}y + \frac{\beta N}{GA}\frac{d^2 y}{dx^2} \qquad d)$$

亦即

$$\left(1 - \frac{\beta N}{GA}\right)y'' + \frac{N}{EI}y = 0 \qquad e)$$

令

$$k^2 = \frac{N}{EI\left(1 - \frac{\beta N}{GA}\right)} \qquad f)$$

则式 e) 成为

$$y'' + k^2 y = 0 \qquad g)$$

这是一个常系数线性二阶齐次方程，其通解为

$$y = A\sin kx + B\cos kx \qquad h)$$

将边界条件：$x=0, y=0; x=l, y=0$ 代入式 h，可得 $B=0$，$A\sin kl = 0$。由于 $A \neq 0$（否则 $y=0$，杆件将保持平直，与微弯的假设不符），所以 $\sin kl = 0$，从而 $kl = m\pi (m=1、2、\cdots)$，取 $m=1$，则 $k = \frac{\pi}{l}$，代入式 f)，求解出 N，即为欧拉临界力

$$N_{cr} = \frac{\pi^2 EI}{l^2} \cdot \frac{1}{1 + \frac{\pi^2 EI}{l^2}\gamma_1} \qquad (4.5)$$

式中：γ_1——单位剪力作用下，压杆挠曲时产生的剪切角，称为单位剪切角，$\gamma_1 = \frac{\beta}{GA}$。

对于实腹式压杆，可忽略剪切变形，即认为 $\gamma_1 \approx 0$，则式 (4.5) 可简化为

$$N_{cr} = \frac{\pi^2 EI}{l^2} \qquad (4.6)$$

对于其他支承情况，式 (4.6) 中的长度 l 应取计算长度 $l_0 = \mu l$（其中 μ 为计算长度系数，见表 4.4；l 为杆件的几何长度）。

由分析可知，当压力 N 大于欧拉临界力 N_{cr} 时，杆件中点的侧移很大，杆件几乎丧失承载能力。因而，一般认为欧拉临界力（或称压曲荷载）就是理想轴心压杆的稳定极限承载力。

欧拉临界应力容易由下式得出

$$\sigma_{cr} = \frac{N_{cr}}{A} = \frac{\pi^2 E}{\lambda^2} \qquad (4.7)$$

式中：λ——杆件的长细比。

上述推导过程中，假定材料的弹性模量 E 为常数，这就要求临界应力 $\sigma_{cr} < f_p$（比例极限）。即在轴向应力达到弹性极限以前，应力就达到临界应力，构件已失稳。细长压杆的失稳就属于这种情况。即要求

$$\lambda \geqslant \lambda_P = \pi\sqrt{\frac{E}{f_P}}$$

需要注意的是,杆件截面通常有两个弯曲主轴(x轴和y轴),因而要分别计算这两个弯曲主轴上的临界应力,即

$$\sigma_{crx} = \frac{\pi^2 E}{\lambda_x^2} \quad \sigma_{cry} = \frac{\pi^2 E}{\lambda_y^2} \tag{4.8}$$

当λ_x不等于λ_y时,较大者对应的临界应力较小,压杆首先在该方向产生弯曲失稳;当λ_x与λ_y相等时,压杆在两个弯曲主轴上的临界应力相等,称为等稳定性,这样的设计对压杆而言是最优的。

轴心受压杆件的计算长度系数　　　　　表4.4

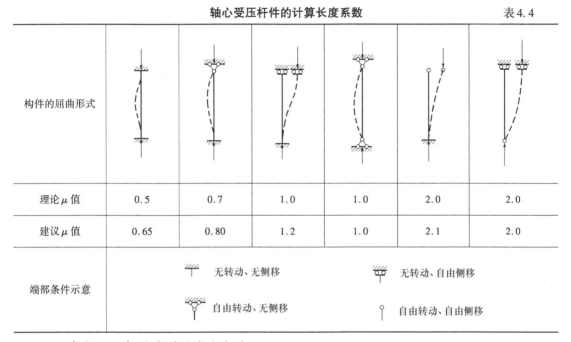

4) 理想轴心压杆的非弹性弯曲失稳

当临界应力$\sigma_{cr} > f_P$时,钢材进入弹塑性工作阶段,因而发生失稳时,杆件的变形不再是弹性的,这种失稳叫作非弹性弯曲失稳(或非弹性弯曲屈曲)。

非弹性弯曲失稳分析采用两种方法,分别称为切线模量理论和双模量理论,以下分别进行简要介绍。

(1) 切线模量理论

切线模量理论认为,当轴心受压杆件在加载过程中达到临界压力$N_{cr,t}$,杆件由直线平衡状态变到微弯平衡状态时,轴心压力有一微小的增量ΔN,且ΔN所产生的平均压应力恰好等于截面凸侧所产生的弯曲拉应力(图4.11)。因此,产生屈曲后,可认为全截面都处于加载阶段,每一点处的应变和应力均单调增加(图4.12),切线模量E_t通用于全截面。由于ΔN比$N_{cr,t}$小得多,

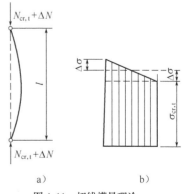

图4.11　切线模量理论

故仍取 $N_{cr,t}$ 作为本理论的临界力;又由于整个截面采用了同一个切线模量,所以中和轴与形心轴重合。与弹性屈曲情况相比,将式(4.8)中的 E 用切线模量 E_t 代替,即可得到切线模量理论对应的临界应力为

$$\sigma_{cr,t} = \frac{\pi^2 E_t}{\lambda^2} \quad (4.9)$$

(2)双模量理论

双模量理论认为,理想轴心压杆在微弯的中性平衡时,截面上的应力由两部分组成,一部分是截面上的平均应力(临界应力 σ_{cr}),另一部分是弯曲应力。压杆凹侧截面上的应力继续增加,应力-应变关系按切线模量的规律单调变化,由于杆件是微弯的,弯曲应力与轴向应力 σ_{cr} 相比是微小的,可近似取为直线分布,即取相应于 σ_{cr} 时的 $d\sigma/d\varepsilon$ 作为整个弯曲压应力区域的 E_t;压杆凸侧截面上的应力减小,相当于卸载,其应力-应变关系按弹性模量 E 的规律变化,如图 4.13 所示。因为,$E_t < E$,而两侧的弯曲应力拉、压之和绝对值应相等,所以中性轴应由形心轴向受拉纤维一侧移动。

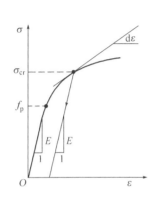
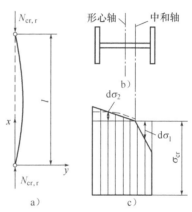

图 4.12 弹塑性应力-应变关系　　图 4.13 双模量理论图示

令 I_1 为应力卸载区截面对中性轴的惯性矩,I_2 为弯曲受压加载区截面对中性轴的惯性矩,如同弹性屈曲那样建立微分方程如下

$$(EI_1 + E_t I_2)y'' + Ny = 0 \quad (4.10)$$

解此微分方程,得理想轴心压杆的弹塑性屈曲时的双模量理论临界力为

$$N_{cr,r} = \frac{\pi^2(EI_1 + E_t I_2)}{l^2} = \frac{\pi^2 E_r I}{l^2} \quad (4.11)$$

式中:E_r——折算模量,$E_r = (EI_1 + E_t I_2)/I$。

双模量理论对应的临界应力为

$$\sigma_{cr,r} = \frac{\pi^2 E_r}{\lambda^2} \quad (4.12)$$

由于式(4.11)确定的临界力与两个变形模量有关,故称为双模量临界力。

由于切线模量小于折算模量,所以切线模量临界力 $N_{cr,t}$ 小于双模量临界力 $N_{cr,r}$。理论分析和试验研究也表明,双模量临界力 $N_{cr,r}$ 是构件弹塑性临界力的上限值,而切线模量临界力 $N_{cr,t}$ 是其下限值。切线模量理论确定的临界力能较好地反映轴心受压构件在弹塑性阶段屈曲

时的承载能力,并偏于安全。

5) 理想轴心压杆的弹性扭转失稳

如图 4.14 所示为一双轴对称截面杆件,在轴心压力 N 的作用下,绕 z 轴发生扭转失稳(屈曲)。现在分析绕 z 轴发生扭转失稳的问题。

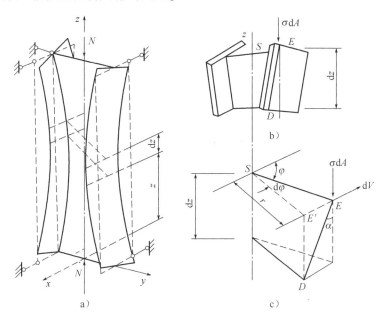

图 4.14 双轴对称截面杆件的扭转失稳分析

假定杆件两端简支并符合夹支条件,即端部截面可自由翘曲,但不能绕 z 轴转动。所以其他截面绕 z 轴转动时,纵向纤维发生了弯曲,这是一个约束扭转问题,从而满足如下的约束扭转的平衡微分方程[5]:

$$- EI_w \varphi''' + GI_t \varphi' = N i_0^2 \varphi' \tag{4.13}$$

式中:I_w——翘曲常数(或称扇性惯性矩);

I_t——截面的抗扭惯性矩;

φ——截面的扭转角;

i_0——截面对剪切中心的极回转半径;

E——弹性模量;

G——剪切模量;

N——轴心压力。

令 $k^2 = \dfrac{N i_0^2 - GI_t}{EI_w}$,得

$$\varphi''' + k^2 \varphi' = 0 \tag{4.14}$$

该微分方程的通解为

$$\varphi = C_1 \sin kz + C_2 \cos kz + C_3$$

考虑边界条件:当 $z = 0$ 时,$\varphi = 0$,$\varphi'' = 0$,可得:$C_2 = C_3 = 0$,所以

$$\varphi = C_1 \sin kz$$

又当 $z = l$ 时，$\varphi = 0, \varphi'' = 0$，可得 $\sin kl = 0$，其最小根 $kl = \pi$，所以

$$k^2 = \frac{\pi^2}{l^2} = \frac{Ni_0^2 - GI_t}{EI_w} \tag{4.15}$$

从中解出 N 即为扭转屈曲临界力，用 N_z 表示，即

$$N_z = \left(\frac{\pi^2 EI_w}{l_w^2} + GI_t\right) \cdot \frac{1}{i_0^2} \tag{4.16a}$$

此式是由弹性屈曲理论导出的，括号中的第 2 项为自由扭转部分，与长度无关；而第 1 项为翘曲扭转部分，与计算长度 l_w 有关。

式(4.16a)还可写成

$$N_w = \frac{GI_t}{r_0^2}\left(1 + \frac{\pi^2 EI_w}{GI_t l_w^2}\right) = \frac{GI_t}{r_0^2}(1 + K^2) \tag{4.16b}$$

式中：K——扭转刚度系数，$K = \sqrt{\dfrac{\pi^2 EI_w}{GI_t l_w^2}}$，$K$ 值越大，扭转屈曲荷载越大，说明构件抗翘曲扭转的能力越高。

在轴心压杆扭转屈曲的计算中，可采用扭转屈曲临界力与欧拉临界力相等得到换算长细比 λ_z。即令

$$N_z = \left(GI_t + \frac{\pi^2 EI_w}{l_w^2}\right)\frac{1}{i_0^2} = \frac{\pi^2 EA}{\lambda_z^2}$$

得换算长细比 λ_z 的表达式为

$$\lambda_z = \sqrt{\frac{Ai_0^2}{I_w/l_w^2 + GI_t/(\pi^2 E)}} \tag{4.17}$$

式中：i_0——截面对剪心的极回转半径；

l_w——扭转屈曲的计算长度。

对十字形截面，式(4.17)中的 I_w/l_w^2 项很小，通常可忽略不计，则由式(4.17)可得

$$\lambda_z = \sqrt{\frac{25.7Ai_0^2}{I_t}} = \sqrt{\frac{25.7(I_x + I_y)}{4 \times bt^3/3}} = 5.07b/t$$

式中：b/t——悬臂板件的宽厚比。

因此，只要 $\lambda_x, \lambda_y > \lambda_z$，就不会由扭转屈曲控制设计，《钢结构设计标准》(GB 50017—2017) 规定对双轴对称十字形截面杆件，λ_x 或 λ_y 的取值不得小于 $5.07b/t$，以免发生扭转屈曲。

6）理想轴心压杆的弹性弯扭失稳

如图 4.15 所示的单轴对称 T 形截面，当绕非对称轴 x 轴失稳时，截面上的剪应力的合力通过剪切中心，所以没有扭转，只发生弯曲失稳[图 4.15a)]。但是，当截面绕对称轴 y 轴发生平面弯曲变形时，由于横截面产生的剪力(通过形心 C)不通过剪切中心 S，从而产生扭转，叫作弯扭失稳[图 4.15b)]。

弯扭失稳的轴心压杆，在微弯和微扭状态下，可建立两个平衡方程：

(1)关于对称轴 y 轴的弯矩平衡方程

截面剪切中心 S 沿 x 轴方向的位移为 u，由于扭转角 φ 使形心 C(即压力作用点)增加位

移为 $a_0\varphi$（a_0 为形心 C 与剪切中心 S 的距离），故平衡方程为

$$-EI_y u'' = N(u + a_0\varphi) \tag{4.18}$$

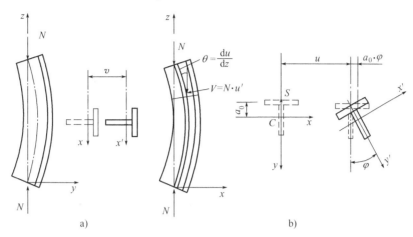

图 4.15 单轴对称截面轴心压杆的屈曲

(2) 关于纵轴 z 轴的扭矩平衡方程

杆件弯曲变形后，横向剪力（通过形心）Nu' 对剪心产生扭矩 Na_0u'。所以对 z 轴的平衡方程应是在轴心压杆扭转失稳平衡方程的基础上增加扭矩 Na_0u'，即

$$-EI_w\varphi''' + GI_t\varphi' = Ni_0^2\varphi' + Na_0u' \tag{4.19}$$

式中：i_0——截面对剪切中心的极回转半径，对单轴对称截面，$i_0^2 = a_0^2 + i_x^2 + i_y^2$。

对两端铰支且端截面可自由翘曲的弹性杆件，由以上分析知，其挠度和扭角均为正弦曲线分布，即

$$u = C_1\sin\frac{\pi z}{l} \quad \varphi = C_2\sin\frac{\pi z}{l}$$

代入式(4.18)和式(4.19)中，得

$$\sin\frac{\pi z}{l}\left[\left(\frac{\pi^2 EI_y}{l^2} - N\right)C_1 - Na_0C_2\right] = 0$$

$$\frac{\pi}{l}\cos\frac{\pi z}{l}\left[-Na_0\cdot C_1 + \left(\frac{\pi^2 EI_w}{l^2} + GI_t - Ni_0^2\right)\cdot C_2\right] = 0$$

由于是微变形（微弯曲和微扭转）状态，$\sin(\pi z/l)$ 和 $\cos(\pi z/l)$ 不能等于零，故以上两式方括号中数值必然等于零。

再令

$$N_{E_y} = \pi^2 EI_y/l^2 \quad \text{（对 } y \text{ 轴弯曲失稳的欧拉临界力）}$$

$$N_z = \left(\frac{\pi^2 EI_w}{l_w^2} + GI_t\right)\cdot\frac{1}{i_0^2} \quad \text{（绕 } z \text{ 轴扭转失稳的临界力）}$$

得

$$(N_{E_y} - N)\cdot C_1 - Na_0\cdot C_2 = 0$$

$$-Na_0\cdot C_1 + (N_z - N)i_0^2\cdot C_2 = 0$$

当 C_1 和 C_2 为非零解时，应使系数的行列式等于零，即

$$\begin{vmatrix} N_{Ey} - N & -Na_0 \\ -Na_0 & (N_z - N)i_0^2 \end{vmatrix} = 0$$

化简后得

$$(N_{Ey} - N) \cdot (N_z - N) - N^2 \left(\frac{a_0}{i_0}\right)^2 = 0 \qquad (4.20)$$

式(4.20)为关于 N 的二次方程式,方程的最小根即为弯扭失稳的临界力 N_{cr}。

由式(4.20)可知,对双轴对称截面,因 $a_0 = 0$,得 $N_{cr} = N_{Ey}$ 或 $N_{cr} = N_z$,即临界力为弯曲失稳和扭转失稳临界力的较小者;对单轴对称截面 $a_0 \neq 0$,N_{cr} 比 N_{Ey} 和 N_z 都小,且比值 a_0/i_0 越大,N_{cr} 小得越多。

式(4.20)是理想直杆的弹性弯扭失稳计算式。在轴心压杆弯扭失稳的计算中,通常将完全弹性的弯扭屈曲临界力与欧拉临界力相比较,得到换算长细比 λ_{yz}。即令式(4.20)中的 $N = N_{cr} = \pi^2 EA/\lambda_{yz}^2$,$N_{Ey} = \pi^2 EA/\lambda_y^2$,$N_z = \pi^2 EA/\lambda_z^2$,解得单轴对称截面轴心压杆绕对称轴的换算长细比 λ_{yz} 为

$$\lambda_{yz} = \frac{1}{\sqrt{2}} \left[(\lambda_y^2 + \lambda_z^2) + \sqrt{(\lambda_y^2 + \lambda_z^2)^2 - 4\left(1 - \frac{a_0^2}{i_0^2}\right) \lambda_z^2 \lambda_y^2} \right]^{1/2} \qquad (4.21)$$

式中:a_0——截面形心至剪心的距离;

i_0——截面对剪心的极回转半径;

λ_y——对称轴的弯曲屈曲长细比;

λ_z——扭转屈曲换算长细比。

4.4.3 实际钢压杆的整体稳定性

前面讨论的轴心压杆稳定性都是针对理想直杆、承受轴心压力且无初始应力的前提下进行分析的。然而,实际压杆由于不可避免地存在诸如初弯曲、初偏心、残余应力及材质不均等"初始缺陷",其稳定性与理想压杆有很大的差别。本节先分析这些初始缺陷对实际钢压杆稳定性的影响。

1)初弯曲对实际钢压杆稳定承载力的影响

实际压杆不可能完全平直,在加工制造和运输安装过程中,杆件不可避免地会产生微小的初始弯曲。初弯曲的形式多种多样,已有的统计资料表明,杆件中点处初始挠度 v_0 为杆长 l 的 $1/2000 \sim 1/500$。如图 4.16 所示,对两端铰支的压杆,通常假设初弯曲沿全长呈半波正弦曲线分布,即距原点为 x 处的初始挠度为

$$y_0 = v_0 \sin\frac{\pi x}{l} \qquad (4.22)$$

式中:v_0——杆件长度中点的最大初始挠度,规范规定 v_0 不得大于 $l/1000$。

设在压力 N 作用下,杆件任一点产生的挠度为 y,在离原点为 x 处的截面上外力产生的弯矩为 $N(y_0 + y)$,而内部应力形成的抵抗弯矩为 $-EIy''$。由隔离体的平衡条件可得

$$-EIy'' = N(y_0 + y) = N\left(v_0 \sin\frac{\pi x}{l} + y\right) \qquad (4.23)$$

令
$$y = v_1 \sin \frac{\pi x}{l} \quad (4.24)$$

式中:v_1——杆件中点所增加的最大挠度。

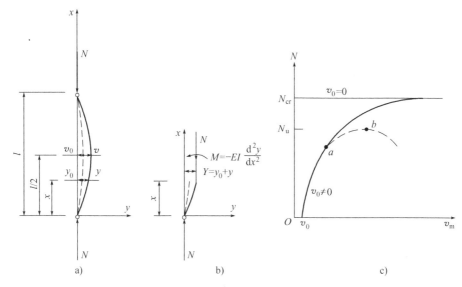

图 4.16 具有初弯曲实际压杆的受力性能

将式(4.22)和式(4.24)代入式(4.23)可得

$$\sin \frac{\pi x}{l} \left[-v_1 \frac{\pi^2 EI}{l^2} + N(v_1 + v_0) \right] = 0$$

由于 $\sin \frac{\pi x}{l} \neq 0$,所以,方括号中的项必须为零,令 $N_E = \frac{\pi^2 EI}{l^2}$ 即欧拉临界力,则

$$-v_1 N_E + N(v_1 + v_0) = 0$$

因而可得具有初挠度为 v_0 的杆件,在压力作用下,其侧向最大挠度 v 与压力 N 之间的关系为

$$v_1 = \frac{N}{N_E - N} v_0$$

$$v = v_0 + v_1 = \frac{v_0}{1 - N/N_E} = \beta v_0 \quad (4.25)$$

式中:β——挠度放大系数,$\beta = \frac{1}{1 - N/N_E}$。

则弯矩表达式为:

$$M = Nv_0 = \frac{N}{1 - N/N_E} v_{0m} = N\beta v_{0m} \quad (4.26)$$

式(4.25)为杆件中点挠度的计算式,如果弯曲变形随压力作用的变化过程中弹性模量 E 保持不变,即无限弹性理想材料,根据式(4.25)可绘出 N-v 变化曲线,如图 4.16c)中的实线,从中可以看出,具有初弯曲的实际钢压杆在压力作用下,其稳定性有如下特点:

①具有初弯曲的压杆,在压力作用下其侧向挠度从加载开始就不断增加,总挠度 v 不是随

着压力 N 按比例增加的,开始挠度增加慢,随后增加较快,当压力 N 接近 N_E 时,中点挠度 v 趋于无限大;

②压杆的初挠度 v_0 值越大,相同压力 N 下杆的挠度越大;

③杆件除受轴力以外,还要受到因挠曲产生的弯矩,即使初挠度很小,压杆的承载力总是低于欧拉临界力。

由于实际压杆并非无限弹性体,只要挠度增大到一定程度,杆件中点截面在轴心力 N 和弯矩 $M = Nv$ 的作用下边缘开始屈服[图 4.16c)中的 a 点],随后截面塑性区不断增加,杆件即进入弹塑性工作阶段,随着屈服区的扩大,v 增加很快,N-v 曲线按 ab 发展,当达到最高点 b 时,压杆开始失稳,致使压力还未达到 N_E 之前就丧失承载能力。图 4.16c)中的虚线即为弹塑性工作阶段的压力-挠度曲线。虚线的最高点(b 点)为压杆弹塑性工作阶段的极限压力点,该点对应的压力称为极限荷载或压溃荷载。

一般通过以下两种"准则"确定杆件的承载力:

①边缘屈服准则——即以截面边缘应力达到屈服点为构件承载力的极限状态来确定临界应力。

②最大强度准则——即以整个截面进入弹塑性工作阶段后能够达到的最大压力值来确定压杆的临界应力。

按"边缘屈服准则",对只有初弯曲而无残余应力的轴心压杆,当截面边缘开始屈服时,有

$$\frac{N}{A} + \frac{Nv_m}{W} = \frac{N}{A} + \frac{N}{W} \cdot \frac{N_E v_0}{N_E - N} = f_y \tag{4.27}$$

$$\frac{N}{A}\left(1 + v_0 \cdot \frac{A}{W} \cdot \frac{N_E}{N_E - N}\right) = f_y \tag{4.28}$$

令 $\varepsilon_0 = v_0 \cdot \frac{A}{W}, \sigma_E = \frac{N_E}{A}, \sigma = \frac{N}{A}$,得

$$\sigma\left(1 + \varepsilon_0 \cdot \frac{\sigma_E}{\sigma_E - \sigma}\right) = f_y \tag{4.29}$$

此方程是关于 σ 的二次方程,求解有效解,即得到考虑了初弯曲影响的轴心压杆弯扭屈曲临界应力 σ_{cr},即

$$\sigma_{cr} = \frac{f_y + (1 + \varepsilon_0)\sigma_E}{2} - \sqrt{\left[\frac{f_y + (1 + \varepsilon_0)\sigma_E}{2}\right]^2 - f_y \sigma_E} \tag{4.30}$$

式(4.30)即为佩利(Perry)公式,实际为考虑二阶效应的强度计算公式。

取《钢结构工程施工质量验收规范》(GB 50205—2020)规定的初弯曲最大容许值 $v_0 = \frac{l}{1000}$ 计算初弯曲率,即

$$\varepsilon_0 = v_0 \cdot \frac{A}{W} = \frac{l}{1000} \cdot \frac{A}{W} = \frac{\lambda}{1000} \cdot \frac{1}{\rho} = \frac{\lambda}{1000} \cdot \frac{i}{\rho}$$

式中:ρ——截面核心矩,$\rho = \frac{W}{A}$;

i——截面回转半径,$i = \sqrt{\frac{I}{A}}$;

λ——杆件的长细比。

对比同杆件截面形式或同一截面不同的惯性轴,i/ρ 值不同,故由 Perry 公式计算出的临界应力 σ_{cr} 大小也不相同,绘出的 σ_{cr}-λ 曲线也不相同。

2)初偏心对实际钢压杆稳定承载力的影响

实际钢压杆由于制造、安装误差所造成的杆件尺寸偏差以及构造等原因,作用在杆端部的压力不可避免地或多或少偏离截面形心,从而造成杆件受压的初始偏心(initial offset)。图 4.17 表示两端均有相同初偏心距 e_0 的压杆,假定压杆在受荷载前是理想的直杆,即杆轴在受压前是顺直的,在弹性工作阶段,微弯状态下建立的微分方程为

$$-EIy'' + N(e_0 + y) = 0 \tag{4.31}$$

$$y'' + \frac{N}{EI}y = -\frac{N}{EI}e_0$$

令

$$k^2 = \frac{N}{EI}$$

得

$$y'' + k^2 y = -k^2 e_0 \tag{4.32}$$

求解此二阶常系数非齐次微分方程,可得杆长中点挠度 v 的表达式为

$$v = e_0 \left(\sec \frac{\pi}{2} \sqrt{\frac{N}{N_E}} - 1 \right) \tag{4.33}$$

根据式(4.33)画出压力-挠度曲线如图 4.18 所示,其中虚线表示压杆弹塑性阶段的压力-挠度曲线。与图 4.16 对比可知,具有初偏心的压杆,其压力-挠度曲线与初弯曲压杆相似,可以认为,初偏心影响与初弯曲影响类似,但影响的程度却有差别。初弯曲对中等长细比杆件的不利影响较大;初偏心的数值通常较小,除了对短杆有较明显的影响外,杆件越长影响越小。

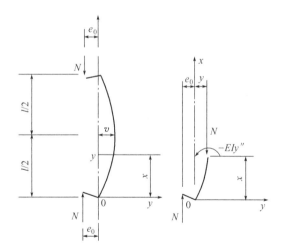
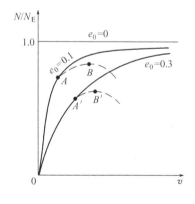

图 4.17 具有初偏心的压杆　　　　图 4.18 初偏心压杆的压力-挠度曲线

3)残余应力对实际钢压杆稳定承载力的影响

残余应力是钢材在轧制、焊接、制造加工中的切削及磨削中产生的,其分布随加工工艺的不同而不同。试验研究表明,残余应力对实际钢压杆稳定承载力有很大的影响。下面以焊接

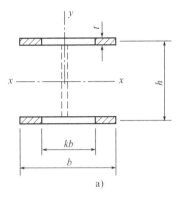
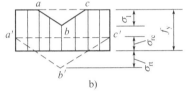

图 4.19 工字形截面翼缘上的残余应力分布

工字形截面的压杆为例进行分析。

假设工字形截面的翼缘为轧制边,并且忽略该截面的腹板部分,认为杆件由两个翼缘组成,翼缘上的残余应力可近似地简化为如图 4.19 中的虚线所示。压力作用下所产生的压应力与截面上的残余压应力叠加后,将使截面残余压应力区较早进入塑性状态,而截面其余部分仍处于弹性状态。当压杆达到临界状态时,截面分为屈服区和弹性区,屈服区的弹性模量 $E=0$,即刚度为 0。这时只有弹性区仍能提供刚度,对构件稳定提供有效的贡献,成为有效截面。此时可按有效截面的惯性矩 I_e 近似地计算构件的临界力,即

$$N_{cr} = \frac{\pi^2 E I_e}{l_0^2} = \frac{\pi^2 EI}{l_0^2} \cdot \frac{I_e}{I} \quad (4.34)$$

$$\sigma_{cr} = \frac{\pi^2 E}{\lambda^2} \cdot \frac{I_e}{I} \quad (4.35)$$

式中:I_e——截面弹性区惯性矩(有效惯性矩);

I——全截面惯性矩。

由于 $\frac{I_e}{I} < 1$,因此残余应力的出现使轴心受压杆件的临界力和临界应力降低,而且其降低程度对杆件的强轴和弱轴还不一样,由图 4.19 可见,假定翼缘宽度为 b,弹性区翼缘宽度为 kb,其稳定临界力计算如下

对 x-x 轴(强轴)屈曲时:

$$\sigma_{crx} = \frac{\pi^2 E}{\lambda_x^2} \cdot \frac{I_{ex}}{I_x} = \frac{\pi^2 E}{\lambda_x^2} \cdot \frac{2t(kb)h^2/4}{2tbh^2/4} = \frac{\pi^2 E}{\lambda_x^2} k \quad (4.36)$$

对 y-y 轴(弱轴)屈曲时:

$$\sigma_{cry} = \frac{\pi^2 E}{\lambda_y^2} \cdot \frac{I_{ey}}{I_y} = \frac{\pi^2 E}{\lambda_y^2} \cdot \frac{2t(kb)^3/12}{2tb^3/12} = \frac{\pi^2 E}{\lambda_y^2} k^3 \quad (4.37)$$

由式(4.36)、式(4.37)可以看出,因为 $k<1$,残余应力将使临界应力降低。且当 $\lambda_x = \lambda_y$,$k<1$,则 $\sigma_{cr,x} > \sigma_{cr,y}$。可见,由于同时绕不同轴屈曲时,残余应力对临界应力的影响程度也不同。残余应力对弱轴的影响明显比对强轴严重得多。残余应力对杆件临界力的影响取决于残余应力的分布、杆件的截面形式及弯曲主轴。

4.4.4 实际轴心受压构件整体稳定计算

1)实际轴心受压构件的极限承载力

如前所述,实际压杆与理想轴心压杆的受力性能之间是有很大差别的。理想轴心压杆在失稳(屈曲)时才产生挠度,属于"分枝失稳",其弯曲失稳时的稳定极限承载力为欧拉临界力 N_{cr}(弹性弯曲失稳)或切线模量临界力 N_t(弹塑性弯曲失稳)等;实际压杆由于具有初始缺陷,

杆件一压就弯,产生挠度,无顺直的平衡状态,其稳定极限承载力为压溃荷载。

由于影响实际钢压杆整体稳定临界力的因素是错综复杂的,这就给压杆承载力的计算带来了复杂性。确定压杆整体稳定承载力的方法,一般有下列 4 种:

(1)屈曲准则

屈曲准则是建立在理想轴心压杆假定的基础上,弹性阶段以欧拉临界力为基础,弹塑性阶段以切线模量临界力为基础,通过提高安全系数来考虑初偏心、初弯曲等不利影响。

(2)边缘屈服准则

边缘屈服准则以有初偏心和初弯曲等的压杆为计算模型,以截面边缘应力达到屈服点即视为承载能力的极限。

(3)压溃准则

从极限状态设计来说,边缘纤维屈服以后塑性还可以深入截面,压力还可以继续增加,构件进入弹塑性阶段,随着截面塑性区的不断扩展,变形增加得更快,当压力到达最高点之后,压杆的抵抗能力开始小于外力的作用,不能维持稳定平衡。曲线最高点处的压力 N_u(压溃荷载)才是具有初弯曲压杆真正的极限承载力,以此为准则计算压杆稳定,就是压溃准则。

(4)经验公式

临界应力主要根据试验资料确定,这是由于早期对柱弹塑性阶段的稳定理论还研究得很少,只能从试验数据中提出经验公式。

实际钢压杆的整体稳定承载力的计算通常采用压溃准则。考虑影响实际钢压杆稳定的诸因素,采用计算机计算在不同压力下杆件的变形,绘制出 N-v 曲线。曲线顶点就是实际钢压杆的稳定极限承载力 N_u。

2)实际轴心压杆整体稳定计算方法

求得实际钢压杆的稳定极限承载力 N_{cr} 以后,压杆的整体稳定要求是压杆所受的压应力应不大于整体稳定极限应力 σ_{cr},考虑抗力分项系数 γ_R 后,即为

$$\sigma = \frac{N}{A} \leq \frac{\sigma_{cr}}{\gamma_R} = \frac{N_{cr}}{A\gamma_R} = \frac{N_{cr}}{Af_y} \cdot \frac{f_y}{\gamma_R} = \varphi f \quad (4.38)$$

因此,《钢结构设计标准》(GB 50017—2017)对轴心压杆的整体稳定计算采用下列形式

$$\frac{N}{\varphi A} \leq f \quad (4.39)$$

式中:N—— 轴心压力设计值;

A—— 压杆的毛截面面积;

f—— 钢材强度设计值;

φ—— 轴心压杆的整体稳定系数,定义为:

$$\varphi = \frac{N_{cr}}{Af_y} = \frac{\sigma_{cr}}{f_y} \quad (4.40)$$

以下主要讨论轴心压杆的整体稳定系数 φ 的计算。

由式(4.40)可知,轴心压杆的整体稳定系数 φ 取决于压杆的极限承载力 N_{cr}、截面大小及钢材种类,而压杆的极限承载力 N_{cr} 又与构件的长细比、截面形状、弯曲方向、残余应力水平及分布等因素有关。工程上将压杆整体稳定系数 φ 与长细比 λ 之间的关系曲线称为"柱子曲线"。

我国现行《钢结构设计标准》(GB 50017—2017)所采用的压杆柱子曲线是按压溃准则确定的,计算结果与国内有关单位的试验结果较为吻合,说明了计算理论和方法的正确性。

由于影响整体稳定系数 φ 的因素非常复杂,所计算的柱子曲线在图 4.20 所示虚线所包的范围内呈相当宽的带状分布。这个范围的上、下限相差较大,特别是中等长细比的常用情况相差尤其显著。因此,《钢结构设计标准》(GB 50017—2017)在上述计算资料的基础上,结合工程实际,将这些柱子曲线合并归纳为 4 组曲线,取每组中柱子曲线的平均值作为代表曲线,即图 4.20 中的 a、b、c、d 4 条曲线。这 4 条曲线各代表一组截面,截面分类见表 4.5。分类时主要考虑截面形式、对截面哪一个主轴屈曲、钢材边缘加工方法、组成截面板材厚度等因素。其中 a 类有两种截面,它们的残余应力影响最小,故 φ 值最高;b 类包括截面最多,其 φ 值低于 a 类;c 类截面由于残余应力影响较大,或者因板件厚度相对较大,残余应力在厚度方向变化影响不可忽视,致使 φ 值更低;d 类为厚板工字形截面绕弱轴(y 轴)屈曲的情况,其残余应力在厚度方向变化影响更加显著,故 φ 值最低。

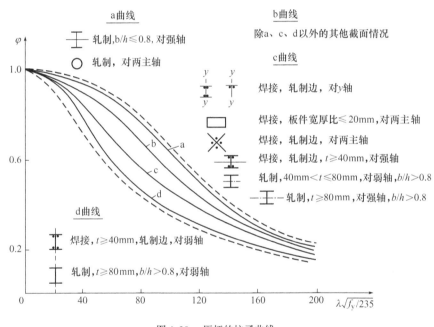

图 4.20 压杆的柱子曲线

为便于设计应用,《钢结构设计标准》(GB 50017—2017)将不同钢材的 a、b、c、d 4 条曲线分别编成 4 个表格,见附表 2.1 ~ 附表 2.4,φ 值可按截面种类及 λ/ε_k 查表求得。

对于杆件长细比 λ 的计算,《钢结构设计标准》(GB 50017—2017)有如下规定。

(1)截面形心与剪心重合的构件,对截面为双轴对称或极对称的构件(弯曲屈曲)

①当计算弯曲屈曲时,长细比按下式计算

$$\lambda_x = l_{0x}/i_x \quad \lambda_y = l_{0y}/i_y \tag{4.41}$$

式中:l_{0x}、l_{0y}——构件对主轴 x 和 y 的计算长度(mm);
i_x、i_y——构件截面对主轴 x 和 y 的回转半径(mm)。

计算后,取 λ_x 和 λ_y 中的较大值查稳定系数 φ。

②当计算扭转屈曲时,长细比按式(4.42)计算,对双轴对称十字形截面构件,板件宽厚比不超过$15\varepsilon_k$者,可不计算扭转屈曲。

$$\lambda_z = \sqrt{\frac{I_0}{I_t/25.7 + I_w/l_w^2}} \quad (4.42)$$

式中:I_0——毛截面对剪心的极惯性矩(mm^4);

I_t——毛截面抗扭惯性矩(mm^4);

I_w——毛截面扇性惯性矩(mm^6),对T形截面(轧制、双板焊接、双角钢组合)、十字形截面和角形截面可近似取$I_w = 0$;

l_w——扭转屈曲的计算长度,对两端铰接且端部截面可自由翘曲者,取几何长度;两端嵌固端部截面的翘曲完全受到约束的构件,取$0.5l$(mm)。

(2)对截面为单轴对称的构件

对单轴对称截面(如T形和槽形截面),绕非对称轴(设为x轴)的整体稳定仍按式(4.41)的长细比进行计算;绕对称轴失稳时,由于截面形心与剪切中心不重合,在弯曲的同时总伴随着扭转,即产生弯扭屈曲。因此,绕对称轴(设为y轴)的整体稳定要按下面的换算长细比λ_{yz}进行计算:

$$\lambda_{yz} = \frac{1}{\sqrt{2}}\left[(\lambda_y^2 + \lambda_z^2) + \sqrt{(\lambda_y^2 + \lambda_z^2)^2 - 4(1 - y_s^2/i_0^2)\lambda_y^2\lambda_z^2}\right]^{1/2} \quad (4.43)$$

$$i_0^2 = y_s^2 + i_x^2 + i_y^2 \quad (4.44)$$

式中:y_s——截面形心至剪切中心的距离;

i_0——截面对剪切中心的极回转半径;

λ_y——构件对对称轴的长细比;

λ_z——扭转屈曲的换算长细比。

(3)双角钢组成的T形截面(图4.21),绕对称轴的换算长细比λ_{yz}计算:

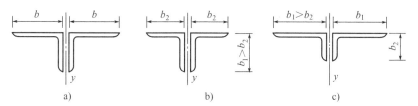

图4.21 双角钢组合T形截面

①等边双角钢截面[图4.21a)]

当$\lambda_y \geq \lambda_z$时

$$\lambda_{yz} = \lambda_y\left[1 + 0.16\left(\frac{\lambda_z}{\lambda_y}\right)^2\right] \quad (4.45)$$

当$\lambda_y < \lambda_z$时

$$\lambda_{yz} = \lambda_z\left[1 + 0.16\left(\frac{\lambda_y}{\lambda_z}\right)^2\right] \quad (4.46)$$

$$\lambda_z = 3.9\frac{b}{t} \quad (4.47)$$

②长肢相并的不等边双角钢截面[图 4.21b)]

当 $\lambda_y \geq \lambda_z$ 时

$$\lambda_{yz} = \lambda_y \left[1 + 0.25 \left(\frac{\lambda_z}{\lambda_y}\right)^2\right] \tag{4.48}$$

当 $\lambda_y < \lambda_z$ 时

$$\lambda_{yz} = \lambda_z \left[1 + 0.25 \left(\frac{\lambda_y}{\lambda_z}\right)^2\right] \tag{4.49}$$

$$\lambda_z = 5.1 \frac{b_2}{t} \tag{4.50}$$

③短肢相并的不等边双角钢截面[图 4.21c)]

当 $\lambda_y \geq \lambda_z$ 时

$$\lambda_{yz} = \lambda_y \left[1 + 0.06 \left(\frac{\lambda_z}{\lambda_y}\right)^2\right] \tag{4.51}$$

当 $\lambda_y < \lambda_z$ 时

$$\lambda_{yz} = \lambda_z \left[1 + 0.06 \left(\frac{\lambda_y}{\lambda_z}\right)^2\right] \tag{4.52}$$

$$\lambda_z = 3.7 \frac{b_1}{t} \tag{4.53}$$

④等边单角钢截面当绕两主轴的计算长度相等时,可不计算弯扭屈曲,塔架单角钢应按《钢结构设计标准》(GB 50017—2017)第 7.6 节计算。

(4)截面无对称轴且剪心和形心不重合的构件换算长细比计算

$$\lambda_{xyz} = \pi \sqrt{\frac{EA}{N_{xyz}}} \tag{4.54}$$

$$(N_x - N_{xyz})(N_y - N_{xyz})(N_z - N_{xyz}) - N_{xyz}^2(N_x - N_{xyz})\left(\frac{y_s}{i_0}\right)^2 - N_{xyz}^2(N_y - N_{xyz})\left(\frac{x_s}{i_0}\right)^2 = 0 \tag{4.55}$$

$$i_0^2 = i_x^2 + i_y^2 + x_s^2 + y_s^2 \tag{4.56}$$

$$N_x = \frac{\pi^2 EA}{\lambda_x^2} \tag{4.57}$$

$$N_y = \frac{\pi^2 EA}{\lambda_y^2} \tag{4.58}$$

$$N_z = \frac{1}{i_0^2}\left(\frac{\pi^2 EI_w}{l_w^2} + GI_t\right) \tag{4.59}$$

式中:N_{xyz}——弹性完善杆的弯扭屈曲临界力,按照式(4.55)计算;

$x_s \text{、} y_s$——构件截面剪心的坐标(mm);

$N_x \text{、} N_y \text{、} N_z$——分别为绕 x 轴和 y 轴的弯曲屈曲临界力和扭转屈曲临界力(N);

$E \text{、} G$——钢材的弹性模量和剪变模量(N/mm²)。

(5)不等边角钢(图 4.22)轴心受压构件的换算长细比计算

当 $\lambda_v \geq \lambda_z$ 时

$$\lambda_{xyz} = \lambda_v \left[1 + 0.25\left(\frac{\lambda_z}{\lambda_v}\right)^2\right] \quad (4.60)$$

当 $\lambda_v < \lambda_z$ 时

$$\lambda_{xyz} = \lambda_z \left[1 + 0.25\left(\frac{\lambda_v}{\lambda_z}\right)^2\right] \quad (4.61)$$

$$\lambda_z = 4.21\frac{b_1}{t} \quad (4.62)$$

还需要注意:无任何对称轴且又非极对称的截面(单面连接的不等边角钢除外)不宜用作轴心受压构件;对单面连接的单角钢轴心受压构件,考虑强度设计值折减系数后,可以不考虑弯扭效应。

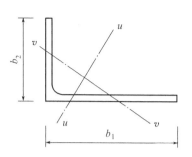

图 4.22 不等边角钢

注:v 轴为角钢的弱轴;b_1 为角钢长肢;u 轴为角钢的弱轴。

轴心压杆的截面分类(板厚 $t < 40$mm)   表 4.5a)

截面形式			对 x 轴	对 y 轴
轧制			a 类	a 类
轧制,$b/h \leq 0.8$			a 类	b 类
轧制,$b/h > 0.8$	焊接,翼缘为焰切边	焊接	b 类	b 类
	轧制	轧制,等边角钢		
轧制、焊接(板件)宽厚比大于20	轧制或焊接			
焊接		轧制截面和翼缘为火焰切边的焊接截面		

续上表

截面形式		对 x 轴	对 y 轴
格构式	焊接,板件边缘焰切	b 类	b 类
	焊接,翼缘为轧制或剪切边	b 类	c 类
焊接,板件边缘轧制或剪切	焊接,板件宽度比≤20	c 类	c 类

轴心压杆的截面分类（板厚 $t \geq 40\text{mm}$） 表 4.5b)

截面形式		对 x 轴	对 y 轴
轧制工字形或 H 形截面	$t < 80\text{mm}$	b 类	c 类
	$t \geq 80\text{mm}$	c 类	d 类
焊接工字形截面	翼缘为焰切边	b 类	b 类
	翼缘为轧制或剪切边	c 类	d 类
焊接箱形截面	板件宽厚比 > 20	b 类	b 类
	板件宽厚比 ≤ 20	c 类	c 类

4.5 实腹式轴心受压构件的局部稳定

 轴心受压杆件一般都是由一些板件所组成的,板件的厚度与宽度相比都比较小,在轴心压力作用下,组成杆件的板件还可能会发生局部翘曲变形而退出正常工作,这种现象称为压杆的局部失稳或称板件失稳(屈曲)。板件的失稳也存在着临界状态,当达到此临界状态时,板由平面平衡状态变为曲面平衡状态。板件失稳时的应力称为板件的临界应力。

如图 4.23 所示为一工字形截面轴心受压构件腹板和翼缘发生局部失稳时的变形形态示意图。构件局部失稳后还可能继续维持整体的平衡状态,但由于部分板件失稳后退出工作,使构件的有效截面减少,会加速构件整体失稳而丧失承载能力。因此,《钢结构设计标准》(GB 50017—2017)要求,设计轴心压杆时必须保证压杆的局部稳定。

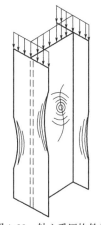

图 4.23 轴心受压构件的局部失稳形态

4.5.1 矩形薄板在单向均匀压力下的临界应力

1) 四边简支的矩形板件的弹性临界应力

根据弹性理论,在弹性状态下,承受单向均匀压力的板件失稳时应满足如下的平衡微分方程:

$$D\left(\frac{\partial^4 w}{\partial x^4} + 2\frac{\partial^4 w}{\partial x^2 \partial y^2} + \frac{\partial^4 w}{\partial y^4}\right) + N\frac{\partial^2 w}{\partial x^2} = 0 \quad (4.63)$$

式中:w——板的挠度;

N——板单位宽度所受的均布压力;

D——板单位宽度的抗弯刚度,$D = \dfrac{Et^3}{12(1-\nu^2)}$,其中 t 为板厚,ν 为钢材的泊松比。

对于四边简支的矩形薄板(图 4.24),方程(4.63)的解可用二重三角级数表示为

$$w = \sum_{m=1}^{\infty}\sum_{n=1}^{\infty} A_{mn} \sin\frac{m\pi x}{a} \sin\frac{n\pi y}{b} \quad (4.64)$$

式中:m——纵向(x 方向)翘曲的半波数;

n——横向(y 方向)翘曲的半波数;

a——受压方向板的长度;

b——垂直受压方向板的宽度;

A_{mn}——待定系数。

此式满足 4 个简支边上的挠度和弯矩均为零的边界条件。

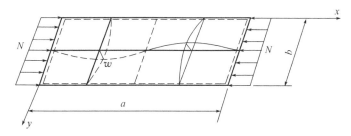

图 4.24 四边简支矩形薄板的屈曲

将式(4.64)代入方程(4.63),可解得板件失稳时的临界力为

$$\sum_{m=1}^{\infty}\sum_{n=1}^{\infty} A_{mn}\left(\frac{m^4 \pi^4}{a^4} + 2\frac{m^4 n^2 \pi^4}{a^2 b^2} + \frac{n^4 \pi^4}{b^4} - \frac{N}{D}\frac{m^2 \pi^2}{a^2}\right) \cdot \sin\frac{m\pi x}{a} \cdot \sin\frac{n\pi y}{b} = 0$$

由于板处于微弯状态,无穷级数中的系数 A_{mn} 不能恒为零,只有括号中的多项式为零,即

$$N_{cr} = \frac{\pi^2 D}{b^2}\left(\frac{mb}{a} + \frac{a}{m} \cdot \frac{n^2}{b}\right)^2 \tag{4.65}$$

临界力是板保持微弯状态的最小荷载,从式(4.65)可见,当取 $n=1$(沿 y 方向只有一个半波)时,N 为最小。故取 $n=1$,得临界压力为

$$N_{cr} = \frac{\pi^2 D}{b^2}\left(\frac{mb}{a} + \frac{a}{m}\cdot\frac{1}{b}\right)^2 = k\frac{\pi^2 D}{b^2} \tag{4.66}$$

式中:k——板的屈曲系数,$k = \left(\frac{mb}{a} + \frac{a}{mb}\right)^2$,取 x 方向的半波数 $m = 1,2,3,4,\cdots$,可得 k 与 a/b 的关系曲线,如图4.25所示。

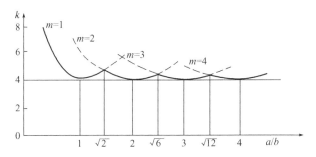

图 4.25 四边简支板的屈曲系数 k 与 a/b 的关系曲线

式(4.65)中 N_{cr} 把平方展开后由3项组成,前一项和推导两端铰接的轴心压杆的临界力时所得到的结果是一致的,而后两项则表示板的两侧边支承对板变形的约束作用提高了板的临界力,a/b 比值越小,侧边支承对窄板变形的约束作用越大,N_{cr} 提高也越多。

图4.25实线表示对于任意给定的 a/b 的值,使 k 最小的曲线段。可以看出,屈曲的半波数 m 随 a/b 的值增大而增大。当 $a/b \leq \sqrt{2}$ 时,板屈曲成1个半波;当 $\sqrt{2} < a/b \leq \sqrt{6}$ 时,板屈曲成2个半波;当 $\sqrt{6} < a/b \leq \sqrt{12}$ 时,板屈曲成3个半波等等。但 k 值变化幅度不大,通常板的长度比宽度大得多,因此,可以认为当 $a/b > 1$ 以后 k 值取常数4。

由式(4.66)可求得板件发生弹性失稳时的临界应力为

$$\sigma_{cr} = \frac{N_{cr}}{t \times 1} = \frac{k\pi^2 E}{12(1-\nu^2)} \cdot \left(\frac{t}{b}\right)^2 \tag{4.67}$$

式(4.67)虽由四边简支板求得,但也可适用于其他支承条件的板,只不过其 k 值各不相同。

2)三边简支、一边自由的板

这种板的临界力仍然可以用式(4.67)表示,根据分析,对于较长的板,其屈曲系数 k 可以精确地表示为

$$k = 0.425 + (b/a)^2 \tag{4.68}$$

对很长的板通常 $a \gg b$,$k \approx 0.425$。所以,对三边简支、一边自由的板,常近似取 $k=0.425$。

如工字形截面的受压翼缘板可作为三边简支、一边自由的板计算。

3) 板件的弹塑性临界应力

事实上,轴心受压构件一般是由几块板件连接而成的,组成轴心受压构件的板件之间有相互弹性约束作用,可用一个大于1的系数 χ 来考虑弹性约束(嵌固)作用的影响,弹性嵌固的程度取决于相互连接板件的刚度,这时板的临界应力比简支板的高。当板在弹塑性阶段屈曲时,可以近似地假设板沿受力方向的弹性模量 E 降低为切线弹性模量 $E_t = \chi E$,在垂直受力方向的弹性模量不变,仍为线弹性的,这时的板可视为正交异性板,则其临界应力可表示为

$$\sigma_{cr} = \frac{\chi k \pi^2 E}{12(1-\nu^2)} \cdot \left(\frac{t}{b}\right)^2 \quad (4.69)$$

式中:χ——板件弹性约束(嵌固)作用的影响系数,$\chi = E_t/E$;
E——弹性模量;
E_t——切线弹性模量。

可见,为了提高板件的稳定性,即提高板件抵抗翘曲变形的能力,就要提高板件的临界应力。从式(4.68)、式(4.69)可以看出,板件的厚度和受压翼缘的宽度是影响稳定性的重要因素,当其他条件一定时,若板厚度增大,则稳定性增强;若板宽度增大,则稳定性减弱。因此,减小板的宽厚比 b/t 或增大板的屈曲系数 k(它与板的宽长比及支承情况有关)是提高板件稳定性的有效措施。

对于截面没有残余应力的板件,当板件屈服前压应力 σ_x 超过了钢材的比例极限而进入弹塑性状态时,板件受力方向的变形应遵循切线弹性模量 E_t 的变化规律,而 $E_t = \eta E$。但是,在与压应力相垂直的方向,材料的弹性性质没有变化,因此仍用弹性模量 E。这样在弹塑性受力状态板属于正交异性板,它的屈曲应力可以用下式确定

$$\sigma_{crx} = \frac{\chi \sqrt{\eta} k \pi^2 E}{12(1-\nu^2)} \left(\frac{t}{b}\right)^2$$

可根据试验资料得到弹性模量修正系数 η,但是 $\eta \leq 1.0$。

4.5.2 板件宽厚比的限值

为了保证压杆的局部稳定,通常遵循两种原则:①对细长压杆,使板的稳定临界应力不低于整体稳定临界应力,这样在构件丧失整体稳定之前,不会发生局部失稳;②对短粗压杆,使板的稳定临界应力接近构件的屈服应力。

在一般的轴心受压构件设计中,对于板件的宽厚比的控制原则是:不容许板件的失稳发生在构件整体失稳之前。由以上原则可求出保证杆件局部稳定所要求的板件宽厚比的限值。设计时,只要使板件宽厚比小于此限值,即可保证压杆的局部稳定。下面分别对轴心受压构件的工字形、H形、箱形、T形及圆管截面的宽(高)厚比限值进行讨论。

1) H形截面腹板的高厚比

实际轴心受压构件大多在弹塑性阶段屈曲,根据构件整体稳定临界应力与局部稳定临界应力相等的原则,对如图 4.26a)所示的 H 形截面腹板,可由下式确定宽(高)厚比的限值:

$$\frac{h_0}{t_w} \leq (25 + 0.5\lambda)\varepsilon_k \tag{4.70}$$

式中：λ——构件的较大长细比，当 $\lambda < 30$ 时，取 $\lambda = 30$，当 $\lambda > 100$ 时，取 $\lambda = 100$；

h_0——腹板计算高度（mm）；

t_w——腹板厚度（mm）；

ε_k——钢材的钢号修正系数，其值为 Q235 与钢材牌号中屈服点数值的比值的平方根。

2）H 形截面翼缘板宽厚比

对如图 4.26a)所示的 H 形截面腹板，两腹板之间部分翼缘板的宽厚比 b/t_f 要满足如下条件：

$$\frac{b_1}{t_f} \leq (10 + 0.1\lambda)\varepsilon_k \tag{4.71}$$

式中：λ——构件的较大长细比，当 $\lambda < 30$ 时，取 $\lambda = 30$，当 $\lambda > 100$ 时，取 $\lambda = 100$；

b_1——翼缘板自由外伸宽度（mm）；

t_f——翼缘板自由厚度（mm）。

3）箱形截面壁板

对如图 4.26b)所示的箱形截面壁板，两腹板之间部分翼缘板的宽厚比 b/t 要满足如下条件：

$$\frac{b_0}{t} \quad 或 \quad \frac{h_0}{t_w} \leq 40\varepsilon_k \tag{4.72}$$

式中：b_0——箱形截面壁板的净宽度，当箱形截面设有纵向加劲肋时，为壁板与加劲肋之间的净宽度（mm）；

h_0——箱形截面腹板的净高度；

t——箱形截面壁板的厚度。

4）T 形截面翼缘

对如图 4.26c)所示的 T 形截面，翼缘宽厚比限值按照 H 形截面的方法确定，T 形截面腹板宽厚比限值为

热轧剖分 T 型钢：

$$\frac{h_0}{t_w} \leq (15 + 0.2\lambda)\varepsilon_k \tag{4.73}$$

焊接 T 型钢：

$$\frac{h_0}{t_w} \leq (13 + 0.17\lambda)\varepsilon_k \tag{4.74}$$

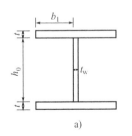 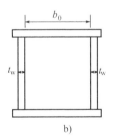 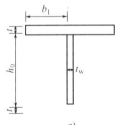 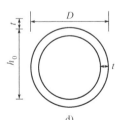

图 4.26 板件宽厚比的取值

式中,长细比 λ 取值同式(4.70)。对焊接构件,h_0 取腹板高度 h_w;对热轧构件,h_0 取腹板平直段长度,简要计算时可取 $h_0 = h_w - t_f$,但是不小于 $(h_w - 20)$ mm。

5) 等边角钢轴心受压构件的肢件宽厚比限值

对等边角钢轴心受压构件,肢件宽厚比限值 $\dfrac{w}{t}$ 要满足

当 $\lambda \leq 80\varepsilon_k$ 时

$$\frac{w}{t} \leq 15\varepsilon_k \tag{4.75}$$

当 $\lambda > 80\varepsilon_k$ 时

$$\frac{w}{t} \leq 5\varepsilon_k + 0.125\lambda \tag{4.76}$$

式中:w、t——角钢的平板宽度和厚度(mm),简要计算时可取 $w = b - 2t$,b 为角钢的宽度;
λ——按角钢绕非对称主轴回转半径计算的长细比。

6) 圆管受压构件的外径与壁厚之比

对无缺陷的圆管,如图 4.26d)所示,在均匀轴心压力作用下,管壁截面的弹性屈曲应力的理论值为 $\sigma_{cr} = 1.21 E_t/D$。但是管壁缺陷局部凸凹对屈曲应力的影响很大,管壁越薄,影响越大。根据理论分析和试验研究,径厚比 D/t 不同时,弹性屈曲系数要乘以折减系数(一般取 0.3~0.6),而且一般圆管截面都按照弹塑性状态下工作进行设计。因此,要求圆管的径厚比 D/t 满足以下条件:

$$\frac{D}{t} \leq 100\varepsilon_k^2 \tag{4.77}$$

式中:D——圆管外径;
t——圆管壁厚。

对于十分宽大的工字形、H 形或箱形截面压杆,如图 4.27 所示,当腹板的高厚比不满足上述限值要求时,可以采用纵向加劲肋加强腹板或按截面有效宽度计算。纵向加劲肋是由一对沿纵向焊接于腹板中央两侧的肋板组成,它能有效地阻止腹板的翘曲凹凸变形,提高腹板的局部稳定性。有关纵向加劲肋的设计详见《钢结构设计标准》(GB 50017—2017)的有关规定。

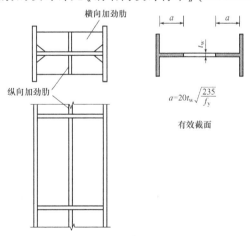

图 4.27 腹板纵向加劲肋及有效截面

当考虑屈曲后强度时,按截面有效宽度计算强度和稳定性,就是将腹板计算高度边缘范围内两侧宽度及翼缘的截面乘以有效截面系数(图 4.27),忽略其余部分,按有效截面计算构件的强度和稳定,但是计算构件稳定系数时,仍按全截面计算。这种方法实际就是考虑腹板屈曲后强度的计算方法。有关腹板屈曲后强度的概念将在第 5.7 节中讲述。

对于轧制型钢,由于翼缘、腹板较厚,一般都能满足局部稳定要求,无需计算。

4.6 实腹式轴心受压杆件的设计

4.6.1 设计原则

实腹式轴心压杆设计时要考虑整体稳定、局部稳定、强度和刚度等问题,上述问题中,以整体稳定尤为重要。设计中为保证安全、经济、适用的效果,应遵循以下原则。

1) 等稳定性原则

即杆件在两个主轴方向上的稳定承载力基本相同,以充分发挥其承载力。因此应尽可能使其两个方向上的稳定系数或长细比相等,即 $\varphi_x = \varphi_y$,或者 $\lambda_x = \lambda_y$。

2) 肢宽壁薄

在满足板件宽厚比限值的条件下使截面面积分布尽量远离形心轴,以增大截面的惯性矩和回转半径,提高压杆的整体稳定性和刚度。

3) 制造省工

尽量利用现代化的工厂自动焊接等现代设备制作构件,尽可能减少工地现场焊接,以节约成本,保证质量。

4) 连接方便

杆件截面应便于与梁柱间支撑连接和传力,尽可能构造简单,制造省工,取材方便。一般应选择有双对称轴的开放式的组合 H 形截面;封闭性截面如箱形或圆管形截面,虽然能满足等稳定性要求,但制作费工费时,连接不便,只在特殊情况才采用,且应尽可能构造简单,制造省工,取材方便。

实腹式轴心压杆的设计步骤是:先选择杆件的截面形式,然后根据整体稳定和局部稳定等要求选择截面尺寸,最后进行强度和稳定验算。

4.6.2 截面设计

实腹式轴心受压杆件一般采用双轴对称截面,以避免弯扭失稳。常用的截面形式有轧制普通工字钢、H 形钢、焊接工字形截面、型钢和钢板的组合截面、圆管和方管截面等(图 4.28)。

进行截面选择时一般应根据内力大小,两个主轴方向的计算长度以及制造加工量、材料供应等情况综合进行考虑。单根轧制普通工字钢由于对 y 轴的回转半径比对 x 轴的回转半径小得多,因而只适用于计算长度 $l_{0x} \geq 3l_{0y}$ 的情况;热轧宽翼缘 H 型钢的最大优点是制造省工,腹板较薄,翼缘较宽,可以做到与截面的高度相同(HW 型),因而具有很好的截面特性;用三块板焊成的工字钢及十字形截面组合灵活,容易使截面分布合理,制造并不复杂;用型钢组成的截面适用于压力很大的柱;管形截面从受力性能来看,由于两个方向的回转半径相近,因而最适合于两方向计算长度相等的轴心受压柱,这类构件为封闭式,内部不易生锈,但与其他构件的连接构造稍嫌麻烦。

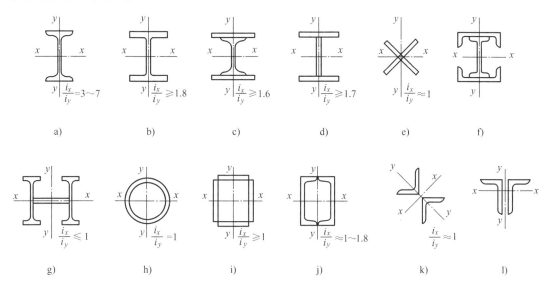

图 4.28 实腹式轴心压杆的截面形式

4.6.3 截面尺寸的选择

选定合适的截面形式后,接下来就要初步选择截面的尺寸。通常轴心压杆按整体稳定控制设计,因此,首先从压杆的整体稳定计算公式出发计算所需要的截面面积,然后再选择截面尺寸。具体步骤如下:

1) 假定压杆的长细比 λ,求出所需要的截面面积 A

一般 λ 在 50~100 范围内选取,当压力大而计算长度小时取较小值,反之取较大值。根据选定的长细比 λ、截面分类和钢材种类查表(附表 1)求得整体稳定系数 φ,则所需要的截面面积为:

$$A = \frac{N}{\varphi f} \tag{4.78}$$

2) 求两个主轴方向上所需要的回转半径

$$i_x = \frac{l_{0x}}{\lambda} \quad i_y = \frac{l_{0y}}{\lambda} \tag{4.79}$$

3) 选择截面

由计算得到的所需要的截面面积 A、两个主轴的回转半径 i_x、i_y,优先选用轧制型钢,如普通工字钢、H 型钢等(查型钢表,找出合适的型钢号)。

当现有型钢规格无法满足所需截面尺寸要求时,可以采用组合截面,这时需先初步定出截面的外轮廓尺寸,外轮廓尺寸一般是根据所需要的回转半径确定所需截面的高度 h 和宽度 b,但有时要根据构造要求确定。

截面高度 h 和宽度 b 与回转半径之间的关系为

$$h \approx \frac{i_x}{\alpha_1} \quad b \approx \frac{i_y}{\alpha_2} \tag{4.80}$$

其中,系数 α_1、α_2 由附录 6 查得。

4) 确定细部尺寸

由所需要的截面面积 A、截面高度 h 和宽度 b,考虑构造要求、局部稳定要求以及钢材规格等因素,初步选定截面的细部尺寸。对于焊接工字形截面,可考虑取 $h \approx b$;腹板厚度 $t_w = (0.4 \sim 0.7)\delta$,$\delta$ 为翼缘板厚度;腹板高度 h_0 和翼缘宽度 b 宜取 10mm 的倍数,δ 和 t_w 宜取 2mm 的倍数。

4.6.4 截面验算

对初选的截面须作如下几方面的验算:
(1)整体稳定,按式(4.39)计算;
(2)刚度,按式(4.4)计算;
(3)局部稳定,工字形截面按式(4.70)和式(4.71)计算;
(4)强度,按式(4.1)计算。

以上几方面验算若不能满足要求,须调整截面重新验算,直到满足要求为止。

4.6.5 有关构造要求

为防止轴心压杆在施工和运输过程中发生变形、提高抗扭刚度,当实腹式压杆的腹板高厚比 $h_0/t_w > 80$ 时,应在一定位置设置横向加劲肋(图 4.29)。横向加劲肋的间距不得大于 $3h_0$,外伸宽度 b_s 应不小于 $(h_0/30 + 40)$ mm,厚度 t_s 应不小于外伸宽度 b_s 的 $1/15$。

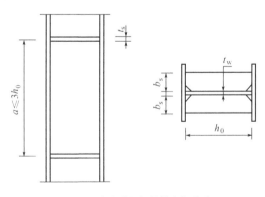

图 4.29 实腹式压杆的横向加劲肋

对大型实腹式柱,为了增加其抗扭刚度和传递集中力作用,在受有较大水平力处,以及运输单元的端部,应设置横隔(即加宽的横向加劲肋)。横隔的间距一般不大于柱截面较大宽度的 9 倍或 8m。

轴心受压实腹柱板件间的纵向焊缝(翼缘与腹板的连接焊缝)只承受柱初弯曲或因偶然横向力作用等产生的很小剪力,因此不必计算,焊脚尺寸可按焊缝构造要求采用。

例题 4.3 试设计一两端铰接的轴心受压柱,柱长 9m,如图 4.30 所示,在两个三分点处均有侧向(x 方向)支撑,该柱所承受的轴心压力设计值 $N = 400$kN,容许长细比为 $[\lambda] = 150$,采用热轧工字钢,钢材为 Q235。

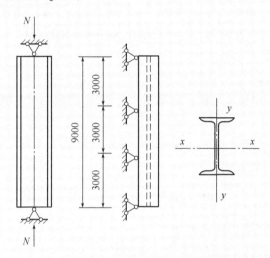

图 4.30 例题 4.3 图(尺寸单位:mm)

解:1)初选截面

假定长细比 $\lambda = 100$,由表 4.5 初步确定对 x 轴按 a 类截面,对 y 轴按 b 类截面,由 $\lambda \sqrt{f_y/235}$ 查附表 2.2 得 $\varphi_x = 0.638$,$\varphi_y = 0.555$。从附表 1 中查得 $f = 215\text{N/mm}^2$。

所需要的截面面积为

$$A = \frac{N}{\varphi_y f} = \frac{400 \times 10^3}{0.555 \times 215} = 3352.2(\text{mm}^2)$$

两个主轴方向上所需要的回转半径

$$i_x = \frac{l_{0x}}{\lambda} = \frac{900}{100} = 9(\text{cm}) \, ; \, i_y = \frac{l_{0y}}{\lambda} = \frac{300}{100} = 3(\text{cm})$$

根据 A、i_x、i_y 查附表 7 选 I25a。

$A = 48.54\text{cm}^2$,$i_x = 10.2\text{cm}$,$i_y = 2.4\text{cm}$,$h = 250\text{mm}$,$b = 116\text{mm}$。

2)截面验算

$$\lambda_x = \frac{l_{0x}}{i_x} = \frac{900}{10.2} = 88.2 < [\lambda] = 150$$

$$\lambda_y = \frac{l_{0y}}{i_y} = \frac{300}{2.4} = 125 < [\lambda] = 150$$

因 $b/h = 116/250 = 0.464 < 0.8$，查表 4.5 可知，该截面对 x 轴为 a 类截面，对 y 轴为 b 类截面。查附表 2 得 $\varphi_x = 0.725, \varphi_y = 0.411$。

$$\frac{N}{\varphi_y A} = \frac{420 \times 10^3}{0.411 \times 48.54 \times 10^2} = 210.5(\text{N/mm}^2) < f = 215\text{N/mm}^2$$

由于截面没有削弱，所以强度不用验算，型钢截面局部稳定也不用验算。该截面满足要求。

例题 4.4 试设计一两端铰接的焊接工字形组合截面压杆，该压杆承受的轴心压力设计值为 $N = 2700\text{kN}$，杆的长度为 8m，容许长细比为 $[\lambda] = 100$，钢材为 Q345，焊条为 E50 型，翼缘为轧制边，板厚小于 40mm。

解：1）初选截面

由附表 1.1 查得：$f = 310\text{N/mm}^2$。根据表 4.5 可知，该截面对 x 轴属 b 类截面，对 y 轴属 c 类截面。

假定 $\lambda = 70$，由 $\lambda\sqrt{f_y/235} = 70\sqrt{345/235} = 85$，查附表 2.2 和附表 2.3 得：$\varphi_x = 0.655$，$\varphi_y = 0.547$。则所需要的截面面积为

$$A = \frac{N}{\varphi f} = \frac{2700 \times 10^3}{0.547 \times 310} = 15923(\text{mm}^2)$$

两个主轴方向上所需要的回转半径

$$i_x = \frac{l_{0x}}{\lambda} = \frac{8000}{70} = 114(\text{mm}) ; i_y = \frac{l_{0y}}{\lambda} = \frac{8000}{70} = 114(\text{mm})$$

根据附表 6.1 的近似关系，$\alpha_1 = 0.43, \alpha_2 = 0.24$

$$h \approx \frac{i_x}{\alpha_1} = \frac{114}{0.43} = 266(\text{mm}) ; b \approx \frac{i_y}{\alpha_2} = \frac{1140}{0.24} = 476(\text{mm})$$

先选取翼缘的宽度 $b = 420\text{mm}$，根据截面高度与宽度大致相等的原则，取高度 $h = 422\text{mm}$。

翼缘板采用 $16\text{mm} \times 420\text{mm}$，腹板采用 $8\text{mm} \times 390\text{mm}$，截面尺寸如图 4.31 所示。

2）截面验算

$$A = 2 \times 16 \times 420 + 8 \times 390 = 16560(\text{mm}^2)$$

$$I_x = \frac{1}{12} \times 8 \times 390^3 + 2 \times 16 \times 420 \times \left(\frac{390}{2} + \frac{16}{2}\right)^2 = 5.9340 \times 10^8(\text{mm}^4)$$

$$I_y = 2 \times \frac{1}{12} \times 16 \times 420^3 = 1.9757 \times 10^8(\text{mm}^4)$$

$$i_x = \sqrt{\frac{I_x}{A}} = \sqrt{\frac{5.9340 \times 10^8}{16560}} = 189(\text{mm})$$

$$i_y = \sqrt{\frac{I_y}{A}} = \sqrt{\frac{1.9757 \times 10^8}{16560}} = 109(\text{mm})$$

$$\lambda_x = \frac{l_{0x}}{i_x} = \frac{8000}{189} = 42 < [\lambda] = 100$$

$$\lambda_y = \frac{l_{0y}}{i_y} = \frac{8000}{109} = 73 < [\lambda] = 100$$

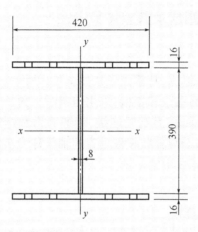

图 4.31　例题 4.4 图(尺寸单位：mm)

3) 整体稳定验算

由 $\lambda_y \sqrt{f_y/235} = 73\sqrt{345/235} \approx 88.7$，按 c 类截面查附表 2.3，得 $\varphi_y = 0.525$。

$\dfrac{N}{\varphi_y A} = \dfrac{2700 \times 10^3}{0.525 \times 16560} = 310.6 \text{ N/mm}^2$，仅比 $f = 310\text{N/mm}^2$ 大 0.2%，可认为满足。

4) 局部稳定验算

$b_1/t = 210/16 = 13 < (10 + 0.1\lambda)\varepsilon_k = 10 + 0.1 \times 73 = 17.3$

$h_0/t_w = 390/8 = 49 < (25 + 0.5\lambda)\varepsilon_k = 25 + 0.5 \times 73 = 61.5$　（局部稳定满足）

5) 刚度验算

$\lambda_y = 73 < [\lambda] = 100$　（刚度满足）

6) 强度验算

净截面面积 $A_n = A - 8 \times 23 \times 16 = 15824(\text{mm}^2)$

$\dfrac{N}{A_n} = \dfrac{2700 \times 10^3}{15824} = 170.6\text{N/mm}^2 < f = 310\text{N/mm}^2$　（强度满足）。

验算表明该截面满足要求。

4.7 格构式轴心受压杆件

4.7.1 格构式压杆的组成及其整体稳定性

1)格构式压杆的组成

格构式压杆由分肢和缀件组成,其截面形式如图 4.3 所示。分肢通常为槽形截面,有时也采用工字形或圆管;缀件可分为缀条和缀板,采用缀条时视为铰接连接,只传递轴力,按桁架体系分析[图 4.4a)]。采用缀板时视为刚性连接,传递剪力和弯矩,按平面刚架体系进行分析[图 4.4b)]。格构式压杆截面上与分肢腹板垂直的轴线称为实轴,如图 4.3 中的 y 轴,与缀件面平行的轴线称为虚轴,如图 4.3 中的 x 轴。

2)格构式压杆的整体稳定性

(1)对实轴的整体稳定性验算

格构式压杆绕实轴与虚轴的稳定性不同。绕实轴的稳定性计算与实腹式压杆相同,即直接按实轴的长细比 λ_y 查表得到 φ 值,然后按照公式(4.39)计算。

(2)对虚轴的整体稳定性验算

轴心受压构件整体弯曲后,沿轴向各截面存在弯矩和剪力,对实腹式轴心压杆,剪力引起的附加变形极小,对临界力的影响不大,在确定实腹式轴心压杆的整体稳定临界力时,仅考虑弯矩作用所产生的变形,而忽略剪力所产生的变形影响。

对格构式轴心压杆,当绕虚轴失稳时构件弯曲所产生的横向剪力作用在缀件上,由于缀件一般较细,缀件自身变形对构件的弯曲变形的影响不能忽略,因此,绕虚轴的稳定性计算要考虑剪切变形的影响。考虑剪切变形影响的临界力见式(4.5),现写成

$$\overline{N}_{cr} = \frac{N_{cr}}{1 + \gamma_1 N_{cr}} = \frac{\pi^2 EA}{\lambda_y^2} \cdot \frac{1}{1 + \gamma_1 \frac{\pi^2 EA}{\lambda_y}} \quad (4.81)$$

令 $\lambda_{0y}^2 = \lambda_y^2 + \pi^2 EA\gamma_1$,则

$$\lambda_{0y} = \sqrt{\lambda_y^2 + \pi^2 EA\gamma_1} \quad (4.82)$$

可得

$$\overline{N}_{cr} = \frac{\pi^2 EA}{\lambda_{0y}^2} \quad (4.83)$$

式中:N_{cr}——欧拉临界力,$N_{cr} = \frac{\pi^2 EI}{l^2}$;

λ_{0y}——格构式轴心受压构件绕虚轴失稳时的换算长细比;

γ_1——单位剪力作用下,压杆挠曲时产生的剪切角,称为单位剪切角,$\gamma_1 = \frac{\beta}{GA}$。

对非弹性压杆,以 E_T 代替 E 即可。

可见,对格构式压杆,由于缀件抗剪能力小,压杆发生较大的剪切变形,使压杆绕虚轴的承载力(临界力)降低,故必须考虑剪切变形的影响。

式(4.81)经过化简,可得格构式压杆绕虚轴的临界力及临界应力的计算公式

$$N_{crx} = \frac{\pi^2 EI_x}{\left(1 + \frac{\pi^2 EI_x}{l_{0x}^2}\gamma_1\right)(l_{0x})^2} \tag{4.84}$$

令

$$\mu = \sqrt{1 + \frac{\pi^2 EI_x}{l_{0x}^2}\gamma_1}$$

则临界力为

$$N_{crx} = \frac{\pi^2 EI_x}{(\mu l_{0x})^2}$$

则临界应力的计算公式为

$$\sigma_{crx} = \frac{\pi^2 E}{(\mu \lambda_x)^2} = \frac{\pi^2 E}{\lambda_{0x}^2} \tag{4.85}$$

其中, $\mu = \sqrt{1 + \frac{\pi^2 EI_x}{l_{0x}^2}\gamma_1}$ 称为格构式压杆计算长度放大系数,与缀材体系有关; $\lambda_{0x} = \mu\lambda_x$,为格构式压杆绕虚轴的换算长细比。

因 $\mu > 1$,故 $\lambda_{0x} > \lambda_x$,可见,考虑剪切变形的影响后绕虚轴的长细比增大了,因而绕虚轴的容许应力有所折减。

求得绕虚轴的换算长细比 λ_{0x} 后,按 b 类截面进行查表得到相应的 φ 值,即可按公式(4.39)计算格构式压杆绕虚轴的整体稳定。

3)格构式压杆绕虚轴的换算长细比的计算

以下分别按缀条及缀板体系讨论如何计算换算长细比 λ_{0x}。

(1)双肢缀条体系

假定各节点为铰接,按桁架体系进行分析,忽略横缀条的变形影响。压杆弯曲屈曲时,产生弯矩 M 及剪力 V,在单位剪力 $V=1$ 的作用下,取压杆的一个切段来考虑(图4.32),单位剪切角为

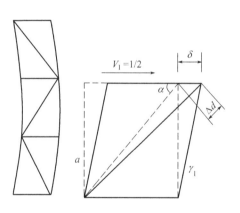

图 4.32 缀条式体系压杆的变形

$$\gamma_1 = \frac{\delta}{a} = \frac{\frac{\Delta d}{\cos\alpha}}{a} = \frac{\Delta d}{a\cos\alpha} \tag{4.86}$$

式中:a——节间长度。

两根斜缀条在 $V=1$ 作用下所受拉力之和为 $N_d = \frac{1}{\cos\alpha}$,由应力-应变关系可知,斜缀条的长度为 $l_d = \frac{a}{\sin\alpha}$,则斜缀条的轴向变形为

$$\Delta d = \frac{N_d l_d}{EA_1} = \frac{a}{\sin\alpha\cos^2\alpha EA_1}$$

式中：A_1——任一横截面所在两根斜缀条截面之和；

l_d——斜缀条长度。

因此，由于是小变形，因此 Δd 引起的水平变形 δ 为

$$\delta = \frac{\Delta d}{\cos\alpha} = \frac{a}{\sin\alpha\cos^2\alpha EA_1}$$

剪切角

$$\gamma_1 = \frac{\delta}{a} = \frac{1}{\sin\alpha\cos^2\alpha EA_1} \tag{4.87}$$

将式(4.87)代入式(4.82)可得

$$\lambda_{0x} = \sqrt{\lambda_x^2 + \pi^2 EA\gamma} = \sqrt{\lambda_x^2 + \frac{\pi^2}{\cos^2\alpha\sin\alpha}\frac{A}{A_1}} \tag{4.88}$$

由于 α 一般为 $40°\sim 70°$，若取 $\alpha = 45°$，$\sin\alpha\cos^2\alpha = 0.35$，且 $\frac{\pi^2}{\cos^2\alpha\sin\alpha}$ 的变化不大，如图4.33所示，则

$$\lambda_{0x} = \sqrt{\lambda_x^2 + 27\frac{A}{A_1}} \tag{4.89}$$

式中：λ_x——整个构件对虚轴 x 的长细比；

λ_{0x}——整个截面对虚轴的换算长细比；

A——整个构件截面的毛截面面积；

A_1——构件截面中垂直于 x 轴的各斜缀条毛截面面积之和（mm^2）。

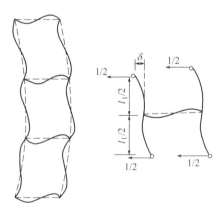

图4.33 缀板体系压杆的变形分析

注意：当夹角 α 不在 $40°\sim 70°$ 范围内时，$\frac{\pi^2}{\cos^2\alpha\sin\alpha}$ 的值将大于27，如果仍按照式(4.89)计算 λ_{0x} 将不安全，此时应按照式(4.88)计算 λ_{0x}。

(2) 双肢缀板体系

缀板体系假定缀板与肢件的连接为刚性连接，可按框架体系进行分析。设反弯点位于各节间中点（反弯点的位移为零），只考虑两分肢弯曲时引起的剪切变形，将分肢视为支承在缀板上的悬臂梁。则反弯点处分肢的横向位移可按下面的方法计算：

设缀板弯曲引起的肢件反弯点处的水平位移为：

$$\delta_1 = \frac{l_1}{2}\theta_1 = \frac{l_1}{2}\frac{al_1}{12EI_1} = \frac{al_1^2}{24EI_1}$$

肢件弯曲引起的反弯点处的水平位移为：$\delta_2 = \frac{Vl_1^3}{48EI_1}$

则剪切角为

$$\gamma = \frac{\delta_1 + \delta_2}{0.5 l_1} = \frac{a l_1}{12 E I_b} + \frac{l_1^2}{24 E I_1} = \frac{l_1^2}{24 E I_1}\left(1 + 2\frac{I_1/l_1}{I_b/a}\right) = \frac{l_1^2}{24 E I_1}\left(1 + 2\frac{K_1}{K_b}\right) \quad (4.90)$$

式中：I_1——一个分肢对自身形心轴的惯性矩；

l_1——节间长度。

将 γ 代入式(4.82)可得

$$\lambda_{0x} = \sqrt{\lambda_x^2 + \pi^2 E A \gamma} = \sqrt{\lambda_x^2 + \frac{\pi^2 A l_1^2}{24 I_1}\left(1 + 2\frac{K_1}{K_b}\right)} \quad (4.91)$$

由于 $A = 2A_1$，$A_1 l_1^2 / I_1 = \lambda_1^2$，则

$$\lambda_{0x} = \sqrt{\lambda_x^2 + \frac{\pi^2}{12}\left(1 + 2\frac{K_1}{K_b}\right)\lambda_1^2} \quad (4.92)$$

式中：$\lambda_1 = l_{01}/i$——肢件的长细比；

$K_1 = I_1/l_1$——一个分肢的线刚度；

l_1——缀板的中心距离；

I_1——分肢绕自身弱轴的惯性矩；

K_b——两侧缀板的线刚度之和，$K_b = E I_b / a$；

I_b——缀板的惯性矩；

a——分肢轴线的间距。

根据《钢结构设计标准》(GB 50017—2017)的规定，缀板线刚度之和要大于 6 倍的分肢线刚度，即 $K_b \geq 6K_1$，此时式(4.90)中 $\frac{\pi^2}{12}\left(1 + 2\frac{K_1}{K_b}\right) \approx 1$。因此，双肢缀板柱的实用换算长细比计算式为

$$\lambda_{0x} = \sqrt{\lambda_x^2 + \lambda_1^2} \quad (4.93)$$

当格构柱无法满足 $K_b \geq 6K_1$ 时，则应按式(4.92)计算换算长细比 λ_{0x}。

三肢柱和四肢柱的换算长细比计算公式可按同样的方法推导求得，此处只给出计算结果，见表4.6。

格构柱轴心受压构件的换算长细比 表4.6

柱 肢	柱 型		
	缀条柱	缀板柱	图例
双肢柱	$\lambda_{0x} = \sqrt{\lambda_x^2 + 27\dfrac{A}{A_{1x}}}$	$\lambda_{0x} = \sqrt{\lambda_x^2 + \lambda_1^2}$	
三肢柱	$\lambda_{0x} = \sqrt{\lambda_x^2 + \dfrac{42A}{A_1(1.5 - \cos^2\theta)}}$	$\lambda_{0y} = \sqrt{\lambda_y^2 + \dfrac{42A}{A_1 \cos^2\theta}}$	
四肢柱	$\lambda_{0x} = \sqrt{\lambda_x^2 + 40\dfrac{A}{A_{1x}}}$	$\lambda_{0x} = \sqrt{\lambda_x^2 + \lambda_1^2}$	

续上表

柱 肢	柱 型		图例
	缀条柱	缀板柱	
四肢柱	$\lambda_{0y} = \sqrt{\lambda_y^2 + 40\dfrac{A}{A_{1y}}}$	$\lambda_{0y} = \sqrt{\lambda_y^2 + \lambda_1^2}$	

注:1. 表中:A——整个构件的横截面面积;

A_{1x}——构件截面中垂直于 x 轴的各斜缀条毛截面面积之和(mm^2);

A_{1y}——构件截面中垂直于 y 轴的各斜缀条毛截面面积之和(mm^2);

λ_x——整个构件对虚轴 x 的长细比;

λ_1——缀板间肢件对弱轴 1-1 的长细比。

2. 表中三肢柱的缀件为斜缀条。

由表 4.6 可见,考虑剪切变形的换算长细比 λ_{0x} 总是大于截面对虚轴的长细比 λ_y,在计算格构式轴心受压构件绕虚轴的稳定性时,用换算长细比 λ_{0x} 查稳定系数 φ 代入式(4.39)计算构件的整体稳定性。

4)分肢的整体稳定性

格构式轴心受压构件的分肢可看作单独的实腹式轴心受压构件,因此,应保证其不先于构件整体失去承载力。但计算时不能单独采用 $\lambda_1 < \lambda_{0x}$ 或 λ_y 来判断,这是因为由于初弯曲等初始缺陷的影响,可能使分肢构件受力时已经呈现弯曲状态,从而产生附加弯矩和剪力。附加弯矩使两分肢的内力不等,而附加剪力还会在缀板构件的分肢产生弯矩。另外,分肢截面的分类还可能低于整体的分类(b 类),这些都使分支的稳定承载力降低,为了保证单肢的稳定性,《钢结构设计标准》(GB 50017—2017)规定:对单肢绕其最小刚度轴 1-1 的长细比 λ_1 进行限制。

λ_1 按下式计算

$$\lambda_1 = \frac{l_{01}}{i_1} \tag{4.94}$$

式中:l_{01}——单肢的计算长度,对缀条式格构式压杆,取缀条节点间的距离;对缀板式格构式压杆,焊接时取缀板间的净距离(图 4.4),螺栓连接时,取相邻两缀板边缘螺栓间的距离;

i_1——单肢的最小回转半径,即图 4.4 中单肢绕 1-1 轴的回转半径。

对缀条式格构式压杆,要求 $\lambda_1 \leq 0.7\max(\lambda_{0x}, \lambda_y)$;

对缀板式格构式压杆,要求 $\lambda_1 \leq 40\varepsilon_k$,且 $\lambda_1 \leq 0.5\max(\lambda_{0x}, \lambda_y)$,当 $\max(\lambda_{0x}, \lambda_y) \leq 50$ 时,按 $\max(\lambda_{0x}, \lambda_y) = 50$ 计算。

如不满足上述要求,则应验算分肢对本身平行于虚轴的惯性轴的稳定性。

由三肢或四肢组成的格构式压杆,对虚轴的换算长细比计算公式见《钢结构设计标标准》(GB 50017—2017)的有关规定。

4.7.2 缀件的设计计算

缀件主要承受剪力,缀件的受力情况取决于压杆的受力、构造状态及变形情况,具有一定随机性。通常,轴心压杆中存在剪力的原因有:①杆件弯曲屈曲或杆件初弯曲、压力初偏心时产生的弯矩沿纵轴的变化;②杆件自重或其他偶然因素引起的侧向力等。工程上的处理办法是先分析求出压杆的剪力,然后按此剪力进行缀件的设计。

1)格构式轴心受压构件的横向剪力

《钢结构设计标准》(GB 50017—2017)对格构式压杆主要考虑杆件弯曲所产生的剪力。如图 4.34 所示,设格构式压杆两端铰支,绕虚轴弯曲时,假定挠曲线方程为正弦曲线,跨中最大挠度为 v_0,则沿杆长的挠曲线方程为

$$y = v_0 \sin \frac{\pi z}{l}$$

截面 x 处的压力为 N,任意一点的弯矩为:$M = Ny = Nv_0 \sin \frac{\pi z}{l}$

任意一点的剪力为:$V = \dfrac{\mathrm{d}M}{\mathrm{d}x} = N\dfrac{\mathrm{d}y}{\mathrm{d}x} = \dfrac{\pi N v_0}{l} \cos \dfrac{\pi z}{l}$

显然,剪力按余弦分布,最大剪力发生在两端处,最大剪力值为

$$V_{max} = \frac{\pi N}{l} v_0 \tag{4.95}$$

工程中采用偏于安全的办法,假定压杆各截面都承受相同的剪力 V_{max},此剪力将由缀件体系承受。

跨中点挠度可由边缘纤维屈服准则导出,当截面边缘最大应力达到钢材的屈服强度时,由式(4.95)可知,V_{max} 取决于压力 N 和中点侧移 v_0,对格构式压杆,按纤维屈服条件来确定 v_0 的值,即

$$\frac{N}{A} + \frac{N \cdot v_0}{I_y} \cdot \frac{b}{2} = f_y \tag{4.96}$$

N 取最大值时,$N_{max} = Af_y\varphi$,由附录可知,$i_y^2 = \dfrac{I_y}{A}$,对常用的槽钢组合截面,取 $b = \dfrac{i_y}{0.44}$,代入式(4.96)可得

$$y_m = 0.88 \cdot i_x \cdot (1 - \varphi) \cdot \frac{1}{\varphi} \tag{4.97}$$

代入式(4.95),并取 $N = Af_y\varphi$ 得到

$$V_{max} = \frac{0.88\pi(1-\varphi)Af_y}{\lambda_y} \cdot \frac{N}{\varphi} = \frac{1}{k} \cdot \frac{N}{\varphi} \tag{4.98}$$

式中:$k = \dfrac{0.88\pi(1-\varphi)Af_y}{\lambda_y}$。

一般在常用的长细比范围内($\lambda_x = 40 \sim 160$),经分析 λ_y 对 k 值的影响不大,故 k 可取为常数。采用 Q235 钢材时,缀板式柱的 k 的平均值为 81,采用 Q345、Q390 和 Q420 钢材时 $k \approx$

$85\sqrt{\varepsilon_k}$。对双肢及四肢缀条柱 $k = 79 \sim 98$。为统一,对 Q235 钢,取 $k = 85$。此时可将轴心受压格构柱平行于缀件面的最大剪力(在肢件两端)统一写为

$$V_{max} = \frac{N}{85\varphi} = \frac{Af}{85}\varepsilon_k \qquad (4.99)$$

2)缀条设计

剪力分布图如图 4.34 所示,为方便起见,《钢结构设计标准》(GB 50017—2017)规定中采用的公式为

$$V = V_{max} = \frac{Af}{85}\varepsilon_k \qquad (4.100)$$

缀件设计中,偏安全地假设剪力值 V 沿杆件全长不变。对双肢格构式压杆,该剪力由两侧缀件平均分担。

缀条的布置一般采用单系缀条,为减小分肢的计算长度,在单系缀条中加入横缀条,当肢件间距较大时或荷载较大时以及有动荷载时,通常采用交叉缀条[图4.35b)]。对格构式双肢压杆,有两个缀条面,计算时缀条可视为弦杆的平行弦杆桁架的腹杆,其内力的计算方法也与桁架腹杆相同。在横向剪力作用下,一个缀条各受剪力 $V_1 = 0.5V$,如图 4.35 所示。则斜缀条所受的轴心力为

$$N_1 = \frac{V_1}{n_1 \cos\theta} \quad (或拉或压)$$

式中:V_1——分配到一个缀条上的剪力;

n——承受剪力 V_1 的斜缀条数,单系缀条时 $n = 1$,交叉缀条时,$n = 2$;

θ——缀条的水平倾角剪力。

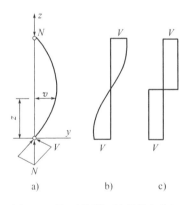
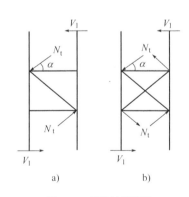

图 4.34 轴心压杆截面上的剪力分布　　图 4.35 缀条计算简图

随着剪力方向的变化,缀条可能受压也可能受拉,偏安全起见,缀条均按轴心压杆进行稳定性验算

$$\frac{N_1}{\varphi \eta Af} \le 1.0 \qquad (4.101)$$

实际工程中缀条通常采用单角钢,一般采用单角钢与肢件单面焊接,缀条实际上是偏心受压构件,将发生弯扭屈曲,若不考虑扭转效应,为了简化计算,《钢结构设计标准》(GB 50017—

2017)规定仍按轴心受压杆件计算,但将强度设计值乘以折减系数 η 以考虑偏心的不利影响。折减系数 η 的取法为

$$\eta = \begin{cases} 0.6 + 0.0015\lambda \text{ 且} \leq 1 & \text{等边角钢} \\ 0.5 + 0.0025\lambda \text{ 且} \leq 1 & \text{短边与柱肢相连} \\ 0.7 & \text{长边与柱肢箱梁} \end{cases}$$

式中:λ——单角钢压杆的长细比,对中间无联系的单角钢,按最小回转半径计算。当 $\lambda < 20$ 时,取 $\lambda = 20$。

缀条的强度验算与轴心受力杆件相同,但须将强度设计值乘以折减系数 0.85;

缀条的刚度验算也与轴心受力杆件相同,取容许长细比 $[\lambda] = 150$;

横缀条不受力,主要减少柱肢在平面内的计算长度,通常取与斜缀条相同截面,当然,也要满足刚度要求。

3)缀板的设计

缀板柱可视为一多层框架,当整体挠曲时,假定各层分肢中点和缀板中点为反弯点,每个缀板面各承受剪力 $V_1 = 0.5V$。按框架体系进行分析,反弯点位于各节间中点,取隔离体如图 4.36 所示,缀板所受的剪力为

$$T = \frac{V_1 l_1}{a} \tag{4.102}$$

式中:l_1——相邻两缀板轴线间的距离;

a——分肢轴心间的距离。

则缀板所受的弯矩为

$$M = T \cdot \frac{a}{2} = \frac{V_1 l_1}{a} \tag{4.103}$$

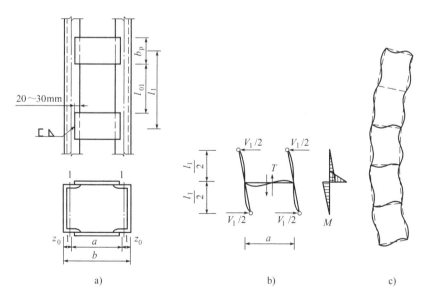

图 4.36 缀板计算简图

一般缀板与肢件间用角焊缝连接,缀板可按固定在柱肢上的悬臂梁分析,角焊缝承受剪力和弯矩的共同作用,由于角焊缝的强度设计值小于钢材的强度设计值,故可只验算角焊缝在 M,T 共同作用下的强度。连接焊缝受剪力 T 及扭矩 M 按第3章有关章节进行验算。缀板本身按承受弯矩 M 和剪力 T 进行强度验算。

缀板当用角焊缝与肢件相连接时,搭接的长度一般为 20~30mm。缀板本身应有一定的刚度,《钢结构设计标准》(GB 50017—2017)规定在构件同一截面处两侧缀板的线刚度之和 I_b/a 不得小于柱分肢线刚度 I_1/l_1 的6倍,此处 $I_b = 2 \times \frac{1}{12} t_p \cdot b_p^3$。通常取缀板宽度 $b_b \geq \frac{2a}{3}$,厚度 $t_b \geq \frac{a}{40}$ 及 $\geq 6\text{mm}$。端缀板宽度适当加宽,取 $b_p = a$。

4.7.3 格构式压杆的横隔

格构式轴心压杆的横截面为中部空心的矩形,抗扭刚度较差。为了增强杆件的抗扭刚度,保证杆件在运输和安装过程中的截面形状不变,杆件应每隔一段距离设置横隔,应在每个运输单元的端部设置横隔,横隔的间距不得大于柱截面较大宽度的9倍,也不得大于8m。且应在受有较大水平力处设置横隔,以免构件肢件局部受弯,横隔可用钢板或交叉角钢做成,如图4.37所示。

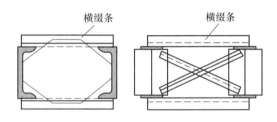

图 4.37 格构式压杆的横隔

4.7.4 格构式压杆的设计步骤

格构式轴心压杆的设计一般包括下面一些内容:①选择压杆的截面形式和钢材种类;②确定分肢的截面大小;③确定分肢的间距;④单肢稳定性验算;⑤缀件及连接设计。

1)选择压杆的截面形式和钢材种类

压杆截面形式的选择要考虑使用要求、轴心压力 N 的大小和两个主轴方向的稳定性等因素,并选择合适的钢材标号。格构式轴心压杆常采用的截面形式是用两根槽钢或工字钢作为分肢的双轴对称截面,有时也采用4个角钢或3个圆管作为分肢。

2)确定分肢的截面大小

格构式压杆的分肢截面由绕实轴(y-y 轴)的稳定性计算确定。先假定长细比 λ,查附表得 φ,然后按下式算出所需截面面积 A 及回转半径 i_y。

$$A \geq \frac{N}{\varphi f} \quad i_y = \frac{l_{0y}}{\lambda} \tag{4.104}$$

由 A 和 i_y 在型钢表中选出一个合适的型钢截面。然后对所选的截面按式(4.34)验算其对实轴的整体稳定性;按式(4.4)验算刚度,若验算不满足,重新调整截面,直到满足条件为止,必要时可采用三块钢板组成的槽形截面。

3) 确定分肢的间距

由绕虚轴(x-x 轴)方向整体稳定性计算确定格构式压杆两分肢间距。根据绕实轴计算的整体稳定性选择分肢截面,方法与实腹式构件相同,算出 λ_y,再由等稳定性条件 $\lambda_{0x} = \lambda_y$,代入式(4.88)或式(4.92)可得对虚轴需要的长细比为

双肢缀条式
$$\lambda_{0x} = \sqrt{\lambda_x^2 + 27\frac{A}{A_{1x}}} = \lambda_y$$

则
$$\lambda_x = \sqrt{\lambda_y^2 - 27\frac{A}{A_{1x}}} \tag{4.105}$$

双肢缀板式
$$\lambda_{0x} = \sqrt{\lambda_x^2 + \lambda_1^2} = \lambda_y$$

则
$$\lambda_x = \sqrt{\lambda_y^2 - \lambda_1^2} \tag{4.106}$$

计算 λ_x 需要已知 A_{1x} 或 λ_1。对于缀条式格构式压杆,可按一个斜缀条截面积 $A_{1x}/2 \approx 0.05A$,并保证 $A_1/2$ 不低于按构造要求的最小角钢型号来确定的斜缀条面积。对于缀板式格构式压杆,先假定分肢长细比 λ_1,可近似取 $\lambda_1 \leq 0.5\lambda_y$ 且进行计算。以后按 $l_{01} \leq \lambda_1 i_1$ 的缀板净距布置缀板,亦可先按构造要求布置缀板后计算 λ_1。

由式(4.105)或式(4.106)求出 λ_x 后,即可求得对虚轴的回转半径
$$i_x = \frac{l_{0x}}{\lambda_x} \tag{4.107}$$

由截面的回转半径近似值的计算公式附表6可得柱在缀件方向所要求的宽度
$$b = \frac{i_x}{\alpha_1} \tag{4.108}$$

一般 b 宜取 10mm 的倍数,且两肢净距宜大于 100mm,以便内部涂刷油漆。按照确定的肢件间距 b,再用式(4.88)或式(4.92)计算出换算长细比,然后用式(4.39)验算绕虚轴的整体稳定性。最后验算单肢稳定性以及进行缀件、连接设计。

例题 4.5 试设计一两端铰接的轴心受压缀条式格构柱,该柱的轴心压力设计值 $N = 1650$kN,在 x 轴方向的计算长度 $l_{0x} = 6$m,在 y 轴方向的计算长度 $l_{0y} = 3$m,采用钢材为 Q345。

解: 截面形式均采用两根槽钢作为分肢的双轴对称截面。

1) 确定分肢截面

由附表1查得:$f = 310$N/mm^2。根据表4.5可知,该截面对 x 轴和 y 轴均属 b 类截面。假定 $\lambda = 70$,由 $\lambda\sqrt{f_y/235} = 70\sqrt{345/235} = 85$,查附表2.2得 $\varphi_y = 0.655$。则所需要的分肢截面面积为
$$A = \frac{N}{\varphi f} = \frac{1650 \times 10^3}{0.655 \times 310} = 8126(\text{mm}^2)$$

绕实轴(y轴)方向上所需要的回转半径

$$i_y = \frac{l_{0y}}{\lambda} = \frac{300}{70} = 4.3(\text{cm})$$

查型钢表,选[25b,截面几何特性为

$A = 2 \times 39.917\text{cm}^2 = 79.834\text{cm}^2 = 7983.4\text{mm}^2$

$i_y = 9.41\text{cm}$

$I_1 = 196\text{cm}^4, i_1 = 2.22\text{cm}, z_0 = 1.98\text{cm}$

$$\lambda_y = \frac{l_{0y}}{i_y} = \frac{300}{9.41} = 32 < [\lambda] = 150$$

由 $\lambda_y \sqrt{f_y/235} = 32\sqrt{345/235} \approx 38.8$,按 b 类截面查附表2.2,得 $\varphi_y = 0.904$。

$$\frac{N}{\varphi_y A} = \frac{1650 \times 10^3}{0.904 \times 7983.4} = 228.6(\text{N/mm}^2) < f = 310\text{N/mm}^2$$

绕实轴的整体稳定满足要求。

2)确定分肢的间距

斜缀条选用角钢∠45×45×4,$A_1 = 2 \times 3.486 = 6.972(\text{cm}^2)$

$$\bar{\lambda}_x = \sqrt{\lambda_y^2 - \frac{27A}{A_1}} = \sqrt{32^2 - 27 \times \frac{79.834}{6.972}} = 26.74$$

$$\bar{i}_x = \frac{l_{0x}}{\bar{\lambda}_x} = \frac{600}{26.74} = 22.44(\text{cm})$$

由附表6.1可知,$\alpha_2 = 0.44$

$$b = \frac{\bar{i}_{0x}}{\alpha_2} = \frac{22.44}{0.44} = 51(\text{cm})$$

取 $b = 30\text{cm}$,则

$$I_x = 2 \times \left[196 + 39.917 \times \left(\frac{30}{2} - 1.98\right)^2\right] = 13925.5(\text{cm}^4)$$

$$i_x = \sqrt{\frac{I_x}{A}} = \sqrt{\frac{13925.5}{79.834}} = 13.2(\text{cm})$$

$$\lambda_x = \frac{l_{0x}}{i_x} = \frac{600}{13.2} = 45.5$$

$$\lambda_{0x} = \sqrt{\lambda_x^2 + \frac{27A}{A_1}} = \sqrt{45.5^2 + \frac{27 \times 79.834}{6.972}} = 48.8 < [\lambda] = 150$$

3)验算绕虚轴的整体稳定性

由 $\lambda_{0x}\sqrt{f_y/235} = 48.8\sqrt{345/235} \approx 59.1$,按 b 类截面查附表2.2,得 $\varphi_x = 0.810$。

$$\frac{N}{\varphi_x A} = \frac{1650 \times 10^3}{0.810 \times 7983.4} = 255.2(\text{N/mm}^2) < f = 310\text{N/mm}^2$$

绕虚轴的整体稳定满足要求。

4) 缀条计算

斜缀条按 45°布置，材料选用 Q235，如图 4.38 所示。每个缀条面承受的剪力 $V_1 = 0.5V$。

$$V_1 = 0.5 \frac{Af}{85}\sqrt{\frac{f_y}{235}} = 0.5 \times \frac{7983.4 \times 310}{85}\sqrt{\frac{345}{235}}$$
$$= 17639.1(\text{N})$$

斜缀条内力 $N_t = V_1/\cos\alpha = 17639.1/\cos 45° = 24949.2(\text{N})$

斜缀条选用角钢 $\angle 45 \times 45 \times 4$，$A = 3.486\text{cm}^2$，$i_{\min} = 0.89\text{cm}$

$$\lambda = \frac{l_t}{i_{\min}} = \frac{30 - 2 \times 1.98}{\cos 45° \times 0.89} = 41.4 < [\lambda] = 150$$

缀条刚度满足要求。

由 $\lambda\sqrt{f_y/235} = 41.4\sqrt{235/235} = 41.4$，按 b 类截面查附表 2.2，得 $\varphi = 0.893$。

$\eta = 0.6 + 0.0015 \times 41.4 = 0.662$

按下式进行稳定性验算：

$$\sigma = \frac{N_1}{A} \le \varphi\eta f$$

$$\frac{N_1}{A} = \frac{24949.2}{3.486 \times 10^2} = 71.6(\text{N/mm}^2) < \varphi\eta f = 0.893 \times 0.662 \times 215 = 127.1(\text{N/mm}^2)$$

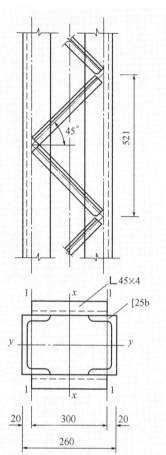

图 4.38 例题 4.5 图 1(尺寸单位：mm)

缀条稳定性满足要求。

5) 单肢稳定性验算

$\lambda_{\max} = 48.8 < 50$，取 $\lambda_{\max} = 50$

$l_{01} = 2(b - 2z_0) = 2 \times (30 - 2 \times 1.98) = 52.08$ (cm)

$\lambda_1 = l_{01}/i_1 = 52.08/2.22 = 23.5 < 0.7\lambda_{\max} = 0.7 \times 50 = 35$

单肢稳定性满足要求。

6) 连接的设计

采用两面侧焊缝，取 $h_f = 4\text{mm}$，所需肢背焊缝的长度为

$$l_{w1} = \frac{K_1 N_1}{0.7 h_f \eta f_f^w} = \frac{0.7 \times 24949.2}{0.7 \times 4 \times 0.85 \times 160} = 45.9(\text{mm})$$

$l_1 = l_{w1} + 2h_f = 45.9 + 8 = 53.9(\text{mm})$

所需肢尖焊缝的长度

$$l_{w2} = \frac{K_2 N_1}{0.7 h_f \eta f_f^w} = \frac{0.3 \times 24949.2}{0.7 \times 4 \times 0.85 \times 160} = 19.7 (\text{mm})$$

$$l_2 = l_{w2} + 2h_f = 19.7 + 8 = 27.7 (\text{mm})$$

实际取肢背、肢尖焊缝的长度为60mm。

例题 4.6 试设计一两端铰接的轴心受压缀板式格构柱,其余条件同例题 4.5。

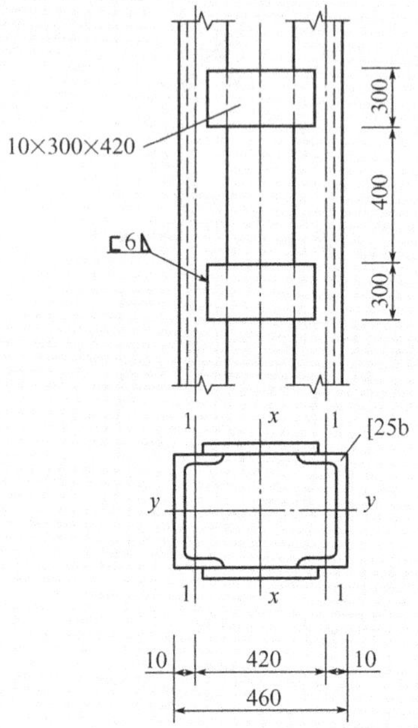

解: 1) 截面设计截面形式及分肢截面与例题 4.5 相同。选 2[25b,如图 4.39 所示。

2) 确定分肢的间距

取单个分肢的 $\lambda_1 = 20, \bar{\lambda}_x = \sqrt{\lambda_y^2 - \lambda_1^2} = \sqrt{32^2 - 20^2} = 25$

$$\bar{i}_x = \frac{l_{0x}}{\bar{\lambda}_x} = \frac{600}{25} = 24 (\text{cm})$$

$$b = \frac{\bar{i}_x}{\alpha_2} = \frac{24}{0.44} = 54.5 (\text{cm})$$

取 $b = 46$cm。所需缀板的净间距:

$l_{01} = \lambda_1 i_1 = 20 \times 2.22 = 44.4 (\text{cm})$,实际取 $l_{01} = 40$cm。

$$I_x = 2 \times \left[196 + 39.917 \times \left(\frac{46}{2} - 1.98\right)^2\right] = 35665.9 (\text{cm}^4)$$

$$i_x = \sqrt{\frac{I_x}{A}} = \sqrt{\frac{35665.9}{79.834}} = 21.1 (\text{cm})$$

$$\lambda_x = \frac{l_{0x}}{i_x} = \frac{600}{21.1} = 28.4, \lambda_1 = \frac{l_{01}}{i_1} = \frac{40}{2.22} = 18.0$$

$$\lambda_{0x} = \sqrt{\lambda_x^2 + \lambda_1^2} = \sqrt{28.4^2 + 18^2} = 34 < [\lambda] = 150$$

图 4.39 例题 4.5 图2(尺寸单位:mm)

由 $\lambda_{0x}\sqrt{f_y/235} = 34\sqrt{345/235} \approx 41.2$,按 b 类截面查附表 2.2,得 $\varphi_x = 0.894$。

$$\frac{N}{\varphi_x A} = \frac{1650 \times 10^3}{0.894 \times 7983.4} = 231.2 \ (\text{N/mm}^2) < f = 310 \text{N/mm}^2$$

绕虚轴的整体稳定满足要求。

3) 单肢稳定性验算

$\lambda_{max} = 34 < 50$,取 $\lambda_{max} = 50$

$\lambda_1 = 18.0 < 40$,且 $< 0.5\lambda_{max} = 25$

单肢稳定性满足要求。

4) 缀板计算

$b = 46$cm, $a = 46 - 2 \times 1.98 = 42.04 (\text{cm})$

缀板宽度 $b_p \geq 2a/3 = 2 \times 42.04/3 = 28.02 (\text{cm})$,取 $b_p = 300$mm。

厚度 $t_p \geq a/40 = 42.04/40 = 1.05 (\text{cm})$, $t_p = 10$mm。

缀板为 $10 \times 300 \times 420$。缀板材料选用 Q235。

缀板刚度验算如下。

两侧缀板的线刚度之和 $(I_b/a) = 2 \times \frac{1}{12} \times 1.0 \times 30^3/42 = 10.7(\text{mm}^3) < 6(I_1/l_1) = 6 \times 196/70 = 16.8(\text{mm}^3)$，缀板刚度满足要求。

5）连接焊缝

每个缀板面承受的剪力 $V_1 = 0.5V = 17639.1\text{N}$，缀板所受的剪力为

$$T = \frac{V_1 l_1}{a} = \frac{17639.1 \times 70}{42} = 29398.5(\text{N})$$

缀板所受的弯矩为

$$M = Ta/2 = 29398.5 \times 42/2 = 617368.5(\text{N} \cdot \text{cm})$$

采用三面围焊角焊缝，取 $h_f = 6\text{mm}$，为简便计，仅考虑竖直焊缝，但不扣除考虑缺陷的 $2h_f$ 段。

$$A_w = 0.7 \times 6 \times 300 = 1260(\text{mm}^2)$$

$$W_w = 0.7 \times 6 \times 300^2/6 = 63000(\text{mm}^3)$$

$$\sigma_f = \frac{M}{W_w} = \frac{617368.5 \times 10}{63000} = 98(\text{N/mm}^2)$$

$$\tau_f = \frac{T}{A_w} = \frac{29398.5}{1260} = 23.3(\text{N/mm}^2)$$

$$\sqrt{\left(\frac{\sigma_f}{\beta_f}\right)^2 + \tau_f^2} = \sqrt{\left(\frac{98}{1.22}\right)^2 + 23.3^2} = 83.6(\text{N/mm}^2) < 160\text{N/mm}^2$$

缀板连接焊缝满足要求。

4.8 轴心受压柱与梁的连接形式和构造

在建筑钢结构中，梁与柱的连接形式可分为铰接和刚接两大类。铰接连接的柱，主要承受与之相连的梁传来的竖向荷载；刚接时，柱是压弯构件，将在第 6 章中讨论。这里只讨论梁与柱的铰接连接构造。

轴心受压柱与梁的铰接连接一般有两种构造方案：一种是将梁端放置于柱顶，即柱顶支承梁；另一种是将梁端连接于柱的侧面，即柱侧支承梁。

4.8.1 柱顶支承梁的构造

图 4.40 是梁支承于柱顶的铰接构造图。梁的反力通过柱的顶板传给柱；顶板厚度一般取 16～20mm，与柱用焊缝相连；梁与顶板用高强度螺栓相连，以便安装定位。

在图 4.40a）中，梁的支承加劲肋应与柱的翼缘对准，以使梁的支承反力有效地传递给柱

的翼缘上。为了便于安装,相邻两梁之间留一空隙,然后用夹板和构造螺栓相连,以防止单个梁的倾斜。这种连接形式传力明确,构造简单,施工方便。但是,当相邻两梁的反力不相等时就会引起柱的偏心受压,当一侧梁传递的反力很大时,还可能引起柱翼缘的局部屈曲。而在图4.40b)所示的连接构造中,梁端设带突缘的支承加劲肋,连接于柱的轴线附近,这样即使相邻梁反力不等,柱仍接近轴心受压。突缘加劲肋的底部应刨平顶紧于柱顶板,同时在柱顶板之下,腹板两侧应设置加劲肋,以防止柱的腹板发生局部失稳。两相邻梁之间应留一定空隙便于安装,最后嵌入合适的填板并用构造螺栓相连。对于格构式柱[图4.40c)],为了保证传力均匀并托住顶板,应在两柱肢之间设置竖向隔板。

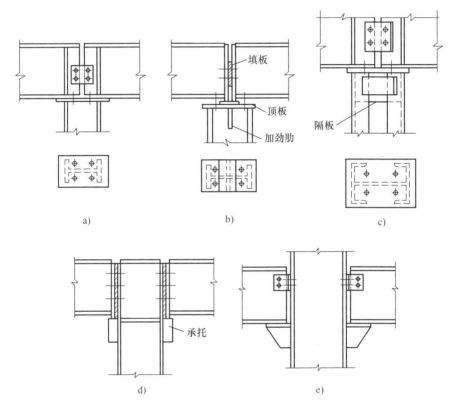

图 4.40 梁支承于柱顶的铰接构造图

4.8.2 柱侧支承梁的构造

多层框架的中间柱上,横梁只能在柱的两侧相连,梁的反力由端加劲肋传给支托,支托可采用厚钢板做成[图4.41a)],也可用T形[图4.41b)]。支托与柱翼缘用角焊缝相连。支托的端面必须刨平并与梁的端加劲肋顶紧以便直接传递压力。考虑到荷载偏心的不利影响,支托与柱的连接焊缝按梁支座反力的1.25倍计算。为方便安装,梁端与柱间应留有空隙,安装就位后加填板并用构造螺栓相连。当两侧梁的支座反力相差较大时,应考虑偏心,按压弯柱进行计算。

当梁沿柱翼缘平面方向与柱相连时,可采用图4.41c)的连接方法。图中柱腹板上设置承托,梁端板支承在承托上。梁吊装就位后,用填板和构造螺栓将柱腹板与梁端板连接起来。由于梁端反力传递给柱腹板,因此这种连接在两相邻梁反力相差较大时,柱仍然接近于轴心受力状态。

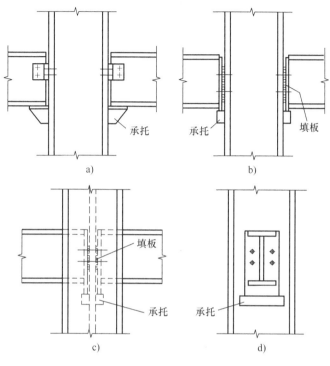

图4.41 柱侧支承梁的连接构造

4.9 柱脚设计

柱脚的作用是将柱身的压力均匀地传给基础,并和基础牢固地连接起来。在整个柱中,柱脚是比较费钢费工的部分。设计时应力求简明,并尽可能符合结构的计算简图,便于安装固定。

4.9.1 柱脚的形式和构造

柱脚按其与基础的连接方式不同,可分为铰接和刚接两类。铰接主要承受轴心压力,刚接主要承受压力和弯矩。

柱脚的构造应使柱身的内力可靠地传给基础,并和基础有牢固的连接。轴心受压柱的柱脚主要传递轴心压力,与基础的连接一般采用铰接。由于基础混凝土强度远比钢材低,所以必须把柱的底部放大,以增加其与基础顶部的接触面积。图4.42是常用的铰接类柱脚的几种形式。当柱的轴力很小时,可采用图 4.42a)的形式,在柱的端部只焊一块不太厚的底板,柱身的压力经过焊缝传到底板,底板再将柱身的压力传到基础上。当柱的轴力较大时,可采用图 4.42b)、c)、d)的形式,柱端通过竖焊缝将力传给靴梁,靴梁通过底部焊缝将压力传给底板,靴梁不仅增加了传力焊缝的长度,同时也将底板分成较小的区格,减小了底板在反力作用下的最大弯矩值。当采用靴梁后,底板的弯矩值仍较大时,可再采用隔板和肋板。

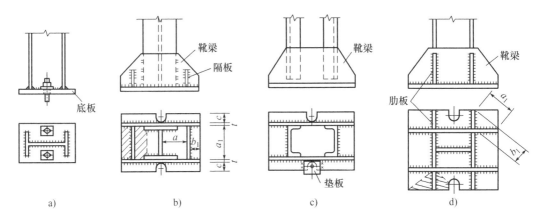

图 4.42 常用的铰接类柱脚的几种形式

柱脚是利用预埋在基础中的锚栓来固定其位置的。铰接柱脚只沿着一条轴线设置两个连接于底板上的锚栓,锚栓的直径一般为 20 ~ 25 mm。为了便于安装,底板上的锚栓孔径取为锚栓直径的 1.5 ~ 2 倍,待柱就位并调整到设计位置后,再用垫板套住锚栓并与底板焊牢。

4.9.2 轴心受压构件柱脚的计算

柱脚的计算包括按所受轴心压力确定底板的尺寸、靴梁尺寸以及它们之间的连接焊缝尺寸。柱脚的剪力一般数值不大,可由底板与基础表面间的摩擦力传递,必要时可设置抗剪键。

1)底板的计算

假定柱脚压力在底板和基础之间均匀分布,所需底板面积是

$$A = \frac{N}{f_{cc}} \tag{4.109}$$

式中:N——作用于柱脚的压力设计值;

f_{cc}——基础材料的抗压强度设计值。

如果底板上设置锚栓,那么所需要的底板面积中还应该加进锚栓孔的面积 A_0。

对如图 4.43 所示有靴梁的柱脚,底板的宽度 B 是

$$B = b + 2t + 2c \tag{4.110}$$

式中:b——柱子截面的宽度或高度;

t——靴梁板的厚度;

c——底板悬伸部分,一般取 2 ~ 10 cm。

注意，B 应取成整数。

底板的长度由下式确定：

$$L = \frac{A}{B} \quad (4.111)$$

一般取 $L/B = 1 \sim 2$。

底板的厚度由板的抗弯强度决定，可以把底板看作是一块支承在靴梁、隔板和柱身截面上的平板，它承受从下面基础传来的均匀分布反力 q，其值假定为

$$q = \frac{N}{BL - A_0} \quad (4.112)$$

底板被靴梁、隔板和柱身截面划分成不同支承部分。有四边支承部分，如图 4.43c)中的柱身截面范围内的板 4，或者在柱身与隔板之间的部分板 2；有三边支承部分，如在隔板至底板的自由边之间部分板 3；还有悬臂部分，如板 1。一般将上述各个部分当成独立的板，按各自的支承情况分别算出在均布荷载作用下的弯矩，并取其中最大弯矩来确定底板厚度。

（1）四边支承板

四边支承板，在板中央的短边方向的弯矩比长边方向的大，取单位板宽作为计算单元，其弯矩为

$$M_4 = \alpha q a^2 \quad (4.113)$$

式中：a——四边支承板短边的长度；

α——系数，由板的长边与短边的比值确定，见表 4.7。

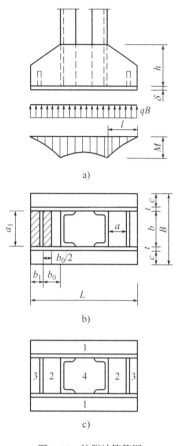

图 4.43 柱脚计算简图

四边简支板的弯矩系数 α 表 4.7

b/a	1.0	1.1	1.2	1.3	1.4	1.5	1.6	1.7	1.8	1.9	2.0	3.0	≥4.0
α	0.048	0.055	0.063	0.069	0.075	0.081	0.086	0.091	0.095	0.099	0.101	0.119	0.125

（2）三边支承板

三边支承板的最大弯矩位于自由边的中央，该处的弯矩为

$$M_3 = \beta q a_1^2 \quad (4.114)$$

式中：a_1——自由边的长度；

β——系数，由垂直于自由边的宽度 b_1 和自由边长度 a_1 的比值 b_1/a_1 确定，见表 4.8。

三边简支、一边自由板的弯矩系数 β 表 4.8

b_1/a_1	0.3	0.4	0.5	0.6	0.7	0.8	0.9	1.0	1.2	≥1.4
β	0.026	0.042	0.058	0.072	0.085	0.092	0.104	0.111	0.120	0.125

（3）两相邻边支承板

对于两邻边支承、另两边自由的底板，也可按式(4.114)计算其弯矩。此时 a_1 取对角线长

度,b_1 则为支承边交点至对角线的距离。

(4)一边支承板(悬臂板)

$$M_1 = \frac{1}{2}qc^2 \quad (4.115)$$

式中:c——悬臂板的外伸宽度。

按上述支承情况分别算出在均布荷载作用下弯矩的最大值为

$$M_{max} = \max(M_4, M_3, M_1) \quad (4.116)$$

则底板厚度为

$$\delta = \frac{\sqrt{6M_{max}}}{f} \quad (4.117)$$

底板的厚度一般为 20~40mm,为了保证底板有足够刚度,最薄也不宜小于14mm。

2)靴梁的计算

靴梁板的厚度宜与被连接的柱的翼缘厚度大致相同。靴梁的高度由连接柱所需要的焊缝长度决定,但是每条焊缝的长度不应超过角焊缝焊脚尺寸的 60 倍,同时也不应大于被连接的较薄板件厚度的1.2 倍。

如图 4.43a)所示,靴梁可简化成两端外伸的简支梁,在柱肢范围内,底板与靴梁共同工作,一般可不计算跨中截面的强度,故两块靴梁板所承受的最大弯矩为靴梁板外伸梁支座处的弯矩

$$M = \frac{qBl^2}{2} \quad (4.118)$$

两块靴梁板承受的剪力可取支座处的剪力

$$V = qBl \quad (4.119)$$

上述两式中的 l 为靴梁的悬臂长度。

根据 M、V 可验算靴梁的抗弯和抗剪强度。

3)隔板计算

为了保证隔板有一定刚度,其厚度不应小于隔板长度的 1/50。隔板的高度取决于连接焊缝要求,其所传递的力为图 4.43b)中阴影部分的基础反力。

例题 4.7 试设计焊接工字形截面柱的柱脚(图 4.44)。轴心压力设计值 $N = 1700$kN,柱脚钢材为 Q235,焊条 E43 型。基础混凝土的抗压强度设计值 $f_c = 7.5$N/mm^2。采用两个 M20 锚栓。

解:1)底板尺寸的确定

所需要的底板净面积

$$A_n = \frac{N}{f_{cc}} = \frac{1650 \times 10^3}{7.5} = 220000(\text{mm}^2)$$

考虑到锚栓孔所占的面积约为:$A_0 = 2 \times 40 \times 40 = 3200(\text{mm}^2)$

则所需要的底板毛面积为:$A = 220000 + 3200 = 223200(\text{mm}^2)$

取底板宽度 $B = 278 + 2 \times 10 + 2 \times 76 = 450(\text{mm})$

所需底板的长度 $L = \dfrac{A}{B} = \dfrac{223200}{450} = 496(\text{mm})$,取 $L = 500\text{mm}$

基础对底板的均布压力为：

$$q = \dfrac{N}{LB - A_0} = \dfrac{1650 \times 10^3}{500 \times 450 - 3200} = 7.44$$

$(\text{N}/\text{mm}^2) < f_{cc} = 7.5 \text{ N}/\text{mm}^2$

底板的区格有三种，现分别计算其单位宽度的弯矩。

区格①（四边支承板）：

$b/a = 278/160 = 1.74$,查表4.7可得：

$\alpha = 0.093$。

$M_4 = \alpha q a^2 = 0.093 \times 7.5 \times 160^2 = 17856(\text{N} \cdot \text{mm})$

区格②（三边支承板）：

$b_1/a_1 = 90/278 = 0.33$,查表4.8可得：$\beta = 0.031$。

$M_3 = \beta q a_1^2 = 0.031 \times 7.5 \times 278^2 = 17968.5(\text{N} \cdot \text{mm})$

区格③（悬臂板）：

$M_1 = qc^2/2 = 7.5 \times 76^2/2 = 21660(\text{N} \cdot \text{mm})$

最大弯矩为：$M_{\max} = 21660 \text{ N} \cdot \text{mm}$

底板厚度为

$$\delta = \sqrt{\dfrac{6M_{\max}}{f}} = \sqrt{\dfrac{6 \times 21660}{205}} = 25.2(\text{mm})$$

取 $\delta = 26\text{mm}$

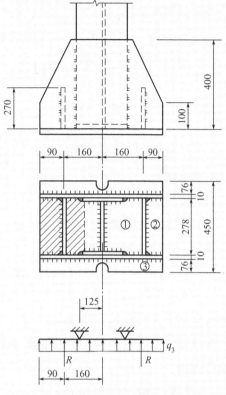

图4.44 例题4.7图（尺寸单位：mm）

2）隔板计算

将隔板看作两端支承于靴梁的简支梁，其线荷载为

$q_1 = 7.5 \times 180 = 1350(\text{N}/\text{mm})$

隔板与底板的连接焊缝强度验算：

只按外侧一条焊缝计算，$h_f = 10\text{mm}$,$f_f^w = 160 \text{ N}/\text{mm}^2$。

$$\sigma_f = \dfrac{N_1}{0.7 h_f l_{w1}} = \dfrac{1350 \times 278}{0.7 \times 10 \times 278} = 193(\text{N}/\text{mm}^2) < 1.22 \times 160 = 195.2(\text{N}/\text{mm}^2)$$

隔板与靴梁的连接焊缝强度验算如下。

只按外侧焊缝计算，一条侧焊缝所受的力为

$R = 1350 \times 278/2 = 187650(\text{N})$

取 $h_f = 8\text{mm}$,$f_f^w = 160 \text{ N}/\text{mm}^2$,则所需焊缝长度（即隔板高度）为

$$h_1 = \frac{R}{0.7h_f f_f^w} = \frac{187650}{0.7 \times 8 \times 160} = 209.4(\text{mm})。$$

取隔板高度270mm,隔板厚度取为 8 mm > 278/50 = 5.56(mm)

隔板的强度验算：

最大弯矩 $M_{max1} = 1350 \times 278^2/8 = 13.04 \times 10^6 (\text{N} \cdot \text{mm})$

$$\sigma = \frac{M_{max1}}{W} = \frac{6 \times 13.04 \times 10^6}{8 \times 270^2} = 134.2(\text{N}/\text{mm}^2) < f = 215 \text{ N}/\text{mm}^2$$

最大剪力 $V_{max1} = R = 187650\text{N}$

$$\tau = 1.5 \frac{V_{max1}}{h_1 t} = 1.5 \times \frac{187650}{270 \times 8} = 130.3(\text{N}/\text{mm}^2),大于抗剪强度设计值(125\text{N}/\text{mm}^2)$$

4.2%,基本满足。

3）靴梁的计算

计算所需要的靴梁与柱身连接焊缝的长度(即靴梁高度)。设连接焊缝所受全部柱的轴心压力,取 $h_f = 10\text{mm}$。则

$$l_w = \frac{N}{4 \times 0.7h_f f_f^w} = \frac{1650 \times 10^3}{4 \times 0.7 \times 10 \times 160} = 368.3(\text{mm})$$

实际取靴梁高度 $h_2 = 400\text{mm}$。

将靴梁看作支承于柱边的悬伸梁,如图 4.42b)所示。取靴梁厚度为10mm。两块承受的线荷载为

$$q_B = 7.5 \times 450 = 3375(\text{N}/\text{mm})$$

一块靴梁中的最大弯矩

$$M = 0.5q_B l^2/2 = 0.5 \times 3375 \times 175^2/2 = 25.84 \times 10^6 (\text{N} \cdot \text{mm})$$

一块靴梁中的最大剪力

$$V = 0.5q_B l = 0.5 \times 3375 \times 175 = 295312.5(\text{N})$$

$$\sigma = \frac{M}{W} = \frac{6 \times 25.84 \times 10^6}{10 \times 400^2} = 96.9(\text{N}/\text{mm}^2) < f = 215 \text{N}/\text{mm}^2$$

$$\tau = 1.5 \frac{V}{ht} = 1.5 \times \frac{295312.5}{400 \times 10} = 110.7(\text{N}/\text{mm}^2) < 125 \text{N}/\text{mm}^2(满足)$$

靴梁与底板的连接焊缝以及隔板底板的连接焊缝传递全部柱的反力,设焊缝的焊脚尺寸均为10mm,则所需连接焊缝的总长为

$$\sum l_w = \frac{N}{1.22 \times 0.7 \times h_f f_f^w} = \frac{11650 \times 10^3}{1.22 \times 0.7 \times 10 \times 160} = 1208(\text{mm})$$

显然,实际布置焊缝长度已大大超过此值。

本章主要计算公式小结

序号	计算公式	备注
1	$\sigma = \dfrac{N}{A} \leqslant \dfrac{f_y}{\gamma_R} = f\sigma$	轴心受力构件的毛截面度强度计算公式
2	$\sigma = \dfrac{N}{A_n} \leqslant 0.7 f_u$	截面有削弱的轴心受力构件强度计算公式
3	$\sigma = \left(1 - 0.5\dfrac{n_1}{n}\right)\dfrac{N}{A_n} \leqslant 0.7 f_u$	用高强度螺栓摩擦型连接的构件净截面断裂强度计算公式
4	$\lambda_{\max} = \dfrac{l_0}{i} \leqslant [\lambda]$	轴心受力构件的刚度计算公式
5	$N_{cr} = \dfrac{\pi^2 EI}{l^2}$	欧拉公式
6	$\dfrac{N}{\varphi A} \leqslant f$	轴心压杆的整体稳定计算公式
7	$\lambda_x = l_{0x}/i_x,\ \lambda_y = l_{0y}/i_y$	计算弯曲屈曲时长细比计算公式
8	$\lambda_z = \sqrt{\dfrac{I_0}{I_t/25.7 + I_w/l_w^2}}$	计算扭转屈曲时长细比计算公式
9	$\lambda_{yz} = \dfrac{1}{\sqrt{2}}\left[(\lambda_y^2 + \lambda_z^2)^2 + \sqrt{(\lambda_y^2 + \lambda_z^2)^2 - 4(1 - y_s^2/i_0^2)\lambda_y^2\lambda_z^2}\right]^{1/2}$	计算弯扭屈曲时长细比计算公式
10	$\sigma_{cr} = \dfrac{\chi k \pi^2 E}{12(1-v^2)} \cdot \left(\dfrac{t}{b}\right)^2$	板件发生弹性失稳时的临界应力
11	$\dfrac{h_0}{t_w} \leqslant (25 + 0.5\lambda)\varepsilon_k$	H形截面腹板的宽(高)厚比限值
12	$\dfrac{b}{t_f} \leqslant (10 + 0.1\lambda)\varepsilon_k$	H形截面两腹板之间部分翼缘板的宽厚比限值
13	$\dfrac{b}{t} \leqslant 40\varepsilon_k$	箱形截面壁板,两腹板之间部分翼缘板的宽厚比限值
14	热轧剖分T形钢:$\dfrac{h_0}{t_w} \leqslant (15 + 0.2\lambda)\varepsilon_k$ 焊接T形钢:$\dfrac{h_0}{t_w} \leqslant (13 + 0.17\lambda)\varepsilon_k$	T形截面翼缘板的宽厚比限值
15	当$\lambda \leqslant 80\varepsilon_k$时:$\dfrac{w}{t} \leqslant 15\varepsilon_k$ 当$\lambda > 80\varepsilon_k$时:$\dfrac{w}{t} \leqslant 5\varepsilon_k + 0.125\lambda$	等边角钢肢件宽厚比限值 w/t
16	$\dfrac{D}{t} \leqslant 100\varepsilon_k^2$	圆管截面壁厚比限值
17	$V = V_{\max} = \dfrac{Af}{85}\sqrt{\dfrac{f_y}{235}}$	分肢最大剪力计算公式
18	$\dfrac{N_1}{\varphi \eta A f} \leqslant 1.0$	缀条稳定计算公式
19	$M = T \cdot \dfrac{a}{2} = \dfrac{V_1 l_1}{a}$	缀板所受的弯矩计算公式

小结

(1) 轴心受拉构件应计算强度和刚度；轴心受压构件除计算强度和刚度外，还应计算整体稳定和局部稳定，但对于型钢压杆可不必计算局部稳定；对承受疲劳荷载的轴心受力构件应计算疲劳强度。

(2) 轴心受力构件静强度计算的要求是净截面上的平均应力不超过钢材的强度设计值；轴心受力构件的刚度计算要求是构件的长细比不超过容许长细比。

(3) 轴心受压构件以及第5章和第6章所讨论的受弯构件(梁)、偏心受压构件等基本构件都有整体稳定问题，另外组成这些构件的板件(如翼缘板和腹板)还存在局部稳定问题。学习时应着重了解稳定问题的基本概念及保证稳定的措施，以便能在实际工作中妥善处理稳定问题。

(4) 杆件的整体稳定与板件的局部稳定之不同点主要表现在以下方面。①物理现象方面：对于杆件，不论边界条件如何，受压后挠曲方向只有一个。而板件受压挠曲后呈波浪形，随着约束条件及加载方式的不同，在 x 方向、y 方向的挠曲半波数不同。②计算理论方面：理想轴心压杆的临界力是由常微分方程 $y'' + K^2 y = 0$ 的通解 $y = A\sin kx + B\cos ky$ 并考虑边界条件求出。板件的临界应力则按理想平板的压屈理论进行分析。③承载力方面：理想轴心压杆的临界力高，实际钢压杆件的临界力较低。而板件由于受到板边较大的约束，实际临界应力大于按理想板件求得的临界应力。

(5) 实腹式轴心受压构件弯曲失稳(屈曲)的计算，是取实际钢压杆(考虑初始缺陷)按二阶弹塑性理论，计算出极限承载力 N_u，再由 N_u 经统计分析定出轴心受压构件的稳定系数 φ，然后按式(4.39)计算。稳定系数 φ 值与截面类型、钢材等级及杆件长细比有关。

(6) 实腹式轴心受压构件扭转失稳(屈曲)和弯扭失稳(屈曲)的计算，是取理想轴心受压构件按二阶弹性分析导出弹性扭转失稳和弯扭失稳临界荷载，将其与弯曲失稳承载力即欧拉临界力比较，得到相应的换算长细比 λ_z 和 λ_{yz}，然后将 λ_z 和 λ_{yz} 代入式(4.39)计算，由此间接地计入弹塑性、初偏心及残余应力等的影响。

(7) 格构式轴心压杆对虚轴的弯曲失稳(屈曲)计算是取理想格构式轴心压杆并考虑缀件剪切变形的影响，按二阶弹性分析导出其弹性弯曲失稳临界力，将它与实腹式轴心压杆的弯曲失稳欧拉临界力相比较，得到相应的换算长细比 λ_{0x}，然后将 λ_{0x} 代入式(4.39)计算，由此间接地计入弹塑性、初偏心、残余应力等的影响。除整体稳定计算外，格构式轴心受压构件还要控制单肢的长细比，保证单肢不先于整体构件失稳，并对缀件及其与分肢的连接进行计算。

(8) 轴心受压实腹式组合压杆的翼缘和腹板是通过控制板件的宽厚比来保证其局部稳定的。

(9) 轴心受压柱与梁的连接或与地基的连接(柱脚)均为铰接，只承受剪力和轴心压力，其构造布置应保证传力明确、构造简单和便于制造安装，并进行必要的计算。

习题

一、选择题

1. 一根截面面积为 A，净截面面积为 A_n 的构件，在拉力 N 作用下的强度计算公式为（　　）。
   a) $\sigma = N/A_n \leq f_y$　　　　　　b) $\sigma = N/A \leq f$
   c) $\sigma = N/A_n \leq f$　　　　　　d) $\sigma = N/A \leq f_y$

2. 轴心受拉构件的强度极限状态是（　　）。
   a) 净截面的平均应力达到钢材的抗拉强度
   b) 毛截面的平均应力达到钢材抗拉强度
   c) 净截面的平均应力达到钢材的屈服强度
   d) 毛截面的平均应力达到钢材屈服强度

3. 实腹式轴心受拉构件计算的内容有（　　）。
   a) 强度
   b) 强度和整体稳定性
   c) 强度、局部稳定和整体稳定
   d) 强度、刚度（长细比）

4. 轴心受力构件的强度计算，一般采用轴力除以净截面面积，这种计算方法对下列哪种连接方式是偏于保守的？（　　）
   a) 摩擦型高强度螺栓连接
   b) 承压型高强度螺栓连接
   c) 普通螺栓连接
   d) 铆钉连接

5. 工字形轴心受压构件，翼缘的局部稳定条件为 $\dfrac{b}{t_f} \leq (10 + 0.1\lambda)\varepsilon_k$，其中 λ 的含义为（　　）。
   a) 构件最大长细比，且不小于30、不大于100
   b) 构件最小长细比
   c) 最大长细比与最小长细比的平均值
   d) 30 或 100

6. 轴心压杆整体稳定公式 $\dfrac{N}{\varphi A} \leq f$ 的意义为（　　）。
   a) 截面平均应力不超过材料的强度设计值
   b) 截面最大应力不超过材料的强度设计值
   c) 截面平均应力不超过构件的欧拉临界应力值
   d) 构件轴心压力设计值不超过构件稳定极限承载力设计值

7. 用 Q235 钢和 Q345 钢分别制造一轴心受压柱，其截面和长细比相同，在弹性范围内屈曲时，前者的临界力（　　）后者的临界力。

a) 大于 b) 小于
c) 等于或接近 d) 无法比较

8. 轴心受压格构式构件在验算其绕虚轴的整体稳定时采用换算长细比,这是因为(　　)。

a) 格构式构件的整体稳定承载力高于同截面的实腹式构件
b) 考虑强度降低的影响
c) 考虑剪切变形的影响
d) 考虑单支失稳对构件承载力的影响

9. 为防止钢构件中的板件失稳采取加劲措施,这一做法是为了(　　)。

a) 改变板件的宽厚比
b) 增大截面面积
c) 改变截面上的应力分布状态
d) 增加截面的惯性矩

10. 为提高轴心压杆的整体稳定,在杆件截面面积不变的情况下,杆件截面的形式应使其面积分布(　　)。

a) 尽可能集中于截面的形心处
b) 尽可能远离形心
c) 任意分布,无影响
d) 尽可能集中于截面的剪切中心

11. 轴心压杆采用冷弯薄壁型钢或普通型钢,其稳定性计算(　　)。

a) 完全相同 b) 仅稳定系数取值不同
c) 仅面积取值不同 d) 完全不同

12. 计算格构式压杆对虚轴的整体稳定性时,其稳定系数应根据(　　)查表确定。

a) λ_x b) λ_{0x}
c) λ_y d) λ_{0y}

13. 实腹式轴压杆绕 x,y 轴的长细比分别为 λ_x,λ_y,对应的稳定系数分别为 φ_x,φ_y,若 $\lambda_x = \lambda_y$,则(　　)。

a) $\varphi_x > \varphi_y$
b) $\varphi_x = \varphi_y$
c) $\varphi_x < \varphi_y$
d) 需要根据稳定性分类判别

14. 双肢格构式轴心受压柱,实轴为 x-x 轴,虚轴为 y-y 轴,应根据(　　)确定肢件间距离。

a) $\lambda_x = \lambda_y$ b) $\lambda_{0y} = \lambda_x$
c) $\lambda_{0y} = \lambda_y$ d) 强度条件

15. 当缀条采用单角钢时,按轴心压杆验算其承载能力,但必须将设计强度按规范规定乘以折减系数,原因是(　　)。
   a) 格构式柱所给的剪力值是近似的
   b) 缀条很重要,应提高其安全程度
   c) 缀条破坏将引起绕虚轴的整体失稳
   d) 单角钢缀条实际为偏心受压构件

16. 轴心受压柱的柱脚底板厚度是按底板(　　)。
   a) 抗弯工作确定的
   b) 抗压工作确定的
   c) 抗剪工作确定的
   d) 抗弯及抗压工作确定的

17. 确定双肢格构式柱的二肢间距的根据是(　　)。
   a) 格构柱所受的最大剪力 $V_{\max}$
   b) 绕虚轴和绕实轴两个方向的等稳定条件
   c) 单位剪切角 γ_1
   d) 单肢等稳定条件

18. 普通轴心受压钢构件的承载力经常取决于(　　)。
   a) 扭转屈曲   b) 强度
   c) 弯曲屈曲   d) 弯扭屈曲

19. 轴心受力构件的正常使用极限状态是(　　)。
   a) 构件的变形规定   b) 构件的容许长细比
   c) 构件的刚度规定   d) 构件的挠度值

20. 实腹式轴心受压构件应进行(　　)。
   a) 强度计算
   b) 强度、整体稳定、局部稳定和长细比计算
   c) 强度、整体稳定和长细比计算
   d) 强度和长细比计算

21. 轴心受压构件的整体稳定系数 φ,与(　　)等因素有关。
   a) 构件截面类别、两端连接构造、长细比
   b) 构件截面类别、钢号、长细比
   c) 构件截面类别、计算长度系数、长细比
   d) 构件截面类别、两个方向的长度、长细比

22. 在下列因素中,(　　)对压杆的弹性屈曲承载力影响不大。
   a) 压杆的残余应力分布
   b) 构件的初始几何形状偏差
   c) 材料的屈服点变化
   d) 荷载的偏心大小

23. 在下列诸因素中,对压杆的弹性屈曲承载力影响不大的是（　　）。
   a）压杆的残余应力分布
   b）材料的屈服点变化
   c）构件的初始几何形状偏差
   d）荷载的偏心大小

24. a 类截面的轴心压杆稳定系数值最高是由于（　　）。
   a）截面是轧制截面　　　　　　b）截面的刚度最大
   c）初弯曲的影响最小　　　　　d）残余应力的影响最小

25. 对长细比很大的轴压构件,提高其整体稳定性最有效的措施是（　　）。
   a）增加支座约束　　　　　　　b）提高钢材强度
   c）加大回转半径　　　　　　　d）减少荷载

26. 双肢缀条式轴心受压柱绕实轴和绕虚轴等稳定的要求是（　　），其中 x 为虚轴。

   a）$\lambda_{0x} = \lambda_{0y}$ 　　　　　　　　b）$\lambda_y = \sqrt{\lambda_x^2 + 27\dfrac{A}{A_1}}$

   c）$\lambda_x = \sqrt{\lambda_x^2 + 27\dfrac{A}{A_1}}$ 　　　d）$\lambda_x = \lambda_y$

27. 格构式轴心受压柱缀件的计算内力随（　　）的变化而变化。
   a）缀件的横截面积　　　　　　b）缀件的种类
   c）柱的计算长度　　　　　　　d）柱的横截面面积

二、填空题

1. 轴心受拉构件的承载力极限状态是以＿＿＿＿＿＿＿＿＿＿＿＿。
2. 轴心受压构件整体屈曲失稳的形式有＿＿＿＿＿＿＿＿＿＿＿＿
＿＿＿＿＿＿＿。
3. 实腹式轴心压杆设计时,压杆应满足＿＿＿＿＿＿＿＿＿＿＿＿
＿＿＿＿＿条件。
4. 在计算构件的局部稳定时,工字形截面的轴压构件腹板可以看成＿＿＿＿矩形板,其翼缘板的外伸部分可以看成是＿＿＿＿矩形板。
5. 柱脚中靴梁的主要作用是＿＿＿＿＿＿＿＿＿＿＿＿＿＿。
6. 使格构式轴心受压构件满足承载力极限状态,除要求保证强度、整体稳定外,还必须保证＿＿＿＿＿＿＿＿＿＿＿＿＿＿。
7. 实腹式工字形截面轴心受压柱翼缘的宽厚比限值,是根据翼缘板的临界应力等于＿＿＿＿＿＿＿＿＿＿＿＿导出的。
8. 轴心受压构件腹板的宽厚比的限制值,是根据＿＿＿＿＿＿＿＿＿
＿＿＿＿＿的条件推导出的。

9. 当临界应力 σ_{cr} 小于_____时，轴心受压杆属于弹性屈曲问题。

10. 因为残余应力减小了构件的_____，从而降低了轴心受压构件的整体稳定承载力。

11. 格构式轴心压杆中，绕虚轴的整体稳定应考虑_____的影响，以 λ_{0x} 代替 λ_x 进行计算。

12. 我国钢结构设计规范在制定轴心受压构件整体稳定系数时，主要考虑了_____两种降低其整体稳定承载能力的因素。

13. 当工字形截面轴心受压柱的腹板高厚比 $\dfrac{h_0}{t_w} > (25 + 0.5\lambda)\varepsilon_k$ 时，柱可能_____。

14. 在缀板式格构柱中，缀板的线刚度不能小于单肢线刚度的____倍。

15. 焊接工字形截面轴心受压柱保证腹板局部稳定的限值是：$\dfrac{h_0}{t_w} > (25 + 0.5\lambda)\varepsilon_k$。某柱 $\lambda_x = 57$，$\lambda_y = 62$，应把_____代入上式计算。

16. 双肢缀条格构式压杆绕虚轴的换算长细比 $\lambda_{0x} = \sqrt{\lambda_x^2 + 27\dfrac{A}{A_1}}$，其中 A_1 代表_____。

三、简答题

1. 轴心受力构件的截面形式有哪几种，各自的主要特点和适用范围是什么？

2. 轴心受力构件需验算哪几个方面的内容？

3. 以轴心受压构件为例，说明构件强度计算与稳定计算的区别。

4. 以换算长细比如 λ_z、λ_{yz} 和 λ_{0x} 替代 λ 算出的荷载代表什么意义？

5. 十字形截面的实腹式轴心受压构件，如果 λ_x 和 λ_y 均大于 $5.07b/t$，是否会发生扭转屈曲？

6. 试说明理想轴心压杆与实际钢压杆的整体失稳的特点。

7. 残余应力对焊接工字形压杆的稳定承载力有何不利影响？

8. 轴心受压构件整体稳定系数 ϕ 根据哪些因素确定？

9. 轴心受压构件的整体稳定不能满足要求时，若不增大截面面积是否还可以采取其他措施提高其承载力？

10. 为保证轴心受压构件翼缘和腹板的局部稳定，《钢结构设计标准》（GB 50017—2017）规定的板件宽厚比限制值是根据什么原则制定的？

四、计算题

1. 计算一屋架下弦杆所能承受的最大拉力 N，下弦截面为 $2\angle 110\times 10$（图4.45），有2个安装螺栓，螺栓孔径为21.5mm，钢材为Q235。

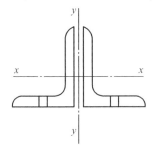

图4.45 计算题1图

2. 如图4.46所示的两个轴心受压柱，截面面积相等，两端铰接，柱高4.5m，材料用Q235钢，翼缘火焰切割以后又经过刨边。判断这两个柱的承载能力的大小，并验算截面的局部稳定。

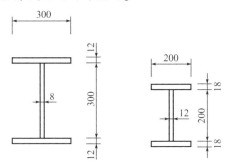

图4.46 计算题2图(尺寸单位:mm)

3. 一长为6m，两端铰接且端部截面可自由翘曲的轴心压杆，截面如图4.47a)所示，试通过计算判断：①此杆件是否由扭转屈曲控制设计；②若在杆件长度的中点加上两种侧向支撑，如图4.47b)、c)，则此杆件是否由扭转屈曲控制设计。

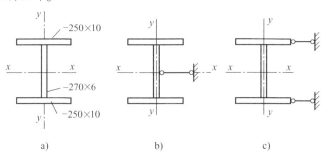

图4.47 计算题3图(尺寸单位:mm)

4. 图 4.48 所示为一管道支架,其支柱的设计压力为 $N=1600\text{kN}$(设计值),柱两端铰接,钢材为 Q235,截面无孔眼削弱。试设计此支柱的截面:①用普通轧制工字钢;②用热轧 H 型钢;③用焊接工字形截面,翼缘板为焰切边。

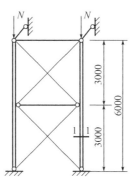

图 4.48 计算题 4 图(尺寸单位:mm)

5. 试设计一两端铰接的轴心受压缀条式格构柱,柱长为 9m,该柱的轴心压力设计值 $N=1200\text{kN}$,钢材为 Q345。

6. 试设计一两端铰接的轴心受压缀板式格构柱,其余条件同习题 4.5。

7. 试设计习题 4.4 的柱脚。基础混凝土为 C15,抗压强度设计值 $f_{cc}=7.5\text{N/mm}^2$。采用两个 M20 锚栓。

第 5 章 CHAPTER FIVE
受弯构件

熟悉受弯构件的类型和破坏特征;掌握梁的强度、刚度、整体稳定和局部稳定的计算;掌握钢梁截面设计方法,梁的拼接和主次梁的连接;掌握组合梁的局部稳定,型钢梁及组合梁的设计。

梁的强度和刚度计算;梁的整体稳定性和局部稳定性计算。

学习难点

整体稳定和局部稳定的计算;型钢梁及组合梁的设计。

5.1 概述

钢结构中的受弯构件是指承受横向荷载的实腹式构件(格构式构件一般为桁架),通常称为钢梁,如建筑钢结构中的屋盖梁、墙架梁、楼盖梁、屋盖体系中的檩条、吊车梁、工作平台梁等;桥梁钢结构中梁式桥的主梁(如钢板梁、钢箱梁),大跨度斜拉桥、悬索桥的桥面系纵横梁等,另外还有水工闸门、起重机、海上采油平台中的梁等。

5.1.1 梁的类型

按截面形式,钢梁可分为型钢梁和组合梁,如图 5.1 所示。型钢梁又可分为热轧型钢梁和冷弯薄壁型钢梁两种。型钢梁制造简单、成本低,在实际工程中应用广泛,型钢梁截面形式有工字钢[图 5.1a)]、H 型钢[图 5.1b)]、槽钢[图 5.1c)]。其中工字钢及 H 型钢具有双轴对称截面,在材料上比较符合受弯构件的特点,受力性能好,应用最为广泛;特别是 H 型钢的截面分布最合理,翼缘内外边缘平行,比内翼缘有斜坡的轧制工字钢截面抗弯性能更好,且与其他构件连接较方便,应予优先采用。用于梁的 H 型钢宜为窄翼缘型(HN 型)。槽钢的翼缘宽度较小,而且单轴对称,剪力中心位于腹板外侧,绕截面对称轴弯曲时容易发生扭转,故设计时要采取措施使外力通过剪力中心或加强约束条件来防止扭转。槽钢多用作檩条、墙梁等。由于轧制条件的限制,热轧型钢腹板的厚度较大,用钢量较多。某些受弯构件(如檩条)采用冷弯薄壁型钢[图5.1d)~f)]较经济,但防腐要求较高。

在荷载较大或跨度较大时,由于轧制条件的限制,型钢的尺寸、规格不能满足梁承载力和刚度的要求时,就必须采用组合梁。组合梁一般由钢板和型钢通过焊缝、铆钉、螺栓连接而成,组合梁的截面组成比较灵活,可使材料在截面上分布更合理,节省钢材。其截面形式多样,常见的截面形式如图5.1g)~5.1k)所示。多数组合梁一般采用三块钢板焊接而成的工字形截面[图5.1g)],或在 T 型钢(用 H 型钢剖分而成)中间加板的焊接截面[图5.1h)],当焊接组合梁翼缘需要很厚时,可采用两层翼缘板的截面[图5.1i)]。受动力荷载的梁如钢材质量不能满足焊接结构的要求时,可采用高强度螺栓或铆钉连接而成的工字形截面[图5.1j)]。荷载很大而高度受到限制或梁的抗扭要求较高时,可采用箱形截面[图5.1k)]。

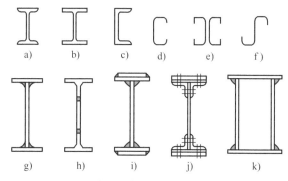

图 5.1 钢梁的截面形式

除了上述广泛应用的型钢梁和组合梁之外,还有一些特殊形式的钢梁,如异种钢组合梁、蜂窝梁、预应力钢梁、钢-混凝土组合梁等。为了充分利用钢材的强度,在组合梁中对受力较大的翼缘板采用强度等级较高的钢材,而对受力较小的腹板则采用强度较低的钢材,形成异种钢组合梁;为了增加梁的高度,使钢梁有较大的截面惯性矩,可将型钢梁按锯齿形割开,然后把上、下两个半工字形左右错动,并焊接成为腹板上有一系列六角形孔的空腹梁,称为蜂窝梁[图5.2a)];利用钢筋混凝土楼板兼作梁的受压翼缘,用支撑混凝土板的钢梁作为梁的受拉翼缘,发挥混凝土材料良好的抗压性能和钢材优良的抗拉性能,可制成钢-混凝土组合梁[图5.2b)];利用与荷载应力符号相反的预应力,使钢梁的受力由普通的从零应力开始受力方式改变为从 $-f$ 开始受力(图5.3),将大大提高结构的弹性受力范围,成为预应力钢结构(图5.4)。

5.1.2 梁格布置

钢梁按支承方式可分为简支梁、连续梁、伸臂梁等。简支梁的用钢量虽然较多,但由于制造、安装、修理、拆换较方便,而且不受温度变化和支座沉陷的影响,因而用得最为广泛。

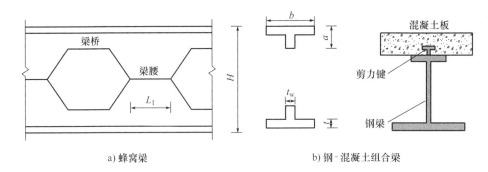

图 5.2 蜂窝梁和钢-混凝土组合梁

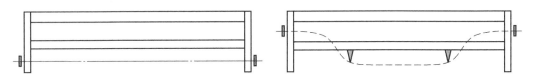

图 5.3 拉索预应力简支梁

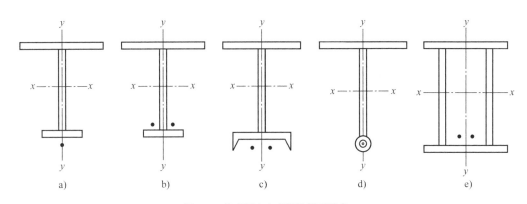

图 5.4 拉索预应力实腹梁截面形式

在土木工程中,除少数情况如吊车梁、起重机大梁或上承式铁路板梁桥等可单根梁或两根梁成对布置外,通常由若干梁平行或交叉排列形成梁格结构,如图 5.5 所示即为工作平台梁格布置示例。根据主梁和次梁的排列情况,梁格可分为三种类型:单向梁格、双向梁格、复式梁格。

1) 单向梁格

如图 5.6a) 所示,单向梁格只有主梁,楼板直接放置在主梁上,适用于楼盖或平台结构的横向尺寸较小或面板跨度较大的情况。

2) 双向梁格

如图 5.6b) 所示,双向梁格有主梁及一个方向的次梁,次梁由主梁支承,是最为常用的梁格

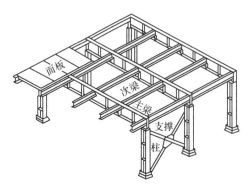

图 5.5 工作平台梁

类型,如屋盖、楼盖、工作平台梁等。荷载由工作面板传给次梁,再由次梁传给主梁,主梁再将荷载传给柱或墙,最后传至地基。

3) 复式梁格

如图 5.6c)所示,在双向梁格的主梁间再设纵向次梁,纵向次梁间再设横向次梁即可形成复式梁格。荷载传递层次多,梁格构造复杂,故应用较少,只适用于荷载重和主梁间距很大的情况。

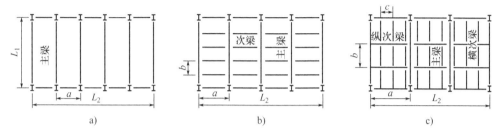

图 5.6 梁格类型

由梁格的形式可看到,梁按支承和约束情况等可分为:简支梁、连续梁、悬臂梁、框架梁等;梁上的荷载也有多种形式,有均布荷载、集中力、梯形荷载、三角形荷载等,故其内力(弯矩和剪力)在梁上的分布变化也极其多样。

另外,钢梁承受荷载一般情况下为一个平面内受弯的单向弯曲梁,也有在两个主平面内受弯的双向弯曲梁,如屋面檩条、吊车梁等。

5.1.3 梁的设计计算内容

与轴心受压构件相同,钢梁设计应考虑强度、刚度、整体稳定和局部稳定四个方面,其中强度、整体稳定及局部稳定承载力为梁的承载能力极限状态;而梁的刚度为正常使用极限状态,通过控制梁的挠曲变形满足要求。强度计算又包括抗弯强度、抗剪强度、局部承压强度、复杂应力作用下的强度(受动荷载时还包括疲劳强度)。

此外,钢梁设计还包括以下内容:梁截面沿梁跨度方向的改变、梁的拼接、梁与梁的连接、梁与柱的连接以及组合梁翼缘板与腹板的连接计算等。

5.2 梁的强度和刚度

5.2.1 梁的强度

常用钢梁有两个正交的形心主轴,其中绕一个主轴的惯性矩和截面模量最大,称为强轴,通常用 x 轴表示,与之正交的轴称为弱轴,通常用 y 轴表示,如图 5.7 所示。

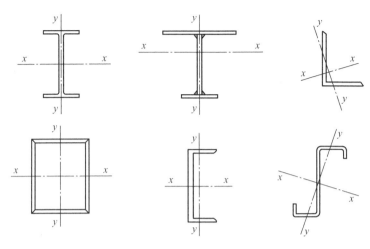

图 5.7 各种截面的强轴与弱轴

受弯构件在横向荷载作用下,截面上将产生弯曲正应力 σ、剪应力 τ,在集中荷载作用处有局部承压应力 σ_c。为了保证钢梁的安全,要求在设计荷载作用下梁具有足够的强度,梁的强度计算包括四个方面:抗弯强度,抗剪强度,局部承压强度,在弯曲正应力、剪切正应力及局部承压应力共同作用处还应计算复合应力(折算应力)作用下的强度。

1)梁在弯矩作用下的受力阶段

梁是以受弯为主的构件,在外荷载作用下,截面上将产生弯曲正应力,梁中最大弯矩作用截面上的弯曲正应力随外荷载的增加而呈不同形式的分布,下面以工字形截面为例进行说明。

一般假定材料为理想弹塑性材料,弯曲应力与应变的关系曲线与单向受拉、受压时相似,如图 5.8 所示。

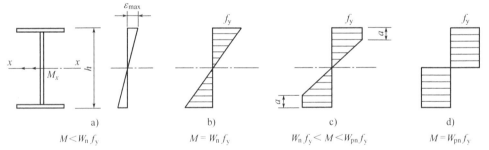

图 5.8 梁截面上的弯曲应力分布

(1)弹性工作阶段

当外荷载较小时,根据平截面假定,截面上的弯曲应力呈线性分布,这个阶段称为弹性工作阶段,随着外荷载的增大,截面最外层纤维的应力可达屈服强度 f_y,如图 5.8b)所示。此时所对应的弯矩 M_{yu} 叫作弹性极限弯矩(或称为屈服弯矩),弹性极限弯矩 M_{yu} 可由式(5.1a)计算,截面上的应力可由式(5.1b)计算。弹性工作阶段的极限状态为梁的边缘纤维应力达到屈服强度 f_y,此时应力可由式(5.1c)计算

$$M_{yu} = W_{nx} f_y \tag{5.1a}$$

$$\sigma = \frac{M_x y}{I_x} \tag{5.1b}$$

$$\sigma_{\max} = \frac{M_x y_{\max}}{I_x} = \frac{M_x}{W_{nx}} = f_y \tag{5.1c}$$

式中：W_{nx}——梁的净截面弹性抵抗矩，对矩形截面 $W_{nx} = bh^2/6$；

f_y——钢材的屈服强度；

I_x——绕 x 轴的截面惯性矩；

σ——截面上任一点的正应力；

M_x——绕 x 轴的弯矩。

(2) 弹塑性工作阶段

当弯矩达到弹性极限弯矩以后，若外荷载继续增加，则截面外缘部分进入塑性状态，随着外荷载的不断增加，截面的塑性区逐渐向内发展，这个阶段称为弹塑性工作阶段，截面上的应力分布如图 5.8c) 所示。在设计中为了充分利用材料强度，一般容许截面出现一部分塑性，但必须限制其发展程度，即要在充分使用截面强度的同时控制梁刚度的减小程度，一般的发展深度 a 为 $1/8\ h \sim 1/4\ h$。弹塑性工作阶段可作为一般梁的强度极限状态。

(3) 塑性工作阶段

当外荷载继续增加，使梁的全截面达到塑性状态时，截面塑性区继续发展，直到弹性核心接近消失，梁的截面即进入塑性工作阶段，截面上的应力均达到屈服强度 f_y，此时，梁达到承载能力极限状态，截面上的应力分布如图 5.8d) 所示。此时所对应的弯矩 M_{pu} 称为塑性弯矩，计算公式为

$$M_{pu} = W_{pnx} f_y \tag{5.2}$$

式中：W_{pnx}——梁的净截面对 x 轴的塑性抵抗矩，其值等于截面中性轴以上和以下的净面积对中性轴的面积矩之和，即 $W_{pnx} = S_{1n} + S_{2n}$。对矩形截面 $W_{pnx} = Ah/4 = bh^2/4$。

当梁的截面上的弯矩达到塑性弯矩 M_{pu} 后，梁不再继续承载，但变形仍可继续增加，截面犹如一个铰，可以转动，故称为塑性铰。

2) 截面形状系数和塑性发展系数

(1) 截面形状系数

根据以上工作阶段可见，梁可承受的弯矩以弹性极限弯矩 M_{yu} 为最小，塑性弯矩 M_{pu} 为最大；当 $M_{yu} < M < M_{pu}$ 时为弹塑性阶段。研究发现，不同的截面形式弹塑性区间大小不同，即由弹性到塑性的塑性发展能力不同，可用 M_{pu} 与 M_{yu} 的比值进行说明，称为截面形状系数。

由式(5.1)和式(5.2)可得

$$\frac{M_{pu}}{M_{yu}} = \frac{W_{pnx} f_y}{W_{nx} f_y} = \frac{W_{pnx}}{W_{nx}}$$

这里，定义毛截面的 W_p 与 W 的比值 F 称为截面形状系数，即

$$F = \frac{W_p}{W} \tag{5.3}$$

实际上 F 也是塑性弯矩 M_{pu} 与弹性极限弯矩 M_{yu} 的比值，由式(5.3)可见，它仅与截面的形状有关，而与材料性质无关。对于矩形截面 $F = 1.5$；圆形截面 $F = 1.7$；圆管截面 $F = 1.27$；

对于通常尺寸的工字形截面，$F_x = 1.10 \sim 1.17$（绕强轴 x 弯曲），$F_y = 1.5$（绕弱轴 y 弯曲）；对于箱形截面，$F = 1.05 \sim 1.15$；对于格构式截面或腹板很小的截面，$F \approx 0$。截面形状系数越小，说明该截面形式在弹性阶段的材料利用率越高，但其塑性发展的潜能越小。

（2）塑性发展系数

在实际设计中为了避免梁产生过大的非弹性变形，仅允许截面有一定程度的塑性发展，即将梁的极限弯矩取在全塑性弯矩和弹性极限弯矩之间，采用截面塑性发展系数 γ_x 和 γ_y 来表示，该系数反映了截面的塑性发展情况。此时，两个轴的弹塑性弯矩可表示为 $M_x = \gamma_x M_{yux}$ 和 $M_y = \gamma_y M_{yuy}$。考虑到各截面形式塑性发展的潜能，不同的截面 γ_x 和 γ_y 有一定差异。截面上的塑性区越大，截面塑性发展系数也越大，但是一般 $1 < \gamma_x < F$。

3）截面的宽厚比等级

截面板件宽厚比是指截面板件平直段的宽度和厚度的比值，受弯或压弯构件腹板平直段的高度与腹板厚度之比也可称为板件高厚比。

钢结构中绝大多数构件由板件构成，而板件宽厚比大小直接决定了构件的承载力和受弯、压弯构件的塑性转动变形能力，因此构件截面的分类是钢结构设计的基础，尤其是钢结构抗震设计方法的基础。根据截面承载力和塑性转动变形能力的不同，国际上一般将钢构件截面分为四类，考虑到我国在受弯构件设计中采用截面塑性开展系数 γ_x，《钢结构设计标准》（GB 50017—2017）将截面根据其板件宽厚比分为 5 个等级，受弯构件的截面板件宽厚比等级及限值见表 5.1。

受弯构件的截面板件宽厚比等级及限值 表 5.1

截面板件宽厚比等级		S1 级	S2 级	S3 级	S4 级	S5 级
工字形截面	翼缘 b/t	$9\varepsilon_k$	$11\varepsilon_k$	$13\varepsilon_k$	$15\varepsilon_k$	20
	腹板 h_0/t_w	$65\varepsilon_k$	$72\varepsilon_k$	$93\varepsilon_k$	$124\varepsilon_k$	250
箱形截面	壁板（腹板）间翼缘 b_0/t	$25\varepsilon_k$	$32\varepsilon_k$	$37\varepsilon_k$	$42\varepsilon_k$	—

注：1. ε_k 为钢号修正系数，其值为 235 与钢材牌号中屈服点数值的比值的平方根，即 $\varepsilon_k = \sqrt{\dfrac{235}{f_y}}$，不同钢号取值见下表。

钢号	Q235	Q345	Q390	Q420	Q460
ε_k	1.000	0.825	0.776	0.748	0.715

2. b 为工字形、H 形截面翼缘板自由外伸宽度，t、h_0 和 t_w 分别是翼缘厚度、腹板净高和腹板厚度。对轧制型钢截面，腹板净高不包括翼缘过渡处圆弧段；对箱形截面，b_0、t 分别为壁板间的距离和壁板厚度；D 为圆管截面外径。

3. 箱形截面梁及单向受弯构件的箱形截面柱，其腹板限值可根据 H 形截面腹板采用。

4. 腹板的宽厚比可通过设置加劲肋减小。

5. 当 S5 级截面的板件宽厚比小于 S4 级经 ε_σ 修正的板件宽厚比时，可归属为 S4 级截面。ε_σ 为应力修正因子，$\varepsilon_\sigma = \sqrt{f/\sigma_{\max}}$。

（1）S1 级截面

S1 级截面可达全截面塑性，保证塑性铰具有塑性设计要求的转动能力，且在转动过程中承载力不降低，也可称为"一级塑性截面"或"塑性转动截面"。此时图 5.9 所示的曲线 1 可以表示其弯矩-曲率关系,ϕ_{p2} 一般要求达到 ϕ_p(塑性弯矩 M_p 除以弹性初始刚度得到的曲率)的 8~15 倍。

(2)S2 级截面

S2 级截面可达全截面塑性,但由于局部屈曲,塑性铰转动能力有限,称为"二级塑性截面"。此时的弯矩-曲率关系如图 5.9 所示的曲线 2,ϕ_{p1} 为 ϕ_p 的 2~3 倍。

(3)S3 级截面

S3 级截面翼缘全部屈服,腹板可发展不超过 1/4 截面高度的塑性,称为"弹塑性截面",作为梁时,其弯矩-曲率关系为如图 5.9 所示的曲线 3。

(4)S4 级截面

S4 级截面边缘纤维可达屈服强度,但由于局部屈曲而不能发展塑性,称为"弹性截面",作为梁时,其弯矩-曲率关系为如图 5.9 所示的曲线 4。

(5)S5 级截面

S5 级截面在边缘纤维达屈服应力前,腹板可能发生局部屈曲,称为"薄壁截面",作为梁时,其弯矩-曲率关系如图 5.9 所示的曲线 5。

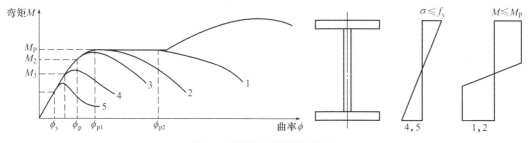

图 5.9 截面的分类及其转动能力

4)梁的抗弯强度计算公式

《钢结构设计标准》(GB 50017—2017)针对结构体系荷载情况、梁的截面形式以及梁的使用状态等因素,采用三种不同的设计方法。

(1)弹性设计方法

①直接承受动力荷载的梁。对于需要计算疲劳的梁,不考虑截面塑性发展。

②采用冷弯薄壁型钢的梁或格构式截面的梁绕虚轴弯曲时,由于截面几乎完全没有塑性发展潜力,故可按弹性工作阶段计算。

③受压翼缘外伸宽度与其厚度之比 b_1/t 在 $13\varepsilon_k \sim 15\varepsilon_k$ 之间的梁。这种较薄翼缘在塑性高应力下易于局部失稳,为保证受压翼缘局部稳定,梁的抗弯强度也应按弹性工作阶段计算。

(2)塑性设计方法

对不直接承受动力荷载的固端梁、连续梁等超静定梁,可采用塑性设计,即容许截面上的应力状态进入塑性阶段。利用钢梁的这种塑性特性,在某些特定的截面处设计成塑性铰,使结构体系内力分布趋于均匀,达到节约材料的目的。

(3)弹塑性设计方法

在进行梁的设计时,根据不同的规范要求,可以使梁的部分截面进入塑性,以此作为梁的承载能力极限状态。梁的抗弯强度要求梁的最大弯矩作用截面(或称危险截面)上的最大弯曲应力不超过强度设计值。

上述三种强度设计方法中,塑性设计法本书不做详细讨论,对于另外两种设计方法,《钢结构设计标准》(GB 50017—2017)采用以下通式,即梁的正应力计算公式为

单向弯曲梁:

$$\sigma \leqslant \frac{M_x}{\gamma_x W_{nx}} \leqslant f \tag{5.4}$$

双向弯曲梁:

$$\sigma \leqslant \frac{M_x}{\gamma_x W_{nx}} + \frac{M_y}{\gamma_y W_{ny}} \leqslant f \tag{5.5}$$

式中:M_x、M_y——绕 x 和 y 轴的弯矩设计值(对工字形截面,x 轴为强轴,y 轴为弱轴);

W_{nx}、W_{ny}——截面对 x 和 y 轴的净截面模量,当截面板件宽厚比等级为 S1、S2、S3 或 S4 级时,应取全截面模量,当截面板件的宽厚比等级为 S5 级时,应取有效截面模量,均匀受压翼缘有效外伸宽度可取 15 ε_k,腹板的有效宽度可按《钢结构设计标准》(GB 50017—2017)相关规定采用;

f——钢材抗弯强度设计值;

γ_x、γ_y——考虑梁的截面塑性区大小而引入的截面塑性发展系数,其值小于截面形状系数 F,不同截面的 γ 值的选用见表 5.2。

对工字形和箱形截面,当截面板件宽厚比等级为 S4 或 S5 级时,截面塑性发展系数应取 1.0;当截面板件宽厚比等级为 S1、S2 及 S3 级时,工字形截面(x 轴为强轴,y 轴为弱轴)的 γ_x = 1.05,γ_y = 1.20;箱形截面的 γ_x = γ_y = 1.05。对需要验算疲劳的梁,宜取 γ_x = γ_y = 1.0。其他截面应根据其受压板件的内力分布情况确定其截面板件宽厚比等级,不同截面塑性发展系数取值见表 5.2。

截面塑性发展系数　　　　表 5.2

截 面 形 式	γ_x	γ_y	截 面 形 式	γ_x	γ_y
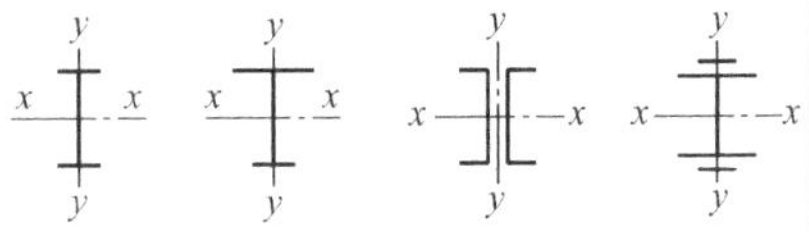 (工字形截面图示)	1.05	1.2	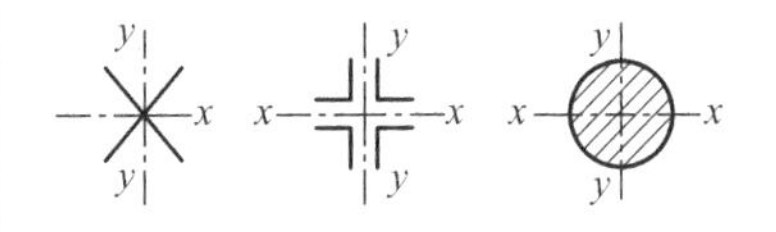 (十字形等截面图示)	1.2	1.2
(槽形、箱形截面图示)	1.05	1.05	(圆形截面图示)	1.15	1.15
(T形截面图示)	γ_{x1} = 1.05	1.2	(箱形截面图示)	1.0	1.05
(T形截面图示)	γ_{x2} = 1.2	1.05	(圆管等截面图示)	1.0	1.0

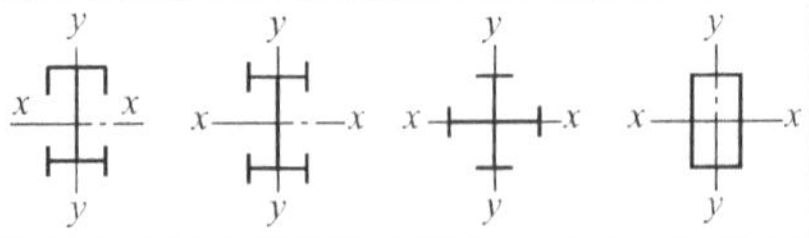

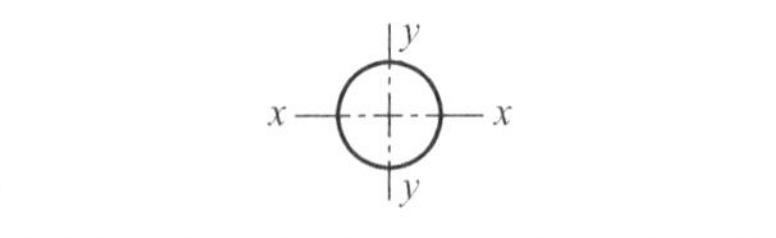

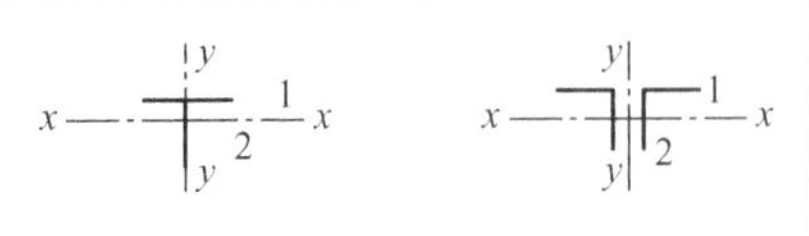

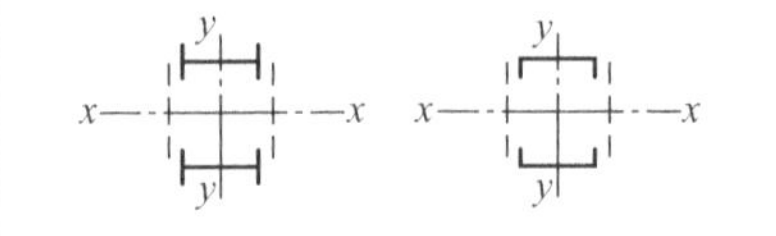

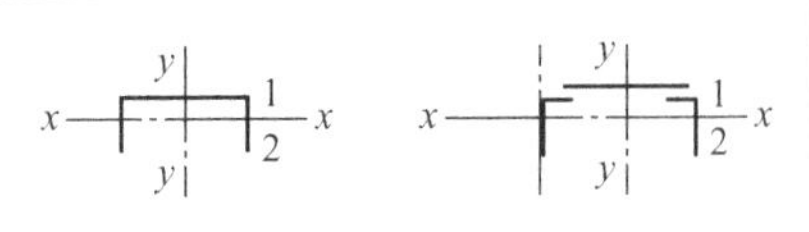

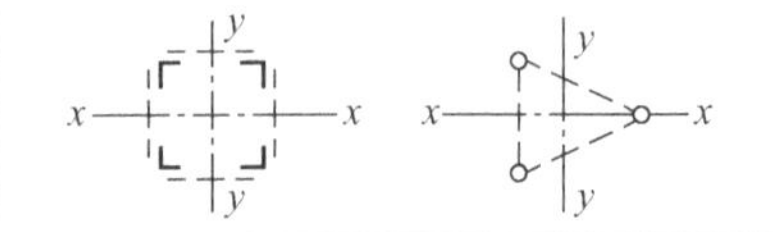

5) 梁的抗剪强度

实际工程中钢梁的截面通常为工字形、箱形或槽形。这些截面由于板件的高厚比或宽厚比均比较大,可视为薄壁截面。薄壁截面上的弯曲剪应力的分布可用截面的剪力流来描述,即假定剪应力大小沿壁厚均匀分布,剪应力的方向与各板件中心线一致,便形成剪力流,如图 5.10 绘出了工字形截面在竖向荷载作用下的剪力流变化情况,在截面上自由端剪应力为零,最大剪应力均发生在腹板中点。

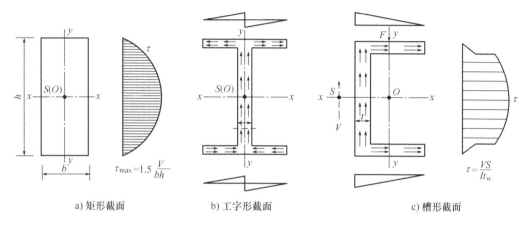

图 5.10 梁的剪应力分布

根据开口薄壁构件理论,受弯构件腹板的剪应力与材料力学所推导的矩形截面公式相同,在翼缘处不同。对于梁的抗剪强度,规定以最大剪应力达到所用钢材剪切屈服点作为抗剪承载力极限状态,则梁的抗剪强度计算公式为

$$\tau = \frac{V_y S_x}{I_x t_w} \leqslant f_v \tag{5.6}$$

式中:V_y——计算截面沿腹板平面作用的剪力设计值(N);

S_x——计算剪应力处以上(或以下)毛截面对中性轴的面积矩(mm^3);

I_x——毛截面惯性矩(mm^4);

t_w——构件腹板厚度(mm);

f_v——钢材抗剪强度设计值。

根据式(5.6),最大剪应力位于腹板中性轴处,工字形和槽形截面梁腹板上的剪应力分布如图 5.11 所示。

根据式(5.6),当梁的抗剪强度不足时,最有效的办法是增大腹板的面积,但腹板高度一般由梁的刚度条件和构造要求确定,故设计时通常采用加大腹板厚度的办法来增大梁的抗剪强度。

6) 局部承压强度

当梁在承受移动荷载或承受固定集中荷载(图 5.12)且该荷载作用处又未设置支承加劲肋时,荷载通过翼缘传至腹板,使之受压。腹板边缘在压力 F 作用点处产生的压应力最大,向两侧边则逐渐减小,其压应力的实际分布并不均匀,其分布应按弹性地基梁计算。在计算中假

定压力 F 均匀分布在一段较短的范围 l_z 之内。

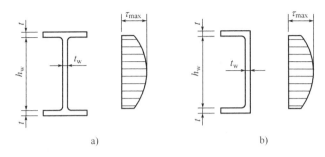

图 5.11 腹板上的剪应力分布

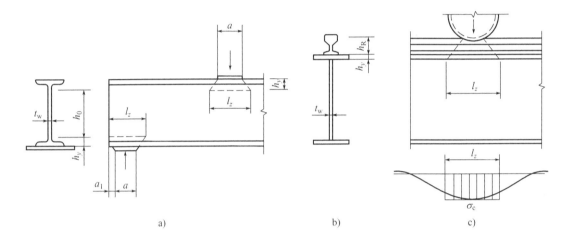

图 5.12 梁腹板的局部压应力

《钢结构设计标准》(GB 50017—2017)规定,腹板计算高度上边缘处应验算局部压应力,按下式计算

$$\sigma_c = \frac{\psi F}{t_w l_z} \leqslant f \tag{5.7}$$

式中:F——集中力设计值,对动力荷载应考虑动力系数;

ψ——动力荷载放大系数,对重级工作制吊车梁,$\psi = 1.35$,对其他梁 $\psi = 1.0$;

t_w——腹板厚度;

f——钢材抗压强度设计值。

l_z——集中荷载在腹板计算高度边缘的假定分布长度,应按照式(5.8a)计算,也可简化为式(5.8b)计算。

$$l_z = 3.25 \sqrt[3]{\frac{I_R + I_f}{t_w}} \tag{5.8a}$$

或

$$l_z = a + 5h_y + 2h_R \tag{5.8b}$$

式中：a——集中荷载沿梁跨度方向的支承长度(mm)，对吊车轮压可取为 50mm；

　　　h_y——自梁顶面到腹板计算高度处 h_0 边缘的距离；对焊接梁为 h_y 上翼缘厚度；对轧制工字形截面梁，h_y 为梁顶面到腹板过渡完成点之间的距离(mm)；

　　　h_R——轨道的高度，计算处无轨道时 $h_R = 0$(mm)；

　　　I_R——轨道绕自身形心轴的惯性矩(mm⁴)；

　　　I_f——梁上翼缘绕翼缘中面的惯性矩(mm⁴)；

　　　h_0——腹板的计算高度，对轧制型钢梁为腹板与上下翼缘相接处两内弧起点间的距离，对焊接组合梁为高度，对铆接(或高强度螺栓连接)组合梁，为上、下翼缘与腹板连接的铆钉(或高强度螺栓)线间的最近距离。

在梁的支座处，当不设置支承加劲肋时，也应按式(5.7)计算腹板的计算高度下边缘的局部压应力，但取 $\psi = 1.0$；支座集中反力的假定分布长度应根据支座具体尺寸按式(5.8b)计算。

当计算不能满足时，在固定集中荷载处(包括支座处)，应对腹板用支承加劲肋予以加强，并对支承加劲肋进行计算(详见本章)；对移动集中荷载，则只能修改梁截面，加大腹板厚度。对于上翼缘承受均布荷载的梁，因腹板上边缘局部压应力不大，不需要进行局部承压应力的验算。

7) 折算应力

在组合梁的腹板计算高度边缘处，若同时受有较大的正应力 σ、剪应力 τ 和局部压应力 σ_c(如连续梁的支座处或梁的翼缘截面改变处等)，应验算其折算应力。例如图 5.13 中受集中荷载作用的梁，在 1-1 截面处，弯矩及剪力均为最大值，这时该梁 1-1 截面腹板(计算高度)边缘 A 点处同时有正应力 σ、剪应力 τ，同时还有集中荷载引起的局部压应力 σ_c 的共同作用，为保证安全，应按下式验算其折算应力

$$\sqrt{\sigma^2 + \sigma_c^2 - \sigma\sigma_c + 3\tau^2} \leqslant \beta_1 f \tag{5.9}$$

式中：σ——验算点处的正应力，以拉应力为正，压应力为负，$\sigma = \dfrac{M}{I_{nx}}y$；

　　　τ——验算点处的剪应力，$\tau = \dfrac{VS}{I_x t_w}$；

　　　σ_c——验算点处的局部压应力，σ_c 以拉应力为正，以压应力为负，$\sigma_c = \dfrac{\psi F}{t_w l_z}$；

　　　M——验算截面上的弯矩；

　　　V——验算截面上的剪力；

　　　y——验算点至中性轴的距离；

　　　I_{nx}——净截面惯性矩；

　　　β_1——计算折算应力的强度设计值增大系数，《钢结构设计标准》(GB 50017—2017)规

定:当σ与σ_c异号时,取$\beta_1 = 1.2$;当σ与σ_c同号或$\sigma_c = 0$时,取$\beta_1 = 1.1$;

f——钢材抗拉强度设计值。

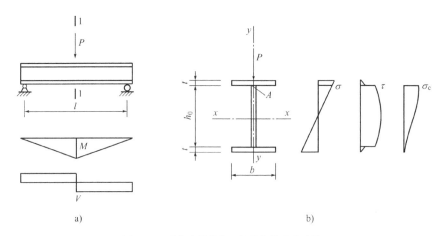

图5.13 受集中荷载作用梁的折算应力验算

式(5.9)中将强度设计值乘以增大系数β_1,是考虑到折算应力最大值只在局部区域出现,同时,几种应力在同一处都达到最大值且材料强度又同时为最低值的概率较小,故将设计强度适当提高。当σ与σ_c异号时,比σ与σ_c同号时要提早进入屈服,但这时塑性变形能力高,危险性相对较小,故取$\beta_1 = 1.2$;当σ与σ_c同号时,屈服延迟,但脆性倾向增加,故取$\beta_1 = 1.1$;当$\sigma_c = 0$时,则偏安全地取$\beta_1 = 1.1$。

如果局部压应力$\sigma_c = 0$,则式(5.9)简化为

$$\sqrt{\sigma^2 + 3\tau^2} \leqslant 1.1f \tag{5.10}$$

5.2.2 梁的刚度

《钢结构设计标准》(GB 50017—2017)规定结构构件或体系变形不得损害结构正常使用功能及观感,例如,如果楼盖梁或屋盖梁挠度太大,会引起居住者不适或面板开裂;支承吊顶的梁挠度太大,会引起吊顶抹灰开裂脱落;吊车梁挠度太大,会影响吊车正常运行等。因此,设计钢梁除应保证各项强度要求之外,还应满足刚度要求。

梁的刚度按正常使用状态下荷载标准值引起的挠度来衡量,《钢结构设计标准》(GB 50017—2017)中限制梁的挠度不超过规定的容许值,即

$$v \leqslant [v_T] \quad 或 \quad [v_Q] \tag{5.11}$$

式中: v——梁的最大挠度,按荷载的标准值(不考虑动力荷载系数)按力学方法求得的梁弹性状态时毛截面的最大挠度。

$[v_T]$、$[v_Q]$——梁的容许挠度,按表5.3取值。

梁的挠度可按材料力学和结构力学的方法计算,也可从结构静力计算手册中取用。受多个集中荷载的梁(如吊车梁、楼盖主梁等),其挠度的精确计算较为复杂,但与最大弯矩相同的均布荷载作用下的挠度接近。于是,可采用下列近似公式验算梁的挠度。

对受均布荷载的等截面简支梁

$$v = \frac{5}{384}\frac{q_k l^4}{EI_x} = \frac{5}{48}\frac{M_k l^2}{EI_x} \qquad (5.12a)$$

对受均布荷载的变截面简支梁

$$v = \frac{5}{48}\frac{M_k l^2}{EI_x}\left(1 + \frac{3}{25}\frac{I_x - I_{x1}}{I_x}\right) \qquad (5.12b)$$

式中：q_k——均布线荷载标准值；

M_k——荷载标准值产生的最大弯矩；

I_x——跨中毛截面惯性矩；

I_{x1}——支座附近毛截面惯性矩。

计算梁的挠度 v 值时，取用的荷载标准值应与表5.3规定的容许挠度值$[v_T]$、$[v_Q]$相对应。例如，对吊车梁，挠度 v 应按自重和起重量最大的一台吊车计算；对楼盖或工作平台梁，应分别验算全部荷载产生挠度和仅有可变荷载产生挠度。

受弯构件挠度容许值　　　　表5.3

项次	构件类别	挠度容许值	
		$[v_T]$	$[v_Q]$
1	吊车梁和吊车桁架（按自重和起重量最大的一台起重机计算挠度） (1) 手动起重机和单梁起重机（含悬挂起重机） (2) 轻级工作制桥式起重机 (3) 中级工作制桥式起重机 (4) 重级工作制桥式起重机	$l/500$ $l/750$ $l/900$ $l/1000$	— — — —
2	手动或电动葫芦的轨道梁	$l/400$	—
3	有重轨道（质量等于或大于38kg/m）的工作平台梁 有轻轨道（质量等于或大于24kg/m）的工作平台梁	$l/600$ $l/400$	—
4	楼（屋）盖梁、工作平台梁（第3项除外）和平台板 (1) 主梁或桁架（包括设有悬挂起重设备的梁和桁架） (2) 仅支承压型金属板屋面和冷弯型钢檩条 (3) 除支承压型金属板屋面和冷弯型钢檩条外，尚有吊顶 (4) 抹灰顶棚的梁 (5) 除(1)~(4)款外的其他梁（包括楼梯梁） (6) 屋盖檩条 　支承压型金属板屋面者 　支承其他屋面材料者 　有吊顶 (7) 平台板	$l/400$ $l/180$ $l/240$ $l/250$ $l/250$ $l/150$ $l/200$ $l/240$ $l/150$	$l/500$ — — $l/350$ $l/300$ — — — —
5	墙架构件（风荷载不考虑阵风系数） (1) 支柱（水平方向） (2) 抗风桁架（作为连续支柱的支承时，水平位移） (3) 砌体墙的横梁（水平方向） (4) 支承压型金属板（水平方向） (5) 支撑其他墙面材料的横梁（水平方向） (6) 带有玻璃窗的横梁（竖直和水平方向）	— — — — — $l/200$	$l/400$ $l/1000$ $l/300$ $l/100$ $l/200$ $l/200$

注：1. l 为受弯构件的跨度（对悬臂梁和伸臂梁为悬伸长度的2倍）。

2. $[v_T]$ 为永久和可变荷载标准值产生的挠度（如有起拱应减去拱度）的容许挠度值，$[v_Q]$ 为可变荷载标准值产生的挠度的容许挠度值。

3. 当吊车梁或吊车桁架跨度大于12m时，其挠度容许值$[v_T]$应乘以0.9的系数。

4. 当墙面采用延性材料或与结构采用柔性连接时，墙架构件的支柱水平位移容许值可采用$l/300$，抗风桁架（作为连接支柱的支撑时）水平位移容许值可采用$l/800$。

5.3 梁的整体稳定

5.3.1 梁整体稳定的概念

设计梁时,通常使梁在横向荷载作用下绕强轴发生弯曲,即在正常工作时,梁处于平面弯曲状态,且梁的剪切中心位于弯曲平面(最大刚度平面)内。如果没有适当的支撑体系阻止梁侧向弯曲和扭转,当荷载增加使梁内的弯矩达到一定数值时,梁可能会在未达到强度极限之前由平面弯曲状态变为侧向弯曲,并伴随扭转(图 5.14),从而丧失承载能力,这种现象称为梁的整体失稳(或梁的侧向弯扭失稳),这时梁内的最大弯矩称为临界弯矩。梁的临界弯矩与荷载的作用方式,梁的侧向弯曲刚度、扭转刚度以及梁的支撑条件等因素有关。梁的整体失稳具有突发性,所造成的后果是严重的。

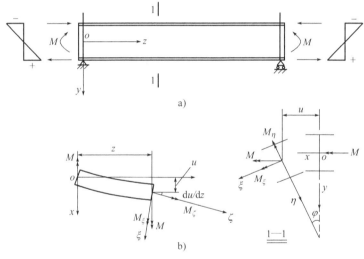

图 5.14 梁的整体失稳

工程中,一般把钢梁截面做成高而窄的形式。在受荷载方向刚度大而侧向刚度小,如果梁的侧向支承较弱(如仅在支座处有侧向支承),梁的弯曲会随荷载大小的不同而呈现两种截然不同的平衡状态。

下面以受纯弯矩作用的双轴对称工字形截面构件为例进行分析。构件两端部为简支约束,这里的简支约束是指沿截面两主轴方向的位移和绕构件纵轴的扭转变形在端部都受到约束,同时弯矩和扭矩为零。

荷载作用在其最大刚度平面内,梁在弯矩作用下上翼缘受压,下翼缘受拉,使梁犹如受压构件和受拉构件的组合体。对于受压的上翼缘可沿刚度较小的翼缘板平面外方向屈曲,但腹板和稳定的受拉下翼缘对其提供了此方向连续的抗弯和抗剪约束,使它不可能在这个方向上发生屈曲。当荷载较小时,梁的弯曲平衡状态是稳定的,当外荷载消失后,梁能恢复原来的弯曲平衡状态。此时受弯构件只在弯矩作用平面(弱轴与构件纵轴构成的平面)内发生挠曲变形 v。但当外荷载较大时,外荷载产生的翼缘压力使翼缘板只能绕自身的强轴发生平面内的屈曲,对整个梁来说上翼缘发生了侧向位移,产生侧向位移 u,同时带动相连的腹板和下翼缘发生侧向位移并伴有整个截面的扭转,产生扭转角 ψ,这时我们称梁发生了整体弯扭失稳或侧向失稳。梁维持其稳定平衡状态所承担的最大荷载或最大弯矩称为临界荷载或临界弯矩,对应的最大弯曲应力称为临界应力。

目前,梁的临界弯矩以弹性稳定理论为基础,并考虑梁的非弹性失稳、荷载作用方式、梁的截面特征和支撑约束等情况进行修正而得出的。

5.3.2 梁的扭转

1)截面的剪切中心

由于受弯构件在其平面外失去稳定的同时会发生侧向弯曲和扭转变形,因此有必要在讨论扭转对受弯构件的效应以前,先探讨一下薄壁截面的剪力流和剪切中心。受弯构件在横向荷载作用下都会产生弯曲剪应力。按照材料力学的计算方法,假定剪应力沿梁截面均匀分布。但对于槽钢截面或工字形受弯构件,其组成板件较薄,属于薄壁构件。薄壁截面剪应力计算理论宜采用剪力流理论。

按照剪力流理论,梁弯曲剪应力截面上的分布如图 5.15 所示。设其截面上作用剪力 V_y 和弯矩 M_x,根据公式 $\sigma = \dfrac{M_x y}{I_x}$,$\tau = \dfrac{V_y S_x}{I_x t}$ 分别作出弯曲正应力和剪应力的分布图,如图 5.15 c)、d)所示。其中 S_x 是随计算点位置不同变化的系数。对于翼缘部分,若翼缘厚度不变,则这部分面积对 x 轴的形心距为常数。所以,边缘至计算点的面积矩随点的移动而线性变化,剪应力在翼缘上的分布呈线性关系;对腹板部分,面积矩计算时与 y 坐标为平方关系,所以剪应力在腹板上呈抛物线关系分布。故对于单轴对称槽形截面,翼缘上剪应力的合力为零,但形成对形心的力矩,即

$$M_z = \frac{V_y bh}{2I_x} \times \frac{bt_f}{2} \times h$$

腹板中竖向剪应力的合力必然等于外剪力 V_y。此槽形截面中的三个剪力的总合力,大小为 V_y,方向与 y 轴平行,作用点 S 距腹板中心线为 e,则有 $V_y e = M_z$,即

$$e = \frac{b^2 h^2 t_f}{4I_x}$$

对于双轴对称截面梁(如图 5.10 所示的工字形截面梁),当横向荷载作用在形心轴上时,剪力流以形心轴对称,梁只产生弯曲,不产生扭转。对于单轴对称截面,当荷载作用在非对称轴的形心轴上时[如图 5.10c)所示的槽形截面梁],剪力流以形心轴非对称,梁除产生弯曲外,一般还伴随有扭转。当横向荷载 F 不通过截面的某一特定点 S 时,梁将产生弯曲并同时有扭转变形,若荷载逐渐平行地向腹板一侧移动到通过 S 点时,梁将只产生平面弯曲而不产生扭转,则 S 点是梁弯曲产生的剪力流的合力作用线通过点。这一作用点 S 称为剪力中心,也称为

弯曲中心或扭转中心。可以用同样的方法求出各种截面的剪力中心。

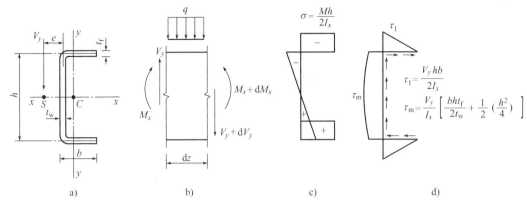

图 5.15 槽形截面的剪力分布图

对于双轴对称截面,剪力中心就是截面的形心;对于单轴对称截面,剪力中心在截面的对称轴上。当外荷载的作用线或外力矩作用面通过剪切中心时,梁只产生弯曲;若不通过剪切中心,梁在弯曲的同时还要扭转。由于扭转变形是绕剪切中心进行的,故剪切中心又称扭转中心。

剪切中心 S 的位置可根据截面内力的平衡求得,常用截面的剪切中心 S 的位置如图 5.16 所示。其位置有一些简单规律:

(1) 有对称轴的截面,S 在对称轴上。

(2) 双轴对称截面和点对称截面,如 Z 形截面[图 5.16a)~图 5.16b)]或十字形截面,S 与截面形心重合。

(3) 由矩形薄板相交于一点组成的截面,S 在交点处[图 5.16f)~h)],这是由于该种截面受弯时的全部剪力流都通过此交点,故总合力也必通过此交点。

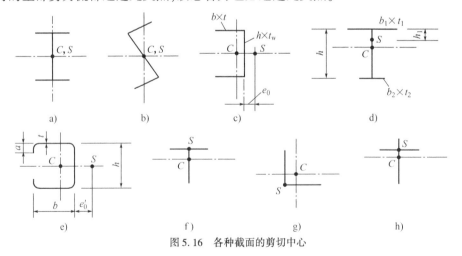

图 5.16 各种截面的剪切中心

2) 梁的扭转形式

当作用在梁上的剪力未通过剪切中心时,梁不仅产生弯曲变形,还将绕中心扭转。当扭转发生时,除圆形截面保持平面外,其他截面形式的构件由于截面上的纤维沿纵向伸长或缩短而使表面凹凸不平,截面不再保持平面,产生翘曲变形,称之为扭转。梁或者杆件的扭转取决于支撑条件和荷载情况,扭转的形式有自由扭转和约束扭转两种形式。

(1)自由扭转。

若等截面构件受到扭矩作用,但同时满足以下两个条件:第一,截面上受等值反向的一对扭矩作用;第二,构件端部截面的纵向纤维伸长或缩短不受约束,就是所谓的自由扭转,又称圣维南扭转。

自由扭转的特点是:

①沿杆件全长扭矩 M_t 相等,单位长度的扭转角 $\dfrac{d\varphi}{dz}$ 相等,并在各截面内引起相同的扭转剪应力分布(图 5.17)。

②纵向纤维扭转后成为略倾斜的螺旋线,较小时近似于直线,其长度没有改变,因而截面上不产生正应力,只有剪应力。

③对一般的截面(圆形、圆管形截面和某些特殊截面例外)情况,截面将发生翘曲,即原为平面的横截面不再保持平面而成为凹凸不平的截面。

④与纵向纤维长度不变相适应,沿杆件全长各截面将有不完全相同的翘曲情况。

图 5.17 梁的自由扭转

开口截面构件自由扭转时,截面上剪应力沿板件厚度呈线性分布(图 5.18),剪应力的方向与壁厚中心线平行,大小沿壁厚直线变化,在板件厚度的中央为零,两边缘处达到最大值。

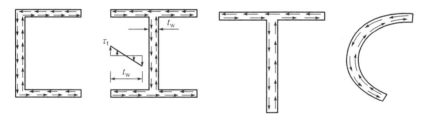

图 5.18 自由扭转剪应力

开口截面构件受扭时,板件边缘的剪应力可按下式计算

$$\tau = \frac{M_t t}{I_t} \tag{5.13}$$

式中:I_t——截面的相当极惯性矩,又称圣维南系数,对闭口截面的 I_t 按下式计算

$$I_t = \frac{4A_0^2}{\oint \dfrac{ds}{t}} \tag{5.14}$$

式中:$\oint \dfrac{ds}{t}$——对截面各板件厚度中线的闭路积分。

当为狭长矩形截面($b/t \geq 10$)时,其抗扭惯性矩为

$$I_t = \frac{1}{3}bt^3 \tag{5.15}$$

对由狭长矩形截面组成的开口截面,如工字形截面和T形截面等,根据理论和试验研究,可以看作由几个狭长截面组成,其抗扭惯性矩为

$$I_t = \eta \frac{1}{3}\sum_{i=1}^{n} b_i t_i^3 \tag{5.16}$$

式中:b_i——组成截面的各板件的宽度(或高度);

t_i——组成截面的各板件的厚度;

η——由截面形状决定的极惯性矩修正系数,对热轧型钢截面修正系数,考虑板间交接处的圆角时厚度局部增大,对槽钢,$\eta = 1.12$;T形钢,$\eta = 1.15$;工字形钢,$\eta = 1.29$;多板件组成的焊接组合截面,可近似取 $\eta = 1.0$。

由薄板组成的闭口截面构件自由扭转时,板件内剪应力沿壁厚方向可以认为是不变的,任意截面处剪应力可按下式计算

$$\tau = \frac{M_t}{2A_0 t} \tag{5.17}$$

式中:A_0——截面厚度中线所围成的面积。

自由扭转产生的截面剪应力的合力矩是用来平衡外扭矩的,记为 M_k,又称为圣维南扭矩,M_k 与扭转角 θ 的关系为

$$M_k = GI_t\theta \tag{5.18}$$

式中:θ——单位长度扭转角,$\theta = \frac{d\varphi}{dz}$,$\varphi$ 为扭转角;

G——材料剪切模量;

I_t——截面的抗扭惯性矩,也称为扭转常数,与截面上的剪应力分布有关。

自由扭转时 θ 为一常量,即 $\theta = \frac{\varphi}{l}$ 与纵坐标 z 无关,使用右手螺旋定律确定 M_k 正负号。

闭口截面的 I_t 按下式计算

$$I_t = \frac{4A^2}{\oint \frac{ds}{t}} \tag{5.19}$$

式中:$\oint \frac{ds}{t}$——对截面各板件厚度中线的闭路积分;对薄壁箱形截面 $\oint \frac{ds}{t} = 2\left(\frac{b}{t_1} + \frac{h}{t_2}\right)$,因此闭口截面的抗扭惯性矩计算公式为

$$I_t = \frac{4b^2 h^2}{2(b/t_1 + h/t_2)} \tag{5.20}$$

两个截面面积完全相同的工字形截面和箱形截面,经过计算其抗扭惯性矩之比约为1∶500,最大扭转剪应力之比约为30∶1,由此可见闭合箱形截面的抗扭能力远大于开口截面。

(2)约束扭转

当受扭构件不满足自由扭转的两个条件时,将会产生约束扭转。现以图5.19所示工字形截面悬臂构件为例加以说明。

如图 5.19 所示的双轴对称工字形截面悬臂梁,在悬臂端处受有外扭矩 M_T,使上、下翼缘向不同方向弯曲。由于悬臂端截面可自由翘曲,而固定端截面完全不能翘曲,因此中间各截面受到不同程度的约束,这就是约束扭转。约束扭转时构件纵向纤维发生弯曲,因此截面中必然产生正应力,称为翘曲正应力。由此伴生的弯曲剪应力,称为翘曲剪应力。

约束扭转具有以下特点:

①各截面有不同的翘曲变形,即两相邻截面间构件的纵向纤维因有伸长或缩短变形而有正应变,截面上将产生正应力,构件的纵向纤维必有弯曲变形,因而约束扭转又称弯曲扭转。这种正应力称为翘曲正应力或扇形正应力。

②由于各截面上有大小不同的翘曲正应力,为了与之平衡,截面上将产生剪应力,这种剪应力称为翘曲剪应力或扇形剪应力。这与受弯构件中各截面上有不同弯曲正应力时截面上必有弯曲剪应力的理由相同。

悬臂梁受扭后,产生绕梁纵轴的扭转角 θ,θ 是纵轴 z 的函数。设 θ 是微小变形,若梁截面外形的投影保持不变,由图 5.19 可知,构件上下翼缘分别有位移 u_1

$$u_1 = \frac{h}{2}\theta \tag{5.21}$$

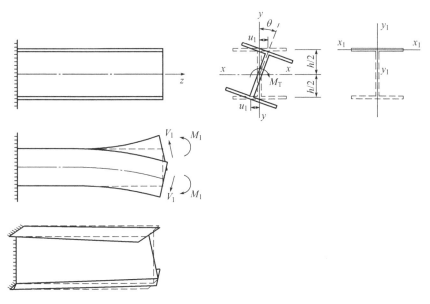

图 5.19 约束扭转

将一个翼缘作为独立的构件来考察,u_1 即是翼缘沿轴 x_1 的挠度,根据弯矩曲率的弯矩,在微小变形时,有

$$M_1 = -EI_1 u_1'' = -EI_1 \frac{h}{2}\theta'' \tag{5.22}$$

式中:I_1——一个翼缘对 y_1-y_1 轴的惯性矩;

M_1——作用在一个翼缘平面内的弯矩。

由于 θ 是随轴线 z 变化的,对一个翼缘存在着剪力

$$V_1 = \frac{dM_1}{dz} = -EI_1 \frac{h}{2}\theta''' \tag{5.23}$$

上下两个翼缘存在着等值反向的弯矩 M_1，虽然这两者的合力矩等于零，但分别存在于截面的不同部位，是一个客观存在的自平衡力系。将这一力矩定义为双力矩 B_ω，在约束扭转的工字形截面中，有

$$B_\omega = M_1 h = -EI_1 \frac{h^2}{2}\theta'' = -E\frac{b^3 h^2 t_f}{24}\theta'' \tag{5.24}$$

将上式中关于截面几何特征的量定义为 I_ω，即

$$I_\omega = \frac{b^3 h^2 t_f}{24} \tag{5.25}$$

式中：I_ω——扇性惯性矩或截面翘曲扭转系数。双力矩 B_ω 可以表示为

$$B_\omega = -EI_\omega \theta'' \tag{5.26}$$

两个翼缘上的弯矩等值反向，从而两个翼缘上的剪力也等值反向，剪力的合力为零，但是对于截面的剪力中心，则形成扭矩，即

$$M_\omega = -EI_1 \frac{h^2}{2}\theta''' \tag{5.27}$$

或

$$M_\omega = -EI_\omega \theta''' \tag{5.28}$$

式中：M_ω——约束扭矩或翘曲扭矩。

上式对于开口截面都是适用的，约束扭矩也称为瓦格纳(Wagner)扭矩。

以上推导中采用了截面外形在平面内投影保持不变的假定，这称为"刚性周边假定"。事实上，一维弯曲问题中的平截面假定在这里已变得不适合，这是因为约束扭转时，构件截面已不再保持为平面，这就是所谓的"翘曲"。

以上推导以工字形截面为特例进行说明。在其他截面中，关于 B_ω、M_ω 虽不能如工字形那么直观，但式(5.26)和式(5.27)具有普遍意义。

(3)扭转平衡方程

当构件非自由扭转时，外扭矩将由截面上的圣维南扭矩和瓦格纳扭矩共同平衡，即

$$M_k + M_\omega = M_z \tag{5.29}$$

$$GI_t \theta' - EI_\omega \theta''' = M_z \tag{5.30}$$

找出满足上述微分方程及其边界条件的解，求出位移函数 θ 后，可得到各个截面上的 M_k、M_ω 及 B_ω，从而求出截面上的应力。

(4)翘曲应力

双力矩和约束扭矩分别引起截面上的正应力和剪应力，又称为翘曲正应力和翘曲剪应力，其计算公式分别为

$$\sigma_\omega = \frac{B_\omega \omega}{I_\omega} \tag{5.31a}$$

$$\tau_\omega = \frac{M_\omega S_\omega}{I_\omega t} \tag{5.31b}$$

式中：ω——应力计算点的扇性坐标；扇性坐标是表示正截面上一点的几何位置的一个几何量，可用下式定义：

$$\omega = \int_0^\rho \rho(s)\mathrm{d}s \tag{5.32}$$

$\rho(s)$——从剪力中心出发到 s 的有向线段；在计算点 s 所在的板件厚度中线作切线，$\rho(s)$ 是至该切线的垂直线，如图 5.20 所示。

I_ω——截面扇性抵抗矩；

S_ω——扇性面积矩，可用下式计算：

$$S_\omega = \int_0^\rho \omega \mathrm{d}A \tag{5.33}$$

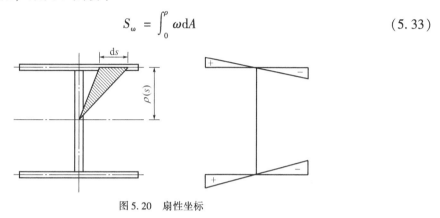

图 5.20　扇性坐标

5.3.3　梁的弹性临界弯矩

实际工程中要保证钢梁在横向荷载作用下不丧失整体稳定，只要使梁上产生的最大弯矩不大于梁整体失稳时的临界弯矩 M_{cr} 或边缘纤维屈服弯矩 M_y 或弯矩最大值 M_u 即可，即满足 $M_{max} \leq M_{cr}$ 或 M_y 或 M_u。

下面对理想受弯构件在弹性阶段的临界弯矩 M_{cr} 进行分析。

1）梁的整体稳定临界弯矩

先通过分析一种简单梁（理想平直双轴对称等截面单向纯弯简支梁）的弹性整体稳定问题，阐述受弯构件整体稳定的基本理论和公式，然后再分析不同的荷载类型、支承条件以及截面形式时受弯构件整体稳定的情况。

图 5.21 为一两端简支双轴对称工字形截面纯弯曲梁，梁两端各受力矩 M 作用，弯矩沿长度均匀分布。所谓简支就是符合夹支条件，支座处截面可自由翘曲，能绕 x 轴和 y 轴转动，但不能绕 z 轴转动，也不能侧向移动。下面按弹性杆件的随遇平衡理论进行分析，在微小弯曲变形和扭转变形的情况下建立微分方程。

分析时采用以下基本假定：构件为理想平直杆，且为弹性体。弯曲和扭转时构件截面形状不变；构件的侧扭变形是微小的，梁变形后力偶矩与原梁方向平行。构件为等截面且无缺陷；在弯矩作用平面内的刚度很大，屈曲前变形对弯扭屈曲的影响忽略不计。

设固定坐标为 x、y、z，弯矩 M 达到一定数值，梁产生整体失稳变形后，相应的移动坐标为 x'、y'、z'，截面形心在 x、y 轴方向的位移为 u、v，截面扭转角为 φ。在图 5.21a)和图 5.21b)中，

弯矩用双箭头向量表示,其方向按向量的右手规则确定。在 $y'z'$ 平面内,梁在最大刚度平面内弯曲,其弯矩的平衡方程为

$$EI_x \frac{d^2 v}{dz^2} = M'_x = -M \tag{5.34a}$$

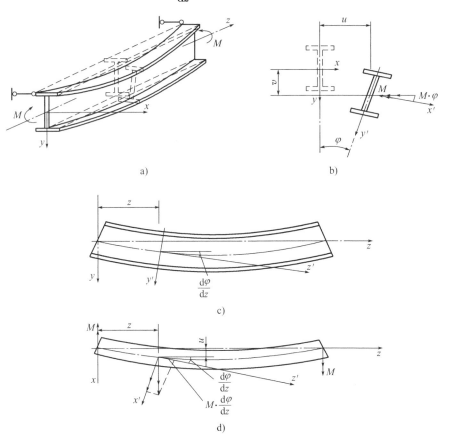

图 5.21 梁的整体失稳

在 $x'z'$ 平面内,梁为侧向弯曲,根据材料力学弯矩与曲率关系和开口薄壁杆件约束扭转的计算公式得截面弯矩的平衡方程为

$$EI_y \frac{d^2 u}{dz^2} = -M'_y = -M \cdot \varphi \tag{5.34b}$$

由于梁端夹支,中部任意截面扭转时,纵向纤维发生了弯曲,属于约束扭转。由式(5.34)得此扭转的微分方程为

$$-EI_\omega \frac{d^3 \varphi}{dz^3} + GI_t \frac{d\varphi}{dz} = M \frac{du}{dz} \tag{5.34c}$$

以上方程中,式(5.34a)可独立求解,它是沿最大刚度平面的弯曲问题,与梁的弯扭屈曲无关。式(5.34b)、式(5.34c)具有两个未知数值 u 和 φ,必须联立求解。将式(5.34c)再微分一次,并利用式(5.34b)消去 $\dfrac{du^2}{dz^2}$,将式(5.34b)再微分两次,则得到只有未知数 φ 的弯扭屈曲微分方程。

将式(5.34b)再微分两次得：

$$EI_y u'''' + M \varphi'' = 0 \quad (5.35)$$

将式(5.34c)再微分一次,可得微分方程为

$$EI_\omega \varphi'''' [(2\beta_y M_x + GI_t - \overline{R}) \varphi'] + M u'' = 0 \quad (5.36)$$

将式(5.36)代入式(5.35)后消去 u'',可得

$$EI_\omega \varphi'''' - GI_t \varphi'' - \left(\frac{M^2}{EI_y}\right) \varphi = 0 \quad (5.37)$$

也可写成 $\varphi^{(4)} - 2k_1 \varphi'' - k_2 \varphi = 0$,以便于求解微分方程,设

$$k_1 = \frac{GI_t}{2EI_\omega}, \quad k_2 = \frac{M}{EI_y EI_\omega} \quad (5.38)$$

将此求解可得四阶导数的通解为

$$\begin{cases} \varphi = C_1 \sin\lambda_1 z + C_2 \cos\lambda_2 z + C_3 \sin\lambda_1 z + C_4 \cos\lambda_2 z \\ \lambda_1 = \sqrt{\sqrt{k_1^2 + k_2} - k_1} \\ \lambda_2 = \sqrt{\sqrt{k_1^2 + k_2} + k_1} \end{cases} \quad (5.39)$$

式中: C_1、C_2、C_3、C_4——积分常数,可由梁的边界条件确定。

一般梁端截面不能扭转翘曲,则当 $z = 0$ 和 $z = 1$ 时, $\varphi' = \varphi'' = 0$,代入边界条件后可得齐次线性方程组,即

$$C_2 + C_4 = 0 \quad (5.40)$$

$$- C_2 \sin\lambda_1 + C_4 \lambda_2^2 = 0 \quad (5.41a)$$

$$C_1 \sin\lambda_1 l + C_2 \cos\lambda_2 l + C_3 \sin\lambda_1 l + C_4 \cos\lambda_2 l = 0 \quad (5.41b)$$

$$- C_1 \lambda_1^2 \sin\lambda_1 l + C_2 \lambda_1^2 \cos\lambda_1 l + C_3 \sin\lambda_1 l + C_4 \cos\lambda_2 l = 0 \quad (5.41c)$$

解得 $C_2 = C_3 = C_4 = 0$ 和 $C_1 \sin\lambda_1 l = 0$,其非零解为 $\sin\lambda_1 l = 0$,可得 λ_1 的最小通解为 $\lambda_1 = \frac{\pi}{l}$,将 k_1 和 k_2 代入后并整理可得

$$M_{cr} = \frac{\pi^2 EI_y}{l^2} \sqrt{\frac{I_\omega}{I_y} + \frac{l^2 GI_t}{\pi^2 EI_y}} \quad (5.42)$$

式(5.42)即为纯弯曲时双轴对称工字形截面简支梁整体稳定的临界弯矩。可见,影响临界弯矩大小的因素包括侧向弯曲刚度 EI_y、扭转刚度 GI_t、翘曲刚度 EI_ω 以及梁的侧向无支撑跨度 l。

2) 单轴对称工字形截面梁的临界弯矩

单轴对称工字形截面的剪切中心 S 与形心不重合,承受横向荷载时梁的平衡状态微分方程不是常数,因而不可能有准确的解析解,只能有数值解和近似解。对于单轴对称工字形截面简支梁(图5.15),不同边界条件,不同荷载作用下的临界弯矩 M_{cr} 可用能量法求出。其弯扭屈曲时的临界弯矩的近似解为

$$M_{cr} = \beta_1 \frac{\pi^2 EI_y}{l^2} \left[\beta_2 a + \beta_3 \beta_y + \sqrt{(\beta_2 a + \beta_3 \beta_y)^2 + \frac{I_\omega}{I_y}\left(1 + \frac{GI_t l^2}{\pi^2 EI_\omega}\right)} \right] \quad (5.43)$$

式中：EI_y、GI_t、EI_ω——分别为截面侧向抗弯刚度、自由扭转刚度和翘曲刚度。

a——横向荷载作用点至剪切中心 S 的距离，荷载在剪切中心以上时取负值，反之取正值。

l_y——受压翼缘的计算长度，对跨中无侧向支撑点的梁为其跨度，对跨中有侧向支撑点的梁为受压翼缘侧向支撑点间的距离（梁的支座处视为有侧向支撑）。

β_y——单轴对称截面的一种几何特性，坐标原点取截面形心，纵坐标指向受拉翼缘为正，$\beta_y = \frac{1}{2I_x}\int_A y(x^2 + y^2)\mathrm{d}A - y_0$。当截面为双轴对称时，$\beta_y = 0$；当为加强受压翼缘工字形截面时，$\beta_y$ 为正值；当为加强受拉翼缘时，β_y 为负值。

y_0——剪切中心至形心的纵坐标，$y_0 = -\frac{I_2 h_2 - I_1 h_1}{I_y}$。当双轴对称时，$y_0 = 0$；当为单轴对称工字形截面时，取正值；剪切中心在形心之下时，取负值；剪切中心在形心之上时，取正值；h_1 和 h_2 为受压翼缘和受拉翼缘形心至整个截面形心的距离；I_1 和 I_2 分别为受压翼缘和受拉翼缘对 y 轴的惯性矩，$I_y = I_1 + I_2$。

I_t——截面抗扭刚度，$I_t = \frac{\eta}{3}\sum b_i t_i^3$。

I_ω——截面扇性惯性矩，$I_\omega = \frac{I_1 I_2}{3}h^2$。

β_1、β_2、β_3——随荷载形式、荷载作用点位置及支座情况而异的系数，随荷载类型而异，其值见表5.4。

系数 β_1、β_2、β_3 的取值　　　　　　　　　　表 5.4

荷 载 情 况	β_1	β_2	β_3
纯弯矩	1.00	0	1.00
全跨均布荷载	1.13	0.46	0.53
跨度中点一个集中荷载	1.35	0.55	0.40

3）影响稳定承载力的因素

通过简支梁整体临界弯矩公式可以看到影响稳定承载力大小的因素主要有以下几种。

（1）荷载种类

由于引起梁整体失稳的原因是梁在弯矩作用下产生了压应力，梁在三种类型荷载（纯弯矩、全跨均布荷载和跨中一个集中荷载）作用下的弯矩分布如图 5.22a）所示，可见梁受压翼缘和腹板的压应力随弯矩图分别为矩形、抛物线与三角形。由于梁的侧向变形总是从压应力最大处开始的，其他压应力小的截面将对压应力最大的截面的侧向变形产生约束，因此，纯弯曲对梁的整体稳定最不利，均布荷载次之，而跨中一个集中荷载较为有利。若沿梁跨分布有多个集中荷载，其影响将大于跨中一个集中荷载而接近于均布荷载的情况。梁抵抗弯扭屈曲能力按纯弯矩→均布荷载→跨中一个集中荷载的顺序增大。

(2) 荷载作用点位置

如图 5.22b) 所示,当荷载作用在梁的受压翼缘时,荷载对梁截面的扭矩有加大作用因而降低梁的整体稳定性能;当荷载作用在梁的受拉翼缘时,荷载对梁截面的扭矩有减小作用,因而提高了梁的整体稳定性能。

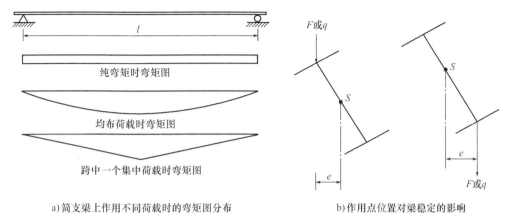

a) 简支梁上作用不同荷载时的弯矩图分布　　　b) 作用点位置对梁稳定的影响

图 5.22　荷载种类和作用点位置对梁稳定性的影响

(3) 梁的截面形式

从前面的分析可知,在最大刚度平面内受弯的钢梁,其整体失稳是以弯扭变形的形式出现的。因此,梁的侧向抗弯刚度 EI_y 和抗扭刚度 EI_t 较强的截面将有利于提高其整体稳定性。另外,如图 5.23 所示,对于同一种截面形式,加强受压翼缘时比加强受拉翼缘有利;加强受压翼缘时截面的剪心位于截面形心之上,减小了截面上荷载作用点至剪心距离(即扭矩)的力臂,从而减小了扭矩,提高了构件的整体稳定承载力。

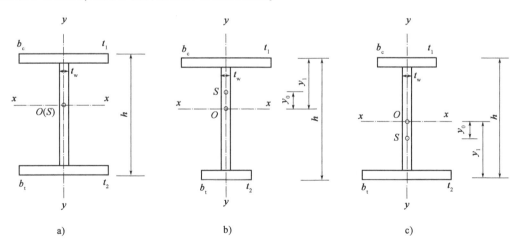

图 5.23　梁的截面形式对梁稳定性影响

(4) 侧向支撑点间距 l_1

由于梁的整体失稳变形包括侧向弯曲和扭转,因此,沿梁的长度方向设置一定数量的侧向支撑就可以有效地提高梁的整体稳定性。侧向支撑点的位置对提高梁的整体稳定性也有很大影响。如果只在梁的剪心 S 处设置支撑,只能阻止梁的 S 点发生侧向移动,而不能有效地阻止截面扭转,效果不理想。如果在梁的受压翼缘设置支撑,效果就好得多,因为梁整体失稳的起因在于受压翼缘的侧向变形,因此,阻止该翼缘侧移,扭转也就不会发生。如果在梁的受拉翼缘设置支撑,效果最差,因为它既不能有效地阻止侧移,也不能有效地阻止扭转。

(5)梁的支承情况

两端支承条件不同,其抵抗弯扭屈曲的能力也不同,约束程度越强则抵抗弯扭屈曲能力越强,故其整体稳定承载力按固端梁→简支梁→悬臂梁的顺序减小。要达到提高梁整体稳定性的目的,关键措施是增强梁受压翼缘的抗侧移刚度及抗扭转刚度,当满足一定条件时,就可以保证在梁强度破坏之前不会发生梁的整体失稳,可以不必验算梁的整体稳定。从基本概念出发,采用加侧向支撑、减小侧向支撑点间距 l_1、或增大截面受压翼缘的宽度 b_1(同时也可以提高侧向抗弯刚度)的措施,可减小 l_1/b_1 值而有效地提高整体稳定承载力。采用抗扭刚度较大的截面形式如闭口薄壁截面,或将开口薄壁截面增大 b_1,可有效提高梁的抗扭转刚度。

符合下列情况之一时,可不计算梁的整体稳定性:

①有铺板(各种钢筋混凝土板和钢板)密铺在梁的受压翼缘上并与其牢固相连,能阻止梁受压翼缘的侧向位移时。

②箱形截面梁一般不易产生弯扭屈曲,当满足以下条件时,不必验算梁的整体稳定。

$$\frac{h}{b_0} \leq 6 \quad 且 \quad l_1/b_0 \leq 95\varepsilon_k^2$$

5.3.4 梁的整体稳定实用算法

钢结构中,为保证梁不发生整体弯扭失稳,需满足 $M_{max} \leq M_{cr}$,若用应力的形式表示,则要求梁中最大弯曲应力 σ_{max} 不超过临界弯矩产生的临界应力 σ_{cr},即

$$\sigma_{max} = \frac{M_{max}}{W_x} \leq \sigma_{cr} = \frac{M_{cr}}{W_x} \tag{5.44}$$

考虑材料抗力分项系数 γ_R 后可得

$$\sigma = \frac{\sigma_{cr}}{\gamma_R} = \frac{\sigma_{cr}}{f_y} \times \frac{f_y}{\gamma_R} = \varphi_b f \tag{5.45}$$

也可写为

$$\varphi_b = \frac{\sigma_{cr}}{f_y} = \frac{M_{cr}}{W_x f_y} \tag{5.46}$$

《钢结构设计标准》(GB 50017—2017)中采用的整体稳定计算公式为

梁单向弯曲时

$$\frac{M_x}{\varphi_b W_x f} \leq 1.0 \tag{5.47}$$

梁双向弯曲时,采用经验公式

$$\frac{M_x}{\varphi_b W_x f} + \frac{M_y}{\gamma_y W_y f} \leq 1.0 \tag{5.48}$$

式中:M_x——绕强轴作用的最大弯矩;

M_y——绕弱轴作用的最大弯矩;

W_x——按受压纤维确定的梁毛截面模量;当截面板件宽厚比等级为 S1、S2、S3 或 S4 级时,应采用全截面模量;当截面板件宽厚比等级为 S5 级时,应采用有效截面模量,均匀受压翼缘有效外伸宽度可取 $15\varepsilon_k$,腹板有效截面可按《钢结构设计标准》(GB 50017—2017)相关规定采用;

φ_b——梁的整体稳定系数,$\varphi_b = \dfrac{\sigma_{cr}}{f_y}$。

关于式(5.48)的注意事项:

①双向弯曲临界应力比单向弯曲低;

②γ_y 是为适当降低第二项的影响,而不是绕 ω 轴容许发展塑性;

③此式在形式上与压弯构件相同。

不同的截面形式采用不同的整体稳定系数,下面分别讨论《钢结构设计标准》(GB 50017—2017)中的整体稳定系数 φ_b 的计算方法。

(1)焊接工字形等截面简支梁的 φ_b

对于常用的焊接工字形等截面梁,截面形式主要有双轴对称的工字形截面、加强受压翼缘的工字形截面及加强受拉翼缘的工字形截面三种,其整体稳定临界弯矩按式(5.42)和式(5.43)计算,则其整体稳定系数分别为

$$\varphi_{b0} = \frac{\sigma_{cr}}{f_y} = \frac{M_{cr}}{W_x f_y} = \frac{\pi^2 E I_y}{l^2 W_x f_y} \sqrt{\frac{l_\omega}{l_y} + \frac{l_y^2 GI_t}{\pi^2 E I_y}} \tag{5.49}$$

$$\varphi_b = \frac{\sigma_{cr}}{f_y} = \frac{M_{cr}}{W_x f_y} = \beta_1 \frac{\pi^2 E I_y}{l_y^2 W_x f_y} \left[\beta_2 a + \beta_3 \beta_y + \sqrt{(\beta_2 a + \beta_3 \beta_y)^2 + \frac{I_\omega}{I_y}\left(1 + \frac{GI_t l_y^2}{\pi^2 E I_\omega}\right)} \right] \tag{5.50}$$

由于采用式(5.49)和式(5.50)计算工作量大,《钢结构设计标准》(GB 50017—2017)推荐采用简化的计算方法,具体如下:

将式(5.49)的 φ_{b0} 近似作为 φ_b 的基本公式,而把其他荷载和约束情况下的 φ_b 等效为 φ_{b0},即将 φ_b 与纯弯简支梁 φ_{b0} 的比值记为 $\beta_b = \dfrac{\varphi_b}{\varphi_{b0}}$,则 φ_b 可写成通用表达式,即

$$\varphi_b = \beta_b \varphi_{b0} \tag{5.51}$$

式中:β_b——等效弯矩系数,取值见附表 3-1。

①β_y 的计算。

$$\beta_y = -\frac{1}{2I_x} \int_A y(x^2 + y^2) \mathrm{d}A - y_0 \tag{5.52}$$

β_y 中有积分项和常数项 y_0,一般两项均为正值(加强受压翼缘)或为负值(加强受拉翼缘)或为零(双轴对称截面),其中积分项一般比 y_0 小很多,故可取 $\beta_y \approx y_0$。

为此引入系数 α_b 和 η_b,其中 $\alpha_b = \dfrac{I_1}{I_y}$,为受压上翼缘 $b_1 t_1$ 沿 y 轴的惯性矩 I_1 与全截面惯性矩 $I_y = I_1 + I_2$ 的比值;η_b 为截面的不对称影响系数。

对于双轴对称的工字形截面:$\eta_b = 0$

对于单轴对称的工字形截面:

加强受压翼缘 $\eta_b = 0.8(2\alpha_b - 1)$ ［图 5.23b)］
加强受拉翼缘 $\eta_b = 2\alpha_b - 1$ ［图 5.23c)］
则

$$\beta_y \approx y_0 = -\frac{I_2 h_2 - I_1 h_1}{I_y} = \frac{I_1(h_1 + h_2) - h_2(I_1 + I_2)}{I_y} = \alpha_b h - h_2 = \frac{\eta_b h}{2} \quad (5.53)$$

②截面的自由扭转惯性矩简化为 $I_t = \frac{1}{3}At_1^2$。

③截面的翘曲惯性矩 $I_\omega = \frac{I_1 I_2}{I_y} h^2 = \alpha_b(1 - \alpha_b) I_y h^2$。

其中，$\frac{I_y}{l^2} = \frac{A}{\lambda_y^2}$，$E = 2.06 \times 10^5 \text{N/mm}^2$，$\frac{E}{G} = 2.6$，$f_y = 235 \text{N/mm}^2$。

将以上数值代入式(5.50)可得焊接工字形截面简支梁的整体稳定系数计算公式为

$$\varphi_b = \beta_b \frac{4320}{\lambda_y^2} \times \frac{Ah}{W_x} \left[\sqrt{1 + \left(\frac{\lambda_y t_1}{4.4h}\right)^2} + \eta_b \right] \varepsilon_k \quad (5.54)$$

式中：A——梁毛截面面积；

t_1——受压翼缘厚度。

这就是受纯弯曲的双轴对称焊接工字形截面简支梁的整体稳定系数计算公式。

上述稳定系数是按弹性理论得到的，只适用于梁在弹性受力阶段的整体失稳计算，即 $\sigma_{max} = \frac{M_{max}}{W_x} \leq f_p$，($f_p$ 为钢材的弹性极限) 或 $\varphi_b = \frac{\sigma_{cr}}{f_y} \leq \frac{f_p}{f_y}$。当 $\sigma_{max} \geq f_p$ 或 $\varphi_b \geq \frac{f_p}{f_y}$ 时，相当于 $\varphi_b > 0.6$，此时梁已经进入弹塑性工作状态，这时的临界弯矩、临界应力以及整体稳定系数均比弹性稳定理论计算的数值小，杆件的整体稳定临界力显著降低，因此求得 $\varphi_b > 0.6$ 时，为弹塑性阶段的失稳。根据理论分析和试验结果，考虑初弯曲、初偏心及残余应力的影响，应对稳定系数加以修正，即采用 φ_b' 替 φ_b，φ_b' 的计算公式为

$$\varphi_b' = 1.07 - \frac{0.282}{\varphi_b} \leq 1.0 \quad (5.55)$$

(2)轧制普通工字形钢简支梁的 φ_b

轧制普通工字形钢简支梁由于其翼缘有斜坡，且在腹板与翼缘板交接处为圆角，因此其截面特性不能按照焊接组合工字形截面计算。考虑到工字钢为国家标准，尺寸规格统一，因此可将其整体稳定系数 φ_b 计算后制成表格以方便查阅，φ_b 见附表 3.2。注意，若查表得到的 $\varphi_b \geq 0.6$，也应采用 φ_b' 代替 φ_b。

(3)轧制槽钢简支梁的 φ_b

轧制槽钢简支梁是单轴对称截面，其理论整体稳定系数的计算比较复杂，实际近似采用简化计算方法，偏于安全地不分荷载形式和荷载作用点在截面高度上的作用位置，均可按式(5.56)计算，同样当算得到的 $\varphi_b \geq 0.6$ 时，仍采用 φ_b' 代替 φ_b，得

$$\varphi_b = \frac{570bt}{l_1 h} \varepsilon_k^2 \quad (5.56)$$

式中：h、b、t——槽钢截面的高度、翼缘宽度和平均厚度。

(4)纯弯曲受弯构件整体稳定系数 φ_b 的近似计算(当 $\lambda_y \leq 120\varepsilon_k$ 时)

对于受均布弯矩作用的(纯弯曲)构件,当 λ_y 较小时,受弯构件均在弹性阶段发生屈曲,大多数构件满足 $\varphi_b > 0.7$,则其整体稳定系数 φ_b 可近似按下列公式计算。

①工字形截面

双轴对称时

$$\varphi_b = 1.07 - \frac{\lambda_y^2}{44000\varepsilon_k} \leq 1.0 \qquad (5.57)$$

单轴对称时

$$\varphi_b = 1.07 - \frac{W_x}{(2\alpha_b + 0.1)Ah} \times \frac{\lambda_y^2}{14000\varepsilon_k} \leq 1.0 \qquad (5.58)$$

式中:W_x——截面最大受压纤维的毛截面模量。

②T形截面(弯矩作用在对称平面,绕 x 轴弯曲)

对于弯矩使翼缘受压的双角钢 T 形截面

$$\varphi_b = 1 - 0.0017\frac{\lambda_y}{\varepsilon_k} \qquad (5.59)$$

对于部分 T 型钢和两块板组成的 T 形截面

$$\varphi_b = 1 - 0.0022\frac{\lambda_y}{\varepsilon_k} \qquad (5.60)$$

当弯矩使翼缘受拉时且腹板宽厚比不大于 $18\varepsilon_k$ 时

$$\varphi_b = 1 - 0.0005\frac{\lambda_y}{\varepsilon_k} \qquad (5.61)$$

③箱形截面

$$\varphi_b = 1.0 \qquad (5.62)$$

式(5.57)~式(5.61)中的 φ_b 已经考虑了非弹性屈曲问题,因此当计算得到的 $\varphi_b > 0.6$ 时,可不必再修正;但当 $\varphi_b > 1.0$ 时,应取 $\varphi_b = 1.0$。

在实际工程中,梁的整体稳定性常由其上的铺板或支撑来保证,需要验算的情况一般不多,式(5.57)~式(5.61)主要用于压弯构件在弯矩作用平面外的稳定性计算中。实际中还需要注意:以上整体稳定系数的计算公式均是根据梁的端部截面不产生扭转变形(扭转角等于零)得到的。因此在梁端处必须采用构造措施提高抗扭刚度,以防止梁端部截面扭转,否则梁的整体稳定性会降低。

5.4 组合梁的局部稳定

设计钢梁时,为了提高梁的强度和刚度,常选用高而薄的腹板;为了增加梁的整体稳定,选用宽而薄的翼缘板。因此,组合梁的翼缘和腹板都是薄板,在外力作用下如果设计不当,则在梁中最大应力还未达到屈服强度及全梁尚未整体失稳之前,其翼缘或腹板有可能偏离其平面

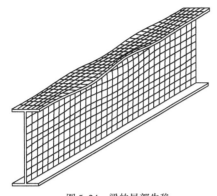

图 5.24 梁的局部失稳

位置,出现局部翘曲(图 5.24),这种现象称为梁丧失局部稳定或梁的局部失稳。翼缘板产生局部失稳后退出工作,使截面的有效部分减小,从而降低了梁的抗弯强度、整体稳定和刚度,导致梁丧失承载能力;腹板产生局部失稳后,通常会引起腹板内力重分布,梁还能继续承受更大的荷载,但会使梁容易发生扭转并侧向失稳。影响梁局部稳定的因素主要有板的受力情况、板边的支承条件及材料性能等。

腹板的局部稳定性问题,其实质是组成梁的矩形截面薄板在弯曲正应力 σ、剪应力 τ 和集中力产生的局部压应力 σ_c 等作用下的屈曲问题,板在各种应力作用下保持稳定所能承受的最大应力称为临界应力。

按照薄板理论,四边简支板在上述三种应力单独作用下发生局部失稳时的临界应力可统一表示为

$$\sigma_{cr}(\tau_{cr},\sigma_{cr,c}) = \chi k \frac{\pi^2 \sqrt{\eta} E}{12(1-v^2)} \left(\frac{t}{b}\right)^2 \tag{5.63}$$

式中:E、v——钢材的弹性模量与泊松比。

t、b——板的厚度、宽度或板的高度。

k——板的屈曲系数,与板的应力状态和支承情况有关。各种情况下的 k 值如表 5.5 所列。

η——弹性模量修正系数(考虑薄板处于弹塑性状态时板材降低为切线模量且为正交异性板),当为弹性屈曲时,$\eta = 1$。

$$\eta = \frac{E_t}{E} \tag{5.64}$$

χ——板支承边的弹性约束系数,考虑板件不是同时屈曲,板件之间存在的相互约束作用,具体取值在后文中讲解。

各种情况下板的屈曲系数 k 表 5.5

项次	支承情况	应力状态	屈曲系数 k	说　明
1	四边简支	两平行边均匀受压	$k_{min} = 4.0$	a、b 为板边长,a 为板自由边长
2	三边简支,一边自由	两平行简支边均匀受力	$k_{min} = 0.425 + (b/a)^2$ 标准取 0.43	
3	四边简支	两平行边受弯	$k_{min} = 23.9$	
4	两平行边简支,另外两边固定	两平行简支边受弯	$k_{min} = 39.6$	
5	四边简支	一边局部受压	当 $a/b \leq 1.5$ 时,$k = (7.4 + 4.5b/a)(b/a)$ 当 $a/b > 1.5$ 时,$k = (11 - 0.9b/a)(b/a)$	a、b 为板边长,a 为与压应力方向垂直的边长
6	四边简支	四边均匀受剪	当 $a/b \leq 1$ 时,$k = 4.0 + 5.34(b/a)^2$ 当 $a/b > 1$ 时,$k = 5.34 + 4.0(b/a)^2$	a、b 为板边长,b 为短边长

将 $E = 206 \times 10^3 \text{N/mm}^2$，$\nu = 0.3$ 代入式(5.63)中，得到

$$\sigma_{\text{cr}}(\tau_{\text{cr}}, \sigma_{\text{cr,c}}) = 18.6\chi\sqrt{\eta}k\left(\frac{100t}{b}\right)^2 \tag{5.65}$$

由式(5.65)和表5.5屈曲系数可见，矩形薄板的屈曲临界应力除了与其受应力、支承情况和板的长宽比(a/b)有关外，还与板的宽厚比(b/t)的平方成正比；但是其与钢材的强度无关，采用高强度钢材并不能提高板的局部稳定性能。

以下分别讨论梁的翼缘和腹板的局部稳定问题以及如何保证其局部稳定的措施。

5.4.1 受压翼缘板的局部稳定

梁的受压翼缘被腹板分成两个长条矩形板，与腹板焊连的一长边及与竖向加劲肋焊连短边均可看成为简支边，另一长边为自由边(图5.25)。忽略应力沿翼缘板厚度的变化，板视为均匀受压。这种情况与H形轴心压杆的翼缘板的局部稳定基本相同，可视为在两边(简支边)的均匀压力下工作，对工字形截面的翼缘板，可视为三边简支、一边自由的薄板，其屈曲系数可由表5.5查得 $k_{\min} = 0.425 + (b/a)^2$ (取 $b/a \to 0$)。由于支承翼缘板的腹板一般较薄，对翼缘板的约束较小，因此取弹性约束系数 $\chi = 1.0$。为了能充分发挥材料的强度，应使翼缘板的临界应力不低于材料的屈服强度，从而保证翼缘不丧失局部稳定。

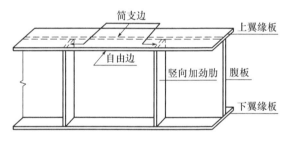

图 5.25 梁受压翼缘的支承情况

因此，《钢结构设计标准》(GB 50017—2017)规定，对梁的受压翼缘板仍采取限制板伸出肢宽厚比的办法来保证其局部稳定性。

在弯矩作用下，梁有弹性和塑形两种极限状态，当按弹性极限状态计算时(塑性发展系数 $\gamma_x = 1.0$)梁的受压翼缘的边缘纤维最大应力为 f_y，忽略翼缘板厚度上应力的变化，可近似取 f_y；根据单向均匀受压板的临界应力公式[见第4章式(4.53)]，考虑到残余应力的影响，板实际上已进入弹塑性阶段，弹性模量已经降低，《钢结构设计标准》(GB 50017—2017)近似取 $\sqrt{\eta} = 2/3 \approx 0.7$ 代替 E 计算临界应力，并要求 σ_{cr} 不低于屈服点 f_y，即 $\sigma_{\text{cr}} \geq f_y$，要求梁达到强度极限状态之前，翼缘不会局部失稳。代入式(5.65)可得

$$\sigma_{\text{cr}} = 18.6 \times \frac{2}{3} \times 0.425 \times \left(\frac{100t}{b_1}\right)^2 \geq f_y \tag{5.66a}$$

式中：b_1——翼缘板的自由外伸宽度，对于工字形梁，取 $b_1 = (b - t_w)/2$，将 $E = 206 \times 10^3 \text{N/mm}^2$ 及 $\nu = 0.3$ 代入式(5.66a)并简化后，可得保证梁翼缘板局部稳定的条件为

$$\frac{b_1}{t} \leq 15\sqrt{\frac{235}{f_y}} = 15\varepsilon_k \tag{5.66b}$$

因此弹性设计时(截面宽厚比等级为 S4 级)采用式(5.66)防止翼缘板的局部失稳。

当考虑弹塑性时,截面部分发展塑性变形(塑性发展系数 $\gamma_x > 1.0$),受压翼缘板整个截面厚度上的应力均可达到屈服强度 f_y,弹性模量已经降低为 $E_t = \sqrt{\eta} E$,《钢结构设计标准》(GB 50017—2017)近似取 $0.5E$ 代替 E,同理,由 $\sigma_{cr} \geq f_y$ 可得

$$\sigma_{cr} = 18.6 \times 0.5 \times 0.425 \times \left(\frac{100t}{b_1}\right)^2 \geq f_y \tag{5.67}$$

则弹塑性极限状态下翼缘的宽厚比要求为

$$\frac{b_1}{t} \leq 13\sqrt{\frac{235}{f_y}} = 13\varepsilon_k \tag{5.68}$$

按照此方法可求得全截面不同状态下翼缘板的宽厚比限值。由此可得保证翼缘局部稳定的要求为:

①当截面板件宽厚比等级为 S1 级时,可达全截面塑性,翼缘宽厚比要求最严格,必须满足

$$\frac{b_1}{t} \leq 9\sqrt{\frac{235}{f_y}} = 9\varepsilon_k$$

②当截面板件宽厚比等级为 S2 级时,也可达全截面塑性,但由于局部屈曲,塑性铰转动能力有限,称为"二级塑性截面",翼缘宽厚比要求满足

$$9\varepsilon_k \leq \frac{b_1}{t} \leq 11\varepsilon_k$$

③当截面板件宽厚比等级为 S3 级时,为弹塑性截面,此时 $\gamma_x > 1.0$,翼缘宽厚比要求满足

$$11\varepsilon_k \leq \frac{b_1}{t} \leq 13\varepsilon_k$$

④当截面板件宽厚比等级为 S4 级时,为弹性截面,受弯强度计算时,$\gamma_x = 1.0$,翼缘宽厚比可适当放宽,要求满足

$$13\varepsilon_k \leq \frac{b_1}{t} \leq 15\varepsilon_k$$

⑤当箱形截面梁在两腹板之间的受压翼缘板的宽度为 b_0,厚度为 t 时,相当于四边简支单向均匀受压板,屈曲系数 $k = 4.0$。令弹性约束系数 $\chi = 1.0$,取 $\sqrt{\eta} = 1.0$,由 $\sigma_{cr} \geq f_y$ 可得箱形截面受压翼缘板在两腹板之间的无支承宽度 b_0 与其厚度 t 的比值应满足的局部稳定要求。

$$\frac{b_0}{t} = \sqrt{\frac{k\pi^2 E}{12(1-v^2)f_y}} \tag{5.69}$$

因此可得箱形截面梁壁板(腹板)间翼缘板宽厚比限值按表 5.6 要求计算。

箱形截面梁壁板(腹板)间翼缘板宽厚比限值　　表 5.6

宽厚比等级	S1	S2	S3	S4
宽厚比限值	$25\varepsilon_k$	$32\varepsilon_k$	$37\varepsilon_k$	$42\varepsilon_k$

5.4.2 腹板的局部稳定

1) 腹板局部失稳的形态

组合梁腹板的受力比较复杂,主要受有梁弯曲产生的弯曲正应力 σ、剪应力 τ 和翼缘上集中力产生的局部压应力 σ_c 等。腹板上通常布置有加劲肋,因而,腹板被加劲肋分成若干个矩形板件。为简化计算,各板件的边界条件可假设为四边简支。

图 5.26 所示的是四边简支矩形板在分别受到对边压应力、弯曲应力、局部压应力及剪应力作用下,当应力达到临界值时发生凹凸变形的情况。在弯曲正应力单独作用下,腹板的失稳形式如图 5.26a) 所示,凸凹波形的中心靠近其压应力合力的作用线。在局部压应力单独作用下,腹板的失稳形式如图 5.26b) 所示,产生一个靠近横向压应力作用边缘的鼓曲面。在剪应力单独作用下,腹板在 45°方向产生主应力,主拉应力和主压应力在数值上都等于剪应力。在主压应力作用下,腹板失稳形式如图 5.26c) 所示,为大约 45°方向倾斜的凸凹波形。

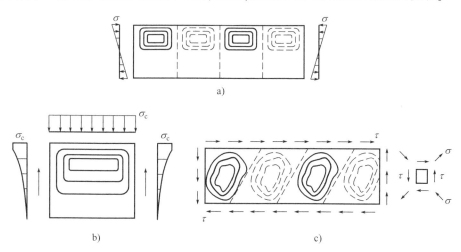

图 5.26　四边简支矩形板的局部失稳现象

为了提高腹板的局部稳定性,就是要提高其屈曲临界应力。由式(5.63)可见,在板的支承条件一定时,增加板的厚度、减小板的边长是提高临界应力的有效措施。在腹板厚度不变的情况下,合理地布置加劲肋就能够保证腹板的局部稳定。

加劲肋有横向加劲肋(有时称竖向加劲肋)、纵向加劲肋(有时称水平加劲肋)和短加劲肋。横向加劲肋主要防止由剪应力和局部压应力可能引起的腹板失稳,纵向加劲肋主要防止由弯曲压应力可能引起的腹板失稳,短加劲肋主要防止由局部压应力可能引起的腹板失稳。梁腹板应该配置哪一种加劲肋才能保证局部稳定,这主要取决于梁腹板的应力状态和腹板的高厚比。

设置加劲肋后腹板被分割成若干区格,为了验算各腹板区格的局部稳定性,首先讨论梁腹板在剪应力、弯曲正应力和局部压应力单独作用下的临界应力,然后利用各种应力同时作用下的临界条件验算各区格的局部稳定性。

2) 梁腹板在剪应力、弯曲正应力和局部压应力单独作用下的临界应力

与梁的整体稳定一样,在纵向弯曲应力、局部横向应力或剪应力作用下,板件有弹性阶段、弹塑性阶段和塑性阶段屈曲三种情形。因此,应区分板件的屈曲状态,以便确定相应的局部稳定临界应力。

为了简捷直观并考虑非弹性工作和初始缺陷的影响,国际工程界通行的方式是引入一个参数——通用高厚比,来区分板件的屈曲状态,并用其表达板件相应的临界应力。《钢结构设计标准》(GB 50017—2017)也采用了这种方法。

通用高厚比用符号 λ 表示,其定义为:板件在各种应力作用下的通用高厚比的平方,等于各种作用应力对应的材料屈曲强度与板件在相应应力单独作用下的弹性屈曲临界应力的比值。

(1) 腹板在纯弯曲应力作用下的临界应力

根据弹性薄板稳定理论,纯弯曲应力作用下的四边支承板,考虑嵌固影响,其临界应力可表示为

$$\sigma_{cr} = \frac{\chi k \pi^2 E}{12(1-\nu^2)} \left(\frac{t_w}{h_0}\right)^2 \tag{5.70}$$

当腹板简支于翼缘时,即为四边简支板,其屈曲系数查表 5.5 为 $k=23.9$。实际上,梁腹板和受拉翼缘相连接的边缘转动受到很大约束,基本上属于完全固定;而受压翼缘对腹板的约束作用除与受压翼缘本身的刚度有关外,还和是否有能够阻止它扭转的构件有关。当连有刚性铺板或焊有钢轨时,上翼缘不能扭转,腹板上边缘近于固定,无刚性构件连接时则介于固定和铰支之间。翼缘对腹板的约束作用由嵌固系数来考虑,即把四边简支板的临界应力乘以 χ。

《钢结构设计标准》(GB 50017—2017)对受压翼缘扭转受到约束和未受约束两种情况,分别取 $\chi=1.66$ 和 $\chi=1.23$,前者相当于上下固定约束,后者相当于上部未约束、下部固定约束。将嵌固系数 χ 和屈曲系数代入临界应力式(5.70),得腹板在纯弯曲应力作用下弹性临界应力为

受压翼缘扭转有约束:

$$\sigma_{cr} = 737 \left(\frac{100 t_w}{h_0}\right)^2 \tag{5.71a}$$

受压翼缘扭转无约束:

$$\sigma_{cr} = 547 \left(\frac{100 t_w}{h_0}\right)^2 \tag{5.71b}$$

由式(5.71)可看出,在纯弯曲应力作用下的弹性临界应力,仅与板的高厚比 h_0/t_w 的平方成正比而与板长无关,故当设置加劲肋时,纵向加劲肋是提高 σ_{cr} 的有效手段,而横向加劲肋无效。

我国《钢结构设计标准》(GB 50017—2017)引入了国际上通行的通用高厚比作为参数来计算临界应力,在弯曲情况下它的表达式为

$$\lambda_b = \sqrt{\frac{f_y}{\sigma_{cr}}} \tag{5.72}$$

在式(5.72)中分别代入临界应力式(5.71a)、式(5.71b),可得如下的通用高厚比

当梁受压翼缘扭转受到约束时

$$\lambda_b = \frac{2h_c/t_w}{177} \frac{1}{\varepsilon_k} \tag{5.73a}$$

当梁受压翼缘扭转未受到约束时

$$\lambda_b = \frac{2h_c/t_w}{153} \frac{1}{\varepsilon_k} \tag{5.73b}$$

式中：h_c——腹板弯曲受压区高度，双轴对称截面取 $2h_c = h_0$。

由通用高厚比的定义可知，弹性阶段腹板临界应力 σ_{cr} 与 λ_b 的关系曲线如图 5.27 中所示的 ABEG 线，它与 $\sigma_{cr} = f_y$ 的水平线交于 E 点，相应的 $\lambda_b = 1$。图中的 ABEF 线是理想情况下弹塑性板的 $\sigma_{cr} - \lambda_b$ 曲线。

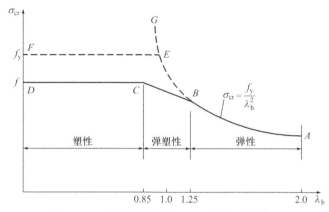

图 5.27 纯弯曲时临界应力与通用高厚比关系曲线

我国《钢结构设计标准》(GB 50017—2017)考虑实际情况中的各种因素，对纯弯曲下腹板区格的临界应力曲线采用如图 5.27 中的 ABCD 实线。考虑到存在有残余应力和几何缺陷，把塑性范围缩小到 $\lambda_b \leq 0.85$，弹性范围则推迟到 $\lambda_b = 1.25$ 开始，则 $0.85 < \lambda_b < 1.25$ 属于弹塑性过渡范围，其间的临界应力由两界点间直线式表达。因此，《钢结构设计标准》(GB 50017—2017)给出临界应力三个公式，分别适用于塑性、弹塑性和弹性范围

当 $\lambda_b \leq 0.85$ 时

$$\sigma_{cr} = f \tag{5.74a}$$

当 $0.85 \leq \lambda_b \leq 1.25$ 时

$$\sigma_{cr} = [1 - 0.75(\lambda_b - 0.85)]f \tag{5.74b}$$

当 $\lambda_b \geq 1.25$ 时

$$\sigma_{cr} = \frac{1.1f}{\lambda_b^2} \tag{5.74c}$$

式中：λ_b——按照式(5.73)采用；

f——钢材的强度设计值。

以上三个公式在形式上都与钢材强度的设计值 f 相关，但式(5.74c)中的 f 乘以系数 1.1 后相当于 f_y，即不计抗力分项系数，这主要是为了适当考虑腹板的屈曲后强度。

(2)腹板在剪应力作用下的临界应力

当腹板四周只受均布剪应力 τ 作用时，板内呈 45°斜方向的主应力，并在主压应力作用下

屈曲,故屈曲时呈大约45°斜向的波形凹凸[图5.26c)],弹性屈曲时的剪切临界应力表达式为

$$\tau_{cr} = \frac{\chi k \pi^2 E}{12(1-\nu^2)} \left(\frac{t_w}{h_0}\right)^2 \tag{5.75}$$

翼缘对腹板有一定的约束作用,其约束程度与应力状态及腹板和翼缘的刚度比有关。根据试验分析,承受剪应力的腹板,可取嵌固系数$\chi = 1.23$,其屈曲系数k见表5.5中的第六项,即

当$a/b \leq 1$时　　　　　　　$k = 4.0 + 5.34(b/a)^2$
当$a/b > 1$时　　　　　　　$k = 4.0(b/a)^2 + 5.34$

式中:a、b——腹板区段的长度与宽度(此处$b = h$)。

将其一并代入临界应力通式(5.75),可得腹板在剪应力作用下的弹性临界应力τ_{cr}为

当$\dfrac{a}{h_0} \leq 1$时

$$\tau_{cr} = 23\left[4.0 + 5.34\left(\frac{h_0}{a}\right)^2\right]\left(\frac{100 t_w}{h_0}\right)^2 \tag{5.76a}$$

当$\dfrac{a}{h_0} > 1$时

$$\tau_{cr} = 23\left[5.43 + 4\left(\frac{h_0}{a}\right)^2\right]\left(\frac{100 t_w}{h_0}\right)^2 \tag{5.76b}$$

由式(5.76)可看出,在纯剪应力作用下的弹性临界应力不仅与板的长高比a/h_0有关,还与板的高厚比(h_0/t_w)的平方成正比。因此当设置加劲肋时,可看出横向加劲肋是提高τ_{cr}的有效手段,当设纵向加劲肋时,τ_{cr}将随h_0的改变也会有一定变化。

由通用高厚比的定义可知抗剪计算用的通用高厚比λ_s

$$\lambda_s = \sqrt{\frac{f_{vy}}{\tau_{cr}}} \tag{5.77}$$

当$\dfrac{a}{h_0} \leq 1$时

$$\lambda_s = \frac{\dfrac{h_0}{t_w}}{37\eta \sqrt{4 + 5.34\left(\dfrac{h_0}{a}\right)^2}} \cdot \frac{1}{\varepsilon_k} \tag{5.78a}$$

当$\dfrac{a}{h_0} > 1$时

$$\lambda_s = \frac{\dfrac{h_0}{t_w}}{37\eta \sqrt{5.34 + 4\left(\dfrac{h_0}{a}\right)^2}} \cdot \frac{1}{\varepsilon_k} \tag{5.78b}$$

式中:a——横向加劲肋的间距,当跨中无中间横向加劲肋时,可取$\dfrac{a}{h_0} = \infty$;

η——对于简支梁，η 取 1.1，对于框架梁梁端最大应力区，η 取 1。

《钢结构设计标准》(GB 50017—2017)用 $1.1f_v$ 代替 f_{vy}，则弹性临界应力可表达为

$$\tau_{cr} = 1.1 f_v / \lambda_s^2 \tag{5.79}$$

与弯曲应力相同，剪切临界应力 τ_{cr} 有三个计算公式，分别用于塑性、弹塑性和弹性范围，则 τ_{cr} 分别按下列方法计算：

当 $\lambda_s \leq 0.8$ 时

$$\tau_{cr} = f_v \tag{5.80a}$$

当 $0.8 \leq \lambda_s \leq 1.2$ 时

$$\tau_{cr} = [1 - 0.59(\lambda_s - 0.8)] f_v \tag{5.80b}$$

当 $\lambda_s > 1.2$ 时

$$\tau_{cr} = 1.1 \frac{f_v}{\lambda_s^2} \tag{5.80c}$$

当腹板不设加劲肋时，此时 $a \to \infty$，则 $k = 5.34$。若要使 $\tau_{cr} = f_v$，则 λ_s 不应超过 0.8；由式(5.78b)可得高厚比限值为

$$\frac{h_0}{t_w} = 0.8 \times 41 \sqrt{5.34} \varepsilon_k = 75.8 \varepsilon_k \tag{5.81}$$

实际区格中的平均剪应力一般低于钢材的屈服强度 f_y，规定限值为 $80\varepsilon_k$，当腹板高厚比不满足上式要求时，应设置横向加劲肋。

(3) 腹板在局部压力作用下的临界应力

当梁上有比较大的集中荷载而无支承加劲肋时，腹板边缘承受的局部压应力较大[图 5.26b)]，板可能因此而产生屈曲。其临界应力仍可表示为

$$\sigma_{c,cr} = \frac{\chi k \pi^2 E}{12(1-\nu^2)} \left(\frac{t_w}{h_0}\right)^2 \tag{5.82}$$

其嵌固系数为

$$\chi = 1.81 - 0.255 \frac{h_0}{a} \tag{5.83}$$

其屈曲系数 k 见表 5.5，由于屈曲系数和嵌固系数的乘积 χk 极其繁复，为了简化计算公式，采用了函数的相互拟合方法，《钢结构设计标准》(GB 50017—2017)规定将 χk 简化为

$$\chi k = \begin{cases} 10.9 + 13.4 \left(1.83 - \dfrac{a}{h_0}\right)^3 & \left(0.5 \leq \dfrac{a}{h_0} < 1.5\right) \\ 18.9 - 5 \dfrac{a}{h_0} & \left(1.5 \leq \dfrac{a}{h_0} < 2.0\right) \end{cases} \tag{5.84}$$

把 χk 值代入式(5.82)即可计算局部均匀压应力作用下的临界应力。则局部压应力计算用的通用高厚比为

$$\lambda_c = \sqrt{\frac{f_y}{\sigma_{c,cr}}} = \frac{\frac{h_0}{t_w}}{28\sqrt{\chi k}} \cdot \frac{1}{\varepsilon_k} \tag{5.85}$$

将 χk 值代入式(5.85)可得

当 $0.5 \leqslant \dfrac{a}{h_0} \leqslant 1.5$ 时

$$\lambda_c = \frac{\frac{h_0}{t_w}}{28\sqrt{10.9 + 13.4\left(1.83 - \frac{a}{h_0}\right)^3}} \cdot \frac{1}{\varepsilon_k} \tag{5.86}$$

当 $1.5 < \dfrac{a}{h_0} \leqslant 2.0$ 时

$$\lambda_c = \frac{h_0/t_w}{28\sqrt{18.9 - 5\dfrac{a}{h_0}}} \cdot \frac{1}{\varepsilon_k} \tag{5.87}$$

《钢结构设计标准》(GB 50017—2017)采用的临界应力 $\sigma_{c,cr}$ 与 σ_{cr}、τ_{cr} 相似,也分为三段进行计算,即

当 $\lambda_c \leqslant 0.9$ 时

$$\sigma_{c,cr} = f \tag{5.88a}$$

当 $0.9 < \lambda_c \leqslant 1.2$ 时

$$\sigma_{c,cr} = [1 - 0.79(\lambda_c - 0.9)]f \tag{5.88b}$$

当 $\lambda_c > 1.2$ 时

$$\sigma_{c,cr} = 1.1\frac{f}{\lambda_c^2} \tag{5.88c}$$

3)梁的矩形薄板在应力 σ、τ、σ_c 共同作用下的屈曲

实际腹板中常同时存在应力 σ、τ,有时还有 σ_c,因此,必须考虑它们对腹板屈曲的联合效应,其稳定计算要采用综合考虑三种应力共同作用的近似经验稳定相关公式。

腹板的局部稳定设计方法为:首先根据规范,按构造要求布置加劲肋,然后计算各区格板的各种应力和相应的临界应力,使其满足稳定条件。

如前所述,横向加劲肋对提高梁腹板在支座附近剪力较大板段的临界应力是有效的,并可作为纵向加劲肋的支承。纵向加劲肋对提高梁腹板在跨中弯矩较大板段的临界应力特别有效,短加劲肋常用于局部压应力较大的情况。

经过以上分析,对直接承受动力荷载的吊车梁及类似构件,或其他不考虑屈曲强度的组合梁,为保证组合梁腹板的局部稳定性,应按下列原则布置腹板加劲肋:

①当 $h_0/t_w \leqslant 80\varepsilon_k$ 时,对有局部压应力($\sigma_c \neq 0$)的梁,应按构造配置横向加劲肋;但对于无

局部压应力（$\sigma_c=0$）的梁，可不配置加劲肋。

②当 $h_0/t_w > 80\varepsilon_k$ 时，应配置横向加劲肋。其中，当 $h_0/t_w > 170\varepsilon_k$（受压翼缘受到约束，如连有刚性铺板、制动板或有钢轨时）或 $h_0/t_w > 150\varepsilon_k$（受压翼缘未受到约束时），或按计算需要时，应在弯曲应力较大区格的受压区增配纵向加劲肋。局部压应力很大的梁，必要时尚应在受压区配置短加劲肋。

任何情况下，h_0/t_w 均不应超过 $250\varepsilon_k$，这主要是为了避免腹板过薄，产生过大的焊接翘曲变形，因而此限制与钢材的种类无关。

此处 h_0 为腹板的计算高度（对单轴对称梁，当确定是否要配置纵向加劲肋时，h_0 应取腹板受压区高度 h_c 的 2 倍）。

③梁的支座处和上翼缘受有较大固定集中荷载处，亦设置加劲肋。

一般横向加劲肋经济合理间距为 $0.5h_0 \leq a \leq 2h_0$，对无局部压应力的梁，当 $h_0/t \leq 100\varepsilon_k$ 时可采用 $2.5h_0$；纵向加劲肋应设在弯曲压应力较大部位，一般 $h_1 = h_0/4 \sim h_0/5$ 处，当采用短加劲肋时，短加劲肋的最小间距为 $0.75h_1$。

4) 腹板局部稳定的计算

计算腹板的局部稳定时，通常先初步布置加劲肋，再计算各区格板的平均作用应力和相应的临界应力，使其满足稳定条件。若不满足（不足或太富裕），再调整加劲肋间距，重新计算。以下介绍各种加劲肋配置时的腹板稳定计算方法。

（1）仅配置横向加劲肋

在相邻两个横向加劲肋之间的腹板区格，同时承受弯曲正应力 σ、剪应力 τ 和一个边缘压应力 σ_c 的共同作用（图 5.28），稳定条件可采用下式计算

$$\left(\frac{\sigma}{\sigma_{cr}}\right)^2 + \frac{\sigma_c}{\sigma_{c,cr}} + \left(\frac{\tau}{\tau_{cr}}\right)^2 \leq 1 \tag{5.89}$$

式中：σ——所计算腹板区格内，由平均弯矩产生的腹板计算高度边缘的弯曲压应力；

τ——所计算腹板区格内，由平均剪力产生的腹板平均剪应力，应按照 $\tau = V/(h_w t_w)$，h_w、t_w 为腹板的高度和厚度；

σ_c——腹板边缘的局部压应力，应按式 $\sigma_c = F/(l_z t_w)$ 计算。

σ_{cr}、$\sigma_{c,cr}$ 和 τ_{cr} 分别为在 σ、σ_c 和 τ 单独作用下板的临界应力。分别按式（5.74）、式（5.88）和式（5.80）计算。

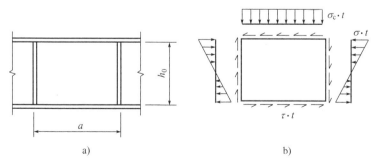

图 5.28　仅配置横向加劲肋的腹板

(2) 同时配置横向加劲肋和纵向加劲肋

同时配置横向加劲肋和纵向加劲肋时,腹板将被分隔成区格 I 和 II(图 5.29),应分别计算这两个区格的局部稳定性。

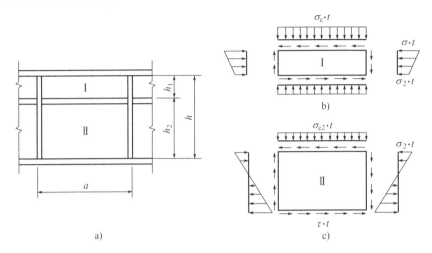

图 5.29 同时配置横向加劲肋和纵向加劲肋时的腹板

① 区格 I :受有均布剪应力、两侧几乎均匀分布的压应力,还有上下两边的压应力共同作用,其稳定条件可用下式表达:

$$\frac{\sigma}{\sigma_{cr1}} + \left(\frac{\sigma_c}{\sigma_{c,cr1}}\right)^2 + \left(\frac{\tau}{\tau_{cr1}}\right)^2 \leqslant 1 \tag{5.90}$$

其中,σ_{cr1}、$\sigma_{c,cr1}$ 和 τ_{cr1} 分别为在 σ、σ_c 和 τ 单独作用下板的临界应力,按下列方法计算。

σ_{cr1} 按式(5.74a~c)计算,但式中的 λ_b 改用 λ_{b1} 代替:

$$\lambda_{b1} = \sqrt{\frac{f_y}{\sigma_{cr1}}} = \frac{h_0/t_w}{28.1\sqrt{\chi k}} \cdot \frac{1}{\varepsilon_k} \tag{5.91a}$$

当梁受压翼缘扭转受到完全约束时

$$\lambda_{b1} = \frac{h_1/t_w}{75} \times \frac{1}{\varepsilon_k} \tag{5.91b}$$

当梁受压翼缘扭转未受到完全约束时

$$\lambda_{b1} = \frac{h_1/t_w}{64} \times \frac{1}{\varepsilon_k} \tag{5.91c}$$

式中,τ_{cr1} 按式(5.80a~c)计算,但 λ_s 中的 h_0 改用 h_1 代替、$\sigma_{c,cr1}$ 由于纵向加劲肋的分隔,区格 I 腹板在局部压应力作用下受力为上下受压,与 σ_{cr1} 的左右受压相似,因此其临界应力也可近似采用式(5.88)计算,但式中的 λ_b 应该用下列 λ_{c1} 代替。

当梁受压翼缘扭转受到完全约束时

$$\lambda_{c1} = \frac{h_1/t_w}{56} \times \frac{1}{\varepsilon_k} \quad (5.92a)$$

当梁受压翼缘扭转未受到完全约束时

$$\lambda_{c1} = \frac{h_1/t_w}{40} \times \frac{1}{\varepsilon_k} \quad (5.92b)$$

②区格Ⅱ:受力状态与仅有横向加劲肋的腹板近似,只是区格尺寸与应力数值不同。σ_{cr}、τ_{cr} 和 $\sigma_{c,cr}$ 应由 σ_{cr2}、τ_{cr2} 和 $\sigma_{c,cr2}$ 代替,所以可用式(5.93)的形式进行稳定计算:

$$\left(\frac{\sigma_2}{\sigma_{cr2}}\right)^2 + \frac{\sigma_{c2}}{\sigma_{c,cr2}} + \left(\frac{\tau}{\tau_{cr2}}\right)^2 \leq 1 \quad (5.93)$$

式中:σ_2——所计算区格内由平均弯矩产生的在腹板纵向加劲肋处的弯曲压应力;

σ_{c2}——腹板在纵向加劲肋处的横向压应力,取 $0.3\sigma_c$;

τ——所计算腹板区格内由平均剪力产生的平均剪应力,应按 $\tau = V/(h_w t_w)$ 计算。

$\sigma_{c,cr2}$——按式(5.88)计算,但式中的 h_0 改用 h_2 代替,当 $a/h_2 > 2$ 时,取 $a/h_2 = 2$;

τ_{cr2}——按式(5.80)计算,但式中的 h_1 改用 h_2 代替。

σ_{cr2} 按式(5.74)计算,但式中的 λ_b 改用 λ_{b2} 代替(约束系数应为 $\chi = 1.0$,屈曲系数 $k = 4.25$):

$$\lambda_{b2} = \frac{h_2/t_w}{194} \times \frac{1}{\varepsilon_k} \quad (5.94)$$

(3)在受压翼缘和纵向加劲肋之间配制短加劲肋

当受压翼缘和纵向加劲肋之间配制短加劲肋时(图5.30),区格Ⅰ的局部稳定性应按式(5.90)计算。该式中的 σ_{cr1} 按无短加劲肋按式(5.74)计算;τ_{cr1} 按式(5.80)计算,但式中的 h_0 改用 h_1,a 改用 a_1 代替(a_1 为短加劲肋间距);$\sigma_{c,cr1}$ 按式(5.88)计算,但式中的 λ_b 改用下列 λ_{c1} 代替:

对于 $a_1/h_1 \leq 1.2$ 的区格,当梁受压翼缘扭转受到完全约束时

$$\lambda_{c1} = \frac{a_1/t_w}{87} \times \frac{1}{\varepsilon_k} \quad (5.95a)$$

当梁受压翼缘扭转未受到完全约束时

$$\lambda_{c1} = \frac{a_1/t_w}{73} \times \frac{1}{\varepsilon_k} \quad (5.95b)$$

对 $a_1/h_1 > 1.2$ 的区格,式(5.95)右侧应乘以 $1/\sqrt{0.4 + 0.5a_1/h_1}$。

受拉翼缘与纵向加劲肋之间的区格Ⅱ,仍按式(5.93)计算。

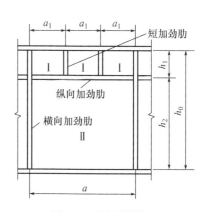

图5.30 短加劲肋的布置

5)加劲肋的构造要求

加劲肋应具有足够的刚度才能支承腹板,使其在加劲肋处不发生翘曲。为此,《钢结构设计标准》(GB 50017—2017)对加劲肋的构造作了规定。

(1)加劲肋一般用钢板作成,但有时也可采用型钢。

(2)加劲肋宜在腹板两侧成对配置,也可单侧配置,但支承加劲肋、重级工作制吊车梁的加劲肋不应单侧配置。

(3)横向加劲肋的最小间距应为 $0.5h_0$,最大间距应为 $2h_0$(对无局部压应力的梁,当 $h_0/t_w \leq 100$ 时,可采用 $2.5h_0$)。纵向加劲肋至腹板计算高度受压边缘的距离应在 $(1/2.5 \sim 1/2)h_c$ 范围内。

(4)在腹板两侧成对配置的钢板横向加劲肋,其截面尺寸应符合下列公式要求(图5.31):

外伸宽度为

$$b_s \geq \left(\frac{b_0}{30} + 40\right) \quad (\text{mm}) \tag{5.96}$$

厚度 t_s 不应小于其外伸宽度 b_s 的 1/15。

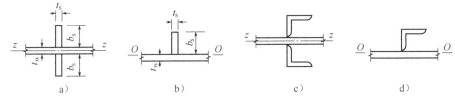

图 5.31 加劲肋的截面

(5)在腹板一侧配置的钢板横向加劲肋,其外伸宽度应大于按式(5.96)算得的1.2倍,厚度不应小于其外伸宽度的1/15。

(6)在同时用横向加劲肋和纵向加劲肋加强的腹板中,横向加劲肋的截面尺寸除应符合上述规定外,其截面惯性矩 I_z 尚应符合下式要求:

$$I_z \geq 3h_0 t_w^3 \tag{5.97}$$

纵向加劲肋的截面惯性矩 I_y 应符合下列公式要求:

当 $a/h_0 \leq 0.85$ 时

$$I_y \geq 1.5 h_0 t_w^3 \tag{5.98}$$

当 $a/h_0 > 0.85$ 时

$$I_y \geq \left(2.5 - 0.45\frac{a}{h_0}\right)\left(\frac{a}{h_0}\right)^2 h_0 t_w^3 \tag{5.99}$$

(7)短加劲肋的最小间距为 $0.75h_1$。短加劲肋外伸宽度应取横向加劲肋外伸宽度的 0.7~1.0 倍,厚度不应小于短加劲肋外伸宽度的 1/15。

除此还需要注意以下几点:

①用型钢(H型钢、工字钢、槽钢、肢尖焊于腹板的角钢)做成的加劲肋,其截面惯性矩不得小于相应钢板加劲肋的惯性矩。

②在腹板两侧成对配置的加劲肋,其截面惯性矩应按梁腹板中心线为轴线进行计算。

③在腹板一侧配置的加劲肋,其截面惯性矩应按与加劲肋相连的腹板边缘为轴线进行计算。

(8)纵向加劲肋支承在横向加劲肋上,因此纵向加劲肋应在横向加劲肋处切断,并与横向加劲肋及梁腹板焊接相连。横向加劲肋则保持连续,与梁上下翼缘及腹板焊接相连。横向加劲肋与梁翼缘相连处应切去宽约 $b_s/3$(但不大于 40mm)、高约 $b_s/2$(但不大于 60mm)的斜角,以避免焊缝相交(图 5.32)。对直接承受动力荷载的梁(如吊车梁、铁路桥梁等)中间横向加劲肋的下端不应与受拉翼缘焊接,一般在距受拉翼缘 50 ~ 100mm 处断开。

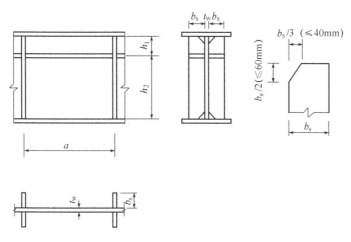

图 5.32 加劲肋的构造

6)支承加劲肋的计算

布置在梁的端部或跨间固定集中荷载作用处的加劲肋,除保证腹板的局部稳定性外,还要将支反力或固定集中荷载传递到支座或梁截面内,因而称为支承加劲肋(位于梁端的也叫端加劲肋)。支承加劲肋一般可用一对或两对较厚的钢板做成,并与支承翼缘磨光顶紧(图 5.33)。梁的端部也可采用凸缘式加劲肋,其凸缘长度不得大于其厚度的 2 倍。支承加劲肋伸出肢的宽厚比不应大于 12。支承加劲肋的截面往往比普通加劲肋稍大一些,并且要进行以下三项验算:

(1)按轴心受压杆件验算支承加劲肋在腹板平面外的整体稳定性

这种验算是近似的,验算公式如下

$$\frac{N}{\varphi_1 A} \leq f \tag{5.100}$$

式中:N——支座反力或固定集中荷载;

A——支承加劲肋的全部截面积加每侧不大于 15 倍板厚的腹板截面积;

φ_1——压杆整体稳定系数,由长细比 $\lambda\sqrt{\dfrac{f_y}{235}} = \dfrac{h_0}{i_z}\sqrt{\dfrac{f_y}{235}}$ 按 b 类截面查表(附表 2.2)求得(凸缘式加劲肋按 c 类截面查表),其中 i_z 为计算截面绕腹板水平轴 z-z 轴的回转半径。

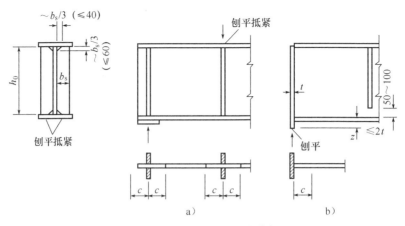

图 5.33 支承加劲肋的构造(尺寸单位:mm)

(2)验算支承加劲肋端面的承压强度

验算公式如下

$$\sigma_{ce} = \frac{N}{A_{ce}} \leqslant f_{ce} \quad (5.101)$$

式中:N——支座反力或固定集中荷载;

A_{ce}——支承加劲肋与下翼缘磨光顶紧的面积;

f_{ce}——钢材端面承压(磨光顶紧)强度设计值。

(3)支承加劲肋与腹板连接焊缝的计算

首先设定 h_f,近似地按承受全部支座反力或固定集中荷载 N 验算焊缝强度

$$\frac{N}{4h_e l_w} \leqslant f_f^w \quad (5.102)$$

式中:h_e——焊缝高度(亦称焊缝的计算厚度),$h_e = 0.7h_f$;

l_w——焊缝长度;

f_f^w——角焊缝抗剪强度设计值。

7)腹板上横向加劲肋下端疲劳强度的验算

在腹板横向加劲肋的下端(如图 5.34 中 a 点),组合梁腹板兼受法向拉应力和剪应力。

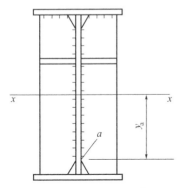

图 5.34 疲劳强度的验算位置

在动力荷载作用下,由于该处具有较高的应力集中,极易出现疲劳裂纹,故应验算该处腹板的疲劳强度。验算采用容许应力幅法,即要求该处的疲劳应力幅不超过容许应力幅:

$$\Delta\sigma = \sigma_{max} - \sigma_{min} \leqslant [\Delta\sigma] \quad (5.103)$$

疲劳应力幅取该处腹板的主拉应力幅。主拉应力按下式计算

$$\sigma = \frac{\sigma_x}{2} + \sqrt{\left(\frac{\sigma_x}{2}\right)^2 + \tau^2}$$

式中：σ_x——加劲肋焊缝端部处腹板所受的法向应力，$\sigma_x = \dfrac{My_a}{I_x}$，其中 y_a 为 a 点至中性轴 x-x 的距离（图 5.34）；

τ——加劲肋焊缝端部处腹板所受的剪应力，$\tau = \dfrac{QS_a}{I_x \delta_f}$，其中 S_a 为验算部位以下部分的主梁截面对 x-x 轴的面积矩。

5.5 考虑腹板局部失稳后的强度计算

5.5.1 腹板局部失稳后的性能

板件的局部失稳和压杆或梁的整体失稳在性能上有一个很大的不同，就是压杆或梁一旦失稳（屈曲），则意味着构件不能继续承载，而四边支承的薄板发生局部凹凸变形后，板件并不立即破坏，还可以继续承受荷载。以图 5.35 所示的四边简支矩形薄板为例，该矩形薄板受均匀分布纵向压力的作用，当压应力 σ 达到临界应力 σ_{cr} 时，薄板产生局部的凹凸翘曲变形。如果继续使 σ 增大，由于板的四边有支承，板中部的凹凸变形会受到两长纵边支承的牵制，产生横向拉应力（即产生薄膜张力场），这种牵制作用可提高板的纵向承载力。

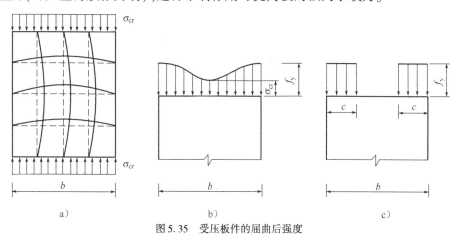

图 5.35 受压板件的屈曲后强度

随着压应力 σ 的增加，板两侧部分纵向应力 σ 就会达到材料屈服强度 f_y，板的应力由图 5.35a）的均匀分布变成如图 5.35b）的马鞍形分布。这种现象说明了为什么四边支承的板具有屈曲后强度。屈曲后继续增加的荷载大部分由板边缘部分承受。如果将图 5.35b）中的马鞍形应力分布按总压力相等的条件等效成如图 5.35c）中的两块矩形分布，将图中分布于两边的 c 段称为有效截面，经分析，$c = 20 t_w \sqrt{235/f_y}$。

对于组合梁的腹板，可视为支承于上下翼缘和左右两侧横向加劲肋之间的四边支承板。如果支承较强，当腹板屈曲发生凹凸变形时，同样会受到四边支承的牵制产生拉应力，使梁能继续承受更大的荷载,直至腹板屈服或四边支承破坏,这就是腹板的屈曲后强度。利用腹板屈曲后强度可放宽梁腹板高厚比的限制,从而获得经济效益。我国现行《钢结构设计标准》(GB 50017—2017)规定,对于承受静力荷载和间接承受动力荷载的组合梁可以按腹板屈曲后强度进行设计。

5.5.2 腹板屈曲后的强度计算公式

一般梁的腹板都做得薄而高,并配置横向加劲肋来加强,因此和相对较厚的翼缘一起对腹板形成四边支承。故当腹板屈曲后产生挠度较大的凸出平面变形时,将对腹板牵制形成薄膜效应,产生薄膜拉应力,且使梁的内力重分布,使梁能承受更大的荷载。如腹板在剪力作用下屈曲产生波形变形时,在顺波向即主压应力方向不再能承受压力的作用,但在主拉应力方向却未达到屈服强度,还可以承受更大的拉力,即存在张力场作用。它可和翼缘及加劲肋一起,使梁屈曲后形同一个桁架工作(图5.36)。上、下翼缘类似于桁架的上、下弦杆,加劲肋类似于桁架竖腹杆(压杆),而腹板的张力场带则类似于桁架的斜拉杆。因此腹板还有着较高的屈曲后强度。

利用腹板屈曲后强度的梁,其腹板高厚比可放宽至250,且不需设置纵向加劲肋,对大型组合梁有着较好的经济效益。因此,《钢结构设计标准》(GB 50017—2017)推荐将其用于承受静力荷载或间接承受动力荷载的组合梁。对吊车梁等直接承受动力荷载的梁,由于腹板反复屈曲可能引起腹板边缘产生疲劳裂纹,且有关资料还不充分,故暂不采用,即仍需按第5节内容配置腹板加劲肋并验算局部稳定。

1)腹板屈曲后抗剪承载力 V_u

在设有横向加劲肋的板梁中,腹板在剪力作用下会引起斜方向受压,因此发生受剪屈曲时,会在受压斜方向产生波浪鼓曲,不能继续承受斜向压力。但在另一斜方向则因鼓曲受到四边支承(翼缘及横向加劲肋)的牵制产生受拉,此时板梁犹如一个桁架(图5.36),翼缘板相当于上、下弦杆,横向加劲肋相当于竖向腹杆,腹板张力场则相当于斜腹杆。腹板的薄膜张力场作用将提高腹板抗剪强度,《钢结构设计标准》(GB 50017—2017)对 V_u 的计算规定如下:

当 $\lambda_s \leq 0.8$ 时

$$V_u = h_w t_w f_v \tag{5.104a}$$

当 $0.8 < \lambda_s \leq 1.2$ 时

$$V_u = h_w t_w f_v [\,0.5(\lambda_s - 0.8)\,] \tag{5.104b}$$

当 $\lambda_s > 1.2$ 时

$$V_u = h_w t_w f_v / \lambda_s^{1.2} \tag{5.104c}$$

式中:λ_s——用于抗剪计算的腹板通用高厚比,按式(5.78)计算,当组合梁仅配置支座加劲肋时,式(5.78b)中的 h_0/a 取为0;

h_w、t_w——分别为腹板的高度和厚度;

f_v——钢材抗剪强度设计值。

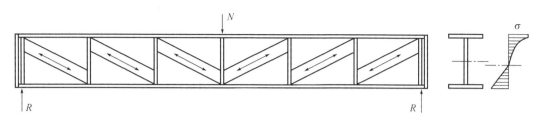

图 5.36 腹板的张力场作用

2) 腹板屈曲后抗弯承载力 M_{eu}

腹板高厚比较大且不设纵向加劲肋时,在弯矩作用下腹板受压区可能屈曲,屈曲后同样由于张力场作用,腹板所承受的弯矩还可以继续增加,但弯矩增加后受压区的应力分布不再是线性的(图 5.37),腹板边缘应力达到屈服应力 f_y 时即认为达到承载力极限。这时梁的中和轴略有下降,腹板的受拉区全部有效。按这种应力分布计算的弯矩 M_{eu} 就是腹板屈曲后梁所能承担的弯矩,它比屈曲前梁所能承担的弯矩略有降低,《钢结构设计标准》(GB 50017—2017)规定 M_{eu} 可将原截面折算成有效截面,按下列近似公式计算。

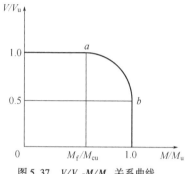

图 5.37 V/V_u-M/M_{eu} 关系曲线

$$M_{eu} = \gamma_x W_x f \left[1 - \frac{(1-\rho)h_c^3 t_w}{2I_x}\right] \quad (5.105)$$

式中:γ_x——截面塑性发展系数;
W_x——绕弯曲轴的毛截面模量;
f——钢材抗弯强度设计值;
I_x——梁截面绕弯曲轴的惯性矩;
ρ——腹板受压区有效高度系数,按式(5.106)分三段计算;
当 $\lambda_b \leq 0.85$ 时
$$\rho = 1.0 \quad (5.106a)$$
当 $0.85 < \lambda_b \leq 1.25$ 时
$$\rho = 1.0 - 0.82(\lambda_b - 0.85) \quad (5.106b)$$
当 $\lambda_b > 1.25$ 时
$$\rho = \frac{1}{\lambda_b}\left(1 - \frac{0.2}{\lambda_b}\right) \quad (5.106c)$$

λ_b——用于抗弯计算的腹板通用高厚比,按式(5.72)计算。

3) 考虑腹板屈曲后强度的组合梁设计公式

实际组合梁腹板通常承受弯矩 M 和剪力 V 共同作用,屈曲后的承载力分析非常复杂,《钢结构设计标准》(GB 50017—2017)采用如下相关公式来表达屈曲后的承载力:
当 $M \leq M_f$ 时
$$V \leq V_u \quad (5.107a)$$

当 $V \leqslant 0.5V_u$ 时

$$M \leqslant M_{eu} \tag{5.107b}$$

其他情况时

$$\left(\frac{V}{0.5V_u} - 1\right)^2 + \frac{M - M_f}{M_{eu} - M_f} \leqslant 1 \tag{5.107c}$$

式中：M、V——所计算区格内梁同一截面的弯矩和剪力设计值；

M_f——梁两翼缘所承担的弯矩设计值，$M_f = \left(A_{f1}\dfrac{h_1^2}{h_2^2} + A_{f2}h_2\right)f$，此处 A_{f1}、h_1 为较大翼缘的截面积及其形心至梁中性轴的距离，A_{f2}、h_2 为较小翼缘的截面积及其形心至梁中性轴的距离；

V_u、M_{eu}——梁屈曲后抗剪和抗弯承载力，按式(5.104)和式(5.105)计算。

式(5.107)中 M 和 V 的关系如图 5.37 所示。由式(5.107)和图 5.37 可以看出：

(1) 当弯矩较小，达到 $M < M_f$ 时，取 $M = M_f$，即假定弯矩全部由翼缘承担，腹板不承担弯矩，屈曲后的承载力按只承受剪力计算；

(2) 当剪力较小，达到 $V < 0.5V_u$ 时，取 $V = 0.5V_u$，即忽略剪力的影响，屈曲后的承载力按只承受弯矩计算；

(3) 当弯矩和剪力均较大，达到 $M > M_f$ 且 $V > 0.5V_u$ 时，M 和 V 的关系为一抛物线，即图中的 ab 线段。

5.5.3　考虑腹板屈曲后强度组合梁加劲肋的设计特点

与不考虑屈曲后强度设计的梁相比，考虑屈曲后强度设计的梁，腹板一般不需布置纵向加劲肋，可以只在支座处及上翼缘有较大固定集中荷载处布置支承加劲肋，或按计算要求在支承加劲肋之间增设中间横向加劲肋。腹板的高厚比仍然控制在 $h_0/t_w \leqslant 250\sqrt{235/f_y}$ 以内。另外还考虑到这时的加劲肋不仅要能阻止腹板凹凸变形或(和)承受集中荷载，还要能承受薄膜张力场的竖向分力作用(如图 5.36 中桁架竖杆的受力)，因此不论是支承加劲肋还是中间横向加劲肋，均需按轴心压杆或压弯构件进行计算。

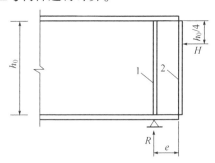

图 5.38　设置封头肋板的梁端构造

其设计特点如下：

(1) 如果组合梁仅配置支承加劲肋不能满足式(5.107)要求时，应在腹板两侧成对配置中间横向加劲肋，其间距一般为 $a = (1 \sim 2)h_0$。

(2)中间横向加劲肋及上翼缘集中荷载作用下的支承加劲肋,应按轴心压杆计算在其腹板平面外的稳定性,其轴心压力 N_s 为

$$N_s = V_u - \tau_{cr} h_w t_w + N \tag{5.108}$$

式中:V_u——腹板的抗剪承载力,按式(5.104)计算;

τ_{cr}——临界剪应力,按式(5.79)计算;

N——固定集中荷载,对中间横向加劲肋 $N=0$。

扣除 N 以后的式(5.108)所计算的轴力比实际薄腹张力场的竖向分力要大,这里《钢结构设计标准》(GB 50017—2017)考虑到张力场的水平分力的影响,偏安全地将横向加劲肋所受轴心压力适当加大。

(3)由于支座旁的区格不能像中间区格那样左右区格拉力场的水平分力可以互相抵消,支座旁的区格的拉力场水平分力必须由支座处的支承加劲肋承受,因此当该区格利用了屈曲后强度,即 $\lambda_s > 0.8$ 时,支座处的支承加劲肋除承受支座反力外,还要承受拉力场水平分力,按压弯构件计算其在腹板平面外的稳定。

$$H = (V_u - \tau_{cr} h_w t_w) \sqrt{1 + (a/h_0)^2} \tag{5.109}$$

H 的作用点在距腹板计算高度上边缘 $h_0/4$ 处,此压弯构件的截面和计算长度与一般支座加劲肋相同。

如果支座加劲肋采用图 5.38 的构造形式,可按下述简化方法计算:图中加劲肋 1 作为承受支座反力 R 的轴心压杆计算,封头肋板 2 的截面积 A_e 应满足下列条件:

$$A_e = \frac{3 h_0 H}{16 ef} \tag{5.110}$$

式中:e——支座加劲肋与封头肋板的间距;

f——钢材抗压设计强度。

5.6 型钢梁的设计

型钢梁的设计包括截面选择和验算两个方面,型钢梁的设计通常要满足强度、刚度、整体稳定三方面的要求。

5.6.1 单向弯曲型钢梁

单向弯曲型钢梁大多采用热轧普通型钢和 H 型钢。设计基本思路如下:

(1)根据梁的荷载、跨度和支承情况,计算梁的最大弯矩设计值 $M_{max}(M_x)$,并按所选择的钢材种类确定抗弯强度设计值 f;

(2)按抗弯强度要求或整体稳定要求计算所需要的净截面模量,φ_b 可根据经验预估。

$$W_{nx} = \frac{M_x}{\gamma_x f} \quad \text{或} \quad W_x = \frac{M_{max}}{\varphi_b f} \tag{5.111}$$

式中,γ_x 可取 1.05,φ_b 可根据经验预估。当梁的最大弯矩所在截面上有栓孔时,考虑截面削弱,可将上式算得的 W_{nx} 增大 10% ~ 15%,然后由 W_{nx} 或 W_x 查型钢表选择合适的型钢号。

(3)计入钢梁的自重荷载,按自重荷载和其他作用荷载计算梁的弯矩,进行抗弯强度、刚度及整体稳定检算。注意强度及整体稳定检算时采用荷载的设计值,刚度检算时采用荷载的标准值。

(4)进行截面强度验算。
①抗弯强度;
②抗剪强度;
③局部承压强度;
④折算应力。

对型钢梁来说,由于腹板较厚,当截面无削弱时,可不验算剪应力及折算应力。对于翼缘上只承受均布荷载的梁,亦可不验算局部承压应力。

(5)进行整体稳定验算。

若没有能够阻止梁受压翼缘侧向位移的密铺板和支撑时,应按 $W_x = \frac{M_{max}}{\varphi_b f} \leqslant 1.0$ 计算整体稳定。

(6)进行刚度验算。

5.6.2 双向弯曲型钢梁

双向弯曲型钢梁承受两个主平面方向的荷载,设计方法与单向弯曲型钢梁相同,应考虑抗弯强度、整体稳定、挠度等的计算,而剪应力和局部稳定一般不必计算,局部压应力只有在有较大集中荷载或支座反力的情况下,必要时才验算。一般檩条和墙梁均为双向弯曲型钢梁。檩条是由于荷载作用方向与梁的两主轴有夹角,沿两主轴方向均有荷载分量,成为双向受弯;而墙梁因兼受墙体材料的重力和墙面传来的水平风荷载,故也是双向受弯梁。现以檩条为例,介绍双向弯曲型钢梁的设计思路。

1)截面选择

双向弯曲型钢梁大多用于檩条和墙梁。型钢号的选择可依据双向抗弯强度条件[式(5.5)],即

$$\frac{M_x}{\gamma_x W_{nx}} + \frac{M_y}{\gamma_y W_{ny}} \leqslant f \tag{5.112}$$

求得所需截面模量:

$$W_{nx} = \left(M_x + \frac{\gamma_x}{\gamma_y} \frac{W_{nx}}{W_{ny}} M_y \right) \frac{1}{\gamma_x f} = \frac{M_x + \alpha M_y}{\gamma_x f} \tag{5.113}$$

对小型号的工字钢和窄翼缘 H 型钢,可近似地取 $\alpha = 6$;对槽钢,可近似地取 $\alpha = 5$。

选择型钢号,然后进行验算。对型钢檩条,一般只验算弯曲正应力(强度)、整体稳定及刚度。

2)截面验算

(1)强度验算。按式(5.5)验算。

(2)整体稳定验算。按式(5.19)验算。

(3)刚度验算。

刚度按下式计算,有拉条时,檩条一般只计算垂直于屋面方向的最大挠度,且不超过挠度容许值,以保证屋面的平整。

$$v = \frac{5}{384} \cdot \frac{q_{ky}l^4}{EI_x} \leqslant [v] \tag{5.114}$$

式中:q_{ky}——檩条沿 y 方向的线荷载标准值;

$[v]$——檩条的挠度容许值;

无拉条时,应计算总挠度不超过最大挠度容许值即可,即

$$\sqrt{v_x^2 + v_y^2} \leqslant [v] \tag{5.115}$$

式中:v_x、v_y——沿截面主轴 x 和 y 方向的分挠度,它们分别由各自方向的荷载标准值计算。

有的结构(如檩条)只要求控制绕 x 轴方向弯曲的挠度,这时可按式(5.10)验算刚度。

例题 5.1 图 5.39 所示为一车间工作平台。平台上主梁与次梁组成梁格,承受由面板传来的荷载。平台标准恒载为 3000N/m²,标准活载为 4500N/m²,无动力荷载,恒载分项系数 $\gamma_G = 1.2$,活载分项系数 $\gamma_Q = 1.4$。钢材为 Q235。试设计次梁。

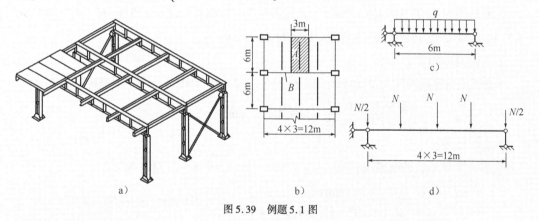

图 5.39 例题 5.1 图

解: 设平台面板临时搁置于梁格上,次梁跨中设侧向支撑,次梁采用热轧普通工字钢或 H 型钢。次梁按简支梁设计。

1)选择型钢号

由附表 1.1 查得 $f = 215 \text{N/mm}^2$。由图 5.39 中平面布置图可知,次梁 A 承担 3m 宽板内荷载,则梁上的荷载数值为

荷载标准值:$q_k = (3000 + 4500) \times 3 = 22500 (\text{N/m})$

荷载设计值:$q_d = (3000 \times 1.2 + 4500 \times 1.4) \times 3 = 29700 (\text{N/m})$

最大设计弯矩:$M = 29700 \times 6^2 / 8 = 133650 (\text{N} \cdot \text{m})$

所需截面模量：$W_{nx} = \dfrac{M_x}{\gamma_x f} = \dfrac{133650}{1.05 \times 215} = 592000(\text{mm}^3) = 592\text{cm}^3$

由附表 7 选用 I32a，质量为 52.7kg/m，$I_x = 11100\text{cm}^4$，$W_x = 692\text{ cm}^3$。

2）钢梁验算

（1）抗弯强度验算

考虑钢梁自重后的最大设计弯矩：$M = 133650 + 1.2 \times 52.7 \times 9.8 \times 6^2/8 = 136439$ （N·m）

$\sigma = \dfrac{M}{\gamma_x W_x} = \dfrac{136439 \times 10^3}{1.05 \times 692 \times 10^3} = 187.8(\text{N/mm}^2) < 215\text{ N/mm}^2$

（2）刚度验算

考虑钢梁自重后的荷载标准值：$q_k = 22500 + 52.7 \times 9.8 = 23017(\text{N/m})$

$v = \dfrac{5}{384} \dfrac{q_k l^4}{EI} = \dfrac{5}{384} \times \dfrac{23017 \times 6^4}{2.1 \times 10^5 \times 10^6 \times 11100 \times 10^{-8}} = 0.0166(\text{m}) < l/250 = 0.024\text{m}$

（3）整体稳定验算

由于次梁跨中设侧向支撑，取自由长度 $l_1 = 3\text{m}$，查附表 3.2 可得 $\varphi_b = 1.8 > 0.6$，所以

$\varphi'_b = 1.07 - 0.282/\varphi_b = 1.07 - 0.282/1.8 = 0.913$

$\sigma = \dfrac{M}{\varphi'_b W_x} = \dfrac{136439 \times 10^3}{0.913 \times 692 \times 10^3} = 216.0(\text{N/mm}^2)$，比 $f = 215\text{N/mm}^2$ 大 0.47%，通过。

如果选用 H 型钢：HN346×174×6×9，质量为 41.8kg/m，$I_x = 11200\text{cm}^4$，$W_x = 649\text{ cm}^3$，$i_y = 3.86\text{cm}$，$A = 53.19\text{cm}^2$，$h = 346\text{mm}$，$b = 174\text{mm}$，$t = 9\text{mm}$。

①抗弯强度验算。

考虑钢梁自重后的最大设计弯矩：$M = 133650 + 1.2 \times 41.8 \times 9.8 \times 6^2/8 = 135862(\text{N·m})$

$\sigma = \dfrac{M}{\gamma_x W_x} = \dfrac{135862 \times 10^3}{1.05 \times 649 \times 10^3} = 199.4$ （N/mm²）$< 215\text{N/mm}^2$

②刚度验算。

考虑钢梁自重后的荷载标准值：$q_k = 22500 + 41.8 \times 9.8 = 22910(\text{N/m})$

$v = \dfrac{5}{384} \dfrac{q_k l^4}{EI} = \dfrac{5}{384} \times \dfrac{22910 \times 6^4}{2.1 \times 10^5 \times 10^6 \times 11200 \times 10^{-8}} = 0.0164(\text{m}) < l/250 = 0.024\text{m}$

③整体稳定验算

由于次梁跨中设侧向支撑，取自由长度 $l_1 = 3\text{m}$，$l_1/b_1 = 17.2 > 16.0$，故要计算梁的整体稳定。

查附表 3.1 可得 $\beta_b = 1.15$。

$\lambda_y = \dfrac{l_1}{i_y} = \dfrac{300}{3.86} = 77.7$

$\varphi_b = \beta_b \dfrac{4320}{\lambda_y^2} \cdot \dfrac{Ah}{W_x} \sqrt{1 + \left(\dfrac{\lambda_y t_1}{4.4h}\right)^2} = 1.15 \times \dfrac{4320}{77.7^2} \cdot \dfrac{5319 \times 346}{649000} \times \sqrt{1 + \left(\dfrac{77.7 \times 9}{4.4 \times 346}\right)^2} = 2.57 > 0.6$

所以

$\varphi_b' = 1.07 - 0.282/\varphi_b = 1.07 - 0.282/2.57 = 0.96$

$\sigma = \dfrac{M}{\varphi_b' W_x} = \dfrac{135862 \times 10^3}{0.96 \times 649 \times 10^3} = 218.0(\text{N/mm}^2)$，比 $f = 215\text{N/mm}^2$ 大 1.4%，通过。

例题 5.2 设计一支承波形石棉瓦屋面的檩条,屋面坡度 1/2.5,无雪荷载和积灰荷载。檩条跨度为 6m,水平间距为 0.79m(沿屋面坡向间距为 0.851m),跨中设置一道拉条,采用槽钢截面(图 5.40),材料 Q235A。

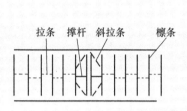
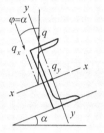

图 5.40 例题 5.2 图

解: 波形石棉瓦自重 0.20kN/m^2(坡向),预估檩条(包括拉条)自重 0.15kN/m;可变荷载:无雪荷载,但屋面均布荷载为 0.50kN/m(水平投影面)。

1) 设计荷载

檩条线荷载标准值: $q_k = 0.2 \times 0.851 + 0.15 + 0.5 \times 0.79 = 0.715(\text{kN/m})$

檩条竖向线荷载设计值: $q_d = 1.2 \times (0.2 \times 0.851 + 0.15) + 1.4 \times 0.5 \times 0.79 = 0.937(\text{kN/m})$

$q_x = 0.937 \times 2.5/\sqrt{2.5^2 + 1^2} = 0.87(\text{kN/m})$

$q_y = 0.937 \times 1/\sqrt{2.5^2 + 1^2} = 0.348(\text{kN/m})$

最大设计弯矩

$M_x = 0.87 \times 6^2/8 = 3.915(\text{kN} \cdot \text{m})$

$M_y = 0.348 \times 6^2/8 = 0.392(\text{kN} \cdot \text{m})$

所需截面模量

$W_{nx} = \dfrac{M_x + \alpha M_y}{\gamma_x f} = \dfrac{(3.915 + 5 \times 0.392) \times 10^3}{1.05 \times 215} = 26.02 \times 10^3(\text{mm}^3)$

选用[10,质量为 10.0kg/m, $I_x = 198\text{cm}^4$, $W_x = 39.7\text{cm}^3$, $i_x = 3.94\text{cm}$, $i_y = 1.42\text{cm}$

2) 强度、刚度验算

(1) 抗弯强度验算

$\dfrac{M_x}{\gamma_x W_{nx}} + \dfrac{M_y}{\gamma_y W_{ny}} = \dfrac{3.915 \times 10^6}{1.05 \times 39.7 \times 10^3} + \dfrac{0.392 \times 10^6}{1.2 \times 7.8 \times 10^3} = 136(\text{N/mm}^2) < f_y = 215\text{N/mm}^2$

(2) 刚度验算

垂直于屋面方向的挠度

$$v = \frac{5}{384}\frac{q_k l^4}{EI} = \frac{5}{384} \times \frac{0.715 \times 2.5/(\sqrt{2.5^2 + 1^2} \times 10^3 \times 6^4)}{2.1 \times 10^5 \times 10^6 \times 198 \times 10^{-8}}$$

$$= 0.0269(\text{m}) < l/150 = 0.04\text{m}$$

(3)验算檩条的长细比

$\lambda_x = l_{1x}/i_x = 600/3.94 = 152.3 < [\lambda] = 200$

$\lambda_y = l_{1y}/i_y = 300/1.42 = 211.3 > [\lambda] = 200$

檩条在坡向的刚度不足,可加焊小角钢予以加强。

由于檩条设有拉条,通常不必验算整体稳定。

5.7 组合梁的截面设计

本节以焊接工字形截面为例说明组合梁的截面设计方法,内容包括截面选择及验算,梁的变截面问题,翼缘连接焊缝的计算等。梁的局部稳定及腹板加劲肋的布置将在下一节讨论。

5.7.1 截面选择及验算

组合梁的截面选择一般按设计条件,先估算梁的截面高度,然后确定腹板的高度和厚度,再根据抗弯强度确定翼缘尺寸。

1)截面高度

梁的截面高度应根据建筑高度、刚度要求和用钢经济三方面条件确定。

建筑高度是指梁的底面到铺板顶面之间的高度,它往往由生产工艺和使用要求决定。例如当建筑楼层层高确定后,为保证室内规定的净高,就要求楼层梁高不得超过某一数值;对桥梁而言,当桥面标高确定以后,为保证桥下有一定通航、通车或排洪净空,也要限制梁的高度不得过大。给定了建筑高度也就决定了梁的最大高度 $h_{\max}$,有时还限制了梁与梁之间的连接形式。

刚度要求是指在正常使用时,梁的挠度 v 不超过容许挠度 $[v]$,它控制了梁的最小高度 $h_{\min}$,如均布荷载作用下的简支梁,其跨中挠度 v 应满足下式要求

$$v = \frac{5}{384} \cdot \frac{q_k l^4}{EI_x} \le [v] \tag{5.116}$$

式中:q_k——均布荷载的标准值。

若近似取荷载分项系数为1.3,则设计弯矩为 $M = \frac{1}{8} \times 1.3 q_k l^2$,设计应力为 $\sigma_{k\max} = \frac{M_{k\max} h}{2I_x}$,代入式(5.116)可得

$$v = \frac{5}{1.3 \times 24} \cdot \frac{\sigma_{k\max} l^2}{Eh} \le [v] \tag{5.117}$$

由此可得

$$h \geq h_{\min} = \frac{5}{1.3 \times 24} \cdot \frac{\sigma_{k\max} l^2}{E[v]} \tag{5.118}$$

若材料强度得到充分利用,则上式中的 σ 可达 f,如再考虑截面塑性系数,则 σ 可达 $1.05f$,则上式变为

$$h \geq h_{\min} = \frac{5}{1.3 \times 24} \cdot \frac{1.05 f l^2}{206 \times 10^3 [v]} = \frac{f l^2}{1.25 \times 10^6} \cdot \frac{1}{[v]} \tag{5.119}$$

上式给出了满足梁的刚度要求时,梁所需要的最小高度。

如梁的挠度在达到容许挠度的同时,梁的正应力亦达到钢材的抗弯强度设计值,这时钢材的强度可得到充分利用。但由上式可见,在给定容许挠度$[v]$时,若要充分利用钢材的强度,则强度高的钢材需要的梁高大。因此,当梁的荷载不大而跨度较大,梁高由刚度条件确定时,选用强度高的钢材是不合理的。如减小梁高,则梁的抗弯强度未用足。

对于非简支梁、非均布荷载,不考虑截面塑性发展以及活荷载比重较大致使荷载平均分项系数高于 1.3 等情况,按同样方式可以导出 $h_{\min}$ 的算式,其值与式(5.119)相近。

用钢经济是按梁的最小用钢量而决定的梁高,称为经济梁高。对梁的截面组成进行分析,发现梁的高度越大,腹板用钢量 G_w 越多,但可减小翼缘尺寸,使翼缘用钢量 G_f 越小。反之亦然。最经济的梁高 h_e 应该使钢的总用量最小,如图 5.41 所示。实际梁的用钢量不仅与腹板、翼缘尺寸有关,还与腹板上加劲肋的布置等因素有关。经分析,梁的经济高度 h_e 可按下式计算

$$h_e = 2W_T^{0.4} \tag{5.120}$$

或

$$h_e = 7\sqrt[3]{W_T} - 300\text{mm} \tag{5.121}$$

式中:W_T——梁所需要的截面模量(mm^3),可按下式计算

$$W_T = \frac{M_x}{\alpha f} \tag{5.122}$$

α——系数,对一般单向弯曲梁,当最大弯矩处无孔眼时,$\alpha = 1.05$;有孔眼时,$\alpha = 0.85 \sim 0.9$。

选择梁高时应不超过建筑高度,大于由刚度条件确定的最小高度,且接近经济高度。另外,确定梁高时,应适当考虑腹板的规格尺寸,一般取腹板高度为 50mm 的倍数。

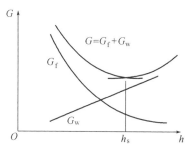

图 5.41 用钢量 G 与经济梁高 h_e 关系

2) 确定腹板的高度和厚度

梁高选定后,适当考虑翼缘厚度即可确定腹板高度,同时应考虑钢板规格尺寸,一般宜取为 50mm 的倍数。确定腹板高度时还应结合腹板厚度一起考虑。一般宜将腹板的高厚比控制在 170 以内,以避免设置纵向加劲肋而引起构造复杂。

确定腹板厚度时应考虑抗剪强度的要求。初选截面时,可近似假定最大剪应力为腹板平均剪应力的 1.2 倍,即由

$$\tau_{max} = \frac{VS}{I_x t_w} \approx 1.2 \frac{VS}{h_w t_w} \leqslant f_v \tag{5.123}$$

求得所需要的腹板厚度:

$$t_w \geqslant 1.2 \frac{VS}{h_w f_v} \tag{5.124}$$

考虑到腹板局部稳定及构造要求,腹板不宜太薄。腹板厚度的增加对截面的惯性矩影响不显著,但腹板不宜小于 10mm 或 8mm,以免锈蚀后对截面削弱过大;对跨度等于或大于 16m 的焊接板梁,腹板厚度不宜小于 12 mm,以减小焊接所引起的变形。

3)翼缘板的尺寸选择

如图 5.42 所示,设一块翼缘板的面积为 A_f,由于

$$I_x = \frac{1}{12} t_w h_w^3 + 2 A_f \left(\frac{h_1}{2}\right)^2 = W_x \frac{h}{2} \tag{5.125}$$

近似地取 $h \approx h_1 \approx h_w$,得到

$$A_f = \frac{W_x}{h_w} - \frac{1}{6} t_w h_w \tag{5.126}$$

由梁的抗弯强度条件[式(5.4)]可知(暂不考虑截面塑性发展系数)$W_x \geqslant \frac{M}{f}$,则所需翼缘的截面积为

$$A_f = \frac{M}{f h_w} - \frac{1}{6} t_w h_w \tag{5.127}$$

式中:h_w——腹板高度;

其余符号意义同前。

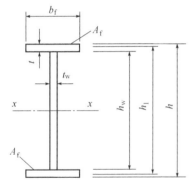

图 5.42 焊接工字形组合梁的截面尺寸

求出所需翼缘的面积后,可先选定翼缘板的宽度 b_f,再确定厚度 t。翼缘板宽度 b_f 不宜过大,否则翼缘上的应力分布不均匀;b_f 也不宜过小,否则不利于整体稳定,一般在$(1/3 \sim 1/5)h$ 范围内选取,根据用途不同,还有最小尺寸的要求,通常 $b_f \geqslant 180$mm,对吊车梁还要求 $b_f \geqslant 300$mm;对铁路钢板梁桥的主梁要求 $b_f \geqslant 240$mm。另外,还要考虑翼缘局部稳定的要求,翼缘伸出肢的宽厚比不超过 $15/\sqrt{f_y/235}$(当截面塑性发展系数 $\gamma_x = 1.0$ 时)或 $13/\sqrt{f_y/235}$(当截面塑性发展系数 $\gamma_x = 1.05$ 时)。

翼缘板一般采用一块厚钢板,但厚度不宜太大(最好不超过 32mm)。太厚的钢板,因轧制困难,其力学性能较差。当根据计算需要很厚的翼缘板时,可考虑采用双层钢板。翼缘板的尺寸要符合钢板规格,宽度取 10mm 的倍数,厚度取 2mm 的倍数。

4)截面验算

前面所选定的组合梁的截面尺寸只是初步的,应该按实际选定的截面尺寸进行强度验算。验算内容包括:

(1)抗弯强度:按式(5.4)、式(5.5)验算;

(2)抗剪强度:按式(5.6)验算;

(3)局部压应力:按式(5.7)验算;

(4)折算应力:按式(5.9)或式(5.10)验算;
(5)整体稳定:按式(5.47)、式(5.48)验算;
(6)刚度验算:按式(5.11)验算。

对承受疲劳荷载的组合梁,还要按2.4.5节验算疲劳强度。

5.7.2 组合梁截面沿跨长的改变

当组合梁的跨度较大时,将梁截面的大小沿跨度随弯矩的变化而加以改变则可达到减轻自重节约钢材的目的。组合梁变截面的方法通常有:对单层翼缘板的组合梁,可以在离支座约1/6跨度处改变翼缘板的宽度或厚度[图5.43a)],这样可节省钢料约10%~12%;对双层翼缘板,可将外层翼缘板在理论切断点处切断[图5.43b)]。为减小应力集中,在改变宽度(或厚度)处将翼缘板加工成一定的坡度,在外层翼缘板切断处也使外层翼缘板板端以一定的坡度匀顺过渡。当组合梁的跨度较小时,改变截面节约钢料不多却增加了制造工作量,因此,小跨度的组合梁通常做成等截面梁。

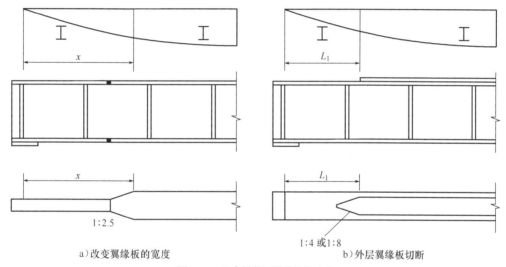

图5.43 组合梁截面沿跨长的改变

变截面后要验算等厚不等宽(或等宽不等厚)翼缘对接焊接处或外层翼缘板切断处主梁横截面上翼缘与腹板交接处的折算应力(对承受动荷载作用的梁还要验算该处的疲劳强度)。

5.7.3 翼缘焊缝的计算

如图5.44所示的工字形组合梁,如果翼缘板和腹板自由搁置不加焊接,则梁在受到荷载时,翼缘与腹板将以各自的形心轴为中性轴产生弯曲,翼缘与腹板之间将产生相对滑移[图5.44a)]。如果将翼缘板和腹板用角焊缝(称为翼缘焊缝)焊接起来,则梁受到荷载时,由于翼缘焊缝的作用,翼缘和腹板将以工字形截面的形心轴为中性轴产生整体弯曲[图5.44b)],翼缘与腹板之间不产生相对滑移。比较这两个梁的变形可以看出,梁弯曲时翼缘焊缝的作用是阻止腹板和翼缘之间产生滑移,因而承受与焊缝方向平行的剪力。

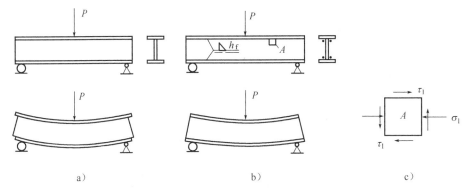

图 5.44 工字形组合梁翼缘焊缝的受力情况

焊接组合梁翼缘焊缝的计算通常先按构造假定角焊缝的焊脚尺寸 h_f,然后进行焊缝强度的验算。

1) 单位长度焊缝需传递的水平剪力 T_1

由材料力学可知,若在工字形梁腹板边缘处取出单元体 A[图 5.44c)],单元体的垂直及水平面上将有成对互等的剪应力为

$$\tau_1 = \frac{VS_1}{It_w} \tag{5.128}$$

式中:V——梁所计算截面处的剪力;
S_1——一个翼缘截面对中性轴的面积矩;
I——主梁毛截面惯性矩;
t_w——腹板厚度。

则沿梁跨度单位长度内翼缘焊缝需传递的水平剪力为

$$T_1 = \tau_1 \cdot t_w \cdot 1 = \frac{VS_1}{I} \tag{5.129}$$

2) 单位长度焊缝所受梁上集中荷载产生的竖向剪力 V_1

当梁的翼缘上承受有固定集中荷载并且未设置加劲肋时,或者当梁翼缘上有移动集中荷载时,翼缘焊缝还要承受由集中力 F 产生竖向剪力的作用,单位长度的竖向剪力 V_1 为

$$V_1 = \sigma_c t_w \cdot 1 = \frac{\psi F}{l_z} \tag{5.130}$$

在水平剪力 T_1 与竖向剪力 V_1 的共同作用下,翼缘焊缝强度应满足下式要求

$$\sqrt{\left(\frac{T}{2 \times 0.7h_f}\right)^2 + \left(\frac{V_1}{\beta_f \times 2 \times 0.7h_f}\right)^2} \leq f_f^w \tag{5.131a}$$

或

$$\frac{1}{1.4h_f}\sqrt{\left(\frac{VS_1}{I}\right)^2 + \left(\frac{\psi F}{\beta_f l_z}\right)^2} \leq f_f^w \tag{5.131b}$$

例题 5.3 试设计一平台梁的主梁。主梁的计算跨度为 15m,由次梁传来的集中荷载 F 的标准值 $F_k = 255$kN,设计值 $F_d = 325$ kN,钢材为 Q235,焊条型号 E43 型。

解:主梁拟采用工字形焊接组合截面梁,主梁的计算图式为图 5.45 所示的简支梁。跨间承受由次梁传来的 5 个集中荷载 F。

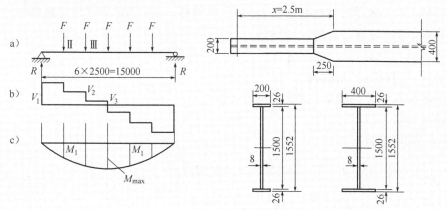

图 5.45 例题 5.2 图(尺寸单位:mm)

1) 主梁截面尺寸的选择

暂不考虑主梁自重,支座处的最大剪力设计值为

$$V = 5F_d/2 = 325 \times 2.5 = 812.5(\text{kN})$$

跨中设计弯矩为

$$M = V \times 15/2 - F_d \times (5 + 2.5) = 812.5 \times 15/2 - 325 \times 7.5 = 3656.3(\text{kN} \cdot \text{m})$$

取 $f = 205\text{N}/\text{mm}^2$,所需截面模量为

$$W_{nx} = \frac{M_x}{\gamma_x f} = \frac{3656.3 \times 10^6}{1.05 \times 205} = 16986295(\text{mm}^3) = 16986.3\text{cm}^3$$

显然,最大轧制型钢也满足不了所需要的截面模量。故需选用组合截面梁。
由式(5.23)求得最小梁高

$$h_{\min} = \frac{fl^2}{1.25 \times 10^6} \cdot \frac{1}{[v]} = \frac{205 \times 15000^2}{1.25 \times 10^6} \times \frac{1}{\frac{15000}{400}} = 984(\text{mm})$$

设 $\alpha = 1.05$,$W_T = \dfrac{M_x}{\alpha f} = \dfrac{3656.3 \times 10^6}{1.05 \times 205} = 16986295$ (mm³),由式(5.120)得经济梁高

$$h_e = 2W_T^{0.4} = 1560\text{mm}$$

取腹板的高度 $h_w = 1500$mm,由式(5.124)求得所需要的腹板厚度

$$t_w \geq 1.2 \frac{VS}{h_w f_v} = 1.2 \times \frac{812.5 \times 10^3}{1500 \times 125} = 5.2(\text{mm}),实际取 t_w = 8\text{mm}。$$

由式(5.127)可求得所需翼缘的截面积为

$$A_{\mathrm{f}} = \frac{M}{fh_{\mathrm{w}}} - \frac{1}{6}t_{\mathrm{w}}h_{\mathrm{w}} = \frac{3656.3 \times 10^{6}}{205 \times 1500} - \frac{1}{6} \times 8 \times 1500 = 9890.4 \ (\mathrm{mm}^{2})$$

翼缘板宽度 $b_{\mathrm{f}} = (1/5 \sim 1/3)h = 300 \sim 500\mathrm{mm}$，这里取 $b_{\mathrm{f}} = 400\mathrm{mm}$。

所需翼缘板的厚度 $t = A_{\mathrm{f}}/b_{\mathrm{f}} = 9890.4/400 = 24.7(\mathrm{mm})$，实际取 $t = 26\mathrm{mm}$。

翼缘伸出肢的宽厚比 $200/26 = 7.7 < 13/\sqrt{f_{\mathrm{y}}/235} = 13$，满足局部稳定的要求。

初步选定的主梁截面如图5.45所示：

翼缘板：2—□26mm×400mm；

腹板：1—□8mm×1500mm。

主梁截面高度为 $1500 + 2 \times 26 = 1552\mathrm{mm}$。

2）截面验算

（1）截面几何特性

$$I_{x} = \frac{1}{12} \times (40 \times 155.2^{3} - 39.2 \times 150^{3}) = 1436028(\mathrm{cm}^{4})$$

$$W_{x} = I_{x}/(h/2) = 1436028/77.6 = 18505(\mathrm{cm}^{3})$$

$$S = 40 \times 2.6 \times (75 + 1.3) + 75 \times 0.8 \times 75/2 = 10185.2(\mathrm{cm}^{3})$$

$$A = 2 \times 400 \times 26 + 1500 \times 8 = 32800(\mathrm{mm}^{2}) = 328\mathrm{cm}^{2}$$

（2）强度刚度验算

①抗弯强度验算。

梁的自重为（考虑腹板加劲肋等因素，乘以1.2的系数）

$$g_{\mathrm{k}} = 1.2 \times 7850 \times 32800 \times 10^{-6} \times 9.8 = 3028(\mathrm{N/m}) = 3.03\mathrm{kN/m}$$

考虑钢梁自重后的最大设计弯矩

$$M = 3656.3 + 1.2 \times 3.03 \times 15^{2}/8 = 3758.6(\mathrm{kN} \cdot \mathrm{m})$$

$$\sigma = \frac{M}{\gamma_{x}W_{x}} = \frac{3758.6 \times 10^{6}}{1.05 \times 18505 \times 10^{3}} = 193.4(\mathrm{N/mm}^{2}) < f = 205 \ \mathrm{N/mm}^{2}$$

②抗剪强度验算。

考虑钢梁自重后的剪力设计值

$$V = 812.5 + 1.2 \times 3.03 \times 15/2 = 840.0(\mathrm{kN})$$

$$\tau = \frac{VS}{I_{x}t_{\mathrm{w}}} = \frac{840 \times 10^{3} \times 10185.2 \times 10^{3}}{1436028 \times 10^{4} \times 8} = 74.5(\mathrm{N/mm}^{2}) < f_{\mathrm{v}} = 125\mathrm{N/mm}^{2}$$

主梁的支承处以及与次梁连接处均设支承加劲肋，故不验算局部压应力。折算应力在变截面后再验算。

由于次梁可视为主梁的侧向支承，间距为2.5m，与主梁截面宽度之比为 $2500/400 = 6.25 < 16$，故不必验算整体稳定。

③刚度验算。

集中荷载产生的梁端剪力标准值

$$V = 5F_{\mathrm{k}}/2 = 255 \times 2.5 = 637.5(\mathrm{kN})$$

集中荷载产生的跨中弯矩标准值
$M = V \times 15/2 - F_k \times (5 + 2.5) = 637.5 \times 15/2 - 255 \times 7.5 = 2868.8(\text{kN} \cdot \text{m})$
主梁自重标准值为 $g_k = 3.03 \text{kN/m}$，全部荷载标准值在梁跨中产生的弯矩
$M = 2868.8 + 3.03 \times 15/8 = 2874.5(\text{kN} \cdot \text{m})$
$v \approx \dfrac{5}{48} \dfrac{M_k l^2}{EI_x} = \dfrac{5}{48} \times \dfrac{2874.5 \times 10^6 \times 15000^2}{2.1 \times 10^5 \times 1436028 \times 10^4} = 22.34(\text{mm}) < l/[v] = 15000/400 = 37.5(\text{mm})$

由于 $v = 22.34 \text{mm} < l/[v] = 15000/500 = 30(\text{mm})$，故不必再计算仅有可变荷载作用下的挠度。

3）翼缘焊缝的验算

翼缘板对中性轴的面积矩 $S_1 = 40 \times 2.6 \times (75 + 1.3) = 7935.2(\text{cm}^3)$。

由于不考虑局部压应力，取 $F = 0$。由式(5.31b)得

$$\dfrac{1}{1.4h_f}\sqrt{\left(\dfrac{VS_1}{I}\right)^2 + \left(\dfrac{\psi F}{\beta_f l_z}\right)^2} = \dfrac{1}{1.4h_f}\dfrac{VS_1}{I} = \dfrac{1}{1.4 \times 8} \times \dfrac{840 \times 10^3 \times 7935.2 \times 10^3}{1436028 \times 10^4}$$
$$= 41.4(\text{N/mm}^2) < f_f^w = 160 \text{N/mm}^2$$

4）主梁变截面

主梁的翼缘板在距支座约 $x = l/6 = 15/6 = 2.5 \text{m}$ 处改变宽度，现求改变后的宽度 b'。
根据梁的弯矩图，该处的最大弯矩为
$M = Vx + 1.2g_k x(l-x)/2 = 812.5 \times 2.5 + 1.2 \times 3.03 \times 2.5 \times (15 - 2.5)/2 = 2088(\text{kN} \cdot \text{m})$
取 $f = 205 \text{N/mm}^2$，所需的截面模量

$$W_{nx} = \dfrac{M_x}{\gamma_x f} = \dfrac{2088 \times 10^6}{1.05 \times 205} = 9700348(\text{mm}^3)$$

所需的截面惯性矩
$I_x = W_{nx} h/2 = 9700348 \times 1552/2 = 7527470048(\text{mm}^4)$
设改变宽度后的宽度为 b'，因为

$$I_x = \dfrac{1}{12}[b' \times 1552^3 - (b' - 8) \times 1500^3] = 7527470048(\text{mm}^4)$$

从中解得：$b' = 174.3 \text{mm}$，实际取 200 mm。
这样，变截面后截面的惯性矩为

$$I_x' = \dfrac{1}{12}(200 \times 1552^3 - 192 \times 1500^3) = 8305143467(\text{mm}^4) = 830514.3 \text{cm}^4$$

翼缘板对中性轴的面积矩
$S_1' = 20 \times 2.6 \times (75 + 1.3) = 3967.62(\text{cm}^3)$
折算应力验算如下。
$x = 2.5 \text{m}$ 处的剪力为
$V = 812.5 + 1.2 \times g_k(l/2 - x) = 812.5 + 1.2 \times 3.03 \times (15/2 - 2.5) = 830.7(\text{kN})$

$x = 2.5\text{m}$ 处截面上翼缘与腹板交接处的弯曲正应力为

$$\sigma_1 = \frac{M}{I'_x} y_1 = \frac{2088 \times 10^6}{830514.3 \times 10^4} \times \frac{1500}{2} = 189 (\text{N/mm}^2)$$

剪应力为

$$\tau_1 = \frac{VS'_1}{I'_x t_w} = \frac{830.7 \times 10^3 \times 3967.62 \times 10^3}{830514.3 \times 10^4 \times 8} = 49.6 (\text{N/mm}^2)$$

折算应力

$$\sqrt{\sigma_1^2 + 3\tau_1^2} = \sqrt{189^2 + 3 \times 49.6^2} = 207.6 (\text{N/mm}^2) < 1.1 \times 205 = 225.5 (\text{N/mm}^2)$$

5.8 梁的拼接和主次梁的连接

5.8.1 梁的拼接

由于钢材尺寸的限制,钢结构构件制造时常常在工厂中将钢板接长或加宽。同时,由于运输或安装条件的限制,钢梁必须分段运输,然后在工地进行拼装。

型钢梁的拼接可直接采用对接焊缝连接[图 5.46a)],也可采用拼接板拼接[图 5.46b)]。拼接位置宜放在弯矩较小处。

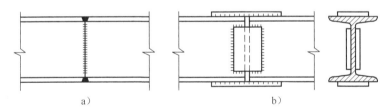

图 5.46 型钢梁的拼接

焊接组合梁在工厂中拼接时,翼缘和腹板的拼接位置最好错开并用直对接焊缝相连,另外,腹板的拼接焊缝与横向加劲肋之间至少相距 $10t_w$(图 5.47)。对接焊缝施焊时宜加引弧板,并采用 1 级或 2 级焊缝,这样焊缝可与基本金属等强。

梁的工地拼接应使翼缘和腹板基本上在同一截面处断开,以便分段运输。高大的梁在工地施焊时不便翻身,应将上、下翼缘的拼接边缘均做成向上开口的 V 形坡口,以便俯焊[图 5.48a)]。有时将翼缘和腹板的接头略为错开一些[图 5.48b)],这样受力情况较好,但运输单元突出部分应特别保护,以免碰损。

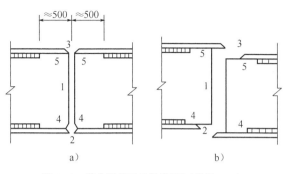

图 5.47 组合梁的工厂拼接   图 5.48 组合梁的工地拼接(尺寸单位:mm)

图 5.48 中,将翼缘焊缝留一段不在工厂施焊,是为了减少焊缝收缩应力。注明的数字是工地施焊的适宜顺序。

由于现场施焊条件较差,焊缝质量难于保证,所以较重要或受动力荷载的大型梁,其工地拼接宜采用高强度螺栓(图 5.49)。

当梁拼接处的对接焊缝不能与基本金属等强时,例如采用 3 级焊缝时,应对受拉区翼缘焊缝进行计算,使拼接处弯曲拉应力不超过焊缝抗拉强度设计值。

对翼缘拼接板及其连接所承受的最大内力 N_1 按下式计算:

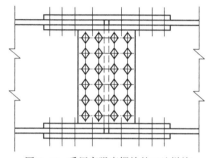

图 5.49 采用高强度螺栓的工地拼接

$$N_1 = A_{\mathrm{fn}} \cdot f \quad (5.132)$$

式中:A_{fn}——被拼接的翼缘板净截面积。

对腹板拼接板及其连接,主要承受梁截面上的全部剪力 V,以及按刚度分配到腹板上的弯矩 $M_{\mathrm{w}} = M \cdot I_{\mathrm{w}} / I$。此式中 I_{w} 为腹板截面惯性矩;I 为整个梁截面的惯性矩。

5.8.2 次梁与主梁的连接

次梁与主梁的连接形式有叠接和平接两种。叠接(图 5.50)是将次梁直接搁在主梁上面,用螺栓或焊缝连接,构造简单,但结构的高度大,其使用常受到限制。图 5.50a)是次梁为简支梁时与主梁连接的构造,而图 5.50b)是次梁为连续梁时与主梁连接的构造示例。如次梁截面较大时,应另采取构造措施防止支承处截面发生扭转。

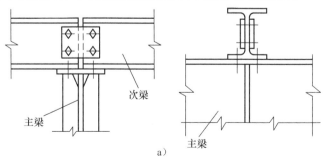
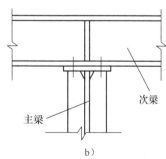

图 5.50 次梁与主梁的叠接

平接是使次梁顶面与主梁相平或略高、略低于主梁顶面,从侧面与主梁的加劲肋或在腹板上专设的短角钢或支托相连接。图5.51a)是次梁为简支梁时与主梁连接的构造,图5.51b)是次梁为连续梁时与主梁连接的构造。平接虽构造复杂,但可降低结构高度,故在实际工程中应用较广泛。

每一种连接构造都要将次梁支座的压力传给主梁,实质上这些支座压力就是梁的剪力。而梁腹板的主要作用是抗剪,所以应将次梁腹板连于主梁的腹板上,或连于与主梁腹板相连的铅垂方向抗剪刚度较大的加劲肋上或支托的竖直板上。在次梁支座压力作用下,按传力的大小计算连接焊缝或螺栓的强度。由于主、次梁翼缘及支托水平板的外伸部分在铅垂方向的抗剪强度较小,分析受力时不考虑它们传次梁的支座压力。在图5.51c)、d)中,次梁支座压力V先由焊缝①传给支托竖直板,然后由焊缝②传给主梁腹板。在其他的连接构造中,支座压力的传递途径与此相似,不一一分析。具体计算时,在形式上可不考虑偏心作用,而将次梁支座压力增大20%~30%,以考虑实际上存在的偏心影响。

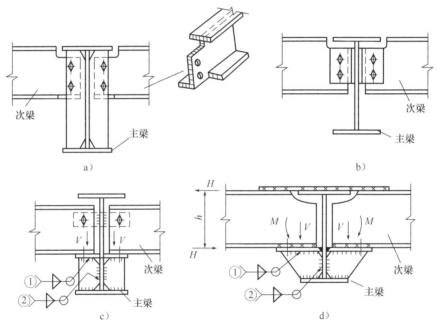

图5.51 次梁与主梁的连接构造

对于刚接构造,次梁与次梁之间还要传递支座弯矩。图5.50b)的次梁本身是连续的,支座弯矩可以直接传递,不必计算。图5.51d)中,主梁两侧的次梁是断开的,支座弯矩靠焊缝连接的次梁上翼缘盖板、下翼缘支托水平顶板传递。由于梁的翼缘承受弯矩的大部分,所以连接盖板的截面及其焊缝可按承受水平力$H = M/h$计算(M为次梁支座弯矩,h为次梁高度)。支托顶板与主梁腹板的连接焊缝也按力H计算。

5.8.3 梁的支座

梁通过在砌体、钢筋混凝土柱或钢柱上的支座,将荷载传给柱或墙体,再传给基础和地基。梁支于钢柱的支座或连接已在第4章中讨论过,这里主要介绍支于砌体或钢筋混凝土上的支座。支于砌体或钢筋混凝土上的支座有三种传统形式,即平板支座、弧形支座、铰轴式支座(图5.52)。

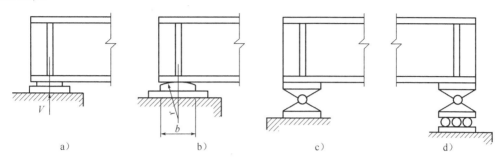

图5.52 梁的支座

平板支座[图5.52a)]系在梁端下面垫上钢板做成,使梁的端部不能自由移动和转动,一般用于跨度小于20m的梁中。弧形支座[也叫切线式支座,图5.52b)],由厚40~50mm顶面切削成圆弧形的钢垫板制成,使梁能自由转动并可产生适量的移动(摩阻系数约为0.2),并使下部结构在支承面上的受力较均匀,常用于跨度为20~40m,支反力不超过750kN(设计值)的梁中。铰轴式支座[图5.52c)]完全符合梁简支的力学模型,可以自由转动,下面设置滚轴时称为滚轴支座[图5.52d)]。滚轴支座能自由转动和移动,只能安装在简支梁的一端。铰轴式支座用于跨度大于40m的梁中。

为了防止支承材料被压坏,支座板与支承结构顶面的接触面积按下式确定

$$A = a \times b \geqslant V/f_c \tag{5.133}$$

式中:V——支座反力;
f_c——支承材料的承压强度设计值;
a、b——支座垫板的长和宽;
A——支座板的平面面积。

支座底板的厚度,按均布支反力产生的最大弯矩进行计算。

为了防止弧形支座的弧形垫块和滚轴支座的滚轴被劈裂,其圆弧面与钢板接触面(系切线接触)的承压力(劈裂应力),应满足下式的要求

$$V \leqslant 40nda_1/E \tag{5.134}$$

式中:d——弧形支座板表面半径 r 的2倍或滚轴支座的滚轴直径,对弧形支座 $r \approx 3b$;
a_1——弧形表面或滚轴与平板的接触长度;
n——滚轴个数,对于弧形支座 $n=1$。

铰轴式支座的圆柱形枢轴,当接触面中心角 $\theta \geqslant 90°$ 时,其承压应力应满足下式要求

$$\sigma = \frac{2V}{dl} \leqslant f \tag{5.135}$$

式中:d——枢轴直径;
l——枢轴纵向接触长度。

在设计梁的支座时,除了保证梁端可靠传递支反力并符合梁的力学计算模型外,还应与整

个梁格的设计一道,采取必要的构造措施使支座有足够的水平抗震能力和防止梁端截面的侧移和扭转。图 5.52 所示支座仅为力学意义上的形式,具体详图可参见钢结构或钢桥设计手册。

本章主要计算公式

序号	计算公式	备注
1	$\sigma = \dfrac{M_x}{\gamma_x W_{nx}} \leqslant f$	单向弯曲梁抗弯强度计算公式
2	$\sigma = \dfrac{M_x}{\gamma_x W_{nx}} + \dfrac{M_x}{\gamma_y W_{ny}} \leqslant f$	双向弯曲梁抗弯强度计算公式
3	$\tau = \dfrac{V_y S_x}{I_x t_w} \leqslant f_v$	梁的抗剪强度计算公式
4	$\sigma_c = \dfrac{\psi F}{t_w l_z} \leqslant f$	局部承压强度计算公式
5	$\sqrt{\sigma^2 + \sigma_c^2 - \sigma \sigma_c + 3\tau^2} \leqslant \beta_1 f$	折算应力计算公式
6	$v \leqslant [v_T]$ 或 $[v_Q]$	梁的刚度计算公式
7	$v = \dfrac{5}{384} \dfrac{q_k l^4}{EI_x} \approx \dfrac{5}{48} \dfrac{M_k l^2}{EI_x}$	等截面简支梁受均布荷载作用时挠度计算公式
8	$v = \dfrac{5}{48} \dfrac{M_k l^2}{EI_x} \left(1 + \dfrac{3}{25} \dfrac{I_x - I_{x1}}{I_x}\right)$	变截面简支梁受弯矩作用时挠度计算公式
9	$\dfrac{M_x}{\varphi_b W_x f} \leqslant 1.0$	梁单向弯曲时,整体稳定计算公式
10	$\dfrac{M_x}{\varphi_b W_x f} + \dfrac{M_x}{\gamma_y W_y f} \leqslant 1.0$	梁双向弯曲时,整体稳定计算公式
11	$\varphi_b = \beta_b \dfrac{4320}{\lambda_y^2} \times \dfrac{Ah}{W_x} \left[\sqrt{1 + \left(\dfrac{\lambda_y t_1}{4.4h}\right)^2} + \eta_b\right] \varepsilon_k^2$	焊接工字形等截面简支梁的 φ_b
12	$\left(\dfrac{\sigma}{\sigma_{cr}}\right)^2 + \dfrac{\sigma_c}{\sigma_{c,cr}} + \left(\dfrac{\tau}{\tau_{cr}}\right)^2 \leqslant 1$	仅配置横向加劲肋的腹板区格局部稳定计算公式
13	$\dfrac{\sigma}{\sigma_{cr1}} + \left(\dfrac{\sigma_c}{\sigma_{c,cr1}}\right)^2 + \left(\dfrac{\tau}{\tau_{cr1}}\right)^2 \leqslant 1$	同时配置横向加劲肋和纵向加劲肋时,受压翼缘与纵向加劲肋区格的局部稳定计算公式
14	$\left(\dfrac{\sigma_2}{\sigma_{cr2}}\right)^2 + \dfrac{\sigma_{c2}}{\sigma_{c,cr2}} + \left(\dfrac{\tau}{\tau_{cr2}}\right)^2 \leqslant 1$	同时配置横向加劲肋和纵向加劲肋时,受压翼缘与纵向加劲肋区格的局部稳定计算公式
15	当 $M \leqslant M_f$ 时 $V \leqslant V_u$	
16	当 $V \leqslant 0.5 V_u$ 时 $M \leqslant M_{eu}$	考虑腹板屈曲后承载力的计算
17	$\left(\dfrac{V}{0.5 V_u} - 1\right)^2 + \dfrac{M - M_f}{M_{eu} - M_f} \leqslant 1$	

(1)钢结构中常用的梁有型钢梁和组合梁。其计算包括强度(抗弯强度、抗剪强度、局部承压强度和折算应力等)、刚度、整体稳定和局部稳定等。型钢梁若截面无太大削弱可不计算抗剪强度和折算应力,若无较大集中荷载或支座反力,也可不计算局部承压强度和局部稳定。因此,型钢梁通常只计算抗弯强度、刚度和整体稳定;组合梁在固定集中荷载处如设有支承加劲肋,可不计算局部承压强度,折算应力只在同时受有较大正应力和剪应力或者还有局部应力的部位(如截面改变处的腹板计算高度边缘处)才作计算。除此之外其余各项均需计算。

(2)梁的抗弯强度计算中,引入系数 γ_x 用以考虑截面塑性的发展,以充分利用材料的强度。但对于直接承受动力荷载且须计算疲劳的梁,或者翼缘宽厚比值较大的梁,不考虑这一影响。

(3)验算梁的刚度时,挠度计算要采用荷载的标准值,并与规范规定的容许挠度值相对应。

(4)梁的整体稳定计算是以临界弯矩为依据导出公式(5.47)和式(5.48),式中 $\varphi_b \leqslant 1.0$ 为梁的整体稳定系数,不同形式的梁 φ_b 的计算方法不同。

(5)提高梁的整体稳定性的关键是增强梁的抵抗侧向弯曲和扭转变形的能力。梁的侧向抗弯刚度、抗扭刚度越高,梁的受压翼缘自由长度(即梁的侧向支承间距)越小,则梁的临界弯矩越大。此外,临界弯矩的大小还与梁所受荷载类型和荷载作用位置等因素有关。因此梁的整体稳定计算中所涉及的各种系数将与上述各项因素有关。

(6)组合梁的翼缘板局部稳定由控制翼缘板宽厚比来保证;腹板的局部稳定通常由设置加劲肋来保证。加劲肋的尺寸和刚度要满足规范要求。支承加劲肋除应满足横向加劲肋尺寸和刚度要求外,还应计算其整体稳定性、端面承压强度以及与腹板的连接焊缝强度。

(7)对于承受静荷载或间接承受动荷载的组合梁,考虑腹板屈曲后强度可进一步利用钢材的强度,使设计更加经济合理。

一、选择题

1.计算梁的( )时,应使用净截面的几何参数。
  a)正应力   b)剪应力
  c)整体稳定   d)局部稳定

2. 钢结构梁计算公式，$\sigma = \dfrac{M_x}{\gamma_x W_{nx}}$ 中的 γ_x（　　）。

   a) 与材料强度有关

   b) 是极限弯矩与边缘屈服弯矩之比

   c) 表示截面部分进入塑性

   d) 与梁所受荷载有关

3. 在充分发挥材料强度的前提下，Q235 钢梁的最小高度 $h_{\min}$（　　）Q345 钢梁的 $h_{\min}$。（其他条件均相同。）

   a) 大于　　　　　　　　　　b) 小于

   c) 等于　　　　　　　　　　d) 不确定

4. 梁的最小高度是由（　　）控制的。

   a) 强度　　　　　　　　　　b) 建筑要求

   c) 刚度　　　　　　　　　　d) 整体稳定

5. 单向受弯梁失去整体稳定时是（　　）形式的失稳。

   a) 弯曲　　　　　　　　　　b) 扭转

   c) 弯扭　　　　　　　　　　d) 双向弯曲

6. 提高梁的整体稳定性，（　　）是最经济有效的办法。

   a) 增大截面

   b) 增加侧向支撑点，减少 l_1

   c) 设置横向加劲肋

   d) 改变荷载作用的位置

7. 当梁上有固定较大集中荷载作用时，其作用点处应（　　）。

   a) 设置纵向加劲肋　　　　　b) 设置横向加劲肋

   c) 减少腹板宽度　　　　　　d) 增加翼缘的厚度

8. 焊接组合梁腹板中，布置横向加劲肋对防止（　　）引起的局部失稳最有效，布置纵向加劲肋对防止（　　）引起的局部失稳最有效。

   a) 剪应力　　　　　　　　　b) 弯曲应力

   c) 复合应力　　　　　　　　d) 局部压应力

9. 确定梁的经济高度的原则是（　　）。

   a) 制造时间最短　　　　　　b) 用钢量最省

   c) 最便于施工　　　　　　　d) 免于变截面的麻烦

10. 当梁整体稳定系数 $\varphi_b > 0.6$ 时，用 φ'_b 代替 φ_b 主要是因为（　　）。

    a) 梁的局部稳定有影响　　　b) 梁已进入弹塑性阶段

    c) 梁发生了弯扭变形　　　　d) 梁的强度降低了

11. 分析焊接工字形钢梁腹板局部稳定时，腹板与翼缘相接处可简化为（　　）。

a) 自由边 b) 简支边
c) 固定边 d) 有转动约束的支承边

12. 梁的支承加劲肋应设置在(　　)。
    a) 弯曲应力大的区段
    b) 剪应力大的区段
    c) 上翼缘或下翼缘有固定荷载作用的部位
    d) 有吊车轮压的部位

13. 双轴对称工字形截面梁,经验算,其强度和刚度正好满足要求,而腹板在弯曲应力作用下有发生局部失稳的可能。在其他条件不变的情况下,宜采用下列方案中的(　　)。
    a) 增加梁腹板的厚度
    b) 降低梁腹板的高度
    c) 改用强度更高的材料
    d) 设置侧向支承

14. 防止梁腹板发生局部失稳,常采取设置加劲肋措施,这是为了(　　)。
    a) 增加梁截面的惯性矩
    b) 增加截面积
    c) 改变构件的应力分布状态
    d) 改变边界约束板件的宽厚比

15. 焊接工字形截面梁腹板配置横向加劲肋的目的是(　　)。
    a) 提高梁的抗弯强度
    b) 提高梁的抗剪强度
    c) 提高梁的整体稳定性
    d) 提高梁的局部稳定性

16. 在简支钢板梁桥中,当跨中已有横向加劲,但腹板在弯矩作用下局部稳定不足,需采取加劲构造。以下考虑的加劲形式正确的是(　　)。
    a) 加密横向加劲肋
    b) 纵向加劲肋设置在腹板上半部
    c) 纵向加劲肋设置在腹板下半部
    d) 加厚腹板

17. 在梁的整体稳定计算中,$\varphi_b' = 1$说明所设计梁(　　)。
    a) 处于弹性工作阶段
    b) 不会丧失整体稳定
    c) 梁的局部稳定必定满足要求
    d) 梁不会发生强度破坏

18. 梁受固定集中荷载作用,当局部挤压应力不能满足要求时,采用较合理的措施是(　　)。
   a)加厚翼缘
   b)在集中荷载作用处设支承加劲肋
   c)增加横向加劲肋的数量
   d)加厚腹板

19. 验算工字形截面梁的折算应力,公式为 $\sqrt{\sigma^2 + 3\tau^2} \leq \beta_{1f} f$,式中 σ、τ 应为(　　)。
   a)验算截面中的最大正应力和最大剪应力
   b)验算截面中的最大正应力和验算点的剪应力
   c)验算截面中的最大剪应力和验算点的正应力
   d)验算截面中验算点的正应力和剪应力

20. 工字形梁受压翼缘宽厚比限值为 $\dfrac{b_1}{t} \leq 15\varepsilon_k$,式中 b_1 为(　　)。
   a)受压翼缘板外伸宽度;
   b)受压翼缘板全部宽度;
   c)受压翼缘板全部宽度的 1/3;
   d)受压翼缘板的有效宽度;

21. 跨中无侧向支承的组合梁,当验算整体稳定不足时,宜采用(　　)。
   a)加大梁的截面积
   b)加大梁的高度
   c)加大受压翼缘板的宽度
   d)加大腹板的厚度

22. 如图 5.53 所示的钢梁,因整体稳定要求,需在跨中设侧向支撑点,其位置以(　　)为最佳方案。

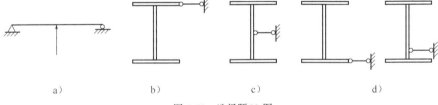

图 5.53　选择题 22 图

23. 钢梁腹板局部稳定采用(　　)准则,实腹式轴心压杆腹板局部稳定采用(　　)准则。
   a)腹板局部屈曲应力不小于构件整体屈曲应力
   b)腹板实际应力不超过腹板屈曲应力

c) 腹板实际应力不小于板的 f_v

d) 腹板局部临界应力不小于钢材屈服应力

24. ( ) 对提高工字形截面的整体稳定性作用最小。

a) 增加腹板厚度　　　　　　　b) 约束梁端扭转

c) 设置平面外支承　　　　　　d) 加宽梁翼缘

25. 双轴对称截面梁,其强度刚好满足要求,而腹板在弯曲应力下有发生局部失稳的可能,下列方案比较,应采用( )。

a) 在梁腹板处设置纵、横向加劲肋

b) 在梁腹板处设置横向加劲肋

c) 在梁腹板处设置纵向加劲肋

d) 沿梁长度方向在腹板处设置横向水平支撑

26. 图 5.54 所示各简支梁,除截面放置和荷载作用位置有所不同以外,其他条件均相同,则以( )的整体稳定性为最好,以( )的为最差。

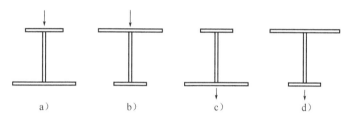

图 5.54　选择题 26 图

27. 当梁的整体稳定判别式 $\dfrac{l_1}{b_1}$ 小于规范给定数值时,可以认为其整体稳定不必验算,也就是说在 $\dfrac{M_x}{\varphi_b W_x}$ 中,可以取 φ_b 为( )。

a) 1.0　　　　　　　　　　　b) 0.6

c) 1.05　　　　　　　　　　　d) 仍需用公式计算

28. 焊接工字形截面简支梁,( )时,整体稳定性最好。

a) 加强受压翼缘　　　　　　　b) 加强受拉翼缘

c) 双轴对称　　　　　　　　　d) 梁截面沿长度变化

29. 简支工字形截面梁,当( )时,其整体稳定性最差(按各种情况最大弯矩数值相同比较)。

a) 两端有等值同向曲率弯矩作用

b) 满跨有均布荷载作用

c) 跨中有集中荷载作用

d) 两端有等值反向曲率弯矩作用

30. 双轴对称工字形截面简支梁,跨中有一向下集中荷载作用于腹板平面内,作用点位于( )时整体稳定性最好。

a) 形心   b) 下翼缘
c) 上翼缘   d) 形心与上翼缘之间

31. 工字形或箱形截面梁、柱截面局部稳定是通过控制板件的何种参数并采取何种重要措施来保证的？（　　）。

    a) 控制板件的边长比并加大板件的宽（高）度
    b) 控制板件的应力值并减小板件的厚度
    c) 控制板件的宽（高）厚比并增设板件的加劲肋
    d) 控制板件的宽（高）厚比并加大板件的厚度

32. 为了提高荷载作用在上翼缘的简支工字形梁的整体稳定性，可在梁的（　　）加侧向支撑，以减小梁出平面的计算长度。

    a) 梁腹板高度的 $\frac{1}{2}$ 处

    b) 靠近梁下翼缘的腹板 $\left(\frac{1}{5} \sim \frac{1}{4}\right) h_0$ 处

    c) 靠近梁上翼缘的腹板 $\left(\frac{1}{5} \sim \frac{1}{4}\right) h_0$ 处

    d) 受压翼缘处

33. 配置加劲肋提高梁腹板局部稳定承载力，当 $\frac{h_0}{t_w} > 170 \sqrt{\frac{235}{f_y}}$ 时（　　）。

    a) 可能发生剪切失稳，应配置横向加劲肋
    b) 只可能发生弯曲失稳，应配置纵向加劲肋
    c) 应同时配置纵向和横向加劲肋
    d) 增加腹板厚度才是最合理的措施

34. 一焊接工字形截面简支梁，材料为 Q235，$f_y = 235 \text{N/mm}^2$。梁上为均布荷载作用，并在支座处已设置支承加劲肋，梁的腹板高度和厚度分别为 900mm 和 12mm，若考虑腹板稳定性，则（　　）。

    a) 布置纵向和横向加劲肋
    b) 无需布置加劲肋
    c) 按构造要求布置加劲肋
    d) 按计算布置横向加劲肋

35. 计算梁的整体稳定性时，当整体稳定性系数 φ_b 大于（　　）时，应以 φ_b'（弹塑性工作阶段整体稳定系数）代替 φ_b。

    a) 0.8   b) 0.7
    c) 0.6   d) 0.5

36. 对于组合梁的腹板，若 $\frac{h_0}{t_w} = 100$，按要求应（　　）。

a) 无需配置加劲肋

b) 配置横向加劲肋

c) 配置纵向、横向加劲肋

d) 配置纵向、横向和短加劲肋

37. 焊接梁的腹板局部稳定常采用配置加劲肋的方法来解决,当 $\dfrac{h_0}{t_w} >$ $170\sqrt{\dfrac{235}{f_y}}$ 时,(   )。

a) 可能发生剪切失稳,应配置横向加劲肋

b) 可能发生弯曲失稳,应配置横向和纵向加劲肋

c) 可能发生弯曲失稳,应配置横向加劲肋

d) 可能发生剪切失稳和弯曲失稳,应配置横向和纵向加劲肋

38. 工字形截面梁腹板高厚比 $\dfrac{h_0}{t_w} = 100\sqrt{\dfrac{235}{f_y}}$ 时,梁腹板可能(   )。

a) 因弯曲正应力引起屈曲,需设纵向加劲肋

b) 因弯曲正应力引起屈曲,需设横向加劲肋

c) 因剪应力引起屈曲,需设纵向加劲肋

d) 因剪应力引起屈曲,需设横向加劲肋

39. 当无集中荷载作用时,焊接工字形截面梁翼缘与腹板的焊缝主要承受(   )。

a) 竖向剪力

b) 竖向剪力及水平剪力联合作用

c) 水平剪力

d) 压力

二、填空题

1. 验算一根梁的安全实用性应考虑_____几个方面。

2. 梁截面高度的确定应考虑三种参考高度,是指由_____确定的_____;由_____确定的_____;由_____确定的_____。

3. 梁腹板中,设置_____加劲肋对防止_____引起的局部失稳有效,设置_____加劲肋对防止_____引起的局部失稳有效。

4. 梁整体稳定判别式 l_1/b_1 中,l_1 是_____,b_1 是_____。

5. 横向加劲肋按其作用可分为_____、_____两种。

6. 当 $\dfrac{h_0}{t_w}$ 大于 $80\sqrt{\dfrac{235}{f_y}}$ 但小于 $170\sqrt{\dfrac{235}{f_y}}$ 时，应在梁的腹板上配置_____向加劲肋。

7. 在工字形梁弯矩、剪力都比较大的截面中，除了要验算正应力和剪应力外，还要在_____处验算折算应力。

8. 对承受静力荷载或间接承受动力荷载的钢梁，允许考虑部分截面发展塑性变形，在计算中引入_____。

9. 按构造要求，组合梁腹板横向加劲肋间距不得小于_____。

10. 组合梁腹板的纵向加劲肋与受压翼缘的距离应在_____之间。

11. 当组合梁腹板高厚比 $\dfrac{h_0}{t_w}\leqslant$ ____ 时，对一般梁可不配置加劲肋。

12. 考虑梁的塑性发展进行强度计算时，应当满足的主要条件有：_____。

13. 单向受弯梁从_____变形状态转变为_____变形状态时的现象称为整体失稳。

14. 提高梁整体稳定的措施主要有_____。

15. 影响梁弯扭屈曲临界弯矩的主要因素有_____。

16. 工字形截面的钢梁翼缘的宽厚比限值是根据_____确定的，腹板的局部失稳准则是_____。

17. 梁翼缘宽度的确定主要考虑_____。

18. 支承加劲肋的设计应进行_____的验算。

19. 当荷载作用在梁的____翼缘时，梁整体稳定性较高。

20. 当梁整体稳定系数 $\varphi_b>0.6$ 时，材料进入_____工作阶段。这时，梁的整体稳定系数应采用_____。

三、简答题

1. 什么是梁的弹性设计？什么是梁的弹塑性设计？钢梁的强度计算包括哪些内容？什么情况下须计算梁的局部压应力和折算应力？如何计算？

2. 截面形状系数 F 和塑性发展系数 γ 有何区别？

3. 规定梁的计算挠度小于梁的容许挠度的原因是什么？

4. 梁发生强度破坏与丧失整体稳定有何区别？影响钢梁整体稳定的主要因素有哪些？提高钢梁整体稳定性的有效措施有哪些？

5. 试比较型钢梁和组合梁在截面选择方法上的异同。

6. 梁的整体稳定系数 φ_b 是如何确定的？当 $\varphi_b>0.6$ 时为什么要用 φ_b' 代替？

7. 组合梁的腹板和翼缘可能发生哪些形式的局部失稳？《钢结构设计标准》(GB 50017—2017)采取哪些措施防止发生这些形式的局部失稳？

8. 为什么组合梁的翼缘设计不考虑屈曲后强度？

9. 钢梁的拼接、主次梁连接各有哪些方式？其主要设计原则是什么？

四、计算题

1. 有一简支梁，计算跨度7m，焊接组合截面，尺寸如图5.55所示，梁上作用均布恒载(未含梁自重)17.1kN/m，均布活载6.8kN/m，距一端2.5m处尚有集中恒荷载60kN，作用长度0.2m，荷载作用面距钢梁顶面12cm。此外，梁两端的支承长度各0.1m。钢材抗拉设计强度为215N/mm²，抗剪设计强度为125N/mm²。恒载分项系数取1.2，活载分项系数取1.4。试计算钢梁截面的强度。

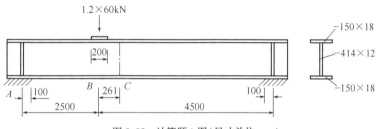

图5.55 计算题1图(尺寸单位：mm)

2. 如图5.56所示的简支梁，其截面为不对称工字形，材料为Q235-B，钢梁的中点和两端均有侧向支撑，在集中荷载(未包括梁自重)$F = 160\text{kN}$(设计值)的作用下，梁能否保证整体稳定性？强度是否满足？

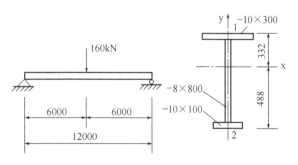

图5.56 计算题2图(尺寸单位：mm)

3. 如图5.57所示的两种简支梁截面，其截面面积大小相同，跨度均为12m，跨间无侧向支撑点，均布荷载大小亦相同，均作用在梁的上翼缘，钢材Q235-B，试比较梁的整体稳定性系数f_b，说明何者的稳定性更好？

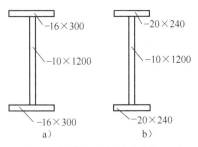

图 5.57 计算题 3 图(尺寸单位:mm)

4. 有一平台梁格,荷载标准值为恒载(不包括梁自重)1.5kN/m^2,活荷载 9kN/m^2;次梁跨度为 5m,间距为 2.5m,钢材为 Q235 钢。假如平台铺板不与次梁连接牢固,试选择次梁截面。

5. 有一梁的受力如图 5.58a)所示(设计值),梁截面尺寸和加劲肋布置如图 5.58d)和 e)所示,在离支座 1.5m 处梁翼缘的宽度改变一次(280mm 变为 140mm)。试进行梁腹板稳定的计算和加劲肋的设计,钢材为 Q235。

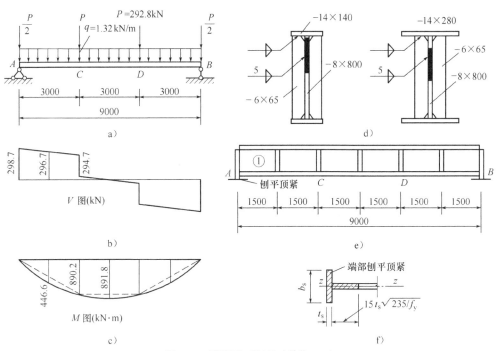

图 5.58 计算题 5 图(尺寸单位:mm)

6. 如图 5.59 所示一工作平台主梁的计算简图,次梁传来的集中荷载标准值为 $F_k = 253\text{kN}$,设计值 $F_d = 323\text{kN}$。主梁采用组合工字形截面,初选截面如图 5.59 所示,钢材采用 Q235-B,焊条为 E43 型。主梁加劲肋的布置如图 5.59 所示。试进行主梁的计算(包括强度、刚度、整体稳定、局部稳定和加劲肋设计等)。

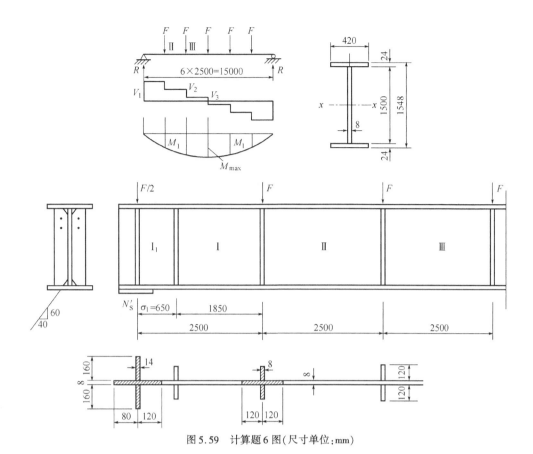

图5.59 计算题6图(尺寸单位:mm)

第 6 章 偏心受力构件
CHAPTER SIX

熟悉偏心受力构件的类型和破坏特征,掌握实腹式偏心受力构件的强度、刚度、整体稳定和局部稳定的计算和截面设计方法。掌握格构式偏心受力构件的强度、刚度、平面内整体稳定和分肢稳定的计算方法。

实腹式偏心受力构件平面内整体稳定和分肢稳定的计算方法。

实腹式偏心受力构件的局部稳定和格构式压弯构件的设计。

6.1 概述

6.1.1 偏心受力构件的特点

偏心受力构件是指构件内力同时存在轴向力和弯矩的构件。根据受力性质可分为偏心受拉构件(或称拉弯构件)和偏心受压构件(或称压弯构件),如图6.1所示。弯矩可能由轴向力的偏心作用、端弯矩作用或横向荷载作用三种因素形成。当弯矩作用在截面的一个主轴平面内时称为单向偏心受力构件,作用在两个主轴平面内时称为双向偏心受力构件。

在钢结构中,压弯和拉弯构件的应用十分广泛,例如有节间荷载作用的桁架上、下弦杆(图6.2),受风荷载作用的墙架柱以及天窗架的侧立柱,铁路钢桁架桥的端斜杆和竖杆等。压弯构件也广泛用作柱子,如工业建筑中的厂房框架柱(图6.3)、多层(或高层)建筑中的框架柱(图6.4)以及海洋平台的立柱等等。它们不仅要承受上部结构传下来的轴向压力,同时还受有弯矩和剪力。

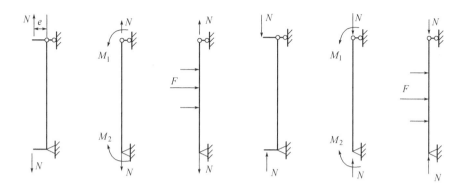

图 6.1　偏心受力构件

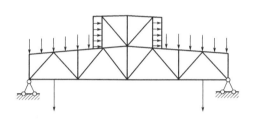

图 6.2　有节间荷载作用的桁架

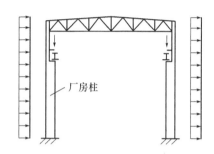

图 6.3　厂房框架柱

与轴心受力构件一样,设计拉弯和压弯构件时,应同时满足承载能力极限状态和正常使用极限状态的要求。拉弯构件需要计算其强度和刚度;压弯构件则需要计算强度、整体稳定、局部稳定和刚度。

6.1.2　偏心受力构件的截面形式

在建筑钢结构中,对偏心受拉构件,当弯矩较小时,其截面形式与轴心受拉构件相同;当弯矩较大时,应采用

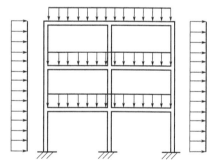

图 6.4　多层建筑框架柱

在弯矩作用方向惯性矩较大的截面,如矩形管、角钢组合截面。对偏心受压构件,当弯矩较小时,其截面形式与轴心受压构件相同;当弯矩较大时,应采用单轴对称截面,且使受力较大的一侧具有较大的翼缘,如图 6.5 所示。

顺便指出,桥梁钢结构中的偏心受力构件截面形式与相应的轴心受力构件的杆件截面形式相同。

6.1.3　偏心受力构件的破坏形式

偏心受力构件的破坏形式有强度破坏和失稳破坏,强度破坏是以截面出现塑性铰为标志,

对于格构式或冷弯薄壁型钢构件,通常以截面边缘发生屈服作为强度破坏的标志。当弯矩很大、轴心拉力较小时,还可能会出现类似于梁的弯扭失稳破坏形式和局部失稳破坏形式。

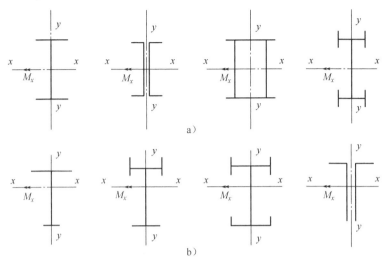

图 6.5　弯矩较大时实腹式压弯构件的截面形式

偏心压杆的破坏形式除强度破坏以外,更主要的是失稳破坏。失稳破坏既可能在弯矩作用平面内发生弯曲失稳破坏,发生这种破坏时,构件的变形形式没有改变,仍为弯矩作用平面内的弯曲变形;也可能在弯矩作用平面外发生失稳破坏,这种破坏除了在弯矩作用方向存在弯曲变形外,同时在垂直于弯矩作用方向产生弯曲变形并绕杆轴发生扭转。偏心压杆也有局部失稳破坏的形式。

6.2　偏心受力构件的强度和刚度

6.2.1　偏心受力构件的强度

如图 6.6 所示是一承受轴心压力 N 和弯矩 M 共同作用的矩形截面构件,假如轴向力不变,而弯矩不断增加,当弯矩较小,截面边缘纤维的压应力还小于钢材的屈服强度 f_y 时,整个截面都处于弹性状态[图 6.6a)]。若增加弯矩,截面受压区进入塑性状态[图 6.6b)]。弯矩继续增加使截面的另一边纤维的拉应力也达到屈服强度时,部分受拉区的材料也进入塑性状态[图 6.6c)]。进一步增加弯矩,整个截面进入塑性状态,形成塑性铰,达到承载能力极限状态[图 6.6d)]。

由全塑性应力图形(图 6.7),将图中应力分布分解为有斜线区和无斜线区两个部分,则根据力的平衡条件可得

$$N = f_y \eta h b = N_p \eta$$

$$M = f_y \frac{1-\eta}{2} hb \frac{1+\eta}{2} h = f_y \frac{bh^2}{4}(1-\eta^2) = M_p(1-\eta^2)$$

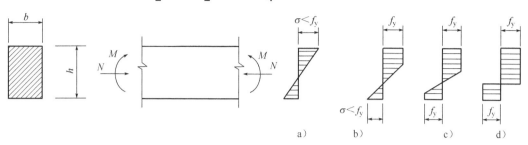

图6.6 压弯构件截面的工作状态

以上两式消去 η 就得到矩形截面形成塑性铰时轴心压力 N 与弯矩 M 的相关公式：

$$\left(\frac{N}{N_p}\right)^2 + \frac{M}{M_p} = 1 \qquad (6.1)$$

式中：N——轴心力；

M——弯矩；

N_p——无弯矩作用时全部净截面屈服时的承载力，$N_p = f_y hb$；

M_p——无轴心力作用时全部净截面的塑性弯矩，$M_p = f_y bh^2/4$。

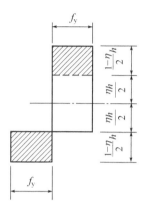

图6.7 全塑性应力图形

图6.8 给出了矩形截面及绕强轴弯曲的工字形截面出现塑性铰时，截面所受轴力与弯矩的相关曲线。这些曲线均为凸曲线，随截面形式及尺寸变化各不相同，为计算简便且偏于安全起见，取图中直线为计算依据，其表达式为

$$\frac{N}{N_p} + \frac{M}{M_p} = 1 \qquad (6.2)$$

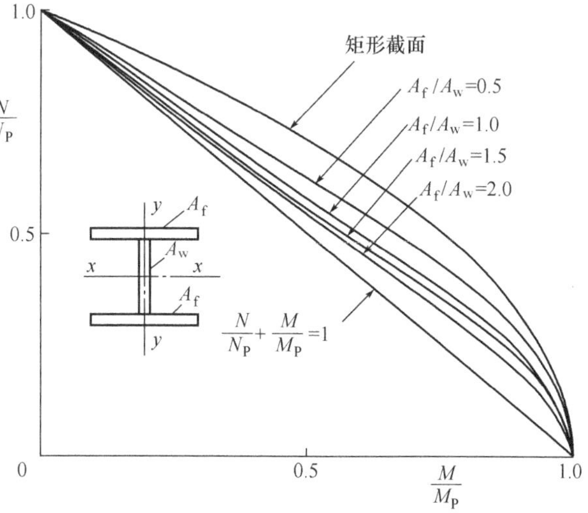

图6.8 压弯构件截面出现塑性铰时轴力与弯矩的相关曲线

如果构件截面上形成塑性铰,就会产生很大的变形以致构件不能正常使用。因此,《钢结构设计标准》(GB 50017—2017)在采用式(6.2)作计算依据的同时,又考虑限制截面塑性发展,并考虑截面削弱,将式(6.2)中的 N_p 以 $A_n f_y$ 代替,M_p 以 $\gamma W_n f_y$ 代替,《钢结构设计标准》(GB 50017—2017)规定,偏心受力构件的强度计算均采用下列相关公式。

(1)当在一个主平面内受弯曲时

$$\frac{N}{A_n} \pm \frac{M_x}{\gamma_x W_{nx}} \leq f \tag{6.3}$$

(2)双向弯曲时

$$\frac{N}{A_n} \pm \frac{M_x}{\gamma_x W_{nx}} \pm \frac{M_y}{\gamma_y W_{ny}} \leq f \tag{6.4}$$

式中:N、M_x、M_y——计算截面的轴心力和弯矩;
A_n、W_n、W_{nx}、W_{ny}——计算截面的净截面积和对主轴的抵抗矩;
γ_x、γ_y——截面塑性发展系数;
f——钢材的强度设计值。

对直接承受动力荷载作用且需计算疲劳的实腹式拉弯或压弯构件,截面的塑性发展对构件的承载力可能会产生不利影响,也可以采用式(6.3)和式(6.4)计算强度,但不考虑截面塑性发展,即取 $\gamma_x = \gamma_y = 1.0$。对于格构式构件,因截面的边缘屈服时构件就达到了强度极限,因此计算时绕虚轴的截面塑性发展系数 $\gamma = 1.0$。

6.2.2 偏心受力构件的刚度

为保证结构使用要求,钢结构中的拉弯和压弯构件都不应过分柔弱,而应该具有必要的刚度,保证构件不产生过度的变形。和轴心受压构件相同,偏心受力构件的刚度通常以长细比来控制,即要求

$$\lambda_{\max} \leq [\lambda] \tag{6.5}$$

式中:$[\lambda]$——容许长细比。其中拉弯构件的容许长细比与轴心拉杆相同,压弯构件的容许长细比与轴心压杆相同。当轴力较小,以弯矩为主或有其他需要时,也须计算挠度或变形,使其不超过容许值。

例题 6.1 验算如图 6.9 所示拉弯构件的强度和刚度。轴心拉力设计值 $N = 100\text{kN}$,横向集中荷载设计值 $F = 8\text{kN}$,均为静力荷载。构件的截面为 $2\angle 100 \times 10$,钢材为 Q235,$[\lambda] = 350$。

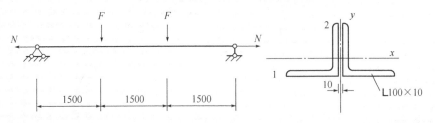

图 6.9 例题 6.1 图(尺寸单位:mm)

解：1）构件的最大弯矩
$$M_x = Fa = 8 \times 1.5 = 12(\text{kN} \cdot \text{m})$$
2）截面几何特性
由附表 7.4 查得：
$$A_n = 2 \times 19.26 = 38.52(\text{cm}^2)$$
$$W_{1x} = 2 \times 63.29 = 126.42(\text{cm}^3)$$
$$W_{2x} = 2 \times 25.06 = 50.12(\text{cm}^3)$$
$$i_x = 3.05\text{cm}, i_y = 4.52\text{cm}$$
3）验算强度和刚度
查附表 1.1 得 $f = 215\text{N/mm}^2$。查表 5.2 得 $\gamma_{1x} = 1.05, \gamma_{2x} = 1.2$。
（1）强度验算
对边缘 1，由式（6.3）得
$$\frac{N}{A_n} + \frac{M_x}{\gamma_{1x}W_{1x}} = \frac{100 \times 10^3}{38.52 \times 10^2} + \frac{12 \times 10^6}{1.05 \times 126.42 \times 10^3} = 116.4(\text{N/mm}^2) < f = 215 \text{ N/mm}^2$$

对边缘 2，由式（6.3）得
$$\frac{N}{A_n} - \frac{M_x}{\gamma_{2x}W_{2x}} = \frac{100 \times 10^3}{38.52 \times 10^2} - \frac{12 \times 10^6}{1.2 \times 50.12 \times 10^3} = -173.5 \text{ (N/mm}^2) \quad (\text{压应力})$$

绝对值小于 215N/mm^2，强度满足要求。
（2）刚度验算
$$\lambda_{0x} = \frac{l_{0x}}{i_x} = \frac{450}{3.05} = 147.5 < [\lambda] = 350$$

$$\lambda_{0y} = \frac{l_{0y}}{i_y} = \frac{450}{4.52} = 99.6 < [\lambda] = 350$$

刚度满足要求。

6.3 实腹式压弯构件的整体稳定

压弯构件的截面尺寸通常由整体稳定承载力确定，对双轴对称截面，一般将弯矩绕强轴，单轴对称截面则将弯矩作用在对称平面内。压弯构件在轴心压力和弯矩共同作用下可能在弯矩作用平面内产生弯曲屈曲，也可能在弯矩作用平面外产生弯扭屈曲。对这两个方向的稳定问题，设计时均应加以考虑。

6.3.1 实腹式压弯构件在弯矩作用平面内的稳定

1) 单向压弯构件弯矩作用平面内的整体失稳的特性

图 6.10a) 为一承受等端弯矩 M 及轴心压力 N 作用的实腹式压弯杆件。它的受力及变形情况与第 4 章 4.3.3 节所述的有初弯曲的轴心受压杆件十分相似,即杆件在荷载作用一开始就会产生挠度,同样挠度又引起附加弯矩,其总弯矩为 $M + Ny$。

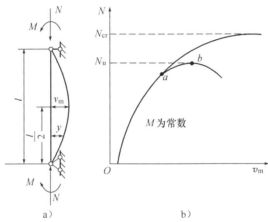

图 6.10 压弯杆件的 N-v_m 曲线

用二阶弹性分析方法对该杆可写出平衡微分方程如下

$$EI\frac{d^2y}{dx^2} + Ny + M = 0$$

假定杆件的挠度曲线为正弦曲线,则

$$y = v_m \sin\frac{\pi x}{l}$$

式中:v_m——杆件中点截面处的最大位移。

由以上两式可得

$$v_m = \frac{M}{N_{Ex}\left(1 - \dfrac{N}{N_{Ex}}\right)} \tag{6.6}$$

计入二阶弯矩后,杆件中点截面处的最大弯矩为

$$M_{max} = M + Nv_m = \frac{M}{1 - \dfrac{N}{N_{Ex}}} \tag{6.7}$$

式中:N_{Ex}——欧拉临界力, $N_{Ex} = \dfrac{\pi^2 EI}{l^2}$。

图 6.10b) 是该杆 N-v_m 曲线示意图(假定杆端弯矩不变),由于附加弯矩的影响,曲线从加载开始即呈非线性关系。如全部曲线按式(6.6)计算(即按无限弹性体计算),则当 N 趋近欧拉临界力时,挠度将达到无穷大,杆件达到承载力极限状态。如考虑材料弹塑性,当荷载增大到使杆件弯曲凹侧边缘应力达到屈服点时,杆件进入弹塑性工作状态,随着 N 的继续增大,曲

线将呈现上升段和下降段,其中上升段的上升趋势较弹性段缓慢,曲线最高点处的荷载 N_u 为压弯杆件的极限荷载。

图 6.10b)曲线 a 点以前的线段为弹性阶段,该段可按式(6.6)计算,但超过 a 点以后的 ab 段以及下降段,要按二阶弹塑性分析方法计算,且不能直接导出计算公式,只能针对具体例题用计算机算出数值结果。杆件达到临界平衡状态(b 点)时,截面上的应力分布可能因截面形式或弯矩、轴力不同,有如图 6.11 所示的各种情况:有的受压区进入塑性,如图 6.11a)、b)所示,有的受拉区进入塑性,如图 6.11d)所示,也有的受压区和受拉区同时进入塑性,如图 6.11c)所示。

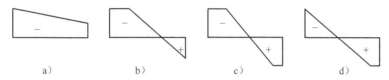

图 6.11 压弯杆件达到临界平衡状态时截面应力的分布形式

从上述分析可以看出,第 4 章讲述的有初弯曲和初偏心的轴心压杆实际上就是压弯杆件,只是其中弯矩由偶然的初弯曲和初偏心引起,其主要内力为轴心压力。

2) 压弯构件弯矩平面内稳定计算方法

根据压弯杆件的实际工作性能,对压弯杆件在弯矩作用平面内的稳定性有 3 种设计计算方法:

(1) 极限荷载法

这种方法以 N-v_m 曲线上的顶点 b 处的荷载 N_u 为压弯杆件在弯矩作用平面内的稳定性设计极限,由此确定设计公式。《钢结构设计标准》(GB 50017—2017)的轴心受压杆件设计公式就是采用这种方法制定的,其中轴心压杆稳定系数 φ 是根据大量数值计算结果经分析归类确定的。

(2) 边缘强度计算准则

这种方法以 N-v_m 曲线上的 a 点为依据,即以截面边缘应力达到屈服点作为压弯杆件在弯矩作用平面内的稳定性设计极限。其中还考虑杆件与轴心压杆一样有各种初始缺陷,并将这种初始缺陷等效成压力的偏心距 e_0。另外又考虑到式(6.7)是针对等端弯矩受力情况导出的,对于其他类型弯矩作用的压弯杆件,通过等效弯矩将其转化为等端弯矩受力情况,则仍可用式(6.7)计算其最大弯矩。只是其中的 M 项用等效弯矩 $\beta_m M$ 来替代,β_m 称为等效弯矩系数。这样计入二阶弯矩后,杆件中点截面处的最大弯矩为

$$M_{\max} = \beta_m M + N v_0 + N v_m = \frac{\beta_m M + N v_0}{1 - \dfrac{N}{N_{Ex}}} \tag{6.8}$$

根据边缘强度计算准则,截面的最大应力应满足下列条件

$$\sigma = \frac{N}{A} + \frac{\beta_m M + N v_o}{W\left(1 - \dfrac{N}{N_{Ex}}\right)} = f_y \tag{6.9}$$

下面的问题是如何确定 v_0,由第 4 章可知,《钢结构设计标准》(GB 50017—2017)对轴心受压杆件设计公式是按有初弯曲 y_0 及残余应力的杆件计算的,如果对式(6.9)取 $M=0$,该式

就退化为有初偏心距的受压杆件,将这个初偏心 v_0 视为初始缺陷,再取该杆与《钢结构设计标准》(GB 50017—2017)的轴心受压杆件设计公式[式(4.39)]等效,即可由轴心受压杆件承载力反算求得 v_0,即由式(6.9),并取 $M=0$,$N=Af_y\varphi_x$ 可得

$$\sigma = \frac{Af_y\varphi_x}{A} + \frac{Af_y\varphi_x v_0}{W\left(1-\frac{Af_y\varphi_x}{N_{Ex}}\right)} = f_y$$

解出

$$v_0 = \frac{(Af_y - Af_y\varphi_x)(N_{cr} - Af_y\varphi_x)}{Af_y\varphi_x N_{Ex}} \cdot \frac{W_x}{A}$$

这个 v_0 即反映了初弯曲 y_0 及残余应力等初始缺陷的影响,因此称为等效偏心距。再将 v_0 代入式(6.9),经整理后即可得到边缘强度计算公式如下

$$\frac{N}{\varphi_x A} + \frac{\beta_{mx} M_x}{W_x\left(1 - \varphi_x \frac{N}{N_{Ex}}\right)} \leq f \tag{6.10}$$

由上述分析可知,边缘强度计算准则实际上是用强度计算代替稳定计算,并且只适用于弹性范围。《钢结构设计标准》(GB 50017—2017)对格构式杆件绕虚轴弯曲的稳定计算就采用了这一准则。

(3)相关公式

这种方法是将杆件的轴力项与弯矩项组成一个相关公式,式中许多参数根据上述极限荷载所得结果进行验证后确定,是一种半经验半理论公式。我国《钢结构设计标准》(GB 50017—2017)就采用这种方法来计算实腹式压弯杆件在弯矩作用平面内的稳定性。

具体做法是对式(6.10)做如下修改:将该式第二项的轴心压杆稳定系数 φ_x 改为常数 0.8,考虑失稳时截面内已有塑性发展,在该式第二项分母中引入截面塑性发展系数 γ_x;作为设计公式,将式(6.10)中 f_y 改为 f;N_{Ex} 改为 $N'_{Ex} = N_{Ex}/1.1$(1.1 为分项系数),由此可得实腹式压弯杆件在弯矩作用平面内的稳定性设计公式

$$\frac{N}{\varphi_x A} + \frac{\beta_{mx} M_x}{\gamma_x W_{1x}\left(1 - 0.8\frac{N}{N'_{Ex}}\right)} \leq f \tag{6.11a}$$

$$N'_{Ex} = \frac{\pi^2 EA}{1.1\lambda_x^2} \tag{6.11b}$$

式中:N——压弯构件的轴心压力设计值;

φ_x——在弯矩作用平面内,不计弯矩作用时,轴心受压构件的稳定系数查附表2.2得到;

M_x——所计算构件段范围内的最大弯矩设计值;

W_{1x}——弯矩作用平面内较大受压纤维的毛截面模量;

γ_x——与相应的截面塑性发展系数,按表5.2选用;

β_{mx}——弯矩作用平面内等效弯矩系数,《钢结构设计标准》(GB 50017—2017)规定按下列情况取值。

①无侧移框架柱和两端支承的构件。

a.无横向荷载作用时,β_{mx} 应按下式计算

$$\beta_{mx} = 0.6 + 0.4\frac{M_2}{M_1}$$

此处 M_1 和 M_2 为端弯矩,使杆件产生同向曲率时取同号,使杆件产生反向曲率时取异号, $|M_1| \geq |M_2|$。

b. 无端弯矩但有横向荷载作用时,β_{mx} 应按下式计算

当跨中单个集中荷载

$$\beta_{mx} = 1 - 0.36\frac{N}{N_{cr}}$$

当全跨均布荷载

$$\beta_{mx} = 1 - 0.18\frac{N}{N_{cr}}$$

$$N_{cr} = \frac{\pi^2 EI}{(\mu l)^2}$$

式中:N_{cr}——弹性临界力;

μ——构件的计算长度。

c. 端弯矩和横向荷载同时作用时,β_{mx} 应按下式计算

$$\beta_{mx}M_x = \beta_{mqx}M_{qx} + \beta_{m1x}M_1$$

式中:M_{qx}——横向均布荷载产生的最大弯矩;

M_1——跨中单个横向集中荷载产生的最大弯矩;

β_{m1x}——按 a. 无横向荷载作用时的 β_{mx} 计算;

β_{mqx}——按 b. 无端弯矩但有横向荷载同时作用时的 β_{mx} 计算。

②有侧移框架柱和悬臂构件,等效弯矩系数按下列规定采用。

a. 有横向荷载的柱脚铰接的单层框架柱和多层框架柱的底层柱,$\beta_{mx} = 1.0$。

b. 除了上述规定之外的框架柱,β_{mx} 应按下式计算

$$\beta_{mx} = 1 - 0.36\frac{N}{N_{cr}}$$

c. 自由端作用有弯矩的悬臂柱,β_{mx} 应按下式计算

$$\beta_{mx} = 1 - 0.36(1-m)\frac{N}{N_{cr}}$$

式中:m——自由端弯矩与固定端弯矩之比,当弯矩图无反弯点时取正号,有反弯点时取负号。

对于单轴对称截面的压弯构件,当弯矩绕非对称轴作用,并且使较大翼缘受压时,可能在较小翼缘一侧因受拉区塑性发展过大而导致构件破坏。对于这类构件,除应按式(6.11)计算弯矩平面内的稳定性外,还应作下列补充计算

$$\left|\frac{N}{A} - \frac{\beta_{mx}M_x}{\gamma_x W_{2x}\left(1 - 1.25\frac{N}{N'_{Ex}}\right)}\right| \leq f \tag{6.12}$$

式中:W_{2x}——无翼缘端的毛截面模量;

γ_x——与 W_{2x} 相应的截面塑性发展系数,按表 5.1 选用;

1.25——修正系数。

例题 6.2 如图 6.12 所示 Q235-C 钢焊接工字形截面压弯构件,两端铰接,构件长 15m,翼缘为火焰切割边,承受的轴向压力设计值为 $N=900\mathrm{kN}$,跨中集中横向荷载设计值 $F=100\mathrm{kN}$,横向荷载作用处有一侧向支撑。验算此构件在弯矩作用平面内的整体稳定性。

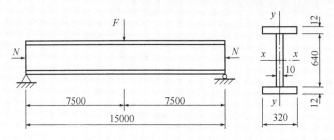

图 6.12 例 6.2 图(尺寸单位:mm)

解:1)截面几何特性

$A = 2 \times 320 \times 12 + 640 \times 10 = 14080 (\mathrm{mm}^2)$

$I_x = (320 \times 664^3 - 31 \times 640^3)/12 = 6.445 \times 10^9 (\mathrm{mm}^4)$

$W_{1x} = \dfrac{6.445 \times 10^9}{33.2} = 1.941 \times 10^7 (\mathrm{mm}^3)$

$I_y = 2 \times \dfrac{1}{12} \times 1.2 \times 32^3 = 6.55 \times 10^3 (\mathrm{cm}^4)$

$i_x = \sqrt{\dfrac{(1.03 \times 10^5)}{140.8}} = 27.11 (\mathrm{cm})$

2)弯矩作用平面内的整体稳定性

$M_x = \dfrac{1}{4} \times 100 \times 15 = 375 (\mathrm{kN \cdot m})$

$\lambda_x = \dfrac{1500}{27.11} = 55.3$,按 b 类截面查附表 2.2 得 $\varphi_x = 0.831$。

$N'_{Ex} = \dfrac{\pi^2 EA}{1.1\lambda_x^2} = \dfrac{3.14^2 \times 2060000 \times 10^{-3} \times 140.8 \times 10^2}{1.1 \times 55.3^2} = 8510 (\mathrm{kN})$

$\beta_{mx} = 1.0$

$\dfrac{N}{\varphi_x A} + \dfrac{\beta_{mx} M_x}{\gamma_x W_{1x}\left(1 - 0.8\dfrac{N}{N'_{Ex}}\right)} = \dfrac{900 \times 10^3}{0.831 \times 14080} + \dfrac{1.0 \times 375 \times 10^6}{1.05 \times 3117 \times 10^3 \times (1 - 0.8 \times 900/8510)} =$

$202.1(\mathrm{N/mm}^2) < f = 215 \mathrm{N/mm}^2$

该构件在弯矩作用平面内的整体稳定性满足要求。

6.3.2 实腹式压弯构件在弯矩作用平面外的稳定

1)《钢结构设计标准》(GB 50017—2017)采用的相关公式

当压弯构件的弯矩作用在截面最大刚度平面内时,由于弯矩作用平面外截面的刚度较小,构件就有可能向弯矩作用平面外发生侧向弯扭屈曲而破坏,其破坏形式与梁的弯扭屈曲类似,但应另计入轴心压力的影响。为简化计算,并与轴心受压和梁的稳定计算公式相协调,各国大多采用轴心力和弯矩叠加的相关公式,我国《钢结构设计标准》(GB 50017—2017)采用的相关公式为

$$\frac{N}{\varphi_y A} + \eta \frac{\beta_{tx} M_x}{\varphi_b W_{1x}} \le f \tag{6.13}$$

式中:M_x——所计算构件段范围内的最大弯矩设计值;

φ_y——弯矩作用平面外的轴心受压构件的稳定系数;

η——调整系数,闭口截面 $\eta = 0.7$,其他截面 $\eta = 1.0$;

φ_b——均匀弯曲的受弯构件整体稳定系数,对于闭口截面取 $\varphi_b = 1.0$,其余情况按第5章所述计算,但对于非悬臂的工字形(包括 H 型钢)和 T 形截面构件,当 $\lambda_y \le 120 \sqrt{235/f_y}$ 时,可按随后公式近似计算。

β_{tx}——弯矩作用平面外等效弯矩系数,应根据计算段内弯矩作用平面外方向的支承情况及荷载和内力情况确定。

其中,等效弯矩系数 β_{tx} 按下列规定取值:

(1)在弯矩作用平面外有支承的构件,应根据两相邻支承点间构件段内的荷载和内力情况确定。

①所考虑的构件无横向荷载作用时:

$$\beta_{tx} = 0.65 + 0.35 \frac{M_2}{M_1}$$

式中:M_1、M_2——弯矩作用平面内端弯矩,使杆件产生同向曲率时取同号,使杆件产生反向曲率时取异号,且 $|M_1| \ge |M_2|$。

②所考虑的构件段内有端弯矩和横向荷载同时作用时,使构件产生同向曲率时 $\beta_{tx} = 1.0$,使构件产生反向曲率时,$\beta_{tx} = 0.85$。

③所考虑的构件段内无端弯矩和横向荷载同时作用时,$\beta_{tx} = 1.0$。

(2)在弯矩作用平面外为悬臂构件时,$\beta_{tx} = 1.0$。

2)φ_b 的近似计算公式

(1)工字形截面(包括 H 型钢)

双轴对称:

$$\varphi_b = 1.07 - \frac{\lambda_y^2}{44000} \frac{f_y}{235} \le 1$$

单轴对称:

$$\varphi_b = 1.07 - \frac{W_{1x}}{2\alpha_b + 0.1Ah} \cdot \frac{\lambda_y^2}{14000} \cdot \frac{f_y}{235} \le 1$$

式中,$\alpha_b = \dfrac{I_1}{I_1 + I_2}$,$I_1$ 和 I_2 分别为受压翼缘和受拉翼缘对 y 轴的惯性矩。

(2) T形截面(弯矩作用在对称轴平面,绕 x-x 轴)

①弯矩使翼缘受压时:

双角钢T形截面: $\varphi_b = 1 - 0.0017\lambda_y \cdot \sqrt{\dfrac{f_y}{235}}$

剖分T型钢和组合T形截面: $\varphi_b = 1 - 0.0022\lambda_y \cdot \sqrt{\dfrac{f_y}{235}}$

②弯矩使翼缘受拉时:$\varphi_b = 1.0$

(3) 箱形截面:取 $\varphi_b = 1.0$

上述计算公式是针对 $\lambda_y \leqslant 120\sqrt{235/f_y}$ 的构件,失稳时均处于弹塑性范围,根据这种情况,《钢结构设计标准》(GB 50017—2017)将第5章导出的 φ_b 公式作了进一步简化,得出上述各式以方便设计使用,也不再作 φ_b' 的换算。

例题 6.3 如图 6.13 所示 Q235 钢焊接工字形压弯构件,翼缘为焰切边,承受的轴心压力设计值为 $N = 800\text{kN}$,构件一端承受 $M_x = 450\text{kN·m}$ 的弯矩,另一端弯矩为零。构件两端铰接,长12m,在侧向三分点处各有一侧向支承点。试验算构件在弯矩作用平面外的整体稳定性。

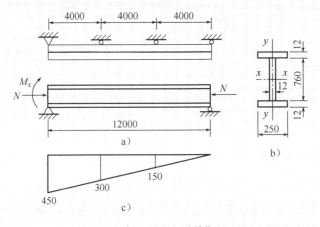

图 6.13 例 6.3 图(尺寸单位:mm)

解: 1) 截面几何特性

$A = 2 \times 250 \times 12 + 760 \times 12 = 15120 (\text{mm}^2)$

$I_x = (250 \times 784^3 - 238 \times 760^3)/12 = 1.33 \times 10^9 (\text{mm}^4)$

$W_{1x} = \dfrac{1.33 \times 10^5}{39.2} = 3993 (\text{mm}^3)$

$I_y = 2 \times \dfrac{1}{12} \times 12 \times 250^3 = 31250000 (\text{mm}^4)$

$i_y = \sqrt{\dfrac{3125}{151.2}} = 45.5 (\text{mm})$

2) 弯矩作用平面外的整体稳定性

$\lambda_y = \dfrac{400}{4.55} = 87.9$,按 b 类截面查附表 2.2 得 $\varphi_y = 0.635$。

因最大弯矩在左端,而且左边第一段 β_{tx} 又最大,故只需验算该段。

$$N'_{Ex} = \frac{\pi^2 EA}{1.1\lambda_x^2} = \frac{3.14^2 \times 2060000 \times 10^{-3} \times 140.8 \times 10^2}{1.1 \times 55.3^2} = 8510(\text{kN})$$

$$\beta_{tx} = 0.65 + 0.35 \times 300/450 = 0.883$$

$$\varphi_b = 1.07 - \frac{\lambda_y^2}{44000} \cdot \frac{f_y}{235} = 1.07 - \frac{87.9^2}{44000} \times \frac{235}{235} = 0.894, \eta = 1.0$$

$$\frac{N}{\varphi_y A} + \eta \frac{\beta_{tx} M_x}{\varphi_b W_{1x}} = \frac{800 \times 10^3}{0.635 \times 151.2 \times 10^2} + 1.0 \times \frac{0.883 \times 450 \times 10^6}{0.894 \times 3993 \times 10^3} =$$
$$194.4(\text{N/mm}^2) < f = 215 \text{ N/mm}^2$$

该构件在弯矩作用平面外的整体稳定性满足要求。

6.3.3 双向弯曲实腹式压弯构件的整体稳定

《钢结构设计标准》(GB 50017—2017)中对弯矩作用在两个主平面内的双轴对称实腹式工字形(含 H 形)和箱形(闭口)截面的压弯构件,规定其稳定性按下列公式计算。

$$\frac{N}{\varphi_x Af} + \frac{\beta_{mx} M_x}{\gamma_x W_x \left(1 - 0.8\dfrac{N}{N'_{Ex}}\right)} + \eta \frac{\beta_{ty} M_y}{\varphi_{by} W_y f} \leq 1.0 \tag{6.14a}$$

$$\frac{N}{\varphi_y Af} + \frac{\beta_{my} M_y}{\gamma_y W_y \left(1 - 0.8\dfrac{N}{N'_{Ey}}\right)} + \eta \frac{\beta_{tx} M_x}{\varphi_{bx} W_x f} \leq 1.0 \tag{6.14b}$$

式中各符号只需要注意其下标 x 和 y,角标 x 为对截面强轴的;角标 y 为对截面弱轴的。上式实际上是将单向压弯构件和双向压弯构件稳定计算公式进行了组合和推广,是一种偏于使用经验的计算公式。理论计算和试验资料证明其是可行的。

6.4 实腹式压弯构件的局部稳定

6.4.1 腹板的局部稳定

和受弯构件、轴心受压构件一样,压弯构件腹板的应力分布是不均匀的,如图 6.14 所示的四边简支、二对边受非均匀分布压力、同时四边受剪应力作用的板,其弹性屈曲临界应力为

$$\sigma_{cr} = k_e \frac{\pi^2 E}{12(1-\nu^2)} \left(\frac{t_w}{h_0}\right)^2 \tag{6.15}$$

式中:k_e——板的弹性屈曲系数。考虑到压弯构件工作时,腹板都不同程度地发展了塑性,所以用塑性屈曲系数 k_p 代替 k_e,则

$$\sigma_{cr} = k_p \frac{\pi^2 E}{12(1-\nu^2)} \cdot \left(\frac{t_w}{h_0}\right)^2 \tag{6.16}$$

k_p 与腹板的剪应力与正应力比值 τ/σ_1、正应力梯度 $\alpha_0 = (\sigma_1 - \sigma_2)/\sigma_1$ 以及截面上的塑性发展深度有关。

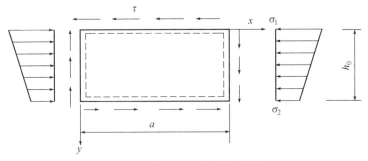

图 6.14 压弯构件腹板弹性状态受力情况

和受弯构件、轴心受压构件一样,整体失稳之前不容许组成压弯构件的板件发生局部失稳。按照 $\sigma_{cr} \geq f_y$ 的原则,可导出保证压弯构件腹板局部稳定所需要的高厚比限制条件。压弯构件的截面形式如图 6.15 所示。压弯构件的腹板高厚比、翼缘宽厚比应符合表 6.1 规定的压弯构件 S4 级截面要求。

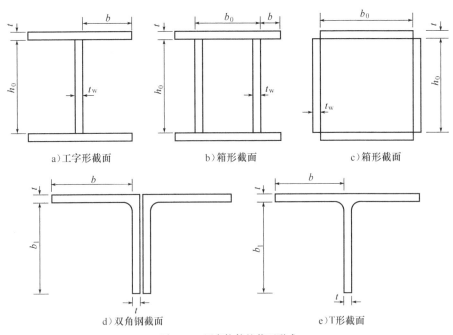

图 6.15 压弯构件的截面形式

当工字形和箱形截面压弯构件的腹板高厚比超过表 6.1 规定的 S4 级截面要求时,其构件设计应按以下方法。

(1)以有效截面代替实际截面按以下方法计算杆件承载力,其中有效截面的有效宽度按以下方法确定。

①对工字形截面腹板受压区的有效宽度

$$h_e = \rho h_c \tag{6.17a}$$

当 $\lambda_{n,p} \leqslant 0.75$ 时

$$\rho = 1.0$$

当 $\lambda_{n,p} > 0.75$ 时

$$\rho = \frac{1}{\lambda_{n,p}}\left(1 - \frac{0.19}{\lambda_{n,p}}\right) \tag{6.17b}$$

$$\lambda_{n,p} = \frac{h_w/t_w}{28.1\sqrt{k_\sigma}} \cdot \frac{1}{\varepsilon_k} \tag{6.17c}$$

$$k_\sigma = \frac{16}{2 - \alpha_0 + \sqrt{(2 - \alpha_0)^2 + 0.112\alpha_0^2}} \tag{6.17d}$$

式中：h_e, h_c——腹板宽度和有效宽度，当腹板全部受压时，$h_c = h_w$；

ρ——有效宽度系数；

α_0——应力梯度，$\alpha_0 = \dfrac{\sigma_{max} - \sigma_{min}}{\sigma_{max}}$；

σ_{max}——腹板计算高度边缘的最大压应力，计算时不考虑构件的稳定系数和截面塑性发展系数；

σ_{min}——腹板计算高度另一边缘的应力，压应力取正值，拉应力取负值；

$\lambda_{n,p}$——构件在弯矩作用平面内的长细比。当 $\lambda < 30$ 时，取 $\lambda = 30$；$\lambda > 100$ 时，取 $\lambda = 100$。

压弯构件的截面板件宽厚比等级及限值　　　　表6.1

	板件宽厚比等级	S1级	S2级	S3级	S4级	S5级
H形	翼缘 b/t	$9\varepsilon_k$	$11\varepsilon_k$	$13\varepsilon_k$	$15\varepsilon_k$	20
	腹板 h_0/t_w	$(33+13\alpha_0^{1.3})\varepsilon_k$	$(38+13\alpha_0^{1.39})\varepsilon_k$	$(40+18\alpha_0^{1.5})\varepsilon_k$	$(45+25\alpha_0^{1.66})\varepsilon_k$	250
箱形	壁板（腹板）间翼缘 b_0/t	$30\varepsilon_k$	$35\varepsilon_k$	$40\varepsilon_k$	$45\varepsilon_k$	—
钢管	径厚比 D/t	$50\varepsilon_k^2$	$70\varepsilon_k^2$	$90\varepsilon_k^2$	$100\varepsilon_k^2$	

注：1. ε_k 为钢号修正系数，其值为235与钢材牌号中屈服点数值的比值的平方根，即 $\varepsilon_k = \sqrt{\dfrac{235}{f_y}}$，不同钢号取值见下表。

钢号	Q235	Q345	Q390	Q420	Q460
ε_k	1.000	0.825	0.776	0.748	0.715

2. b 为工字形、H形截面翼缘板自由外伸宽度，t、h_0、t_w 分别是翼缘厚度、腹板净高和腹板厚度。对轧制型钢截面，腹板净高不包括翼缘过渡处圆弧段；对箱形截面，b_0、t 分别为壁板间的距离和壁板厚度；D 为圆管截面外径。

3. 箱形截面梁及单向受弯构件的箱形截面柱，其腹板限值可根据H形截面腹板采用。

4. 腹板的宽厚比可通过设置加劲肋减小。

5. 当S5级截面的板件宽厚比小于S4级经 ε_σ 修正的板件宽厚比时，可归属为S4级截面。ε_σ 为应力修正因子，$\varepsilon_\sigma = \sqrt{f/\sigma_{max}}$。

②对工字形截面腹板有效宽度 h_e 按以下方法确定

当截面全部受压时，即 $\alpha_0 \leqslant 1$ 时，如图6.16a）所示，$h_{e1} = \dfrac{2h_e}{4+\alpha_0}$，$h_{e2} = h_e - h_{e1}$；

当截面全部受拉时，即 $\alpha_0 > 1$ 时，如图6.16b）所示，$h_{e1} = 0.4h_e$，$h_{e2} = 0.6h_e$。

③箱形截面

箱形截面压弯构件的翼缘宽厚比限值时，也应按式(6.17)计算其有效宽度，但是计算时

取 $k_\sigma = 4.0$。有效宽度在两侧均匀分布。

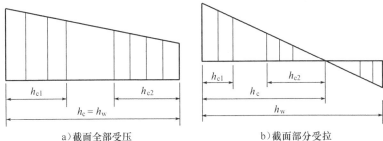

图 6.16 有限宽度的分布

对于十分宽大的工字形、H 形或箱形压弯杆件,当腹板宽厚比不满足上述要求时,也可同中心受压柱一样,设置纵向加劲肋或按截面有效宽度计算。

(2)当工字形和箱形截面压弯构件的腹板高厚比超过表 6.1 规定的 S4 级截面要求时,应采用以下方法计算其承载力。

强度计算

$$\frac{N}{A_{ne}} \pm \frac{M_x + Ne}{\gamma_x W_{nex}} \leq f \tag{6.18}$$

平面内稳定计算

$$\frac{N}{\varphi_x A_e} + \frac{\beta_{mx} M_x + Ne}{\gamma_x W_{e1x}\left(1 - 0.8\dfrac{N}{N'_{Ex}}\right)} \leq f \tag{6.19}$$

平面外稳定计算

$$\frac{N}{\varphi_y A_e} + \eta\frac{\beta_{tx} M_x + Ne}{\varphi_b \gamma_x W_{e1x}} \leq f \tag{6.20}$$

式中:A_e、A_{ne}——毛截面面积和有效净截面面积;

W_{nex}——有效截面的净截面模量;

W_{e1x}——有效截面对较大受压纤维的毛截面模量;

e——有效截面形心至原截面形心的距离。

6.4.2 翼缘板的局部稳定

压弯杆件受压翼缘自由外伸宽厚比的规定与受弯构件相同。对箱形压弯杆件两腹板之间的受压翼缘,其宽厚比的限值与轴心压杆情况相同。

6.5 框架柱的计算长度

对于端部约束条件比较简单的单根压弯构件,可按弹性稳定理论确定其计算长度 l_0 或计

算长度系数 μ($l_0 = \mu l$，l 为杆件几何长度），参看第 4 章表 4.4。但对于框架柱，其约束情况与各柱两端相连的杆件（包括左右横梁和上下相连的柱）的刚度以及基础的情况有关。通常，框架柱在框架平面内的计算长度 l_{0x} 按平面框架体系进行框架整体稳定分析得到，框架柱在框架平面外的计算长度 l_{0y} 则按框架平面外的支撑点的距离来确定。

6.5.1 框架柱在框架平面内的计算长度

1）单层等截面框架柱

在进行框架的整体稳定分析时，一般取平面框架作为计算模型，不考虑空间作用。按框架的失稳形态将框架柱分为两类：无侧移框架柱和有侧移框架柱。无侧移框架柱是指框架中由于设有支撑架、剪力墙、电梯井等横向支撑结构，且其抗侧移刚度足够大，致使失稳时柱顶无侧向位移者，如图 6.17a)、b) 所示。有侧移框架柱是指框架中未设上述横向支撑结构，框架失稳时柱顶有侧向位移者，如图 6.17c)、d) 所示。有侧移失稳的框架，其临界力比无侧移失稳的框架低得多。因此，除非有阻止框架侧移的支撑体系（包括支撑架、剪力墙等），框架的承载能力一般以有侧移失稳时的临界力确定。

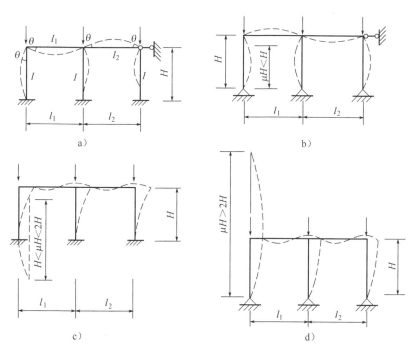

图 6.17 单层框架的失稳形式

框架柱的上端与横梁刚性连接。横梁对柱的约束作用取决于横梁的线刚度 I_0/l 与柱的线刚度 I/H 的比值 K_0，即

$$K_0 = \frac{I_0/l}{I/H} \tag{6.21}$$

对于单层多跨框架，K_1 值为与柱相邻的两根横梁的线刚度之和 $I_1/l_1 + I_2/l_2$ 与柱线刚度 I/H 之比为

$$K_1 = \frac{I_1/l_1 + I_2/l_2}{I/H} \tag{6.22}$$

确定框架柱的计算长度通常根据弹性稳定理论,并作如下近似假定:

(1)框架只承受作用于节点的竖向荷载,忽略横梁荷载和水平荷载产生梁端弯矩的影响。分析比较表明,在弹性工作范围内,此种假定带来的误差不大,可以满足设计工作的要求。但需注意,此假定只能用于确定计算长度,在计算柱的截面尺寸时必须同时考虑弯矩和轴心力;

(2)所有框架柱同时丧失稳定,即所有框架柱同时达到临界荷载;

(3)失稳时横梁两端的转角相等。

框架柱在框架平面内的计算长度 H_0 可用下式表达:

$$H_0 = \mu H$$

式中:H——柱的几何长度;

μ——计算长度系数。

μ 值与框架柱柱脚与基础的连接形式及 K_1 值有关。《钢结构设计标准》(GB 50017—2017)在上述近似假定的基础上用弹性稳定理论求出柱的计算长度系数,见附录5。

2) 多层多跨框架等截面柱

多层多跨等截面柱的框架也有两种失稳形式,即有侧移失稳和无侧移失稳,如图6.18所示。因此这类框架柱的计算长度也要按两种情况分别确定。确定时采用的基本假定与单层多跨框架基本相同。柱的计算长度系数 μ 将与相连的各横梁的约束程度有关。而相交于每一节点的横梁对该节点所连柱的约束程度,又取决于相交于该节点各横梁线刚度之和与柱线刚度之和的比。因此柱的计算长度系数就要由该柱上端及下端节点处的梁、柱线刚度比确定,其值见附表5.1与附表5.2。

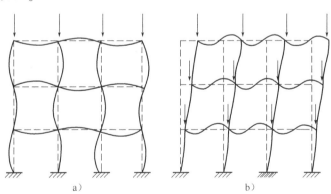

图 6.18 多层多跨框架的失稳形式

一般情况下,框架中横梁所受轴力较小,附录中附表5中的 μ 值未计入横梁轴力的影响。但是当横梁所受轴力较大且横梁与柱刚性相连时,则应计入这一影响,将横梁线刚度给以适当折减后来计算 K 值,再查表求 μ。具体的计算方法详见《钢结构设计标准》(GB 50017—2017)。

3)《钢结构设计标准》(GB 50017—2017)对框架分类及各类框架柱计算长度的规定

《钢结构设计标准》(GB 50017—2017)将框架分为无支撑的纯框架和有支撑框架,其中有支撑框架又分为强支撑框架和弱支撑框架。它们是按支撑结构(支撑桁架、剪力墙、电梯井等)的侧移刚度的大小来区分,但实际工程中,有支撑框架大多为强支撑框架。《钢结构设计标准》(GB 50017—2017)规定:

(1)无支撑纯框架采用一阶弹性分析方法计算内力时,框架柱的计算长度系数 μ 按附表5.1有侧移框架柱的计算长度系数确定。

(2)强支撑框架柱的计算长度系数按附表5.2无侧移框架柱的计算长度系数确定。

(3)弱支撑框架的失稳形态介于前述有侧移失稳和无侧移失稳形态之间,因此其框架柱的轴压杆稳定系数 φ 也介于有侧移和无侧移的框架柱的 φ 值之间。具体计算方法见《钢结构设计标准》(GB 50017—2017)。

6.5.2 框架柱在框架平面外的计算长度

在框架平面外,柱与纵梁或纵向支撑构件一般是铰接,当框架在框架平面外失稳时,可假定侧向支承点是其变形曲线的反弯点。这样柱在框架平面外的计算长度等于侧向支承点之间的距离,若无侧向支承,则为柱的全长 H,如图6.19所示。对于多层框架柱,在框架平面外的计算长度可能就是该柱的全长。

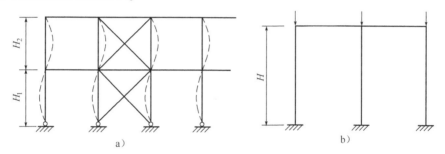

图6.19 框架柱在框架平面外的计算长度

例题 6.4 图6.20所示为双跨等截面框架,柱与基础刚接。试将该框架分别按无支撑纯框架和强支撑框架确定其框架柱(边柱和中柱)在框架平面内的计算长度。

解: $I_0 = \dfrac{1}{12} \times 1 \times 76^3 + 2 \times 38 \times 2 \times 39^2 = 267770 (\text{cm}^4)$

$I_1 = \dfrac{1}{12} \times 1 \times 36^3 + 2 \times 30 \times 1.2 \times 18.6^2 = 28800 (\text{cm}^4)$

$I_2 = \dfrac{1}{12} \times 1 \times 46^3 + 2 \times 30 \times 1.6 \times 23.8^2 = 62500 (\text{cm}^4)$

$K_0 = \dfrac{I_0/l}{I_1/H} = \dfrac{2677700/6}{28800/6} = 9.3$

$K_1 = \dfrac{2I_0/l}{I_2/H} = \dfrac{2 \times 2677700/6}{62500/6} = 8.6$

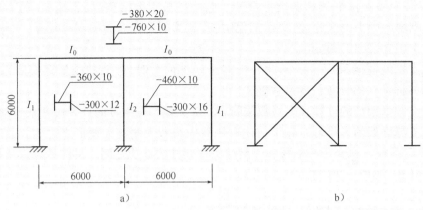

图 6.20 例题 6.4 图(尺寸单位:mm)

1) 按无支撑纯框架计算

边柱:柱下端为刚接,取 $K_2=10$,由 K_0 和 K_2 查附表 5.1 得 $\mu_1=1.033$。

边柱的计算长度为:$H_{01}=1.033\times6=6.198(\mathrm{m})$

中柱:柱下端为刚接,取 $K_2=10$,由 K_1 和 K_2 查附表 5.1 得 $\mu_1=1.036$。

中柱的计算长度为:$H_{02}=1.036\times6=6.216(\mathrm{m})$

2) 按强支撑框架计算

边柱:由 K_0 和 $K_2=10$ 查附表 5.2 得 $\mu_1=0.552$。

边柱的计算长度为:$H_{01}=0.552\times6=3.312(\mathrm{m})$

中柱:由 K_1 和 $K_2=10$ 查附表 5.2 得 $\mu_1=0.555$。

中柱的计算长度为:$H_{02}=0.555\times6=3.33(\mathrm{m})$

显然,设支撑后,框架柱的计算长度大大减小,承载力提高。

6.6 实腹式压弯构件的截面设计

实腹式压弯构件与轴心受压构件一样,其截面设计也要遵循等稳定性(即弯矩作用平面内和平面外的整体稳定承载能力尽量接近)、肢宽壁薄、制造省工和连接简便等设计原则。其截面形式可根据弯矩的大小及方向,选用双轴对称或单轴对称的截面。

当压弯构件无较大截面削弱时,其截面尺寸通常受弯矩平面内、外两个方向的整体稳定计算控制。由于稳定计算公式涉及截面多项几何特性,很难直接由公式算出截面尺寸。实际设计时,大多参照已有设计资料的数据及设计经验,先假定出截面尺寸,然后进行验算,如果验算不满足要求,或有较大富余,则对假定尺寸进行调整,再进行验算。一般都要经过多次试算调整,才能设计出满意的截面。

实腹式压弯构件截面验算包括下列各项:

(1)强度。按式(6.3)或式(6.4)计算。
(2)刚度。按式(6.5)计算。
(3)整体稳定。弯矩作用平面内的整体稳定按式(6.11)计算,对于单轴对称截面,还须按式(6.12)作补充计算。对于弯矩作用平面外的整体稳定则按式(6.13)计算。
(4)局部稳定。按6.4节所列各项公式计算。

实腹式压弯构件的纵向连接焊缝,以及必要时需设置横向加劲肋、横隔板等构造规定,均与实腹式轴心受压构件相同,此处不再赘述。

例题6.5 图6.21所示为一双轴对称工字形截面压弯构件,跨中集中横向荷载设计值 $F=150\mathrm{kN}$,轴心压力设计值 $N=1200\mathrm{kN}$。构件在弯矩作用平面内计算长度为12m,弯矩作用平面外方向有侧向支撑,其间距为4m。构件截面尺寸如图中所示,截面无削弱,翼缘板为火焰切割边,钢材为Q235。构件容许长细比$[\lambda]=150$。试对该构件截面进行验算。

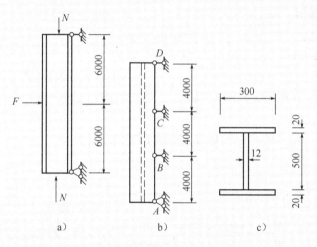

图6.21 例题6.5图(尺寸单位:mm)

解:1)截面几何特性

$A = 2 \times 30 \times 2 + 50 \times 1.2 = 180 (\mathrm{cm}^2)$

$I_x = (30 \times 54^3 - 28.8 \times 50^3)/12 = 93660 (\mathrm{cm}^4)$

$W_{1x} = \dfrac{93660}{27} = 3469 (\mathrm{cm}^3)$

$I_y = 2 \times \dfrac{1}{12} \times 2 \times 30^3 = 9000 (\mathrm{cm}^4)$

$i_x = \sqrt{\dfrac{93660}{180}} = 22.8 (\mathrm{cm})$;$i_y = \sqrt{\dfrac{9000}{180}} = 7.07 (\mathrm{cm})$

$\lambda_x = \dfrac{l_{0x}}{i_x} = \dfrac{1200}{22.8} = 52.6 < [\lambda] = 150$,$\lambda_y = \dfrac{l_{0y}}{i_y} = \dfrac{400}{7.07} = 56.6 < [\lambda] = 150$(刚度满足要求),按b类截面查附表2.2得 $\varphi_x = 0.844$,$\varphi_y = 0.825$。

2) 弯矩作用平面内的整体稳定性

$M_x = Fl/4 = 150 \times 12/4 = 450(\text{kN} \cdot \text{m})$

$N'_{Ex} = \dfrac{\pi^2 EA}{1.1\lambda_x^2} = \dfrac{3.14^2 \times 206000 \times 10^{-3} \times 180 \times 10^2}{1.1 \times 52.6^2} = 12012.5(\text{kN})$

$\beta_{mx} = 1.0$

$\dfrac{N}{\varphi_x A} + \dfrac{\beta_{mx} M_x}{\gamma_x W_{1x}\left(1 - 0.8\dfrac{N}{N'_{Ex}}\right)} = \dfrac{1200 \times 10^3}{0.844 \times 18000} + \dfrac{1.0 \times 450 \times 10^6}{1.05 \times 3469 \times 10^3 \times (1 - 0.8 \times 1200/12012.5)}$

$= 213.3(\text{N/mm}^2) < f = 215 \text{N/mm}^2$

该构件在弯矩作用平面内的整体稳定性满足要求。

3) 弯矩作用平面外的整体稳定性

取跨中 BC 段验算

$\varphi_b = 1.07 - \dfrac{\lambda_y^2}{44000} \cdot \dfrac{f_y}{235} = 1.07 - \dfrac{56.6^2}{44000} \times \dfrac{235}{235} = 0.997, \beta_{tx} = 1.0, \eta = 1.0$

$\dfrac{N}{\varphi_y A} + \eta \dfrac{\beta_{tx} M_x}{\varphi_b W_{1x}} = \dfrac{1200 \times 10^3}{0.825 \times 180 \times 10^2} + 1.0 \times \dfrac{1.0 \times 450 \times 10^6}{0.997 \times 3469 \times 10^3} = 211.1(\text{N/mm}^2) <$

$f = 215 \text{ N/mm}^2$

该构件在弯矩作用平面外的整体稳定性满足要求。

4) 局部稳定

翼缘：$\dfrac{b_1}{t} = \dfrac{300 - 12}{2 \times 20} = 7.2 < 13\sqrt{\dfrac{235}{f_y}} = 13$

腹板：$\sigma_{\max} = \dfrac{N}{A} + \dfrac{M_x}{W_{1x}} = \dfrac{1200 \times 10^3}{180 \times 10^2} + \dfrac{450 \times 10^6}{3469 \times 10^3} = 196.4(\text{N/mm}^2)$

$\sigma_{\min} = \dfrac{N}{A} - \dfrac{M_x}{W_{2x}} = \dfrac{1200 \times 10^3}{180 \times 10^2} - \dfrac{450 \times 10^6}{3469 \times 10^3} = -63.1(\text{N/mm}^2)$

$\alpha_0 = \dfrac{\sigma_{\max} - \sigma_{\min}}{\sigma_{\max}} = \dfrac{196.4 + 63.1}{196.4} = 1.32 < 1.6$

$h_0/t_w = 500/12 = 41.7 \leqslant (16\alpha_0 + 25 + 0.5\lambda)\sqrt{235/f_y} = (16 \times 1.32 + 25 + 0.5 \times 56.6) \times 1.0 = 74.4$

局部稳定满足要求。

6.7 格构式压弯构件

为了节约材料，对于比较高大的压弯构件，如厂房框架柱和独立柱，可采用格构式压弯构件。根据作用于构件的弯矩和压力以及使用要求,压弯构件可设计成双轴对称或单轴对称的截面,如图 6.22 所示,图中 a) 所示为弯矩绕实轴作用,b)、c)、d) 为弯矩绕虚轴作用。

格构式压弯构件由于构件肢件间距一般较大,常常采用缀条连接。

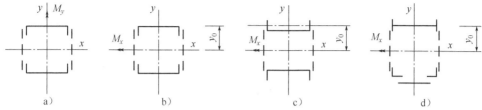

图 6.22 格构式压弯构件的截面形式

6.7.1 格构式压弯构件的整体稳定

1) 弯矩绕虚轴作用的稳定计算

(1) 弯矩作用平面内整体稳定计算

当弯矩作用在与缀件面平行的平面内[图 6.22b)],构件绕虚轴弯曲失稳时,由于截面中部空心,不能考虑塑性深入发展,故采用以式(6.10)截面边缘纤维开始屈服作为设计准则。《钢结构设计标准》(GB 50017—2017)根据式(6.10)规定按下式计算

$$\frac{N}{\varphi_x A} + \frac{\beta_{mx} M_x}{W_{1x}\left(1 - \dfrac{N}{N'_{Ex}}\right)} \leq f \tag{6.23}$$

式中:W_{1x}——抗弯截面系数,$W_{1x} = I_x/y_0$,I_x 为 x 轴(虚轴)的毛截面惯性矩;

y_0——由 x 轴到压力较大分肢的轴线距离或者到压力较大分肢腹板边缘的距离,取二者中较大者;

φ_x、N'_{Ex}——由虚轴换算长细比 λ_{0x} 确定,β_{mx} 同实腹式压弯构件。

(2) 弯矩作用平面外的稳定计算

由于组成压弯构件的两个肢件在弯矩作用平面外可以通过分肢稳定计算来加以保证,所以不必再计算整个构件在弯矩作用平面外的稳定性。弯矩绕虚轴作用的格构式压弯构件,在弯矩作用平面外的整体稳定一般由分肢的稳定计算予以保证,不必再计算构件在平面外的整体稳定性。这是因为格构式压弯构件两个分肢之间只靠缀件联系,而缀件只在平面内对两个分肢起联系作用,即当一个分肢倾向于在缀件平面内发生弯曲位移时,另一个分肢将通过缀件对其起牵制和支承作用;但缀件在其平面外的刚度很弱,当一个分肢倾向于向缀件平面外弯曲或屈曲侧移时,另一个分肢只能通过缀件对其给予很弱的牵制(而实腹式构件则能通过通长整体联系并有一定侧向刚度的腹板给较大牵制,从而构件侧向屈曲时表现为发生整体弯扭变形)。因此,当弯矩绕格构式压弯构件的虚轴作用时,要保证构件在弯矩作用平面外(即垂直于缀件平面)的整体稳定,主要是要求两个分肢在弯矩作用平面外的稳定都得到保证,亦即可用验算每个分肢的稳定来代替验算整个构件在弯矩作用平面外的整体稳定。

(3) 分肢的稳定性

当弯矩绕虚轴作用时,可将整个构件视为平行弦桁架,将构件的两个分肢视为弦杆,将压

力和弯矩分配到分肢,按图 6.23 所示的计算简图确定分肢轴心压力为

分肢1：
$$N_1 = N\frac{y_2}{a} + \frac{M}{a} \qquad (6.24)$$

分肢2：
$$N_2 = N - N_1 \qquad (6.25)$$

缀条式压弯构件的分肢按轴心受压构件计算,分肢的计算长度在缀件平面内取缀条体系的节间长度,在缀件平面外则取构件侧向支承点之间的距离。

计算缀板式压弯构件的分肢稳定时,除轴心压力外,还应计入由剪力引起的局部弯矩,其剪力取构件荷载引起的实际剪力和按第 4 章中式(4.102)的计算剪力两者中的较大值,因此它的分肢稳定按实腹式压弯构件进行验算。

2) 弯矩绕实轴作用的稳定计算

(1) 弯矩作用平面内整体稳定计算

对于如图 6.22a)所示的弯矩绕实轴作用的格构式压弯构件,在弯矩作用平面内的整体稳定与实腹柱相同,同样采用式(6.11)计算。但是式中的 x 轴是指格构式截面的实轴,即式中的 x 轴为图 6.22a)中的 y 轴。

(2) 弯矩作用平面外的整体稳定计算

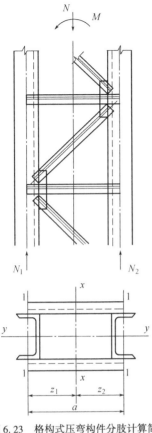

图 6.23　格构式压弯构件分肢计算简图

在弯矩作用平面外的稳定性仍可采用式(6.13)计算,但式中 φ_y 应按虚轴换算长细比 λ_{0x} 查表确定, λ_{0x} 的计算与格构式轴心受压构件相同。此外,式中取 $\varphi_b = 1.0$。

(3) 分肢的稳定性

对于弯矩绕实轴作用的双分肢格构式压弯构件,分肢稳定按实腹式压弯构件计算,内力按以下原则分配(图 6.24)：轴心压力 N 在两分肢间的分配与分肢轴线至虚轴 x 轴的距离成反比;弯矩 M 在两分肢间的分配与分肢对实轴 y 轴的惯性矩成正比、与分肢轴线面至虚轴 x 轴的距离成反比。

分肢1：
轴心力
$$N_1 = N\frac{y_2}{a} + \frac{M}{a} \qquad (6.26)$$

弯矩
$$M = \frac{I_1/y_1}{I_1/y_1 + I_2/y_2}M_y \qquad (6.27)$$

分肢2：
轴心力
$$N_2 = N - N_1 \qquad (6.28)$$

弯矩

$$M_{y2} = M_y - M_{y1} \tag{6.29}$$

式中：I_1、I_2——分肢1和分肢2对y轴的惯性矩。

上式适用于当M_y作用在构件主平面时的情形，当M_y不是作用在构件主平面而是作用在一个分肢的轴线平面(图6.24中所示的分肢1的1-1轴线平面)时，则M_y视为全部由该分肢承受。

3) 双向受弯的格构式压弯构件稳定计算

当弯矩作用在两个柱平面内(图6.25)的双肢格构式压弯构件，其稳定性按下列规定计算。

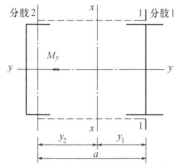
图6.24 弯矩绕实轴作用时分肢内力计算

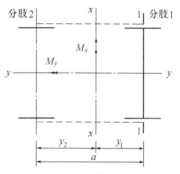
图6.25 双向受弯的格构柱

(1) 整体稳定计算

《钢结构设计标准》(GB 50017—2017)规定，采用截面边缘纤维开始屈服作为设计准则。绕虚轴作用格构式压弯构件其平面内的稳定性按式(6.30)计算：

$$\frac{N}{\varphi_x A} + \frac{\beta_{mx} M_x}{\gamma_x W_{1x}\left(1 - \dfrac{N}{N'_{Ex}}\right)} + \frac{\beta_{ty} M_y}{W_{1y}} \leq f \tag{6.30}$$

式中：W_{1x}——绕x轴(虚轴)的毛截面模量，$W_{1x} = I_x / y_0$；

I_x——绕x轴(虚轴)的毛截面惯性矩；

y_0——由x轴到压力较大分肢的轴线距离或者到压力较大分肢腹板边缘的距离，取二者中较大者；

φ_x、N'_{Ex}——由虚轴换算长细比λ_{0x}确定；

β_{mx}——同实腹式压弯构件。

(2) 分肢的稳定性

平面内的双肢格构式压弯构件，分肢按实腹式压弯构件计算其稳定性，在力和弯矩共同作用下产生的内力按以下原则分配：N和M_x在两分肢产生的轴心力按式(6.24)和式(6.25)进行分配，M_y在两分肢间的分配按式(6.27)和式(6.29)进行计算。对缀板式压弯构件还应考虑由剪力作用引起的局部弯矩，其分肢的稳定性按双向压弯构件验算。

6.7.2 格构式压弯构件的强度计算

格构式压弯构件的强度按式(6.3)和式(6.4)计算，其中当弯矩绕虚轴(x轴)作用时，不考虑塑性变形在截面上发展，取$\gamma_x = 1.0$。

6.7.3 缀件计算

格构式压弯构件的缀件同样应按构件荷载引起的实际剪力和按第 4 章中式(4.82)的计算剪力取两者中较大值计算,计算方法与格构式轴心受压构件的缀件计算相同。

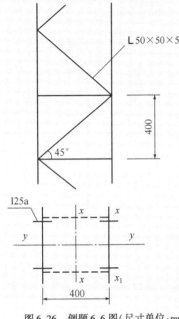

图 6.26 例题 6.6 图(尺寸单位:mm)

例题 6.6 有一长度为 6m 的格构式压弯构件,下端固定,上端自由。所受轴心压力设计值 $N=550\text{kN}$,弯矩为三角形分布,上端弯矩为 0,下端弯矩设计值 $M=220\text{kN}\cdot\text{m}$。构件截面及缀条布置如图 6.26 所示,截面由两个 I25a 组成,缀条为 $\angle 50\times 50\times 5$。构件侧向上、下端为铰接支座。钢材 Q235。试分别按弯矩绕虚轴作用和绕实轴作用验算该柱的承载力。

解: 1)计算构件的截面几何特性

由附表 7.1 可查得:

$A = 2\times 48.5 = 97(\text{cm}^2)$, $I_{x_1}=280.4\text{cm}^4$, $i_x=2.4\text{cm}$

$I_x = 2\times(280.4+48.5\times 20^2) = 39360.8(\text{cm}^4)$

$i_x = \sqrt{\dfrac{39360.8}{97}} = 20.14(\text{cm})$ $i_y=10.17\text{cm}$, $W_y=401.4\text{cm}^3$

2)当弯矩绕虚轴作用时

(1)弯矩作用平面内的整体稳定性

$l_{0x}=2\times 600=1200(\text{cm})$, $\lambda_x=\dfrac{l_{0x}}{i_x}=\dfrac{1200}{20.4}=59.6<[\lambda]=150$

一个缀条的面积 $A_1=4.8\text{cm}^2$

则换算长细比为 $\lambda_{0x}=\sqrt{\lambda_x^2+27A/2A_1}=\sqrt{59.6^2+27\times\dfrac{97}{2\times 48}}=61.8$

按 b 类截面查附表 2.2 得:$\varphi_x=0.798$。

$W_{1x}=\dfrac{39360.8}{20}=1968\ (\text{cm}^3)$

$N'_{Ex}=\dfrac{\pi^2 EA}{1.1\lambda_x^2}=\dfrac{3.14^2\times 206000\times 10^{-3}\times 97\times 10^2}{1.1\times 61.8^2}=12012.5(\text{kN})$

$\beta_{mx}=1.0$

$\dfrac{N}{\varphi_x A}+\dfrac{\beta_{mx}M_x}{W_{1x}\left(1-\varphi_x\dfrac{N}{N'_{Ex}}\right)}=\dfrac{550\times 10^3}{0.798\times 9700}+\dfrac{1.0\times 220\times 10^6}{1968\times 10^3\times(1-0.798\times 550/4689.5)}=$

$194.4(\text{N/mm}^2)<f=215\ \text{N/mm}^2$

(2) 分肢稳定性验算

$$N_1 = N\frac{y_2}{a} + \frac{M}{a} = 550 \times \frac{20}{40} + \frac{220 \times 10^2}{40} = 825 \text{ (kN)}$$

$$N_2 = N - N_1 = 550 - 825 = -275 \text{ (kN)} \text{ (拉力)}$$

$l_{x1} = 40 \text{ cm}, i_{x1} = 2.4 \text{ cm}, l_{0y1} = 600 \text{ cm}, i_{y1} = 10.18 \text{ cm}$

$$\lambda_{x1} = \frac{l_{0x1}}{i_x} = \frac{40}{2.4} = 16.7, \lambda_{y1} = \frac{l_{0y1}}{i_y} = \frac{600}{10.18} = 58.9$$

由 λ_{x1}、λ_{y1} 查附表 2 得（对 x_1 轴查 b 类截面，对 y_1 轴查 a 类截面）：$\varphi_{x1} = 0.980, \varphi_{y1} = 0.814$

$$\frac{N_1}{\varphi A} = \frac{825 \times 10^3}{0.814 \times 48.5} = 209 \text{ (N/mm}^2\text{)} < f = 215 \text{ N/mm}^2 \quad \text{（满足要求）}$$

(3) 强度计算

因截面无削弱，强度计算中弯矩取值与稳定计算相同，故无须计算强度。

3) 当弯矩绕实轴作用时

(1) 弯矩作用平面内的整体稳定性

根据前面的计算可知，$\lambda_y = 58.9$，查附表 2.2 得 $\varphi_x = 0.814, \beta_{mx} = 0.65 + 0.35 M_2/M_1 = 0.65$

$$N'_{Ex} = \frac{\pi^2 EA}{1.1 \lambda_x^2} = \frac{3.14^2 \times 206000 \times 10^{-3} \times 97 \times 10^2}{1.1 \times 58.9^2} = 5162.6 \text{ (kN)}$$

$$W_{1x} = 2W_y = 2 \times 401.4 = 802.8 \text{ (cm}^3\text{)}$$

$$\frac{N}{\varphi_x A} + \frac{\beta_{mx} M_x}{\gamma_x W_{1x}\left(1 - 0.8 \frac{N}{N'_{Ex}}\right)} = \frac{550 \times 10^3}{0.814 \times 9700} + \frac{0.65 \times 220 \times 10^6}{1.05 \times 802.8 \times 10^3 \times (1 - 0.8 \times 550/5162.6)}$$

$$= 255.1 \text{ (N/mm}^2\text{)} > f = 215 \text{ N/mm}^2 \quad \text{（不满足要求）}$$

(2) 弯矩作用平面外的整体稳定性

根据前面的计算可知，$\lambda_{0x} = 61.8$，查附表 2.2 得 $\varphi_y = 0.798, \beta_{tx} = 1.0, \varphi_b = 1.0, \eta = 1.0$

$$\frac{N}{\varphi_y A} + \eta \frac{\beta_{tx} M_x}{\varphi_b W_{1x}} = \frac{550 \times 10^3}{0.798 \times 97 \times 10^2} + 1.0 \times \frac{1.0 \times 220 \times 10^6}{1.0 \times 802.8 \times 10^3}$$

$$= 345.1 \text{ (N/mm}^2\text{)} > f = 215 \text{ N/mm}^2 \text{（不满足要求）}$$

(3) 强度计算

$$\frac{N}{A} + \frac{M_x}{\gamma_x W_{1x}} = \frac{550 \times 10^3}{97 \times 10^2} + \frac{220 \times 10^6}{1.05 \times 802.8 \times 10^3} = 317.7 \text{ (N/mm}^2\text{)} > f = 215 \text{ N/mm}^2 \quad \text{（不满足要求）}$$

根据上述验算可知，当弯矩绕虚轴作用时该构件承载力满足要求；当弯矩绕实轴作用时，承载力不满足要求。应当加大分肢截面或增加侧向支撑后再进行验算。

6.8 框架中梁与柱的连接

在框架结构中梁与柱大多采用刚性连接,这种连接要求能可靠地将梁端弯矩和剪力传给柱身。图 6.27 给出 3 种形式的梁柱刚性连接。

在图 6.27a)中,梁与柱连接前,事先在柱身侧面连接位置处焊上衬板(垫板),梁翼缘端部作成剖口,并在梁腹板端部留出槽口,上槽口是为了让出衬板位置,下槽口供焊缝通过。梁吊装就位后,梁腹板与柱翼缘用角焊缝相连,梁翼缘与柱翼缘用剖口对接焊缝相连。这种连接的优点是构造简单、省工省料,缺点是要求构件尺寸加工精确,且需高空施焊。

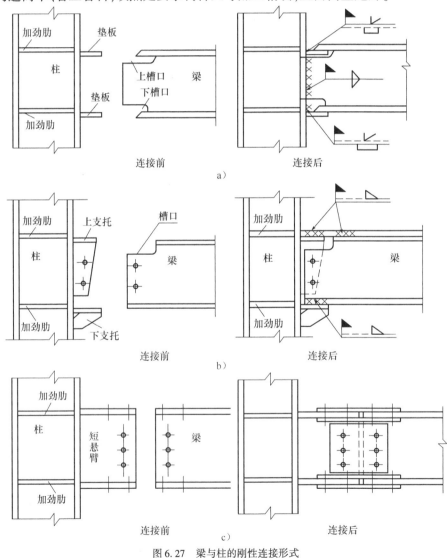

图 6.27 梁与柱的刚性连接形式

为了克服图6.27a)的缺点,可采用图6.27b)的连接形式。这种形式在梁与柱连接前,先在柱身侧面梁上下翼缘连接位置处分别焊上下两个支托,同时在梁端上翼缘及腹板处留出槽口。梁吊装就位后,梁腹板与柱身上支托竖板用安装螺栓相连定位,梁下翼缘与柱身下支托水平板用角焊缝相连。梁上翼缘与上支托水平板则用另一块短板通过角焊缝连接起来。梁端弯矩所形成的上下拉压轴力由梁翼缘传给上下支托水平板,再传给柱身。梁端剪力通过下支托传给柱身。这种连接比图6.27a)构造稍微复杂一些,但安装时对中就位比较方便。图6.27c)是对图6.27a)的一种改进。这种连接将梁在跨间内力较小处断开,靠近柱的一段梁在工厂制造时即焊在柱上形成一悬臂短梁段。安装时将跨间一段梁吊装就位后,用摩擦型高强度螺栓将它与悬臂短梁段连接起来。这种连接的优点是连接处内力小,所需螺栓数相应较少,安装时对中就位比较方便,同时不需高空施焊。

6.9 框架柱的柱脚

框架柱的柱脚根据受力情况可以作成铰接或刚接。铰接柱脚只传递轴心压力和剪力,它的计算和构造与轴心受压柱相同。刚接柱脚分整体式和分离式两种,一般实腹柱和分肢距离较小的格构柱多采用整体式,而分肢距离较大的格构柱则采用分离式柱脚较为经济。分离式柱脚中,对格构柱各分肢按轴心受压柱布置成铰接柱脚,然后用缀件将各分肢柱脚连接起来,以保证有一定的空间刚度。

本书只介绍整体式柱脚,其组成如图6.28所示。图中柱身置于底板,柱两侧由两块靴梁夹住,靴梁分别与柱翼缘和底板焊牢。为保证柱脚与基础形成刚性连接,柱脚一般布置4个(或更多)锚栓,锚栓不像中心受压柱那样固定在底板上,而是在靴梁侧面每个锚栓处焊两块肋板,并在肋板上设置水平板,组成"锚栓支架",锚栓固定在"锚栓支架"的水平板上。为便于安装时调整柱脚位置,水平板上的锚栓孔(也可以作成缺口)的直径应是锚栓直径的1.5~2倍。锚栓穿过水平板准确就位后,再用有孔垫板套住锚栓,并与锚栓焊牢。垫板孔径一般只比锚栓直径大1~2mm。"锚栓支架"应伸出底板范围之外,使锚栓不必穿过底板,以方便安装。此外,为增加柱脚的刚性,还常常在柱身两侧两个"锚栓支架"之间布置竖向隔板。

整体式柱脚传力过程是:柱身通过焊缝将轴力和弯矩传给靴梁,靴梁再将力传给底板,最后再传给基础。柱端剪力则由底板与基础之间的摩擦力传递,当剪力较大时,应在底板下设置剪力键传递剪力。

整体式柱脚的计算,一般包括底板尺寸、锚栓直径、靴梁尺寸及焊缝。

底板宽度B由构造要求确定,其中悬臂宽度取2~5cm。底板的长度L则由底板下基础的压应力不超过混凝土抗压强度设计值的要求来确定。

$$\sigma_{\min} = \frac{N}{BL} + \frac{6M}{BL^2} \leqslant f_{ce} \tag{6.31}$$

式中:f_{ce}——混凝土抗压强度设计值。

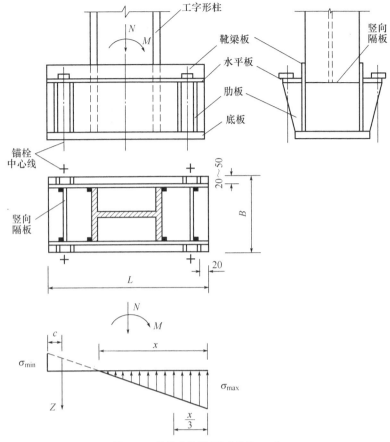

图 6.28 整体式柱脚(尺寸单位:mm)

底板厚度的确定和轴心受压构件柱脚中的方法类似,但由于压弯构件底板各区格所承受的压应力不均匀,可偏于安全地取该区格中的最大压应力值,作为全区格均匀分布压应力来计算其弯矩。

当柱的轴力及弯矩共同作用使柱底板出现拉应力,即底板最小应力 σ_{min} 出现负值时,由于底板和基础之间不能承受拉应力,它应由锚栓承担。计算锚栓受力的方法很多,下面介绍目前国内采用较多的一种方法。按这种方法,取图 6.28 所示应力的分布图,算出图中的各项数据如下

$$\sigma_{min} = \frac{N}{BL} - \frac{6M}{BL^2} \leqslant f_{ce} \tag{6.32}$$

$$x = \frac{\sigma_{max}}{\sigma_{max} - |\sigma_{min}|} L \tag{6.33}$$

式中:x——底板受压区长度。

对应力分布图受压区合力点取矩,得图中拉应力合力 Z 为

$$Z = \frac{M - N(L/2 - x/3)}{L - c - x/3} \tag{6.34}$$

式中:c——锚栓中心到底板边缘的距离。

则每个锚栓需要的有效面积为

$$A_e = \frac{Z}{nf_t^b} \tag{6.35}$$

式中：n——柱身一侧柱脚锚栓的数目；

f_t^b——锚栓的抗拉设计强度（见附表1.3）。

由此选定锚栓的直径，锚栓直径不应小于20mm。

按上式计算锚栓拉力时，应选取使其产生最大拉力的内力组合，通常是 M 偏大、N 偏小的一组。

上述计算锚栓拉力的方法的缺点是理论上不够严密，计算中假定锚栓位于拉应力合力作用点，实际情况并不一定如此，一般说来该法偏于保守，算出的锚栓拉力偏大。当采用此法算得锚栓直径大于60mm时，应考虑采用其他方法重新计算。

靴梁计算与轴心受压柱柱脚相同，其高度根据靴梁与柱连接所需焊缝长度确定，靴梁按支于柱边缘的悬伸梁来验算截面强度，靴梁与底板的连接焊缝布置要注意因柱身范围内不便施焊，故此处焊缝仅布置在柱身及靴梁外侧。该焊缝偏保守地按最大地基反力计算。

隔板计算与轴心受压柱柱脚相同。它所承受的基础反力偏安全地按该计算段内最大值计算。

本章主要计算公式

序号	计算公式	备注
1	$\dfrac{N}{A_n} \pm \dfrac{M_x}{\gamma_x W_{nx}} \leq f$	单向弯曲梁抗弯强度计算公式
2	$\dfrac{N}{A_n} \pm \dfrac{M_x}{\gamma_x W_{nx}} \pm \dfrac{M_y}{\gamma_x W_{ny}} \leq f$	双向弯曲梁抗弯强度计算公式
3	$\lambda_{max} \leq [\lambda]$	刚度计算公式
4	$\dfrac{N}{\varphi_x A} + \dfrac{\beta_{mx} M_x}{\gamma_x W_{1x}\left(1 - 0.8\dfrac{N}{N'_{Ex}}\right)} \leq f$ $N'_{Ex} = \dfrac{\pi^2 EA}{1.1\lambda_x^2}$	实腹式压弯杆件在弯矩作用平面内的稳定计算公式
5	$\left\| \dfrac{N}{A} - \dfrac{\beta_{mx} M_x}{\gamma_x W_{2x}\left(1 - 1.25\dfrac{N}{N'_{Ex}}\right)} \right\| \leq f$	单轴对称截面压弯构件补充验算公式
6	$\dfrac{N}{\varphi_y A} + \eta\dfrac{\beta_{tx} M_x}{\varphi_b W_{1x}} \leq f$	单向压弯构件弯矩作用平面外的整体稳定计算公式
7	$\dfrac{N}{\varphi_x Af} + \dfrac{\beta_{mx} M_x}{\gamma_x W_{1x}\left(1 - 0.8\dfrac{N}{N'_{Ex}}\right)} + \eta\dfrac{\beta_{ty} M_y}{\varphi_{by} W_y f} \leq 1.0$ $\dfrac{N}{\varphi_y Af} + \dfrac{\beta_{my} M_y}{\gamma_y W_y\left(1 - 0.8\dfrac{N}{N'_{Ey}}\right)} + \eta\dfrac{\beta_{tx} M_x}{\varphi_{bx} W_x f} \leq 1.0$	双向压弯构件弯矩作用平面外的整体稳定计算公式
8	$\dfrac{N}{\varphi_x A} + \dfrac{\beta_{mx} M_x}{W_{1x}\left(1 - \dfrac{N}{N'_{Ex}}\right)} \leq f$	弯矩绕虚轴作用时格式构件压弯构件平面内的整体稳定计算公式
9	$\dfrac{N}{\varphi_x A} + \dfrac{\beta_{mx} M_x}{\gamma_x W_{1x}\left(1 - \dfrac{N}{N'_{Ex}}\right)} + \dfrac{\beta_{ty} M_y}{W_{1y}} \leq f$	双向压弯构件绕虚轴作用平面内的稳定性计算公式

小结

(1) 与受弯构件一样，拉弯、压弯构件的强度计算不以塑性铰为极限，而是以截面仅有部分区域发展成塑性区为极限来进行计算。但对于承受动力荷载且须计算疲劳的构件，则按弹性计算，即不允许塑性发展。

(2) 与轴心受压构件一样，拉弯、压弯构件的刚度要求是以长细比来控制，必要时还应控制挠度。

(3) 现行《钢结构设计标准》(GB 50017—2017)对压弯构件，不论是实腹式还是格构式构件，亦不论是弯矩平面内还是弯矩平面外的稳定承载力，其公式均采用半经验半理论的相关公式。这些公式通过各种系数反映各种因素对稳定承载力的影响，它们虽然是近似的，但能满足工程精度要求，且使用方便，同时它们也分别与受弯和轴心受压构件相应的稳定计算公式相衔接。

(4) 构件的计算长度 $l_0 = \mu l$ 反映构件端部受约束的程度。其物理意义是：将不同支承情况的杆件等效为长度等于 l_0 的两端铰接杆件，使该杆件按 l_0 算得的欧拉临界力即为该杆件理想轴心受压临界力。其几何意义是：它代表任意支承情况杆件轴心受压弯曲屈曲后挠度曲线中两反弯点间的长度。端部为理想约束情况的独立柱，其 l_0 或 μ 值可查表 4.4 求得，框架柱的 l_0 或 μ 值见附录 5。

(5) 实腹式压弯杆件的局部稳定是以限制翼缘和腹板的宽(高)厚比来控制的。其中翼缘的限值与受弯杆件相同，腹板的高厚比限值则与截面形式(工字形、箱形、T 形)、板上的应力梯度 α_0 以及杆件的长细比 λ 有关。

(6) 压弯(拉弯)杆件与梁的连接或与柱的连接(柱脚)，视杆端内力情况分为刚性连接和铰接。铰接与轴心受压柱的连接相同。刚性连接除传递轴力和剪力之外，还要传递弯矩，因此其构造布置和计算方面比铰接复杂一些，其设计同样要求传力明确，构造简单，便于制造安装。

一、选择题

1. 弯矩作用在实轴平面内的双肢格构式压弯柱应进行(　　)和缀件的计算。

   a) 强度、刚度、弯矩作用平面内稳定性、弯矩作用平面外的稳定性、单肢稳定性

   b) 弯矩作用平面内稳定性、单肢稳定性

   c) 弯矩作用平面内稳定性、弯矩作用平面外稳定性

   d) 强度、刚度、弯矩作用平面内稳定性、单肢稳定性

2. 钢结构实腹式压弯构件的设计一般应进行的计算内容为(　　)。

   a) 强度、弯矩作用平面内的整体稳定性、局部稳定、变形

b) 弯矩作用平面内的整体稳定性、局部稳定、变形、长细比

c) 强度、弯矩作用平面内及平面外的整体稳定性、局部稳定、变形

d) 强度、弯矩作用平面内及平面外的整体稳定性、局部稳定、长细比

3. 实腹式偏心受压构件在弯矩作用平面内整体稳定验算公式中的 γ 主要是考虑(　　)。

a) 截面塑性发展对承载力的影响　　b) 残余应力的影响

c) 初偏心的影响　　d) 初弯矩的影响

4. 实腹式偏心受压柱平面内整体稳定计算公式 $\dfrac{N}{\varphi_x A}+\dfrac{\beta_{mx}M_x}{\gamma_x W_{1x}\left(1-0.8\dfrac{N}{N'_{Ex}}\right)} \leqslant f$ 中的 β_{mx} 为(　　)。

a) 等效弯矩系数　　b) 等稳定系数

c) 等强度系数　　d) 等刚度系数

5. 图 6.29 中的构件 A 是(　　)。

a) 受弯构件

b) 压弯构件

c) 拉弯构件

d) 可能是受弯构件,也可能是压弯构件

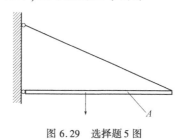

图 6.29　选择题 5 图

6. 在压弯构件弯矩作用平面外稳定计算式中,轴力项分母里的 φ_y 是(　　)。

a) 弯矩作用平面内轴心压杆的稳定系数

b) 弯矩作用平面外轴心压杆的稳定系数

c) 轴心压杆两个方向稳定系数的较小者

d) 压弯构件的稳定系数

7. 单轴对称截面的压弯构件,一般宜使弯矩(　　)。

a) 绕非对称轴作用

b) 绕对称轴作用

c) 绕任意轴作用

d) 视情况绕对称轴或非对称轴作用

8. 单轴对称截面的压弯构件,当弯矩作用在对称轴平面内,且使较大翼缘受压时,构件达到临界状态的应力分布(　　)。

a) 可能在拉、压侧都出现塑性

b) 只在受压侧出现塑性

c) 只在受拉侧出现塑性

d) 拉、压侧都不会出现塑性

9. 两根几何尺寸完全相同的压弯构件,一根端弯矩使之产生反向曲率,一根产生同向曲率,则前者的稳定性比后者的(　　)。

a) 好 　　　　　　　　　　　　　b) 差

c) 无法确定 　　　　　　　　　d) 相同

10. 计算格构式压弯构件的缀件时,剪力应取(　　)。

a) 构件实际剪力设计值

b) 由公式 $V = \dfrac{Af}{85}\sqrt{f_y/235}$ 计算的剪力

c) 构件实际剪力设计值或由公式 $V = \dfrac{Af}{85}\sqrt{f_y/235}$ 计算的剪力两者中之较大值

d) 由 $V = \mathrm{d}M/\mathrm{d}x$ 计算值

11. 承受静力荷载或间接承受动力荷载的工字形截面,绕强轴弯曲的压弯构件,其强度计算公式中,塑性发展系数 γ_x 取(　　)。

a) 1.2 　　　　　　　　　　　　b) 1.15

c) 1.05 　　　　　　　　　　　d) 1.0

12. 工字形截面压弯构件中腹板局部稳定验算公式为(　　)。

a) $\dfrac{h_0}{t_w} \leqslant (25 + 0.1\lambda)\sqrt{235/f_y}$

b) $\dfrac{h_0}{t_w} \leqslant 80\sqrt{235/f_y}$

c) $\dfrac{h_0}{t_w} \leqslant 170\sqrt{235/f_y}$

d) 当 $0 \leqslant a_0 \leqslant 1.6$ 时,$\dfrac{h_0}{t_w} \leqslant (16a_0 + 0.5\lambda + 25)\sqrt{235/f_y}$;当 $1.6 < a_0 \leqslant 2.0$ 时,$\dfrac{h_0}{t_w} \leqslant (48a_0 + 0.5\lambda - 26.2)\sqrt{235/f_y}$,其中,$a_0 = \dfrac{\sigma_{\max} - \sigma_{\min}}{\sigma_{\max}}$

13. 工字形截面压弯构件中翼缘局部稳定验算公式为(　　)。

a) $\dfrac{b}{t} \leqslant (10 + 0.1\lambda)\sqrt{235/f_y}$,$b$ 为受压翼缘宽度,t 为受压翼缘厚度

b) $\dfrac{b}{t} \leqslant 15\sqrt{235/f_y}$，$b$ 为受压翼缘宽度，t 为受压翼缘厚度

c) $\dfrac{b}{t} \leqslant (10+0.1\lambda)\sqrt{235/f_y}$，$b$ 为受压翼缘自由外伸宽度，t 为受压翼缘厚度

d) $\dfrac{b}{t} \leqslant 15\sqrt{235/f_y}$，$b$ 为受压翼缘自由外伸宽度，t 为受压翼缘厚度

14. 两端铰接、单轴对称的 T 形截面压弯构件，弯矩作用在截面对称轴平面并使翼缘受压。可用

I. $\dfrac{N}{\varphi_x A}+\dfrac{\beta_{mx}M_x}{\gamma_x W_{1x}\left(1-0.8\dfrac{N}{N'_{Ex}}\right)} \leqslant f$；

II. $\dfrac{N}{\varphi_x A}+\dfrac{\beta_{mx}M_x}{\varphi_b W_{1x}}$；

III. $\left|\dfrac{N}{A}+\dfrac{\beta_{mx}M_x}{\gamma_x W_{2x}\left(1-1.25\dfrac{N}{N'_{Ex}}\right)}\right| \leqslant f$；

IV. $\dfrac{N}{\varphi_x A}+\dfrac{\beta_{mx}M_x}{W_{1x}\left(1-\varphi_x\dfrac{N}{N'_{Ex}}\right)} \leqslant f$ 等公式的（　　）进行整体稳定计算。

a) Ⅰ，Ⅲ，Ⅱ b) Ⅱ，Ⅲ，Ⅳ
c) Ⅰ，Ⅱ，Ⅳ d) Ⅰ，Ⅲ，Ⅳ

二、填空题

1. 实腹式偏心受压构件的整体稳定，包括弯矩_____的稳定和弯矩_____的稳定。

2. 对于直接承受动力荷载作用的实腹式偏心受力构件，其强度承载能力是以_____为极限的，因此计算强度的公式是 $\dfrac{N}{A_n}+\dfrac{M_x}{W_{nx}} \leqslant f$。

3. 偏心压杆为单轴对称截面，如图 6.30 所示，弯矩作用在对称轴平面内，且使_____侧承受较大压力时，该偏心压杆的受力才是合理的。

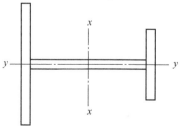

图 6.30　填空题 3 图

4. 保证拉弯、压弯构件的刚度是验算其_____。

5. 格构式压弯构件绕虚轴弯曲时,除了计算平面内整体稳定外,还要对缀条式压弯构件的单肢按_____计算稳定性,对缀板式压弯构件的单肢按_____计算稳定性。

6. 缀条格构式压弯构件单肢稳定计算时,单肢在缀条平面内的计算长度取_____,而在缀条平面外则取_____之间的距离。

7. 引入等效弯矩系数的原因,是将_____。

8. 计算实腹式偏心压杆弯矩作用在平面内稳定的公式是 $\dfrac{N}{\varphi_x A} + \dfrac{\beta_{mx} M_x}{\gamma_x W_{1x}\left(1 - 0.8\dfrac{N}{N'_{Ex}}\right)} \leq f$,其中 β_{mx} 表示_____, φ_x 表示_____, N'_{Ex} 表示_____, W_{1x} 表示_____。

9. 当偏心弯矩作用在截面最大刚度平面内时,实腹式偏心受压构件有可能向平面外_____而破坏。

10. 实腹式拉弯构件的截面出现_____是构件承载能力的极限状态。但对格构式拉弯构件或冷弯薄壁型钢截面的拉弯构件,将截面_____视为构件的极限状态。

11. 格构式压弯构件绕实轴弯曲时,采用_____理论确定临界力。为了限制变形过大,只允许截面_____塑性发展。

12. 格构式压弯构件绕虚轴受弯时,以截面_____屈服为设计准则。

三、简答题

1. 拉弯及压弯构件的破坏形式有哪些?各有什么特点?

2. 计算长度的几何意义、物理意义是什么?一个构件的计算长度与该构件所受荷载是否有关?

3. 梁与柱的刚性连接应能传递哪些内力?图 6.27 中 3 种梁柱刚性连接中,这些内力是如何传递的?

4. 刚性连接的柱脚应能传递哪些内力?图 6.28 中的整体式刚性柱脚是如何传递这些内力的?

5. 铰接柱脚与刚接柱脚中锚栓的作用有何区别?

四、计算题

1. 图 6.31 所示 I20a 工字钢构件,承受轴心拉力设计值 $N = 500\text{kN}$,长 4.5m,两端铰接,在跨中 $l/3$ 处作用着集中荷载 F,钢材为 Q235,试问该构件能承受的最大横向荷载 F 为多少?

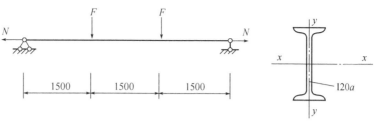

图 6.31 计算题 1 图(尺寸单位:mm)

2. 图 6.32 所示压弯构件长 12m,承受轴心压力设计值 $N=1800$kN,构件的中央作用横向荷载设计值 $F=540$kN,弯矩作用平面外有 2 个侧向支撑(在构件的三分点处),钢材采用 Q235,翼缘为火焰切割边,验算该构件在弯矩作用平面内的整体稳定。

3. 验算计算题 2 构件在弯矩作用平面外的整体稳定性。

4. 一格构式压弯构件,两端铰接,计算长度 $l_{0x}=l_{0y}=600$cm。构件截面及缀条布置如图 6.33 所示。缀条采用角钢∠$70\times70\times4$,缀条倾角为 45°。构件承受轴心压力设计值 $N=450$kN,弯矩绕虚轴作用,钢材采用 Q235。试计算该构件所能承受的最大弯矩设计值。

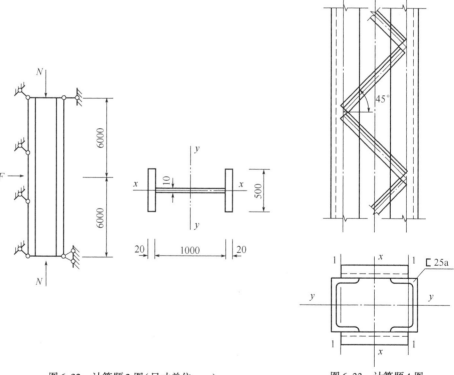

图 6.32 计算题 2 图(尺寸单位:mm)

图 6.33 计算题 4 图
(尺寸单位:mm)

附录
APPENDIX

附录1　钢材和连接的强度设计值

钢材的强度设计值（N/mm²）　　　　　　　　　　　　　附表1.1

钢材		抗拉、抗压和抗弯 f	抗剪 f_v	端面承压（刨平顶紧）f_{ce}	屈服强度 f_y	抗拉强度 f_u
牌号	厚度或直径(mm)					
Q235	≤16	215	125	320	235	370
	>16~40	205	120		225	
	>40~100	200	115		215	
Q345	≤16	305	175	400	345	470
	>16~40	295	170		335	
	>40~63	290	165		325	
	>63~80	280	160		315	
	>80~100	270	155		305	
Q390	≤16	345	200	415	390	490
	>16~40	330	190		370	
	>40~63	310	180		350	
	>63~100	295	170		330	
Q420	≤16	375	215	440	420	520
	>16~40	355	205		400	
	>40~63	320	185		380	
	>63~100	305	175		360	
Q460	≤16	410	235	470	460	550
	>16~40	390	225		440	
	>40~63	355	205		420	
	>63~100	340	195		400	

注：1. 表中直径指实心棒材直径，厚度系指计算点钢材或钢管壁的厚度，对轴心受拉和受压构件系指截面中较厚板件的厚度。
2. 冷弯型材和冷弯钢管，其强度设计值应按国家现行有关标准的规定采用。

焊缝的强度设计值（N/mm²）

附表 1.2

焊接方法和焊条型号	构件钢材 牌号	构件钢材 厚度或直径(mm)	对接焊缝 抗压 f_c^w	对接焊缝 焊缝质量为下列等级时,抗拉 f_t^w 一级、二级	对接焊缝 焊缝质量为下列等级时,抗拉 f_t^w 三级	对接焊缝 抗剪 f_v^w	角焊缝 抗拉、抗压和抗剪 f_f^w	对接焊缝抗拉强度 f_u^w	角焊缝抗拉、抗压和抗剪强度 f_u^f
自动焊、半自动焊和 E43 型焊条的手工焊	Q235	≤16	215	215	185	125	160	415	240
		>16~40	205	205	175	120			
		>40~60	200	200	170	115			
		>60~100	190	190	160	110			
自动焊、半自动焊和 E50、E55 型焊条的手工焊	Q345	≤16	305	305	260	175	200	480(E50) 540(E55)	280(E50) 315(E55)
		>16~40	295	295	250	170			
		>40~63	290	290	245	165			
		>63~80	280	280	240	160			
		>80~100	270	270	230	155			
	Q390	≤16	345	345	295	200	200(E50) 220(E55)		
		>16~40	330	330	280	195			
		>40~63	310	310	265	180			
		>63~100	295	295	250	170			
自动焊、半自动焊和 E55、E60 型焊条的手工焊	Q420	≤16	375	375	320	215	220(E55) 240(E60)	540(E55) 590(E60)	315(E55) 340(E60)
		>16~40	355	355	300	205			
		>40~63	320	320	270	185			
		>63~100	305	305	260	175			
自动焊、半自动焊和 E55、E60 型焊条的手工焊	Q460	≤16	410	410	350	235	220(E55) 240(E60)	540(E55) 590(E60)	315(E55) 340(E60)
		>16~40	390	390	330	225			
		>40~63	355	355	300	205			
		>63~100	340	340	290	195			
自动焊、半自动焊和 E50 型焊条的手工焊	Q345GJ	>16~35	310	310	265	180	200	480(E50) 540(E55)	280(E50) 315(E55)
		>35~50	290	290	245	170			
		>50~100	285	285	240	165			

注：1. 手工焊用焊条、自动焊和半自动焊所采用的焊丝和焊剂,应保证其熔敷金属的力学性能不低于母材的性能。
2. 焊缝质量等级应符合现行国家标准《钢结构焊接规范》的规定,其检验方法应符合现行国家标准《钢结构工程施工质量验收规范》的规定。其中厚度小于 6mm 钢材的对接焊缝,不应采用超声波探伤确定焊缝质量等级。
3. 对接焊缝在受压区的抗弯强度设计值取 f_c^w,在受拉区的抗弯强度设计值取 f_t^w。
4. 表中厚度系指计算点的钢材厚度,对轴心受拉和轴心受压构件系指截面中较厚板件的厚度。
5. 计算下列情况的连接时,附表 1.2 规定的强度设计值应乘以相应的折减系数;几种情况同时存在时,其折减系数应连乘：
(1) 施工条件较差的高空安装焊缝应乘以系数 0.9。
(2) 进行无垫板的单面施焊对接焊缝的连接计算应乘折减系数 0.85。

螺栓连接的强度设计值（N/mm²） 附表1.3

螺栓的钢材牌号（或性能等级）和构件的钢材牌号		普通螺栓					锚栓	承压型连接高强度螺栓			高强度螺栓抗拉强度
		C级螺栓			A级、B级螺栓						
		抗拉 f_t^b	抗剪 f_v^b	承压 f_c^b	抗拉 f_t^b	抗剪 f_v^b	承压 f_c^b	抗拉 f_t^b	抗拉 f_t^b	抗剪 f_v^b	承压 f_c^b	f_u^b
普通螺栓	4.6级、4.8级	170	140	—	—	—	—	—	—	—	—	—
	5.6级	—	—	—	210	190	—	—	—	—	—	—
	8.8级	—	—	—	400	320	—	—	—	—	—	—
锚栓	Q235	—	—	—	—	—	—	140	—	—	—	—
	Q345	—	—	—	—	—	—	180	—	—	—	—
	Q345	—	—	—	—	—	—	185	—	—	—	—
承压型连接高强度螺栓	8.8级	—	—	—	—	—	—	—	400	250	—	830
	10.9级	—	—	—	—	—	—	—	500	310	—	1040
螺栓球节点高强度螺栓	9.8级	—	—	—	—	—	—	—	385	—	—	—
	10.9级	—	—	—	—	—	—	—	430	—	—	—
构件	Q235	—	—	305	—	—	405	—	—	—	470	—
	Q345	—	—	385	—	—	510	—	—	—	590	—
	Q390	—	—	400	—	—	530	—	—	—	615	—
	Q420	—	—	425	—	—	560	—	—	—	655	—
	Q460	—	—	450	—	—	595	—	—	—	695	—
	Q345GJ	—	—	400	—	—	530	—	—	—	615	—

注：1. A级螺栓用于 $d \leq 24$mm 和 $l \leq 10d$ 或 $l \leq 150$mm（按较小值）的螺栓；B级螺栓用于 $d > 24$mm 或 $l > 10d$ 或 $l > 150$mm（按较小值）的螺栓。d 为公称直径，l 为螺栓公称长度。
2. A、B级螺栓孔的精度和孔壁表面粗糙度，C级螺栓孔的允许偏差和孔壁表面粗糙度，均应符合现行国家标准《钢结构工程施工质量验收标准》（GB 50205）的要求。
3. 用于螺栓球节点网架的高强度螺栓，M12～M36 为 10.9 级，M39～M64 为 9.8 级。

结构构件或连接设计强度的折减系数 附表1.4

项次	情况	折减系数

1	单面连接的单角钢
	(1) 按轴心受力计算强度和连接
	(2) 按轴心受压计算稳定性
	  等边角钢
	  短边相连的不等边角钢
	  长边相连的不等边角钢
		0.85
		
		$0.6 + 0.0015\lambda$，但不大于 1.0
		$0.5 + 0.0025\lambda$，但不大于 1.0
		0.70

2	跨度 ≥60m 桁架的受压弦杆和端部受压腹杆	0.95
3	无垫板的单面施焊对接焊缝	0.85
4	施工条件较差的高空安装焊缝和铆钉连接	0.90
5	沉头和半沉头铆钉连接	0.80

注：1. λ 为长细比，对中间无连系的单角钢压杆，应按最小回转半径计算；当 $\lambda < 20$ 时，取 $\lambda = 20$。
2. 当几种情况同时存在时，其折减系数应连乘。

附录 2 轴心受压构件的整体稳定系数

a 类截面轴心受压构件的稳定系数 φ 附表 2.1

λ/ε_k	0	1	2	3	4	5	6	7	8	9
0	1.000	1.000	1.000	1.000	0.999	0.999	0.998	0.998	0.997	0.996
10	0.995	0.994	0.993	0.992	0.991	0.989	0.988	0.986	0.985	0.983
20	0.981	0.979	0.977	0.976	0.974	0.972	0.970	0.968	0.966	0.964
30	0.963	0.961	0.959	0.957	0.955	0.952	0.950	0.948	0.946	0.944
40	0.941	0.939	0.937	0.934	0.932	0.929	0.927	0.924	0.921	0.919
50	0.916	0.913	0.910	0.907	0.904	0.900	0.897	0.894	0.890	0.886
60	0.883	0.879	0.875	0.871	0.867	0.863	0.858	0.854	0.849	0.844
70	0.839	0.834	0.829	0.824	0.818	0.813	0.807	0.801	0.795	0.789
80	0.783	0.776	0.770	0.763	0.757	0.750	0.743	0.736	0.728	0.721
90	0.714	0.706	0.699	0.691	0.684	0.676	0.668	0.661	0.653	0.645
100	0.638	0.630	0.622	0.615	0.607	0.600	0.592	0.585	0.577	0.570
110	0.563	0.555	0.548	0.541	0.534	0.527	0.520	0.514	0.507	0.500
120	0.494	0.488	0.481	0.475	0.469	0.463	0.457	0.451	0.445	0.440
130	0.434	0.429	0.423	0.418	0.412	0.407	0.402	0.397	0.392	0.387
140	0.383	0.378	0.373	0.369	0.364	0.360	0.356	0.351	0.347	0.343
150	0.339	0.335	0.331	0.327	0.323	0.320	0.316	0.312	0.309	0.305
160	0.302	0.298	0.295	0.292	0.289	0.285	0.282	0.279	0.276	0.273
170	0.270	0.267	0.264	0.262	0.259	0.256	0.253	0.251	0.248	0.246
180	0.243	0.241	0.238	0.236	0.233	0.231	0.229	0.226	0.224	0.222
190	0.220	0.218	0.215	0.213	0.211	0.209	0.207	0.205	0.203	0.201
200	0.199	0.198	0.196	0.194	0.192	0.190	0.189	0.187	0.185	0.183
210	0.182	0.180	0.179	0.177	0.175	0.174	0.172	0.171	0.169	0.168
220	0.166	0.165	0.164	0.162	0.161	0.159	0.158	0.157	0.155	0.154
230	0.153	0.152	0.150	0.149	0.148	0.147	0.146	0.144	0.143	0.142
240	0.141	0.140	0.139	0.138	0.136	0.135	0.134	0.133	0.132	0.131
250	0.130	—	—	—	—	—	—	—	—	—

注：1. 表中值系按表中的公式计算而得。

2. ε_k 为钢号修正系数 $\varepsilon_k = \sqrt{\dfrac{235}{f_y}}$。

b 类截面轴心受压构件的稳定系数 φ　　　　附表 2.2

λ/ε_k	0	1	2	3	4	5	6	7	8	9
0	1.000	1.000	1.000	0.999	0.999	0.998	0.997	0.996	0.995	0.994
10	0.992	0.991	0.989	0.987	0.985	0.983	0.981	0.978	0.976	0.973
20	0.970	0.967	0.963	0.960	0.957	0.953	0.950	0.946	0.943	0.939
30	0.936	0.932	0.929	0.925	0.922	0.918	0.914	0.910	0.906	0.903
40	0.899	0.895	0.891	0.887	0.882	0.878	0.874	0.870	0.865	0.861
50	0.856	0.852	0.847	0.842	0.838	0.833	0.828	0.823	0.818	0.813
60	0.807	0.802	0.797	0.791	0.786	0.780	0.774	0.769	0.763	0.757
70	0.751	0.745	0.739	0.732	0.726	0.720	0.714	0.707	0.701	0.694
80	0.688	0.681	0.675	0.668	0.661	0.655	0.648	0.641	0.635	0.628
90	0.621	0.614	0.608	0.601	0.594	0.588	0.581	0.575	0.568	0.561
100	0.555	0.549	0.542	0.536	0.529	0.523	0.517	0.511	0.505	0.499
110	0.493	0.487	0.481	0.475	0.470	0.464	0.458	0.453	0.447	0.442
120	0.437	0.432	0.426	0.421	0.416	0.411	0.406	0.402	0.397	0.392
130	0.387	0.383	0.378	0.374	0.370	0.365	0.361	0.357	0.353	0.349
140	0.345	0.341	0.337	0.333	0.329	0.326	0.322	0.318	0.315	0.311
150	0.308	0.304	0.301	0.298	0.295	0.291	0.288	0.285	0.282	0.279
160	0.276	0.273	0.270	0.267	0.265	0.262	0.259	0.256	0.254	0.251
170	0.249	0.246	0.244	0.241	0.239	0.236	0.234	0.232	0.229	0.227
180	0.225	0.223	0.220	0.218	0.216	0.214	0.212	0.210	0.208	0.206
190	0.204	0.202	0.200	0.198	0.197	0.195	0.193	0.191	0.190	0.188
200	0.186	0.184	0.183	0.181	0.180	0.178	0.176	0.175	0.173	0.172
210	0.170	0.169	0.167	0.166	0.165	0.163	0.162	0.160	0.159	0.158
220	0.156	0.155	0.154	0.153	0.151	0.150	0.149	0.148	0.146	0.145
230	0.144	0.143	0.142	0.141	0.140	0.138	0.137	0.136	0.135	0.134
240	0.133	0.132	0.131	0.130	0.129	0.128	0.127	0.126	0.125	0.124
250	0.123	—	—	—	—	—	—	—	—	—

注:1. 表中值系按表中的公式计算而得。

2. ε_k 为钢号修正系数 $\varepsilon_k = \sqrt{\dfrac{235}{f_y}}$。

c类截面轴心受压构件的稳定系数 φ

附表2.3

λ/ε_k	0	1	2	3	4	5	6	7	8	9
0	1.000	1.000	1.000	0.999	0.999	0.998	0.997	0.996	0.995	0.993
10	0.992	0.990	0.988	0.986	0.983	0.981	0.978	0.976	0.973	0.970
20	0.966	0.959	0.953	0.947	0.940	0.934	0.928	0.921	0.915	0.909
30	0.902	0.896	0.890	0.884	0.877	0.871	0.865	0.858	0.852	0.846
40	0.839	0.833	0.826	0.820	0.814	0.807	0.801	0.794	0.788	0.781
50	0.775	0.768	0.762	0.755	0.748	0.742	0.735	0.729	0.722	0.715
60	0.709	0.702	0.695	0.689	0.682	0.676	0.669	0.662	0.656	0.649
70	0.643	0.636	0.629	0.623	0.616	0.610	0.604	0.597	0.591	0.584
80	0.578	0.572	0.566	0.559	0.553	0.547	0.541	0.535	0.529	0.523
90	0.517	0.511	0.505	0.500	0.494	0.488	0.483	0.477	0.472	0.467
100	0.463	0.458	0.454	0.449	0.445	0.441	0.436	0.432	0.428	0.423
110	0.419	0.415	0.411	0.407	0.403	0.399	0.395	0.391	0.387	0.383
120	0.379	0.375	0.371	0.367	0.364	0.360	0.356	0.353	0.349	0.346
130	0.342	0.339	0.335	0.332	0.328	0.325	0.322	0.319	0.315	0.312
140	0.309	0.306	0.303	0.300	0.297	0.294	0.291	0.288	0.285	0.282
150	0.280	0.277	0.274	0.271	0.269	0.266	0.264	0.261	0.258	0.256
160	0.254	0.251	0.249	0.246	0.244	0.242	0.239	0.237	0.235	0.233
170	0.230	0.228	0.226	0.224	0.222	0.220	0.218	0.216	0.214	0.212
180	0.210	0.208	0.206	0.205	0.203	0.201	0.199	0.197	0.196	0.194
190	0.192	0.190	0.189	0.187	0.186	0.184	0.182	0.181	0.179	0.178
200	0.176	0.175	0.173	0.172	0.170	0.169	0.168	0.166	0.165	0.163
210	0.162	0.161	0.159	0.158	0.157	0.156	0.154	0.153	0.152	0.151
220	0.150	0.148	0.147	0.146	0.145	0.144	0.143	0.142	0.140	0.139
230	0.138	0.137	0.136	0.135	0.134	0.133	0.132	0.131	0.130	0.129
240	0.128	0.127	0.126	0.125	0.124	0.124	0.123	0.122	0.121	0.120
250	0.119	—	—	—	—	—	—	—	—	—

注：1. 表中值系按表中的公式计算而得。

2. ε_k 为钢号修正系数 $\varepsilon_k = \sqrt{\dfrac{235}{f_y}}$。

d 类截面轴心受压构件的稳定系数 φ 附表 2.4

λ/ε_k	0	1	2	3	4	5	6	7	8	9
0	1.000	1.000	0.999	0.999	0.998	0.996	0.994	0.992	0.990	0.987
10	0.984	0.981	0.978	0.974	0.969	0.965	0.960	0.955	0.949	0.944
20	0.937	0.927	0.918	0.909	0.900	0.891	0.883	0.874	0.865	0.857
30	0.848	0.840	0.831	0.823	0.815	0.807	0.799	0.790	0.782	0.774
40	0.766	0.759	0.751	0.743	0.735	0.728	0.720	0.712	0.705	0.697
50	0.690	0.683	0.675	0.668	0.661	0.654	0.646	0.639	0.632	0.625
60	0.618	0.612	0.605	0.598	0.591	0.585	0.578	0.572	0.565	0.559
70	0.552	0.546	0.540	0.534	0.528	0.522	0.516	0.510	0.504	0.498
80	0.493	0.487	0.481	0.476	0.470	0.465	0.460	0.454	0.449	0.444
90	0.439	0.434	0.429	0.424	0.419	0.414	0.410	0.405	0.401	0.397
100	0.394	0.390	0.387	0.383	0.380	0.376	0.373	0.370	0.366	0.363
110	0.359	0.356	0.353	0.350	0.346	0.343	0.340	0.337	0.334	0.331
120	0.328	0.325	0.322	0.319	0.316	0.313	0.310	0.307	0.304	0.301
130	0.299	0.296	0.293	0.290	0.288	0.285	0.282	0.280	0.277	0.275
140	0.272	0.270	0.267	0.265	0.262	0.260	0.258	0.255	0.253	0.251
150	0.248	0.246	0.244	0.242	0.240	0.237	0.235	0.233	0.231	0.229
160	0.227	0.225	0.223	0.221	0.219	0.217	0.215	0.213	0.212	0.210
170	0.208	0.206	0.204	0.203	0.201	0.199	0.197	0.196	0.194	0.192
180	0.191	0.189	0.188	0.186	0.184	0.183	0.181	0.180	0.178	0.177
190	0.176	0.174	0.173	0.171	0.170	0.168	0.167	0.166	0.164	0.163
200	0.162	—	—	—	—	—	—	—	—	—

注:1. 表中值系按表中的公式计算而得。

2. ε_k 为钢号修正系数 $\varepsilon_k = \sqrt{\dfrac{235}{f_y}}$。

附录3 梁的整体稳定系数

附3.1 焊接工字形等截面简支梁

焊接工字形等截面(附图3.1)简支梁的整体稳定系数应按下式计算：

$$\varphi_b = \beta_b \frac{4320}{\lambda_y^2} \cdot \frac{Ah}{W_x} \left[\sqrt{1 + \left(\frac{\lambda_y t_1}{4.4h}\right)^2} + \eta_b \right] \left(\frac{235}{f_y}\right)^{0.5} \quad \text{(附3.1)}$$

式中：β_b——梁整体稳定的等效弯矩系数，按附表3.1采用；

$\lambda_y = l_1/i_y$——梁在侧向支承点间对截面弱轴 $y\text{-}y$ 的长细比，i_y 为梁毛截面对 y 轴的截面回转半径；

A——梁的毛截面面积；

h、t_1——梁截面的全高和受压翼缘厚度；

η_b——截面不对称影响系数：

对双轴对称工字形截面[附图3.1a)]

$$\eta_b = 0$$

对单轴对称工字形截面[附图3.1b)、c)]

$$\begin{cases} 加强受压翼缘 & \eta_b = 0.8(2\alpha_b - 1) \\ 加强受拉翼缘 & \eta_b = 2\alpha_b - 1 \end{cases}$$

$\alpha_b = \dfrac{I_1}{I_1 + I_2}$，其中 I_1 和 I_2 分别为受压翼缘和受拉翼缘对 y 轴的惯性矩。

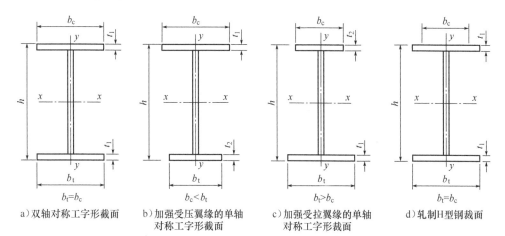

a) 双轴对称工字形截面　　b) 加强受压翼缘的单轴　　c) 加强受拉翼缘的单轴　　d) 轧制H型钢截面
　　　　　　　　　　　　　　对称工字形截面　　　　　对称工字形截面

附图3.1 焊接工字形截面

当按式(附3.1)算得的φ_b值大于0.60时,应按下式计算的φ_b'代替φ_b值:

$$\varphi_b' = 1.07 - \frac{0.282}{\varphi_b} \leq 1.0 \qquad (附3.2)$$

注:式(附3.1)亦适用于等截面铆接(或高强度螺栓连接)简支梁,其受压翼缘厚度t_2包括翼缘角钢厚度在内。

H 型钢和等截面工字形简支梁的等效弯矩系数 β_b 附表3.1

项次	侧向支承	荷 载		$\xi = \frac{l_1 t_1}{b_1 h}$		适用范围
				$\xi \leq 2.0$	$\xi > 2.0$	
1	跨中无侧向支承	均布荷载作用在	上翼缘	$0.69 + 0.13\xi$	0.95	附图 3.1a)、b)、d)的截面
2			下翼缘	$1.73 - 0.20\xi$	1.33	
3		集中荷载作用在	上翼缘	$0.73 + 0.18\xi$	1.09	
4			下翼缘	$2.23 - 0.28\xi$	1.67	
5	跨度中点有一个侧向支承点	均布荷载作用在	上翼缘	1.15		附图 3.1 中的所有截面
6			下翼缘	1.40		
7		集中荷载作用在截面高度上任意位置		1.75		
8	跨中点有不少于两个等距离侧向支承点	任意荷载作用在	上翼缘	1.20		
9			下翼缘	1.40		
10	梁端有弯矩,但跨中无荷载作用			$1.75 - 1.05\left(\frac{M_2}{M_1}\right) + 0.3\left(\frac{M_2}{M_1}\right)^2$,但 ≤ 2.3		

注:1. ξ 为参数,$\xi = \frac{l_1 t_1}{b_1 h}$,其中$b_1$为受压翼缘的宽度,$l_1$见第6章6.3.2节。

2. M_1 和 M_2 为梁的端弯矩,使梁产生同向曲率时 M_1 和 M_2 取同号,产生反向曲率时取异号,$|M_1| \geq |M_2|$。

3. 表中项次 3、4 和 7 的集中荷载是指一个或少数几个集中荷载位于跨中附近的情况,对其他情况的集中荷载,应按表中项次 1、2、5、6 内的数值采用。

4. 表中项次 8、9 的 β_b,当集中荷载作用在侧向支承点处时,取 $\beta_b = 1.2$。

5. 荷载作用在上翼缘系指荷载作用点在翼缘表面,方向指向截面形心;荷载作用在下翼缘系指荷载作用点在翼缘表面,方向背向截面形心。

6. 对 $\alpha_b > 0.8$ 的加强受压翼缘工字形截面,下列情况的 β_b 值应乘以相应的系数:
   项次 1:当 $\xi \leq 1.0$ 时,乘以 0.95;
   项次 3:当 $\xi \leq 0.5$ 时,乘以 0.90;当 $0.5 < \xi \leq 1.0$ 时 0.95。

附3.2 轧制 H 型钢简支梁

轧制 H 型钢简支梁整体稳定系数 φ_b 应按式(附3.1)计算,取 η_b 等于零,当所得的 φ_b 值大于 0.6 时,应按式(附3.2)算得相应的 φ_b' 代替 φ_b。

附3.3 轧制普通工字钢简支梁

轧制普通工字钢简支梁整体稳定系数 φ_b 应按附表3.2采用,当所得的 φ_b 值大于 0.60 时,应按式(附3.2)算得相应的 φ_b' 代替 φ_b。

轧制普通工字钢简支梁的 φ_b   附表3.2

项次	荷载情况			工字钢型号	自由长度 l_1(m)								
					2	3	4	5	6	7	8	9	10
1	跨中无侧向支承点的梁	集中荷载作用于	上翼缘	10~20	2.00	1.30	0.99	0.80	0.68	0.58	0.53	0.48	0.43
				22~32	2.40	1.48	1.09	0.86	0.72	0.62	0.54	0.49	0.45
				36~63	2.80	1.60	1.07	0.83	0.68	0.56	0.50	0.45	0.40
2			下翼缘	10~20	3.10	1.95	1.34	1.01	0.82	0.69	0.63	0.57	0.52
				22~40	5.50	2.80	1.84	1.37	1.07	0.86	0.73	0.64	0.56
				45~63	7.30	3.60	2.30	1.62	1.20	0.96	0.80	0.69	0.60
3		均布作用于	上翼缘	10~20	1.70	1.12	0.84	0.68	0.57	0.50	0.45	0.41	0.37
				22~40	2.10	1.30	0.93	0.73	0.60	0.51	0.45	0.40	0.36
				45~63	2.60	1.45	0.97	0.73	0.59	0.50	0.44	0.38	0.35
4			下翼缘	10~20	2.50	1.55	1.08	0.83	0.68	0.56	0.52	0.47	0.42
				22~40	4.00	2.20	1.45	1.10	0.85	0.70	0.60	0.52	0.46
				45~63	5.60	2.80	1.80	1.25	0.95	0.78	0.65	0.55	0.49
5	跨中有侧向支承点的梁(无论荷载作用点在截面高度上的位置)			10~20	2.20	1.39	1.01	0.79	0.66	0.57	0.52	0.47	0.42
				22~40	3.00	1.80	1.24	0.96	0.76	0.65	0.56	0.49	0.43
				45~63	4.00	2.20	1.38	1.01	0.80	0.66	0.56	0.49	0.43

注:1. 同附表3.1的注3、注5。
2. 表中的 φ_b 用于Q235钢。对其他钢号,表中数值应乘以 ε_k^2。

附3.4 轧制槽钢简支梁

轧制槽钢简支梁的整体稳定系数,无论荷载形式和荷载作用点在截面高度上的位置均可按下式计算:

$$\varphi_b = \frac{570bt}{l_1 h} \cdot \frac{235}{f_y} \quad \text{(附3.3)}$$

式中:h、b、t——分别为槽钢截面高度、翼缘宽度和平均厚度。

按式(附3.3)中算得的值大于0.6时,应按式(附3.2)算得相应的 φ'_b 代替 φ_b。

附3.5 双轴对称工字形等截面(含H型钢)悬臂梁

双轴对称工字形等截面(含H型钢)悬臂梁的整体稳定系数,可按式(附3.1)计算,但式中系数 β_b 应按附表3.3查得,$\lambda_y = l_1/i_y$(l_1 为悬臂梁的悬伸长度)。当求得的 φ_b 值大于0.6时,应按式(附3.2)算得相应的 φ'_b 代替 φ_b。

双轴对称工字形等截面(含H型钢)悬臂梁的系数 β_b   附表3.3

项次	荷载形式		$\xi = \dfrac{l_1 t_1}{b_1 h}$		
			$0.60 \leq \xi \leq 1.24$	$1.24 < \xi \leq 1.96$	$1.96 < \xi \leq 3.10$
1	自由端一个集中荷载作用在	上翼缘	$0.21 + 0.67\xi$	$0.72 + 0.26\xi$	$1.17 + 0.03\xi$
2		下翼缘	$2.94 - 0.65\xi$	$2.64 - 0.40\xi$	$2.15 - 0.15\xi$
3	均布荷载作用在上翼缘		$0.62 + 0.82\xi$	$1.25 + 0.31\xi$	$1.66 + 0.10\xi$

注:1. 本表是按支承端为固定的情况确定的,当用于由邻跨延伸出来的伸臂梁时,应在构造上采取措施加强支承处的抗扭能力。
2. 表中的 ξ 见附表3.1注1。

附录4 疲劳计算的构件和连接分类

疲劳计算的构件和连接分类　　　　　　　　　　　　　　　　　　　附表4.1

项次	简 图	说 明	类别
1		无连接处的主体金属 1. 轧制型钢 2. 钢板 　a. 两边为轧制边或刨边； 　b. 两侧为自动、半自动切割边[切割质量标准应符合《钢结构工程施工质量验收标准》(GB 50205—2020)]	1 1 2
2		横向对接焊缝附近的主体金属 1. 符合《钢结构工程施工质量验收标准》(GB 50205—2020)的一级焊缝； 2. 经加工、磨平的一级焊缝	3 2
3		不同厚度(或宽度)横向对接焊缝附近的主体金属、焊缝加工成平滑过渡并符合一级焊缝标准	2
4		纵向对接焊缝附近的主体金属，焊缝符合二级焊缝标准	2
5		翼缘连接焊缝附近的主体金属 1. 翼缘板与腹板的连接焊缝 　a. 自动焊，二级焊缝 　b. 自动焊，三级焊缝，外观缺陷符合二级 　c. 手工焊，三级焊缝，外观缺陷符合二级 2. 双层翼缘板之间的连接焊缝 　a. 自动焊，三级焊缝，外观缺陷符合二级 　b. 手工焊，三级焊缝，外观缺陷符合二级	 2 3 4 3 4
6		横向加劲肋端部附近的主体金属 1. 肋端不断弧(采用回焊) 2. 肋端断弧	4 5

续上表

项次	简 图	说 明	类别
7		梯形节点板用对接焊缝焊于梁翼缘、腹板以及桁架构件处的主体金属,过渡处在焊后铲平、磨光、圆滑过渡,不得有焊接起弧、灭弧缺陷 ($r \geq 60\text{mm}$)	5
8		梯形节点板用对接焊缝焊于构件翼缘或腹板处的主体金属,$l > 150\text{mm}$	7
9		翼缘板中断处的主体金属(板端有正面焊缝)	7
10		向正面角焊缝过渡处的主体金属	6
11		两侧面角焊缝连接端部的主体金属	8
12		三面围焊的角焊端部主体金属	7
13		三面围焊或两侧面角焊连接的节点板主体金属(节点板计算宽度按应力扩散角 $\theta \leq 30°$ 考虑)	7

续上表

项次	简图	说明	类别
14		K形对接焊缝处的主体金属,两板轴线偏离小于 $0.15t$,焊缝为二级,焊趾角 $\alpha \leq 45°$	5
15		十字接头角焊缝处的主体金属,两板轴线偏离小于 $0.15t$	7
16	角焊缝	按有效截面确定的剪应力幅计算	8
17		铆钉连接处的主体金属	3
18		连接螺栓和虚孔处的主体金属	3
19		高强度螺栓摩擦型连接处的主体金属	2

注:1. 所有对接焊缝均需焊透。所有焊缝的外形尺寸均应符合现行国家标准《钢结构焊缝外形尺寸》(JB/T 7949—1999)的规定。
2. 角焊缝应符合现行《钢结构设计标准》第 8.2.7 条和第 8.2.8 条的要求。
3. 项次 16 中的剪应力幅 $\Delta\tau = \tau_{max} - \tau_{min}$,其中的 τ_{min} 正负值为:与 τ_{max} 同方向时,取正值;与 τ_{max} 反方向时,取负值。
4. 第 17、18 项中的应力应以净截面面积计算,第 19 项应以毛截面面积计算。

附录5 柱的计算长度系数

有侧移框架柱的计算长度系数 μ 附表5.1

K_2	K_1												
	0	0.05	0.1	0.2	0.3	0.4	0.5	1	2	3	4	5	≥10
0	∞	6.02	4.46	3.42	3.01	2.78	2.64	2.33	2.17	2.11	2.08	2.07	2.03
0.05	6.02	4.16	3.47	2.86	2.58	2.42	2.31	2.07	1.94	1.90	1.87	1.86	1.83
0.1	4.46	3.47	3.01	2.56	2.33	2.20	2.11	1.90	1.79	1.75	1.73	1.72	1.70
0.2	3.42	2.86	2.56	2.23	2.05	1.94	1.87	1.70	1.60	1.57	1.55	1.54	1.52
0.3	3.01	2.58	2.33	2.05	1.90	1.80	1.74	1.58	1.49	1.46	1.45	1.44	1.42
0.4	2.78	2.42	2.20	1.94	1.80	1.71	1.65	1.50	1.42	1.39	1.37	1.37	1.35
0.5	2.64	2.31	2.11	1.87	1.74	1.65	1.59	1.45	1.37	1.34	1.32	1.32	1.30
1	2.33	2.07	1.90	1.70	1.58	1.50	1.45	1.32	1.24	1.21	1.20	1.19	1.17
2	2.17	1.94	1.79	1.60	1.49	1.42	1.37	1.24	1.16	1.14	1.12	1.12	1.10
3	2.11	1.90	1.75	1.57	1.46	1.39	1.34	1.21	1.14	1.11	1.10	1.09	1.07
4	2.08	1.87	1.73	1.55	1.45	1.37	1.32	1.20	1.12	1.10	1.08	1.08	1.06
5	2.07	1.86	1.72	1.54	1.44	1.37	1.32	1.19	1.12	1.09	1.08	1.07	1.05
≥10	2.03	1.83	1.70	1.52	1.42	1.35	1.30	1.17	1.10	1.07	1.06	1.05	1.03

注:1. 表中的计算长度系数 μ 值按下式算得:

$$\left[36K_1K_2 - \left(\frac{\pi}{\mu}\right)^2\right]\sin\frac{\pi}{\mu} + 6(K_1+K_2)\frac{\pi}{\mu}\cdot\cos\frac{\pi}{\mu} = 0$$

K_1、K_2 分别为相交于柱上端、柱下端的横梁线刚度之和与柱线刚度之和的比值。当横梁远端为铰接时,应将横梁线刚度乘以 0.5,当横梁远端为嵌固时,则应乘以 2/3。

2. 当横梁与柱铰接时,取横梁线刚度为0。
3. 对底层框架柱,当柱与基础铰接时,取 $K_2=0$(对平板支座可取 $K_2=0.1$);当柱与基础刚接时,取 $K_2=10$。

无侧移框架柱的计算长度系数 μ 附表5.2

K_2	K_1												
	0	0.05	0.1	0.2	0.3	0.4	0.5	1	2	3	4	5	≥10
0	1.000	0.990	0.981	0.964	0.949	0.935	0.922	0.875	0.820	0.791	0.773	0.760	0.732
0.05	0.990	0.981	0.971	0.955	0.940	0.926	0.914	0.867	0.814	0.784	0.766	0.754	0.726
0.1	0.981	0.971	0.962	0.946	0.931	0.918	0.906	0.860	0.807	0.778	0.760	0.748	0.721
0.2	0.964	0.955	0.946	0.930	0.916	0.903	0.891	0.846	0.795	0.767	0.749	0.737	0.711
0.3	0.949	0.940	0.931	0.916	0.902	0.889	0.878	0.834	0.784	0.756	0.739	0.728	0.701
0.4	0.935	0.926	0.918	0.903	0.889	0.877	0.866	0.823	0.774	0.747	0.730	0.719	0.693
0.5	0.922	0.914	0.906	0.891	0.878	0.866	0.855	0.813	0.765	0.738	0.721	0.710	0.685
1	0.875	0.867	0.860	0.846	0.834	0.823	0.813	0.774	0.729	0.704	0.688	0.677	0.654

续上表

K_2	K_1												
	0	0.05	0.1	0.2	0.3	0.4	0.5	1	2	3	4	5	≥10
2	0.820	0.814	0.807	0.795	0.784	0.774	0.765	0.729	0.686	0.663	0.648	0.638	0.615
3	0.791	0.784	0.778	0.767	0.756	0.747	0.738	0.704	0.663	0.640	0.625	0.616	0.593
4	0.773	0.766	0.760	0.749	0.739	0.730	0.721	0.688	0.648	0.625	0.611	0.601	0.580
5	0.760	0.754	0.748	0.737	0.728	0.719	0.710	0.677	0.638	0.616	0.601	0.592	0.570
≥10	0.732	0.726	0.721	0.711	0.701	0.693	0.685	0.654	0.615	0.593	0.580	0.570	0.549

注:1. 表中的计算长度系数 μ 值按下式算得。

$$\left[\left(\frac{\pi}{\mu}\right)^2+2(K_1+K_2)-4K_1K_2\right]\frac{\pi}{\mu}\cdot\sin\frac{\pi}{\mu}-2\left[(K_1+K_2)\left(\frac{\pi}{\mu}\right)^2+4K_1K_2\right]\cos\frac{\pi}{\mu}+8K_1K_2=0$$

K_1、K_2 分别为相交于柱上端、柱下端的横梁线刚度之和与柱线刚度之和的比值。当横梁远端为铰接时,应将横梁线刚度乘以 1.5,当横梁远端为嵌固时,则应乘以 2.0。

2. 当横梁与柱铰接时,取横梁线刚度为 0。

3. 对底层框架柱,当柱与基础铰接时,取 $K_2=0$(对平板支座可取 $K_2=0.1$);当柱与基础刚接时,取 $K_2=10$。

上端为自由的单阶柱下段的计算长度系数 μ   附表 5.3

简 图	η_1	K_1																	
		0.06	0.08	0.10	0.12	0.14	0.16	0.18	0.20	0.22	0.24	0.26	0.28	0.3	0.4	0.5	0.6	0.7	0.8
	0.2	2.00	2.01	2.01	2.01	2.01	2.01	2.01	2.02	2.02	2.02	2.02	2.02	2.02	2.03	2.04	2.05	2.06	2.07
	0.3	2.01	2.02	2.02	2.02	2.03	2.03	2.03	2.04	2.04	2.05	2.05	2.06	2.06	2.08	2.10	2.12	2.13	2.15
	0.4	2.02	2.03	2.04	2.04	2.05	2.06	2.07	2.07	2.08	2.09	2.09	2.10	2.11	2.14	2.18	2.21	2.25	2.28
	0.55	2.04	2.05	2.06	2.07	2.09	2.10	2.11	2.12	2.13	2.15	2.16	2.17	2.18	2.24	2.29	2.35	2.40	2.45
	0.6	2.06	2.08	2.10	2.12	2.14	2.16	2.18	2.19	2.21	2.23	2.25	2.26	2.28	2.36	2.44	2.52	2.59	2.66
	0.7	2.10	2.13	2.16	2.18	2.21	2.24	2.26	2.29	2.31	2.34	2.36	2.38	2.41	2.52	2.62	2.72	2.81	2.90
	0.8	2.15	2.20	2.24	2.27	2.31	2.34	2.38	2.41	2.44	2.47	2.50	2.53	2.56	2.70	2.82	2.94	3.06	3.16
	0.9	2.24	2.29	2.35	2.39	2.44	2.48	2.52	2.56	2.60	2.63	2.67	2.71	2.74	2.90	3.05	3.19	3.32	3.44
	1.0	2.36	2.43	2.48	2.54	2.59	2.64	2.69	2.73	2.77	2.82	2.86	2.90	2.94	3.12	3.29	3.45	3.59	3.74
	1.2	2.69	2.76	2.83	2.89	2.95	3.01	3.07	3.12	3.17	3.22	3.27	3.32	3.37	3.59	3.80	3.99	4.17	4.34
	1.4	3.07	3.14	3.22	3.29	3.36	3.42	3.48	3.55	3.6	3.66	3.72	3.78	3.83	4.09	4.33	4.56	4.77	4.97
	1.6	3.47	3.55	3.63	3.71	3.78	3.85	3.92	3.99	4.07	4.12	4.18	4.25	4.31	4.61	4.88	5.14	5.38	5.62
	1.8	3.88	3.97	4.05	4.13	4.21	4.29	4.37	4.44	4.52	4.59	4.66	4.73	4.80	5.13	5.44	5.73	6.00	6.26
	2.0	4.29	4.39	4.48	4.57	4.65	4.74	4.82	4.90	4.99	5.07	5.14	5.22	5.30	5.66	6.00	6.32	6.63	6.92
	2.2	4.71	4.81	4.91	5.00	5.10	5.19	5.28	5.37	5.46	5.54	5.63	5.71	5.80	6.19	6.57	6.92	7.26	7.58
	2.4	5.13	5.24	5.34	5.44	5.54	5.64	5.74	5.84	5.93	6.03	6.12	6.21	6.30	6.73	7.14	7.52	7.89	8.24
	2.6	5.55	5.66	5.77	5.88	5.99	6.10	6.20	6.31	6.41	6.51	6.61	6.71	6.80	7.27	7.71	8.13	8.52	8.90
	2.8	5.97	6.09	6.21	6.33	6.44	6.55	6.67	6.78	6.89	6.99	7.10	7.21	7.31	7.81	8.28	8.73	9.16	9.57
	3.0	6.39	6.52	6.64	6.77	6.89	7.01	7.13	7.25	7.37	7.48	7.59	7.71	7.82	8.35	8.86	9.34	9.80	10.24

$$K_1 = \frac{I_1}{I_2}\cdot\frac{H_2}{H_1}$$

$$\eta_1 = \frac{H_1}{H_2}\sqrt{\frac{N_1}{N_2}\cdot\frac{I_2}{I_1}}$$

N_1——上段柱的轴心力;
N_2——下段柱的轴心力

注:表中的计算长度系数 μ 值系按下式算得:

$$\eta_1 K_1 \cdot \tan\frac{\pi}{\mu}\cdot\tan\frac{\pi\eta_1}{\mu}-1=0$$

柱上端可移动但不转动的单阶柱下段的计算长度系数 μ

附表 5.4

简图	η_1	K_1																	
		0.06	0.08	0.10	0.12	0.14	0.16	0.18	0.20	0.22	0.24	0.26	0.28	0.3	0.4	0.5	0.6	0.7	0.8
	0.2	1.96	1.94	1.93	1.91	1.90	1.89	1.88	1.86	1.85	1.84	1.83	1.82	1.81	1.76	1.72	1.68	1.65	1.62
	0.3	1.96	1.94	1.93	1.92	1.91	1.89	1.88	1.87	1.86	1.85	1.84	1.83	1.82	1.77	1.73	1.70	1.66	1.63
	0.4	1.96	1.95	1.94	1.92	1.91	1.90	1.89	1.88	1.87	1.86	1.85	1.84	1.83	1.79	1.75	1.72	1.68	1.66
	0.5	1.96	1.95	1.94	1.93	1.92	1.91	1.90	1.89	1.88	1.87	1.86	1.85	1.85	1.81	1.77	1.74	1.71	1.69
	0.6	1.97	1.96	1.95	1.94	1.93	1.92	1.91	1.90	1.90	1.89	1.88	1.87	1.87	1.83	1.80	1.78	1.75	1.73
	0.7	1.97	1.97	1.96	1.95	1.94	1.94	1.93	1.92	1.92	1.91	1.90	1.90	1.89	1.86	1.84	1.82	1.80	1.78
	0.8	1.98	1.98	1.97	1.96	1.96	1.95	1.95	1.94	1.94	1.93	1.93	1.93	1.92	1.90	1.88	1.87	1.86	1.84
	0.9	1.99	1.99	1.98	1.98	1.98	1.97	1.97	1.97	1.97	1.96	1.96	1.96	1.96	1.95	1.94	1.93	1.92	1.92
	1.0	2.00	2.00	2.00	2.00	2.00	2.00	2.00	2.00	2.00	2.00	2.00	2.00	2.00	2.00	2.00	2.00	2.00	2.00
	1.2	2.03	2.04	2.04	2.05	2.06	2.07	2.07	2.08	2.08	2.09	2.10	2.10	2.11	2.13	2.15	2.17	2.18	2.20
	1.4	2.07	2.09	2.11	2.12	2.14	2.16	2.17	2.18	2.20	2.21	2.22	2.23	2.24	2.29	2.33	2.37	2.40	2.42
	1.6	2.13	2.16	2.19	2.22	2.25	2.27	2.30	2.32	2.34	2.36	2.37	2.39	2.41	2.48	2.54	2.59	2.63	2.67
	1.8	2.22	2.27	2.31	2.35	2.39	2.42	2.45	2.48	2.50	2.53	2.55	2.57	2.59	2.69	2.76	2.83	2.88	2.93
	2.0	2.35	2.41	2.46	2.50	2.55	2.59	2.62	2.66	2.69	2.72	2.75	2.77	2.80	2.91	3.00	3.08	3.14	3.20
	2.2	2.51	2.57	2.63	2.68	2.73	2.77	2.81	2.85	2.89	2.92	2.95	2.98	3.01	3.14	3.25	3.33	3.41	3.47
	2.4	2.68	2.75	2.81	2.87	2.92	2.97	3.01	3.05	3.09	3.13	3.17	3.20	3.24	3.38	3.50	3.59	3.68	3.75
	2.6	2.87	2.94	3.00	3.06	3.12	3.17	3.22	3.27	3.31	3.35	3.39	3.43	3.46	3.62	3.75	3.86	3.95	4.03
	2.8	3.06	3.14	3.21	3.27	3.33	3.38	3.43	3.48	3.53	3.58	3.62	3.66	3.70	3.87	4.01	4.13	4.23	4.32
	3.0	3.26	3.34	3.41	3.47	3.54	3.60	3.65	3.70	3.75	3.80	3.85	3.89	3.93	4.12	4.27	4.40	4.51	4.61

$$K_1 = \frac{I_1}{I_2} \cdot \frac{H_2}{H_1}$$

$$\eta_1 = \frac{H_1}{H_2}\sqrt{\frac{N_1}{N_2} \cdot \frac{I_2}{I_1}}$$

N_1——上段柱的轴心力
N_2——下段柱的轴心力

注：表中的计算长度系数 μ 值系按下式算得：

$$\tan\frac{\pi\eta_1}{\mu} + \eta_1 K_1 \cdot \tan\frac{\pi}{\mu} = 0$$

附录 6　各种截面回转半径的近似值

各种截面回转半径的近似值

附表 6.1

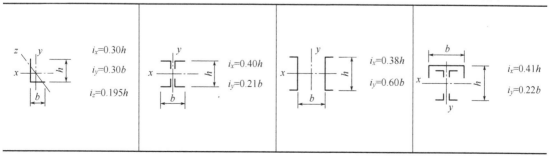

续上表

截面	i_x, i_y	截面	i_x, i_y	截面	i_x, i_y	截面	i_x, i_y
	$i_x=0.32h$ $i_y=0.28b$ $i_z=0.18\dfrac{h+b}{2}$		$i_x=0.45h$ $i_y=0.235b$		$i_x=0.38h$ $i_y=0.44b$		$i_x=0.32h$ $i_y=0.49b$
	$i_x=0.30h$ $i_y=0.215b$		$i_x=0.44h$ $i_y=0.28b$		$i_x=0.32h$ $i_y=0.58b$		$i_x=0.29h$ $i_y=0.50b$
	$i_x=0.32h$ $i_y=0.20b$		$i_x=0.43h$ $i_y=0.43b$		$i_x=0.32h$ $i_y=0.40b$		$i_x=0.29h$ $i_y=0.45b$
	$i_x=0.28h$ $i_y=0.24b$		$i_x=0.39h$ $i_y=0.20b$		$i_x=0.32h$ $i_y=0.12b$		$i_x=0.29h$ $i_y=0.29b$
	$i_x=0.30h$ $i_y=0.17b$		$i_x=0.42h$ $i_y=0.22b$		$i_x=0.44h$ $i_y=0.32b$		$i_x=0.24h$ 平 $i_y=0.41b$ 平
	$i_x=0.28h$ $i_y=0.21b$		$i_x=0.43h$ $i_y=0.24b$		$i_x=0.44h$ $i_y=0.38b$		$i=0.25d$
	$i_x=0.21h$ $i_y=0.21h$ $i_z=0.185h$		$i_x=0.365h$ $i_y=0.275b$		$i_x=0.37h$ $i_y=0.54b$		$i=0.35h$ 平
	$i_x=0.21h$ $i_y=0.21b$		$i_x=0.35h$ $i_y=0.56b$		$i_x=0.37h$ $i_y=0.45b$		$i_x=0.39h$ $i_y=0.53b$
	$i_x=0.45h$ $i_y=0.24b$		$i_x=0.39h$ $i_y=0.29b$		$i_x=0.40h$ $i_y=0.24b$		$i_x=0.40h$ $i_y=0.50b$

附录7 各种型钢表

普通工字钢   附表7.1

符号 h—高度；
　　 i—回转半径；
　　 b—翼缘宽度；
　　 S—半截面的静力矩；
　　 t_w—腹板厚；
　　 t—翼缘平均厚；
　　 I—惯性矩；
　　 W—截面模量

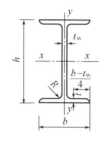

长度：型号10~18，长5~19m；
　　　型号20~63，长6~19m

型号	尺寸					截面积	质量	x-x 轴				y-y 轴		
	h	b	t_w	t	R			I_x	W_x	i_x	I_x/S_x	I_y	W_y	i_y
	mm					cm²	kg/m	cm⁴	cm³	cm	cm	cm⁴	cm³	cm
10	100	68	4.5	7.6	6.5	14.3	11.2	245	49	4.14	8.69	33	9.6	1.51
12.6	126	74	5.0	8.4	7.0	18.1	14.2	488	77	5.19	11.0	47	12.7	1.61
14	140	80	5.5	9.1	7.5	21.5	16.9	712	102	5.75	12.2	64	16.1	1.73
16	160	88	6.0	9.9	8.0	26.1	20.5	1127	141	6.57	13.9	93	21.1	1.89
18	180	94	6.5	10.7	8.5	30.7	24.1	1699	185	7.37	15.4	123	26.2	2.00
20 a	200	100	7.0	11.4	9.0	35.5	27.9	2369	237	8.16	17.4	158	31.6	2.11
20 b	200	102	9.0	11.4	9.0	39.5	31.1	2502	250	7.95	17.1	169	33.1	2.07
22 a	220	110	7.5	12.3	9.5	42.1	33.1	3406	310	8.99	19.2	226	41.1	2.32
22 b	220	112	9.5	12.3	9.5	46.5	36.5	3583	326	8.78	18.9	240	42.9	2.27
25 a	250	116	8.0	13.0	10.0	48.5	38.1	5017	401	10.2	21.7	280	48.4	2.40
25 b	250	118	10.0	13.0	10.0	53.5	42.0	5278	422	9.93	21.4	297	50.4	2.36
28 a	280	122	8.5	13.7	10.5	55.4	43.5	7115	508	11.3	24.3	344	56.4	2.49
28 b	280	124	10.5	13.7	10.5	61.0	47.9	7481	534	11.1	24.0	364	58.7	2.44
32 a	320	130	9.5	15.0	11.5	67.1	52.7	11080	692	12.8	27.7	459	70.6	2.62
32 b	320	132	11.5	15.0	11.5	73.5	57.7	11626	727	12.6	27.3	484	73.3	2.57
32 c	320	134	13.5	15.0	11.5	79.9	62.7	12173	761	12.3	26.9	510	76.1	2.53
36 a	360	136	10.0	15.8	12.0	76.4	60.0	15796	878	14.4	31.0	555	81.6	2.69
36 b	360	138	12.0	15.8	12.0	83.6	65.6	16574	921	14.1	30.6	584	84.6	2.64
36 c	360	140	14.0	15.8	12.0	90.8	71.3	17351	964	13.8	30.2	614	87.7	2.60
40 a	400	142	10.5	16.5	12.5	86.1	67.6	21714	1086	15.9	34.4	660	92.9	2.77
40 b	400	144	12.5	16.5	12.5	94.1	73.8	22781	1139	15.6	33.9	693	96.2	2.71
40 c	400	146	14.5	16.5	12.5	102	80.1	23847	1192	15.3	33.5	727	99.7	2.67

续上表

符号 h—高度；
　　　i—回转半径；
　　　b—翼缘宽度；
　　　S—半截面的静力矩；
　　　t_w—腹板厚；
　　　t—翼缘平均厚；
　　　I—惯性矩；
　　　W—截面模量

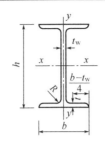

长度：型号 10~18，长 5~19m；
　　　型号 20~63，长 6~19m

型号		尺寸					截面积	质量	x-x 轴				y-y 轴		
		h	b	t_w	t	R			I_x	W_x	i_x	I_x/S_x	I_y	W_y	i_y
		mm					cm²	kg/m	cm⁴	cm³	cm	cm	cm⁴	cm³	cm
45	a	450	150	11.5	18.0	13.5	102	80.4	32241	1433	17.7	38.5	855	114	2.89
	b		152	13.5			111	87.4	33759	1500	17.4	38.1	895	118	2.84
	c		154	15.5			120	94.5	35278	1568	17.1	37.6	938	122	2.79
50	a	500	158	12.0	20	14	119	93.6	46472	1859	19.7	42.9	1122	142	3.07
	b		160	14.0			129	101	48556	1942	19.4	42.3	1171	146	3.01
	c		162	16.0			139	109	50639	2026	19.1	41.9	1224	151	2.96
56	a	560	166	12.5	21	14.5	135	106	65576	2342	22.0	47.9	1366	165	3.18
	b		168	14.5			147	115	68503	2447	21.6	47.3	1424	170	3.12
	c		170	16.5			158	124	71430	2551	21.3	46.8	1485	175	3.07
63	a	630	176	13.0	22	15	155	122	94004	2984	24.7	53.8	1702	194	3.32
	b		178	15.0			167	131	98171	3117	24.2	53.2	1771	199	3.25
	c		180	17.0			180	141	102339	3249	23.9	52.6	1842	205	3.20

H 型钢和 T 型钢

附表 7.2

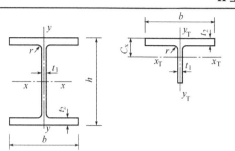

符号 h—H 型钢截面高度;b—翼缘宽度;
t_1—腹板厚度;t_2—翼缘厚度;
W—截面模量;i—回转半径;
S—半截面的静力矩;I—惯性矩;
对 T 型钢:截面高度 h_T,截面积 A_T,质量 q_T,惯性矩 I_{yT} 等于相应 H 型钢的 1/2。
HW、HM、HN 分别代表宽翼缘、中翼缘、窄翼缘 H 型钢;TW、TM、TN 分别代表各自 H 型钢部分的 T 型钢

类别	H 型钢规格 ($h \times b \times t_1 \times t_2$)	截面积 A cm²	质量 q kg/m	x-x 轴 I_x cm⁴	W_x cm³	i_x cm	y-y 轴 I_y cm⁴	W_y cm³	i_y, i_{yT} cm	重心 C_x cm	x_T-x_T 轴 I_{xT} cm⁴	i_{xT} cm	T 型钢规格 ($h_T \times b \times t_1 \times t_2$)	类别
HW	100×100×6×8	21.90	17.2	383	76.5	4.18	134	26.7	2.47	1.00	16.1	1.21	50×100×6×8	TW
	125×125×6.5×9	30.31	23.8	847	136	5.29	294	47.0	3.11	1.19	35.0	1.52	62.5×125×6.5×9	
	150×150×7×10	40.55	31.9	1660	221	6.39	564	75.1	3.73	1.37	66.4	1.81	75×150×7×10	
	175×175×7.5×11	51.43	40.3	2900	331	7.50	984	112	4.37	1.55	115	2.11	87.5×175×7.5×11	
	200×200×8×12	64.28	50.5	4770	477	8.61	1600	160	4.99	1.73	185	2.40	100×200×8×12	
	#200×204×12×12	72.28	56.7	5030	503	8.35	1700	167	4.85	2.09	256	2.66	#100×204×12×12	
	250×250×9×14	92.18	72.4	10800	867	10.8	3650	292	6.29	2.08	412	2.99	125×250×9×14	
	#250×255×14×14	104.7	82.2	11500	919	10.5	3880	304	6.09	2.58	589	3.36	#125×255×14×14	
	#294×302×12×12	108.3	85.0	17000	1160	12.5	5520	365	7.14	2.83	858	3.98	#147×302×12×12	
	300×300×10×15	120.4	94.5	20500	1370	13.1	6760	450	7.49	2.47	798	3.64	150×300×10×15	
	300×305×15×15	135.4	106	21600	1440	12.6	7100	466	7.24	3.02	1110	4.05	150×305×15×15	
	#344×348×10×16	146.0	115	33300	1940	15.1	11200	646	8.78	2.67	1230	4.11	#172×348×10×16	
	350×350×12×19	173.9	137	40300	2300	15.2	13600	776	8.84	2.86	1520	4.18	175×350×12×19	
	#388×402×15×15	179.2	141	49200	2540	16.6	16300	809	9.52	3.69	2480	5.26	#194×402×15×15	
	#394×398×11×18	187.6	147	56400	2860	17.3	18900	951	10.0	3.01	2050	4.67	#197×398×11×18	
	400×400×13×21	219.5	172	66900	3340	17.5	22400	1120	10.1	3.21	2480	4.75	200×400×13×21	
	#400×408×21×21	251.5	197	71100	3560	16.8	23800	1170	9.73	4.07	3650	5.39	#200×408×21×21	
	#414×405×18×28	296.2	233	93000	4490	17.7	31000	1530	10.2	3.68	3620	4.95	#207×405×18×28	
	#428×407×20×35	361.4	284	119000	5580	18.2	39400	1930	10.4	3.90	4380	4.92	#214×407×20×35	
HM	148×100×6×9	27.25	21.4	1040	140	6.17	151	30.2	2.35	1.55	51.7	1.95	74×100×6×9	TM
	194×150×6×9	39.76	31.2	2740	283	8.30	508	67.7	3.57	1.78	125	2.50	97×150×6×9	
	244×175×7×11	56.24	44.1	6120	502	10.4	985	113	4.18	2.27	289	3.20	122×175×7×11	
	294×200×8×12	73.03	57.3	11400	779	12.5	1600	160	4.69	2.82	572	3.96	147×200×8×12	
	340×250×9×14	101.5	79.7	21700	1280	14.6	3650	292	6.00	3.09	1020	4.48	170×250×9×14	
	390×300×10×16	136.7	107	38900	2000	16.9	7210	481	7.26	3.40	1730	5.03	195×300×10×16	
	440×300×11×18	157.4	124	56100	2550	18.9	8110	541	7.18	4.05	2680	5.84	220×300×11×18	
	482×300×11×15	146.4	115	60800	2520	20.4	6770	451	6.80	4.90	3420	6.83	241×300×11×15	
	488×300×11×18	164.4	129	71400	2930	20.8	8120	541	7.03	4.65	3620	6.64	244×300×11×18	
	582×300×12×17	174.5	137	103000	3530	24.3	7670	511	6.63	6.39	6360	8.54	291×300×12×17	
	588×300×12×20	192.5	151	118000	4020	24.8	9020	601	6.85	6.08	6710	8.35	294×300×12×20	
	#594×302×14×23	222.4	175	137000	4620	24.9	10600	701	6.90	6.33	7920	8.44	#297×302×14×23	

续上表

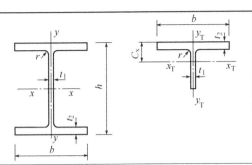

符号 h—H 型钢截面高度;b—翼缘宽度;
t_1—腹板厚度;t_2—翼缘厚度;
W—截面模量;i—回转半径;
S—半截面的静力矩;I—惯性矩;
对 T 型钢:截面高度 h_T,截面积 A_T,质量 q_T,惯性矩 I_{yT} 等于相应 H 型钢的 1/2。
HW、HM、HN 分别代表宽翼缘、中翼缘、窄翼缘 H 型钢;TW、TM、TN 分别代表各自 H 型钢部分的 T 型钢

		H 型钢							H 和 T	T 型钢			
类别	H 型钢规格 $(h \times b \times t_1 \times t_2)$	截面积 A	质量 q	x-x 轴			y-y 轴			重心 C_x	x_T-x_T 轴		T 型钢规格 $(h_T \times b \times t_1 \times t_2)$	类别
				I_x	W_x	i_x	I_y	W_y	i_y, i_{yT}		I_{xT}	i_{xT}		
		cm²	kg/m	cm⁴	cm³	cm	cm⁴	cm³	cm	cm	cm⁴	cm		
HN	100×50×5×7	12.16	9.54	192	38.5	3.98	14.9	5.96	1.11	1.27	11.9	1.40	50×50×5×7	TN
	125×60×6×8	17.01	13.3	417	66.8	4.95	29.3	9.75	1.31	1.63	27.5	1.80	62.5×60×6×8	
	150×75×5×7	18.16	14.3	679	90.6	6.12	49.6	13.2	1.65	1.78	42.7	2.17	75×75×5×7	
	175×90×5×8	23.21	18.2	1220	140	7.26	97.6	21.7	2.05	1.92	70.7	2.47	87.5×90×5×8	
	198×99×4.5×7	23.59	18.5	1610	163	8.27	114	23.0	2.20	2.13	94.0	2.82	99×99×4.5×7	
	200×100×5.5×8	27.57	21.7	1880	188	8.25	134	26.8	2.21	2.27	115	2.88	100×100×5.5×8	
	248×124×5×8	32.89	25.8	3560	287	10.4	255	41.1	2.78	2.62	208	3.56	124×124×5×8	
	250×125×6×9	37.87	29.7	4080	326	10.4	294	47.0	2.79	2.78	249	3.62	125×125×6×9	
	298×149×5.5×8	41.55	32.6	6460	433	12.4	443	59.4	3.26	3.22	395	4.36	149×149×5.5×8	
	300×150×6.5×9	47.53	37.3	7350	490	12.4	508	67.7	3.27	3.38	465	4.42	150×150×6.5×9	
	346×174×6×9	53.19	41.8	11200	649	14.5	792	91.0	3.86	3.68	681	5.06	173×174×6×9	
	350×175×7×11	63.66	50.0	13700	782	14.7	985	113	3.93	3.74	816	5.06	175×175×7×11	
	#400×150×8×13	71.12	55.8	18800	942	16.3	734	97.9	3.21	—	—	—	—	
	396×199×7×11	72.16	56.7	20000	1010	16.7	1450	145	4.48	4.17	1190	5.76	198×199×7×11	
	400×200×8×13	84.12	66.0	23700	1190	16.8	1740	174	4.54	4.23	1400	5.76	200×200×8×13	
	#450×150×9×14	83.41	65.5	27100	1200	18.0	793	106	3.08	—	—	—	—	
	446×199×8×12	84.95	66.7	29000	1300	18.5	1580	159	4.31	5.07	1880	6.65	223×199×8×12	
	450×200×9×14	97.41	76.5	33700	1500	18.6	1870	187	4.38	5.13	2160	6.66	225×200×9×14	
	#500×150×10×16	98.23	77.1	38500	1540	19.8	907	121	3.04	—	—	—	—	
	496×199×9×14	101.3	79.5	41900	1690	20.3	1840	185	4.27	5.90	2840	7.49	248×199×9×14	
	500×200×10×16	114.2	89.6	47800	1910	20.5	2140	214	4.33	5.96	3210	7.50	250×200×10×16	
	#506×201×11×19	131.3	103	56500	2230	20.8	2580	257	4.43	5.95	3670	7.48	#253×201×11×19	
	596×199×10×15	121.2	95.1	69300	2330	23.9	1980	199	4.04	7.76	5200	9.27	298×199×10×15	
	600×200×11×17	135.2	106	78200	2610	24.1	2280	228	4.11	7.81	5820	9.28	300×200×11×17	
	#606×201×12×20	153.3	120	91000	3000	24.4	2720	271	4.21	7.76	6580	9.26	#303×201×12×20	
	#692×300×13×20	211.5	166	172000	4980	28.6	9020	602	6.53	—	—	—	—	
	700×300×13×24	235.5	185	201000	5760	29.3	10800	722	6.78	—	—	—	—	

注:"#"表示的规格为非常用规格。

槽 钢

附表7.3

符号同普通工字型钢,但 W_y 为对应于翼缘肢尖的截面模量

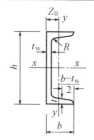

长度:型号5~8,长5~12m;
型号10~18,长5~19m;
型号20~40,长6~19m

型号	尺寸					截面积	质量	x-x 轴			y-y 轴			y_1-y_1轴	Z_0
	h	b	t_w	t	R			I_x	W_x	i_x	I_y	W_y	i_y	I_{y1}	
	mm					cm²	kg/m	cm⁴	cm³	cm	cm⁴	cm³	cm	cm⁴	cm
5	50	37	4.5	7.0	7.0	6.92	5.44	26	10.4	1.94	8.3	3.5	1.10	20.9	1.35
6.3	63	40	4.8	7.5	7.5	8.45	6.63	51	16.3	2.46	11.9	4.6	1.19	28.3	1.39
8	80	43	5.0	8.0	8.0	10.24	8.04	101	25.3	3.14	16.6	5.8	1.27	37.4	1.42
10	100	48	5.3	8.5	8.5	12.74	10.00	198	39.7	3.94	25.6	7.8	1.42	54.9	1.52
12.6	126	53	5.5	9.0	9.0	15.69	12.31	389	61.7	4.98	38.0	10.3	1.56	77.8	1.59
14 a	140	58	6.0	9.5	9.5	18.51	14.53	564	80.5	5.52	53.2	13.0	1.70	107.2	1.71
14 b	140	60	8.0	9.5	9.5	21.31	16.73	609	87.1	5.35	61.2	14.1	1.69	120.6	1.67
16 a	160	63	6.5	10.0	10.0	21.95	17.23	866	108.3	6.28	73.4	16.3	1.83	144.1	1.79
16 b	160	65	8.5	10.0	10.0	25.15	19.75	935	116.8	6.10	83.4	17.6	1.82	160.8	1.75
18 a	180	68	7.0	10.5	10.5	25.69	20.17	1273	141.4	7.04	98.6	20.0	1.96	189.7	1.88
18 b	180	70	9.0	10.5	10.5	29.29	22.99	1370	152.2	6.84	111.0	21.5	1.95	210.1	1.84
20 a	200	73	7.0	11.0	11.0	28.83	22.63	1780	178.0	7.86	128.0	24.2	2.11	244.0	2.01
20 b	200	75	9.0	11.0	11.0	32.83	25.77	1914	191.4	7.64	143.6	25.9	2.09	268.4	1.95
22 a	220	77	7.0	11.5	11.5	31.84	24.99	2394	217.6	8.67	157.8	28.2	2.23	298.2	2.10
22 b	220	79	9.0	11.5	11.5	36.24	28.45	2571	233.8	8.42	176.5	30.1	2.21	326.3	2.03
25 a	250	78	7.0	12.0	12.0	34.91	27.40	3359	268.7	9.81	175.9	30.7	2.24	324.8	2.07
25 b	250	80	9.0	12.0	12.0	39.91	31.33	3619	289.6	9.52	196.4	32.7	2.22	355.1	1.99
25 c	250	82	11.0	12.0	12.0	44.91	35.25	3880	310.4	9.30	215.9	34.6	2.19	388.6	1.96
28 a	280	82	7.5	12.5	12.5	40.02	31.42	4753	339.5	10.90	217.9	35.7	2.33	393.3	2.09
28 b	280	84	9.5	12.5	12.5	45.62	35.81	5118	365.6	10.59	241.5	37.9	2.30	428.5	2.02
28 c	280	86	11.5	12.5	12.5	51.22	40.21	5484	396.7	10.35	264.1	40.0	2.27	467.3	1.99
32 a	320	88	8.0	14.0	14.0	48.50	38.07	7511	469.4	12.44	304.7	46.4	2.51	547.5	2.24
32 b	320	90	10.0	14.0	14.0	54.90	43.10	8057	503.5	12.11	335.6	49.1	2.47	592.9	2.16
32 c	320	92	12.0	14.0	14.0	61.30	48.12	8603	537.7	11.85	365.0	51.6	2.44	642.7	2.13
36 a	360	96	9.0	16.0	16.0	60.89	47.80	11874	659.7	13.96	455.0	63.6	2.73	818.5	2.44
36 b	360	98	11.0	16.0	16.0	68.09	53.45	12652	702.9	13.63	496.7	66.9	2.70	880.5	2.37
36 c	360	100	13.0	16.0	16.0	75.29	59.10	13429	746.1	13.36	536.6	70.0	2.67	948.0	2.34
40 a	400	100	10.5	18.0	18.0	75.04	58.91	17578	878.9	15.30	592.0	78.8	2.81	1057.9	2.49
40 b	400	102	12.5	18.0	18.0	83.04	65.19	18644	932.2	14.98	640.6	82.6	2.78	1135.8	2.44
40 c	400	104	14.5	18.0	18.0	91.04	71.47	19711	985.6	14.71	687.8	86.2	2.75	1220.3	2.42

等边角钢 附表7.4

角钢型号 $B \times b \times t$		圆角 R	重心距 Z_0	截面积 A	质量	惯性矩 I_x	截面模量		回转半径			i_y,当 a 为下列数值				
							W_x^{max}	W_x^{min}	i_x	i_{x0}	i_{y0}	6mm	8mm	10mm	12mm	14mm
		mm		cm²	kg/m	cm⁴	cm³		cm			cm				
∟20×	3	3.5	6.0	1.13	0.89	0.40	0.66	0.29	0.59	0.75	0.39	1.08	1.17	1.25	1.34	1.43
	4		6.4	1.46	1.15	0.50	0.78	0.36	0.58	0.73	0.38	1.11	1.19	1.28	1.37	1.46
∟25×	3	3.5	7.3	1.43	1.12	0.82	1.12	0.46	0.76	0.95	0.49	1.27	1.36	1.44	1.53	1.61
	4		7.6	1.86	1.46	1.03	1.34	0.59	0.74	0.93	0.48	1.30	1.38	1.47	1.55	1.64
∟30×	3	4.5	8.5	1.75	1.37	1.46	1.72	0.68	0.91	1.15	0.59	1.47	1.55	1.63	1.71	1.80
	4		8.9	2.28	1.79	1.84	2.08	0.87	0.90	1.13	0.58	1.49	1.57	1.65	1.74	1.82
∟36×	3	4.5	10.0	2.11	1.66	2.58	2.59	0.99	1.11	1.39	0.71	1.70	1.78	1.86	1.94	2.03
	4		10.4	2.76	2.16	3.29	3.18	1.28	1.09	1.38	0.70	1.73	1.80	1.89	1.97	2.05
	5		10.7	3.38	2.65	3.95	3.68	1.56	1.08	1.36	0.70	1.75	1.83	1.91	1.99	2.08
∟40×	3	5	10.9	2.36	1.85	3.59	3.28	1.23	1.23	1.55	0.79	1.86	1.94	2.01	2.09	2.18
	4		11.3	3.69	2.42	4.60	4.05	1.60	1.22	1.54	0.79	1.88	1.96	2.04	2.12	2.20
	5		11.7	3.79	2.98	5.53	4.72	1.96	1.21	1.52	0.78	1.90	1.98	2.06	2.14	2.23
∟45×	3	5	12.2	2.66	2.09	5.17	4.25	1.58	1.39	1.76	0.90	2.06	2.14	2.21	2.29	2.37
	4		12.6	3.49	2.74	6.65	5.29	2.05	1.38	1.74	0.89	2.08	2.16	2.24	2.32	2.40
	5		13.0	4.29	3.37	8.04	6.20	2.51	1.37	1.72	0.88	2.10	2.18	2.26	2.34	2.42
	6		13.3	5.08	3.99	9.33	6.99	2.95	1.36	1.71	0.88	2.12	2.20	2.28	2.36	2.44
∟50×	3	5.5	13.4	2.97	2.33	7.18	5.36	1.96	1.55	1.96	1.00	2.26	2.33	2.41	2.48	2.56
	4		13.8	3.90	3.06	9.26	6.70	2.56	1.54	1.94	0.99	2.28	2.36	2.43	2.51	2.59
	5		14.2	4.80	3.77	11.21	7.90	3.13	1.53	1.92	0.98	2.30	2.38	2.45	2.53	2.61
	6		14.6	5.69	4.46	13.05	8.95	3.68	1.51	1.91	0.98	2.32	2.40	2.48	2.56	2.64
∟56×	3	6	14.8	3.34	2.62	10.19	6.86	2.48	1.75	2.20	1.13	2.50	2.57	2.64	2.72	2.80
	4		15.3	4.39	3.45	13.18	8.63	3.24	1.73	2.18	1.11	2.52	2.59	2.67	2.74	2.82
	5		15.7	5.42	4.25	16.02	10.22	3.97	1.72	2.17	1.10	2.54	2.61	2.69	2.77	2.85
	8		16.8	8.37	6.57	23.63	14.06	6.03	1.68	2.11	1.09	2.60	2.67	2.75	2.83	2.91
∟63×	4	7	17.0	4.98	3.91	19.03	11.22	4.13	1.96	2.46	1.26	2.79	2.87	2.94	3.02	3.09
	5		17.4	6.14	4.82	23.17	13.33	5.08	1.94	2.45	1.25	2.82	2.89	2.96	3.04	3.12
	6		17.8	7.29	5.72	27.12	15.26	6.00	1.93	2.43	1.24	2.83	2.91	2.98	3.06	3.14
	8		18.5	9.51	7.47	34.45	18.59	7.75	1.90	2.39	1.23	2.87	2.95	3.03	3.10	3.18
	10		19.3	11.66	9.15	41.09	21.34	9.39	1.88	2.36	1.22	2.91	2.99	3.07	3.15	3.23

续上表

角钢型号 $B \times b \times t$		圆角 R	重心距 Z_0	截面积 A	质量	惯性矩 I_x	截面模量		回转半径			i_{y2},当 a 为下列数值				
							W_x^{max}	W_x^{min}	i_x	i_{x0}	i_{y0}	6mm	8mm	10mm	12mm	14mm
		mm		cm²	kg/m	cm⁴	cm³		cm			cm				
∟70×6	4	8	18.6	5.57	4.37	26.39	14.16	5.14	2.18	2.74	1.40	3.07	3.14	3.21	3.29	3.36
	5		19.1	6.88	5.40	32.21	16.89	6.32	2.16	2.73	1.39	3.09	3.16	3.24	3.31	3.39
	6		19.5	8.16	6.41	37.77	19.39	7.48	2.15	2.71	1.38	3.11	3.18	3.26	3.33	3.41
	7		19.9	9.42	7.40	43.09	21.68	8.59	2.14	2.69	1.38	3.13	3.20	3.28	3.36	3.43
	8		20.3	10.67	8.37	48.17	23.79	9.68	2.13	2.68	1.37	3.15	3.22	3.30	3.38	3.46
∟75×7	5	9	20.3	7.41	5.82	39.96	19.73	7.30	2.32	2.92	1.50	3.29	3.36	3.43	3.50	3.58
	6		20.7	8.80	6.91	46.91	22.69	8.63	2.31	2.91	1.49	3.31	3.38	3.45	3.53	3.60
	7		21.1	10.16	7.98	53.57	25.42	9.93	2.30	2.89	1.48	3.33	3.40	3.47	3.55	3.63
	8		21.5	11.50	9.03	59.96	27.93	11.20	2.28	2.87	1.47	3.35	3.42	3.50	3.57	3.65
	10		22.2	14.13	11.09	71.98	32.40	13.64	2.26	2.84	1.46	3.38	3.46	3.54	3.61	3.69
∟80×7	5	9	21.5	7.91	6.21	48.79	22.70	8.34	2.48	3.13	1.60	3.49	3.56	3.63	3.71	3.78
	6		21.9	9.40	7.38	57.35	26.16	9.87	2.47	3.11	1.59	3.51	3.58	3.65	3.73	3.80
	7		22.3	10.86	8.53	65.58	29.38	11.37	2.46	3.10	1.58	3.53	3.60	3.67	3.75	3.83
	8		22.7	12.30	9.66	73.50	32.36	12.83	2.44	3.08	1.57	3.55	3.62	3.70	3.77	3.85
	10		23.5	15.13	11.87	88.43	37.68	15.64	2.42	3.04	1.56	3.58	3.66	3.74	3.81	3.89
∟90×8	6	10	24.4	10.64	8.35	82.77	33.99	12.61	2.79	3.51	1.80	3.91	3.98	4.05	4.12	4.20
	7		24.8	12.30	9.66	94.83	38.28	14.54	2.78	3.50	1.78	3.93	4.00	4.07	4.14	4.22
	8		25.2	13.94	10.95	106.5	42.30	16.42	2.76	3.48	1.78	3.95	4.02	4.09	4.17	4.24
	10		25.9	17.17	13.48	128.6	49.57	20.07	2.74	3.45	1.76	3.98	4.06	4.13	4.21	4.28
	12		26.7	20.31	15.94	149.2	55.93	23.57	2.71	3.41	1.75	4.02	4.09	4.17	4.25	4.32
∟100×10	6	12	26.7	11.93	9.37	115.0	43.04	15.68	3.10	3.91	2.00	4.30	4.37	4.44	4.51	4.58
	7		27.1	13.80	10.83	131.9	48.57	18.10	3.09	3.89	1.99	4.32	4.39	4.46	4.53	4.61
	8		27.6	15.64	12.28	148.2	53.78	20.47	3.08	3.88	1.98	4.34	4.41	4.48	4.55	4.63
	10		28.4	19.26	15.12	179.5	63.29	25.06	3.05	3.84	1.96	4.38	4.45	4.52	4.60	4.67
	12		29.1	22.80	17.90	208.9	71.72	29.47	3.03	3.81	1.95	4.41	4.49	4.56	4.64	4.71
	14		29.9	26.26	20.61	236.5	79.19	33.73	3.00	3.77	1.94	4.45	4.53	4.60	4.68	4.75
	16		30.6	29.63	23.26	262.5	85.81	37.82	2.98	3.74	1.93	4.49	4.56	4.64	4.72	4.80
∟110×10	6	12	29.6	15.20	11.93	177.2	59.78	22.05	3.41	4.30	2.20	4.72	4.79	4.86	4.94	5.01
	8		30.1	17.24	13.53	199.5	66.36	24.95	3.40	4.28	2.19	4.74	4.81	4.88	4.96	5.03
	10		30.9	21.26	16.69	242.2	78.48	30.60	3.38	4.25	2.17	4.78	4.85	4.92	5.00	5.07
	12		31.6	25.20	19.78	282.6	89.34	36.05	3.35	4.22	2.15	4.82	4.89	4.96	5.04	5.11
	14		32.4	29.06	22.81	320.7	99.07	41.31	3.32	4.18	2.14	4.85	4.93	5.00	5.08	5.15

续上表

角钢型号 $B \times b \times t$	圆角 R	重心距 Z_0	截面积 A	质量	惯性矩 I_x	截面模量 W_x^{max}	截面模量 W_x^{min}	回转半径 i_x	回转半径 i_{x0}	回转半径 i_{y0}	i_y,当 a 为下列数值 6mm	8mm	10mm	12mm	14mm
	mm	mm	cm²	kg/m	cm⁴	cm³	cm³	cm	cm	cm	cm				
∟125× 8	14	33.7	19.75	15.50	297.0	88.20	32.52	3.88	4.88	2.50	5.34	5.41	5.48	5.55	5.62
∟125× 10	14	34.5	24.37	19.13	361.7	104.8	39.97	3.85	4.85	2.48	5.38	5.45	5.52	5.59	5.66
∟125× 12	14	35.3	28.91	22.70	423.2	119.9	47.17	3.83	4.82	2.46	5.41	5.48	5.56	5.63	5.70
∟125× 14	14	36.1	33.37	26.19	481.7	133.6	54.16	3.80	4.78	2.45	5.45	5.52	5.59	5.67	5.74
∟140× 10	14	38.2	27.37	21.49	514.7	134.6	50.58	4.34	5.46	2.78	5.98	6.05	6.12	6.20	6.27
∟140× 12	14	39.0	32.51	25.52	603.7	154.6	59.80	4.31	5.43	2.77	6.02	6.09	6.16	6.23	6.31
∟140× 14	14	39.8	37.57	29.49	688.8	173.0	68.75	4.28	5.40	2.75	6.06	6.13	6.20	6.27	6.34
∟140× 16	14	40.6	42.54	33.39	770.2	189.9	77.46	4.26	5.36	2.74	6.09	6.16	6.23	6.31	6.38
∟160× 10	16	43.1	31.50	24.73	779.5	180.8	66.70	4.97	6.27	3.20	6.78	6.85	6.92	6.99	7.06
∟160× 12	16	43.9	37.44	29.39	916.6	208.6	78.98	4.95	6.24	3.18	6.82	6.89	6.96	7.03	7.10
∟160× 14	16	44.7	43.30	33.99	1048	234.4	90.95	4.92	6.20	3.16	6.86	6.93	6.00	7.07	7.14
∟160× 16	16	45.5	49.07	38.52	1175	258.3	102.6	4.89	6.17	3.14	6.89	6.96	7.03	7.10	7.18
∟180× 10	16	48.9	42.24	33.16	1321	270.0	100.8	5.59	7.05	3.58	7.63	7.70	7.77	7.84	7.91
∟180× 14	16	49.7	48.90	38.38	1514	304.6	116.3	5.57	7.02	3.57	7.67	7.74	7.81	7.88	7.95
∟180× 16	16	50.5	55.47	43.54	1701	336.9	131.4	5.54	6.98	3.55	7.70	7.77	7.84	7.91	7.98
∟180× 18	16	51.3	61.95	48.63	1881	367.1	146.1	5.51	6.94	3.53	7.73	7.80	7.87	7.95	8.02
∟200× 14	18	54.6	54.64	42.89	2104	385.1	144.7	6.20	7.82	3.98	8.47	8.54	8.61	8.67	8.75
∟200× 16	18	55.4	62.01	48.68	2366	427.0	163.7	6.18	7.79	3.96	8.50	8.57	8.64	8.71	8.78
∟200× 18	18	56.2	69.30	54.40	2621	466.5	182.2	6.15	7.75	3.94	8.53	8.60	8.67	8.75	8.82
∟200× 20	18	56.9	76.50	60.06	2867	503.6	200.4	6.12	7.72	3.93	8.57	8.64	8.71	8.78	8.85
∟200× 24	18	58.4	90.66	71.17	3338	571.5	235.8	6.07	7.64	3.90	8.63	8.71	8.78	8.85	8.92

不等边角钢

附表7.5

单角钢 / 双角钢

角钢型号 $B \times b \times t$	圆角 R	重心距		截面积 A	质量	回转半径			i_{y1},当 a 为下列数值				i_{y2},当 a 为下列数值			
		Z_x	Z_y			i_x	i_y	i_{y0}	6mm	8mm	10mm	12mm	6mm	8mm	10mm	12mm
	mm	mm		cm²	kg/m	cm			cm				cm			
∟ 25×16× 3/4	3.5	4.2 / 4.6	8.6 / 9.0	1.16 / 1.50	0.91 / 1.18	0.44 / 0.43	0.78 / 0.77	0.34 / 0.34	0.84 / 0.87	0.93 / 0.96	1.02 / 1.05	1.11 / 1.14	1.40 / 1.42	1.48 / 1.51	1.57 / 1.60	1.66 / 1.68
∟ 32×20× 3/4		4.9 / 5.3	10.8 / 11.2	1.49 / 1.94	1.17 / 1.52	0.55 / 0.54	1.01 / 1.00	0.43 / 0.43	0.97 / 0.99	1.05 / 1.08	1.14 / 1.16	1.23 / 1.25	1.71 / 1.74	1.79 / 1.82	1.88 / 1.90	1.96 / 1.99
∟ 40×25× 3/4	4	5.9 / 6.3	13.2 / 13.7	1.89 / 2.47	1.48 / 1.94	0.70 / 0.69	1.28 / 1.26	0.54 / 0.54	1.13 / 1.16	1.21 / 1.24	1.30 / 1.32	1.38 / 1.41	2.07 / 2.09	2.14 / 2.17	2.23 / 2.25	2.31 / 2.34
∟ 45×28× 3/4	5	6.4 / 6.8	14.7 / 15.1	2.15 / 2.81	1.69 / 2.20	0.79 / 0.78	1.44 / 1.43	0.61 / 0.60	1.23 / 1.25	1.31 / 1.33	1.39 / 1.41	1.47 / 1.50	2.28 / 2.31	2.36 / 2.39	2.44 / 2.47	2.52 / 2.55
∟ 50×32× 3/4	5.5	7.3 / 7.7	16.0 / 16.5	2.43 / 3.18	1.91 / 2.49	0.91 / 0.90	1.60 / 1.59	0.70 / 0.69	1.37 / 1.40	1.45 / 1.47	1.53 / 1.55	1.61 / 1.64	2.49 / 2.51	2.56 / 2.59	2.64 / 2.67	2.72 / 2.75
∟ 56×36× 3/4/5	6	8.0 / 8.5 / 8.8	17.8 / 18.2 / 18.7	2.74 / 3.59 / 4.42	2.15 / 2.82 / 3.47	1.03 / 1.02 / 1.01	1.80 / 1.79 / 1.77	0.79 / 0.78 / 0.78	1.51 / 1.53 / 1.56	1.59 / 1.61 / 1.63	1.66 / 1.69 / 1.71	1.74 / 1.77 / 1.79	2.75 / 2.77 / 2.80	2.82 / 2.85 / 2.88	2.90 / 2.93 / 2.96	2.98 / 3.01 / 3.04
∟ 63×40× 4/5/6/7	7	9.2 / 9.5 / 9.9 / 10.3	20.4 / 20.8 / 21.2 / 21.6	4.06 / 4.99 / 4.91 / 6.80	3.19 / 3.92 / 4.64 / 5.34	1.14 / 1.12 / 1.11 / 1.10	2.02 / 2.00 / 1.99 / 1.97	0.88 / 0.87 / 0.86 / 0.86	1.66 / 1.68 / 1.71 / 1.73	1.74 / 1.76 / 1.78 / 1.81	1.81 / 1.84 / 1.86 / 1.89	1.89 / 1.92 / 1.94 / 1.97	3.09 / 3.11 / 3.13 / 3.16	3.16 / 3.19 / 3.21 / 3.24	3.24 / 3.27 / 3.29 / 3.32	3.32 / 3.35 / 3.37 / 3.40
∟ 70×45× 5/6/8/10	7.5	10.2 / 10.6 / 11.0 / 11.3	22.3 / 22.8 / 23.2 / 23.6	4.55 / 5.61 / 5.64 / 5.66	3.57 / 4.40 / 5.22 / 6.01	1.29 / 1.28 / 1.26 / 1.25	2.25 / 2.23 / 2.22 / 2.20	0.99 / 0.98 / 0.97 / 0.97	1.84 / 1.86 / 1.88 / 1.90	1.91 / 1.94 / 1.96 / 1.98	1.99 / 2.01 / 2.04 / 2.06	2.07 / 2.09 / 2.11 / 2.14	3.39 / 3.41 / 3.44 / 3.46	3.46 / 3.49 / 3.51 / 3.54	3.54 / 3.57 / 3.59 / 3.61	3.62 / 3.64 / 3.67 / 3.69
∟ 75×50× 5/6/8/10	8	11.7 / 12.1 / 12.9 / 13.6	24.0 / 24.4 / 25.2 / 26.0	6.13 / 6.26 / 9.47 / 11.6	4.81 / 5.70 / 7.43 / 9.10	1.43 / 1.42 / 1.40 / 1.38	2.39 / 2.38 / 2.35 / 2.33	1.09 / 1.08 / 1.07 / 1.06	2.06 / 2.08 / 2.12 / 2.16	2.13 / 2.15 / 2.19 / 2.24	2.20 / 2.23 / 2.27 / 2.31	2.28 / 2.30 / 2.35 / 2.40	3.60 / 3.63 / 3.67 / 3.71	3.68 / 3.70 / 3.75 / 3.79	3.76 / 3.78 / 3.83 / 3.87	3.83 / 3.86 / 3.91 / 3.95

续上表

单角钢　双角钢

角钢型号 $B \times b \times t$	圆角 R	重心距 Z_x	重心距 Z_y	截面积 A	质量	回转半径 i_x	i_y	i_{y0}	i_{y1},当a为下列数值 6mm	8mm	10mm	12mm	i_{y2},当a为下列数值 6mm	8mm	10mm	12mm
		mm		cm²	kg/m	cm			cm				cm			
∟80×50× 5	8	11.4	26.0	6.38	5.00	1.42	2.57	1.10	2.02	2.09	2.17	2.24	3.88	3.95	4.03	4.10
6		11.8	26.5	6.56	5.93	1.41	2.55	1.09	2.04	2.11	2.19	2.27	3.90	3.98	4.05	4.13
7		12.1	26.9	8.72	6.85	1.39	2.54	1.08	2.06	2.13	2.21	2.29	3.92	4.00	4.08	4.16
8		12.5	27.3	9.87	7.75	1.38	2.52	1.07	2.08	2.15	2.23	2.31	3.94	4.02	4.10	4.18
∟90×56× 5	9	12.5	29.1	7.21	5.66	1.59	2.90	1.23	2.22	2.29	2.36	2.44	4.32	4.39	4.47	4.55
6		12.9	29.5	8.56	6.72	1.58	2.88	1.22	2.24	2.31	2.39	2.46	4.34	4.42	4.50	4.57
7		13.3	30.0	8.88	7.76	1.57	2.87	1.22	2.26	2.33	2.41	2.49	4.37	4.44	4.52	4.60
8		13.6	30.4	11.2	8.78	1.56	2.85	1.21	2.28	2.35	2.43	2.51	4.39	4.47	4.54	4.62
∟100×63× 6		14.3	32.4	9.62	7.55	1.79	3.21	1.38	2.49	2.56	2.63	2.71	4.77	4.85	4.92	5.00
7		14.7	32.8	11.1	8.72	1.78	3.20	1.37	2.51	2.58	2.65	2.73	4.80	4.87	4.95	5.03
8		15.0	33.2	12.6	9.88	1.77	3.18	1.37	2.53	2.60	2.67	2.75	4.82	4.90	4.97	5.05
10		15.8	34.0	15.5	12.1	1.75	3.15	1.35	2.57	2.64	2.72	2.79	4.86	4.94	5.02	5.10
∟100×80× 6	10	19.7	29.5	10.6	8.35	2.40	3.17	1.73	3.31	3.38	3.45	3.52	4.54	4.62	4.69	4.76
7		20.1	30.0	12.3	9.66	2.39	3.16	1.71	3.32	3.39	3.47	3.54	4.57	4.64	4.71	4.79
8		20.5	30.4	13.9	10.9	2.37	3.15	1.71	3.34	3.41	3.49	3.56	4.59	4.66	4.73	4.81
10		21.3	31.2	17.2	13.5	2.35	3.12	1.69	3.38	3.45	3.53	3.60	4.63	4.70	4.78	4.85
∟110×70× 6		15.7	35.3	10.6	8.35	2.01	3.54	1.54	2.74	2.81	2.88	2.96	5.21	5.29	5.36	5.44
7		16.1	35.7	12.3	9.66	2.00	3.53	1.53	2.76	2.83	2.90	2.98	5.24	5.31	5.39	5.46
8		16.5	36.2	13.9	10.9	1.98	3.51	1.53	2.78	2.85	2.92	3.00	5.26	5.34	5.41	5.49
10		17.2	37.0	17.2	13.5	1.96	3.48	1.51	2.82	2.89	2.96	3.04	5.30	5.38	5.46	5.53
∟125×80× 7	11	18.0	40.1	14.1	11.1	2.30	4.02	1.76	3.13	3.18	3.25	3.33	5.90	5.97	6.04	6.12
8		18.4	40.6	16.0	12.6	2.29	4.01	1.75	3.13	3.20	3.27	3.35	5.92	5.99	6.07	6.14
10		19.2	41.4	19.7	15.5	2.26	3.98	1.74	3.17	3.24	3.31	3.39	5.96	6.04	6.11	6.19
12		20.0	42.2	23.4	18.3	2.24	3.95	1.72	3.20	3.28	3.35	3.43	6.00	6.08	6.16	6.23
∟140×10× 10	12	20.4	45.0	18.0	14.2	2.59	4.50	1.98	3.49	3.56	3.63	3.70	6.58	6.65	6.73	6.80
12		21.2	45.8	22.3	17.5	2.56	4.47	1.96	3.52	3.59	3.66	3.73	6.62	6.70	6.77	6.85
14		21.9	46.6	26.4	20.7	2.54	4.44	1.95	3.56	3.63	3.70	3.77	6.66	6.74	6.81	6.89
16		22.7	47.4	30.5	23.9	2.51	4.42	1.94	3.59	3.66	3.74	3.81	6.70	6.78	6.86	6.93

续上表

角钢型号 $B \times b \times t$	圆角 R	重心距		截面积 A	质量	回转半径			i_{y1},当 a 为下列数值				i_{y2},当 a 为下列数值			
		Z_x	Z_y			i_x	i_y	i_{y0}	6mm	8mm	10mm	12mm	6mm	8mm	10mm	12mm
		mm		cm²	kg/m	cm			cm				cm			
∟ 160×100× 10	13	22.8	52.4	25.3	19.9	2.85	5.14	2.19	3.84	3.91	3.98	4.05	7.55	7.63	7.70	7.78
12		23.6	53.2	30.1	23.6	2.82	5.11	2.18	3.87	3.94	4.01	4.09	7.60	7.67	7.75	7.82
14		24.3	54.0	34.7	27.2	2.80	5.08	2.16	3.91	3.98	4.05	4.12	7.64	7.71	7.79	7.86
16		25.1	54.8	39.3	30.8	2.77	5.05	2.15	3.94	4.02	4.09	4.16	7.68	7.75	7.83	7.90
∟ 180×110× 10	14	24.4	58.9	28.4	22.3	3.13	5.81	2.42	4.16	4.23	4.30	4.36	8.49	8.56	8.63	8.71
12		25.2	59.8	33.7	26.5	3.10	5.78	2.40	4.19	4.26	4.33	4.40	8.53	8.60	8.68	8.75
14		25.9	60.6	39.0	30.6	3.08	5.75	2.39	4.23	4.30	4.37	4.44	8.57	8.64	8.72	8.79
16		26.7	61.4	44.1	34.6	3.05	5.72	2.37	4.26	4.33	4.40	4.47	8.61	8.68	8.76	8.84
∟ 200×125× 12		28.3	65.4	37.9	29.8	3.57	6.44	2.75	4.75	4.82	4.88	4.95	9.39	9.47	9.54	9.62
14		29.1	66.2	43.9	34.4	3.54	6.41	2.73	4.78	4.85	4.92	4.99	9.43	9.51	9.58	9.66
16		29.9	67.0	49.7	39.0	3.52	6.38	2.71	4.81	4.88	4.95	5.02	9.47	9.55	9.62	9.70
18		30.6	67.8	55.5	43.6	3.49	6.35	2.70	4.85	4.92	4.99	5.06	9.51	9.59	9.66	9.74

注:一个角钢的惯性矩 $I_x = A i_x^2$,$I_y = A i_y^2$;一个角钢的截面模量 $W_x^{max} = I_x/Z_x$,$W_x^{min} = I_x/(b-Z_x)$;$W_y^{min} = I_y/(B-Z_y)$。

热轧无缝钢管

附表 7.6

I—截面惯性矩；
W—截面模量；
i—截面回转半径

尺寸(mm)		截面积 A	每米重量	截面特性			尺寸(mm)		截面积 A	每米重量	截面特性		
d	t			I	W	i	d	t			I	W	i
		cm²	kg/m	cm⁴	cm³	cm			cm²	kg/m	cm⁴	cm³	cm
32	2.0	2.32	1.82	2.54	1.59	1.05	63.5	3.0	5.70	4.48	26.15	8.24	2.14
	3.0	2.73	2.15	2.90	1.82	1.03		3.5	6.60	5.18	29.79	9.38	2.12
	3.5	3.13	2.46	3.23	2.02	1.02		4.0	7.48	5.87	33.24	10.47	2.11
	4.0	3.52	2.76	3.52	2.20	1.00		4.5	8.34	6.55	36.50	11.50	2.09
38	2.5	2.79	2.19	4.41	2.32	1.26		5.0	9.19	7.21	39.60	12.47	2.08
	3.0	3.30	2.59	5.09	2.68	1.24		5.5	10.02	7.87	42.52	13.39	2.06
	3.5	3.79	2.98	5.70	3.00	1.23		6.0	10.84	8.51	45.28	14.26	2.04
	4.0	4.27	3.35	5.26	3.29	1.21	68	3.0	6.13	4.81	32.42	9.54	2.30
42	2.5	3.10	2.44	6.07	2.89	1.40		3.5	7.09	5.57	36.99	10.88	2.28
	3.0	3.68	2.89	7.03	3.35	1.38		4.0	8.04	6.31	41.34	12.16	2.27
	3.5	4.23	3.32	7.91	3.77	1.37		4.5	8.98	7.05	45.47	13.37	2.25
	4.0	4.78	3.75	8.71	4.15	1.35		5.0	9.90	7.77	49.41	14.53	2.23
45	2.5	3.34	2.62	7.56	3.36	1.51		5.5	10.80	8.48	53.14	15.63	2.22
	3.0	3.96	3.11	8.77	3.90	1.49		6.0	11.69	9.17	56.68	16.67	2.20
	3.5	4.56	3.58	9.89	4.40	1.47	70	3.0	6.31	4.96	35.50	10.14	2.37
	4.0	5.15	4.04	10.93	4.86	1.46		3.5	7.31	5.74	40.53	11.58	2.35
50	2.5	3.73	2.93	10.55	4.22	1.68		4.0	8.29	6.51	45.33	12.95	2.34
	3.0	4.43	3.48	12.28	4.91	1.67		4.5	9.26	7.27	49.89	14.26	2.32
	3.5	5.11	4.01	13.90	5.56	1.65		5.0	10.21	8.01	54.24	15.50	2.30
	4.0	5.78	4.54	15.41	6.16	1.63		5.5	11.14	8.75	58.38	16.68	2.29
	4.5	6.43	5.05	16.81	6.72	1.62		6.0	12.06	9.47	62.31	17.80	2.27
	5.0	7.07	5.55	18.11	7.25	1.60	73	3.0	6.60	5.18	40.48	11.09	2.48
54	3.0	4.81	3.77	15.68	5.81	1.81		3.5	7.64	6.00	46.26	12.67	2.46
	3.5	5.55	4.36	17.79	6.59	1.79		4.0	8.67	6.81	51.78	14.19	2.44
	4.0	6.28	4.93	19.76	7.32	1.77		4.5	9.68	7.60	57.04	15.63	2.43
	4.5	7.00	5.49	21.61	8.00	1.76		5.0	10.68	8.38	62.07	17.01	2.41
	5.0	7.70	6.04	23.34	8.64	1.74		5.5	1.66	9.16	66.87	18.32	2.39
	5.5	8.38	6.58	24.96	9.24	1.73		6.0	12.63	9.91	71.43	19.57	2.38
	6.0	9.05	6.10	26.46	9.80	1.71	76	3.0	6.88	5.40	45.91	12.08	2.58
57	3.0	3.09	4.00	18.61	6.53	1.91		3.5	7.97	6.26	52.50	13.82	2.57
	3.5	5.88	4.62	21.14	7.42	1.90		4.0	9.05	7.10	58.81	15.48	2.55
	4.0	6.66	5.23	23.52	8.25	1.88		4.5	10.11	7.93	64.85	17.07	2.53
	4.5	7.42	5.83	7576	9.04	1.86		5.0	11.15	8.75	70.62	18.59	2.52
	5.0	8.17	6.41	27.86	9.78	1.85		5.5	12.18	9.56	76.14	20.04	2.50
	6.0	9.61	7.55	31.69	11.12	1.82		6.0	13.19	10.36	81.41	21.42	2.48
60	3.0	5.37	4.22	21.88	7.29	2.02	83	3.5	8.74	6.86	69.19	16.67	2.81
	3.5	6.21	4.88	24.88	8.29	2.00		4.0	9.93	7.79	77.64	18.71	2.80
	4.0	7.04	5.52	27.73	9.24	1.98		4.5	11.10	8.71	85.76	20.67	2.78
	4.5	7.85	6.16	30.41	10.14	1.97		5.0	12.25	9.62	93.56	22.54	2.76
	5.0	8.64	6.78	32.94	10.98	1.95		5.5	13.39	10.51	101.04	24.35	2.75
	5.5	9.42	7.39	35.32	11.77	1.94		6.0	14.51	11.39	108.22	26.08	2.73
	6.0	10.18	7.99	37.56	12.52	1.92		6.5	15.62	12.26	115.10	27.74	2.71
								7.0	16.71	13.12	121.69	29.32	2.70

续上表

I—截面惯性矩；
W—截面模量；
i—截面回转半径

尺寸(mm)		截面积 A	每米重量	截面特性			尺寸(mm)		截面积 A	每米重量	截面特性		
d	t	cm^2	kg/m	I cm^4	W cm^3	i cm	d	t	cm^2	kg/m	I cm^4	W cm^3	i cm
89	3.5	9.40	7.38	86.05	19.34	3.03	133	4.0	16.21	12.73	337.53	50.76	4.56
	4.0	10.68	8.38	96.68	21.73	3.01		4.5	18.17	14.26	375.42	56.45	4.55
	4.5	11.95	9.38	106.92	24.03	2.99		5.0	20.11	15.78	412.40	62.02	4.53
	5.0	13.19	10.36	116.79	26.24	2.98		5.5	22.03	17.29	448.50	67.44	4.51
	5.5	14.43	11.33	126.29	28.38	2.96		6.0	23.94	18.79	483.72	72.74	4.50
	6.0	15.65	12.28	135.43	30.43	2.94		6.5	25.83	20.28	518.07	77.91	4.48
	6.5	16.85	13.22	144.22	32.41	2.93		7.0	27.71	21.75	551.58	82.94	4.46
	7.0	18.03	14.16	152.67	34.31	2.91		7.5	29.57	23.21	584.25	87.86	4.45
95	3.5	10.06	7.90	105.45	22.20	3.24		8.0	31.42	24.66	616.11	92.65	4.43
	4.0	11.44	8.98	118.60	24.97	3.22	140	4.5	19.16	15.04	440.12	62.87	4.79
	4.5	12.79	10.04	131.31	27.64	3.20		5.0	21.21	16.65	483.76	69.11	4.78
	5.0	14.14	11.10	143.58	30.23	3.19		5.5	23.24	18.24	526.40	75.20	4.76
	5.5	15.46	12.14	155.43	32.72	3.17		6.0	25.26	19.83	568.06	81.15	4.74
	6.0	16.78	13.17	166.86	35.13	3.15		6.5	27.26	21.40	608.76	86.97	4.73
	6.5	18.07	14.19	177.89	37.45	3.14		7.0	29.25	22.96	648.51	92.64	4.71
	7.0	19.35	15.19	188.51	39.69	3.12		7.5	31.22	24.51	687.32	98.19	4.69
102	3.5	10.83	8.50	131.52	25.79	3.48		8.0	33.18	26.04	725.21	103.60	4.68
	4.0	12.32	9.67	148.09	29.04	3.47		9.0	37.04	29.08	798.29	114.04	4.64
	4.5	13.78	10.82	164.14	32.18	3.45		10	40.84	32.06	867.86	123.98	4.61
	5.0	15.24	11.96	179.68	35.23	3.43	146	4.5	20.00	15.70	501.16	68.65	5.01
	5.5	16.67	13.09	194.72	38.18	3.4Z		5.0	22.15	17.39	551.10	75.49	4.99
	6.0	18.10	14.21	209.28	41.03	3.40		5.5	24.28	19.06	599.95	82.19	4.97
	6.5	19.50	15.31	223.35	43.79	3.38		6.0	26.39	20.72	647.73	88.73	4.95
	7.0	20.89	16.40	236.96	46.46	3.37		6.5	28.49	22.36	694.44	95.13	4.94
114	3.5	13.82	10.85	209.35	36.73	3.89		7.0	30.57	24.00	740.12	101.39	4.92
	4.0	15.48	12.15	232.41	40.77	3.87		7.5	32.63	25.62	784.77	107.50	4.90
	4.5	17.12	13.44	254.81	44.70	3.86		8.0	34.68	27.23	828.41	113.48	4.89
	5.0	18.75	14.72	276.58	48.52	3.84		9.0	38.74	30.41	912.71	125.03	4.85
	5.5	20.36	15.98	297.73	52.23	3.82		10	42.73	33.54	993.16	136.05	4.82
	6.0	21.95	17.23	318.26	55.84	3.81	152	4.5	20.85	16.37	567.61	74.69	5.22
	6.5	23.53	18.47	338.19	59.33	3.79		5.0	23.09	18.13	624.43	82.16	5.20
	7.0	25.09	19.70	357.58	62.73	3.77		5.5	25.31	19.87	680.06	89.48	5.18
	8.0	26.64	20.91	376.30	66.02	3.76		6.0	27.52	21.60	734.52	96.65	5.17
121	4.0	14.70	11.54	251.87	41.63	4.14		6.5	29.71	23.32	787.82	103.66	5.15
	4.5	16.47	12.93	279.83	46.25	4.12		7.0	31.89	25.03	839.99	110.52	5.13
	5.0	18.22	14.30	307.05	50.75	4.11		7.5	34.05	26.73	891.03	117.24	5.12
	5.5	19.96	15.67	333.54	55.13	4.09		8.0	36.19	28.41	940.97	123.81	5.10
	6.0	21.68	17.02	359.32	59.39	4.07		9.0	40.43	31.74	1037.59	136.53	5.07
	6.5	23.38	18.35	384.40	63.54	4.05		10	44.61	35.02	1129.99	148.68	5.03
	7.0	25.07	19.68	408.80	67.57	4.04	159	4.5	21.84	17.15	652.27	82.05	5.46
	7.5	26.74	20.99	432.51	71.49	4.02		5.0	24.19	18.99	717.88	90.30	5.45
	8.0	28.40	22.29	455.57	75.30	4.01		5.5	26.52	20.82	782.18	98.39	5.43
127	4.0	15.46	12.13	292.61	46.08	4.35		6.0	28.84	22.64	845.19	106.31	5.41
	4.5	17.32	13.59	325.29	51.23	4.33		6.5	31.14	24.45	906.92	114.08	5.40
	5.0	19.16	15.04	357.14	56.24	4.32		7.0	33.43	26.24	967.41	121.69	5.38
	5.5	20.99	16.48	388.19	61.13	4.30		7.5	35.70	28.02	1026.65	129.14	5.36
	6.0	22.81	17.90	418.44	65.90	4.28		8.0	37.95	29.79	1084.67	136.44	5.35
	6.5	24.61	19.32	447.92	70.54	4.27		9.0	42.41	33.29	1197.12	150.58	5.31
	7.0	26.39	20.72	476.63	75.06	4.25		10	46.81	36.75	1304.88	164.14	5.28
	7.5	28.16	22.10	504.58	79.46	4.23							
	8.00	29.91	23.48	531.80	83.75	4.22							

续上表

I—截面惯性矩；
W—截面模量；
i—截面回转半径

尺寸(mm)		截面积 A	每米重量	截面特性			尺寸(mm)		截面积 A	线米重量	截面特性		
d	t			I	W	i	d	t			I	W	i
		cm²	kg/m	cm⁴	cm³	cm			cm²	kg/m	cm⁴	cm³	cm
168	4.5	23.11	18.14	772.96	92.02	5.78	219	9.0	59.38	46.61	3279.12	299.46	7.43
	5.0	25.60	20.10	851.14	101.33	5.77		10	65.66	51.54	3593.29	328.15	7.40
	5.5	28.08	22.04	927.85	110.46	5.75		12	78.04	61.26	4193.81	383.00	7.33
	6.0	30.54	23.97	1003.12	119.42	5.73		14	90.16	70.78	4758.50	434.57	7.26
	6.5	32.98	25.89	1076.95	128.21	5.71		16	102.04	80.10	5288.81	483.00	7.20
	7.0	35.41	27.79	1149.36	136.83	5.70	245	6.5	48.70	38.23	3465.46	282.89	8.44
	7.5	37.82	29.69	1220.38	145.28	5.68		7.0	52.34	41.08	3709.06	302.78	8.42
	8.0	40.21	31.57	1290.01	153.57	5.66		7.5	55.96	43.93	3949.52	322.41	8.40
	9.0	44.96	35.29	1425.22	169.67	5.63		8.0	59.56	46.76	4186.87	341.79	8.38
	10	49.64	38.97	1555.13	185.13	5.60		9.0	66.73	52.38	4652.32	379.78	8.35
180	5.0	27.49	21.58	1053.17	117.02	6.19		10	73.83	57.95	5105.63	416.79	8.32
	5.5	30.15	23.67	1148.79	127.64	6.17		12	87.84	68.95	5976.67	487.89	8.25
	6.0	32.80	25.75	1242.72	138.08	6.16		14	101.60	79.76	6801.68	555.24	8.18
	6.5	35.43	27.81	1335.00	148.33	6.14		16	115.11	90.36	7582.30	618.96	8.12
	7.0	38.04	29.87	1425.63	158.40	6.12	273	6.5	54.42	42.72	4834.18	354.15	9.42
	7.5	40.64	31.91	1514.64	168.29	6.10		7.0	58.50	45.92	5177.30	379.29	9.41
	8.0	43.23	33.93	1602.04	178.00	6.09		7.5	62.56	49.11	5516.47	404.14	9.39
	9.0	48.35	37.95	1772.12	196.90	6.05		8.0	66.60	52.28	5851.71	428.70	9.37
	10	53.41	41.92	1936.01	215.11	6.02		9.0	74.64	58.60	6510.56	476.96	9.34
	12	63.33	49.72	2245.84	249.54	5.95		10	82.62	64.86	7154.09	524.11	9.31
194	5.0	29.69	23.31	1326.54	136.76	6.68		12	98.39	77.24	8396.14	615.10	9.24
	5.5	32.57	25.57	1447.86	149.26	6.67		14	113.91	89.42	9579.75	701.81	9.17
	6.0	35.44	27.82	1567.21	161.57	6.65		16	129.18	101.41	10706.79	784.38	9.10
	6.5	38.29	30.06	1684.61	173.67	6.63	299	7.5	68.68	53.92	7300.02	488.30	10.31
	7.0	41.12	32.28	1800.08	185.57	6.62		8.0	73.14	57.41	7747.42	518.22	10.29
	7.5	43.94	34.50	1913.64	197.28	6.60		9.0	82.00	64.37	8628.09	577.13	10.26
	8.0	46.75	36.70	2025.31	208.79	6.58		10	90.79	71.27	9490.15	634.79	10.22
	9.0	52.31	41.06	2243.08	231.25	6.55		12	108.20	84.93	11159.52	746.46	10.16
	10	57.81	45.38	2453.55	252.94	6.51		14	125.35	98.40	12757.61	853.35	10.09
	12	68.61	53.86	2853.25	294.15	6.45		16	142.25	111.67	14286.48	955.62	10.02
203	6.0	37.13	29.15	1803.07	177.64	6.97	325	7.5	74.81	58.73	9431.80	580.42	11.23
	6.5	40.13	31.50	1938.81	191.02	6.95		8.0	79.67	62.54	10013.92	616.24	11.21
	7.0	43.10	33.84	2072.43	204.18	6.93		9.0	89.35	70.14	11161.33	686.85	11.18
	7.5	46.06	36.16	2203.94	217.14	6.92		10	98.96	77.68	12286.52	756.09	11.14
	8.0	49.01	38.47	2333.37	229.89	6.90		12	118.00	92.63	14471.45	890.55	11.07
	9.0	54.85	43.06	2586.08	254.79	6.87		14	136.78	107.38	16570.98	1019.75	11.01
	10	60.63	47.60	2830.72	278.89	6.83		16	155.32	121.93	18587.38	1143.84	10.94
	12	72.01	56.52	3296.49	324.78	6.77	351	8.0	86.21	67.67	12684.36	722.76	12.13
	14	83.13	65.25	3732.07	367.69	6.70		9.0	96.70	75.91	14147.55	806.13	12.10
	16	94.00	73.79	4138.78	407.76	6.64		10	107.13	84.10	15584.62	888.01	12.06
219	6.0	40.15	31.52	2278.74	208.10	7.53		12	127.80	100.32	18381.63	1047.39	11.99
	6.5	43.39	34.06	2451.64	223.89	7.52		14	148.22	116.35	21077.86	1201.02	11.93
	7.0	46.62	36.60	2622.04	239.46	7.50		16	168.39	132.19	23675.75	1349.05	11.86
	7.5	49.83	39.12	2789.96	254.79	7.48							
	8.0	53.03	41.63	2955.43	269.90	7.47							

热轧无缝钢管

附表7.7

I—截面惯性矩；
W—截面模量；
i—截面回转半径

尺寸(mm)		截面积 A	每米重量	截面特性			尺寸(mm)		截面积 A	每米重量	截面特性		
d	t	cm^2	kg/m	I cm^4	W cm^3	i cm	d	t	cm^2	kg/m	I cm^4	W cm^3	i cm
32	2.0	1.88	1.48	2.13	1.33	1.06		2.0	5.47	4.29	51.75	11.63	3.08
	2.5	2.32	1.82	2.54	1.59	1.05		2.5	6.79	5.33	63.59	14.29	3.06
38	2.0	2.26	1.78	3.68	1.93	1.27	89	3.0	8.11	6.36	75.02	16.86	3.04
	2.5	2.79	2.19	4.41	2.32	1.26		3.5	9.40	7.38	86.05	19.34	3.03
40	2.0	2.39	1.87	4.32	2.16	1.35		4.0	10.68	8.38	96.68	21.73	3.01
	2.5	2.95	2.31	5.20	2.60	1.33		4.5	11.95	9.38	106.92	24.03	2.99
42	2.0	2.51	1.97	5.04	2.40	1.42		2.0	5.84	4.59	63.20	13.31	3.29
	2.5	3.10	2.44	6.07	2.89	1.40	95	2.5	7.26	5.70	77.76	16.37	3.27
	2.0	2.70	2.12	6.26	2.78	1.52		3.0	7.67	6.81	91.83	19.33	3.25
45	2.5	3.34	2.62	7.56	3.36	1.51		3.5	10.06	7.90	91.83	22.20	3.24
	3.0	3.96	3.11	8.77	3.90	1.49		2.0	6.28	4.93	78.57	15.41	3.54
	2.0	3.08	2.42	9.26	3.63	1.73		2.5	7.81	6.13	96.77	18.97	3.52
51	2.5	3.81	2.99	11.23	4.40	1.72	102	3.0	9.33	7.32	114.42	22.43	3.50
	3.0	4.52	3.55	13.08	5.13	1.70		3.5	10.83	8.50	131.52	25.79	3.48
	3.5	5.22	4.10	14.81	5.81	1.68		4.0	12.32	8.67	148.09	29.04	3.47
	2.0	3.20	2.52	10.43	3.94	1.80		4.5	13.78	10.82	164.14	32.18	3.45
53	2.5	3.97	3.11	12.67	4.78	1.79		5.0	15.24	11.96	179.68	35.23	3.43
	3.0	4.71	3.70	14.78	5.58	1.77		3.0	9.90	7.77	136.49	25.28	3.71
	3.5	5.44	4.27	16.75	6.32	1.75	108	3.5	11.49	9.02	157.02	29.08	3.70
	2.0	3.46	2.71	13.08	4.59	1.95		4.0	13.07	10.26	176.95	32.77	3.68
57	2.5	4.28	3.36	15.93	5.59	1.93		3.0	10.46	8.21	161.24	28.29	3.93
	3.0	5.09	4.00	18.61	6.53	1.91		3.5	12.15	9.54	185.63	32.57	3.91
	3.5	5.88	4.62	21.14	7.42	1.90	114	4.0	13.82	10.85	209.35	36.73	3.89
	2.0	3.64	2.86	15.34	5.11	2.05		4.5	15.48	12.15	232.41	40.77	3.87
60	2.5	4.52	3.55	18.70	6.23	2.03		5.0	17.12	13.44	254.81	44.70	3.86
	3.0	5.37	4.22	21.88	7.29	2.02		3.0	11.12	8.73	193.69	32.01	4.17
	3.5	6.21	4.88	24.88	8.29	2.00	121	3.5	12.92	10.14	223.17	36.89	4.16
	2.0	3.86	3.03	18.29	5.76	2.18		4.0	14.70	11.54	251.87	41.63	4.14
63.5	2.5	4.79	3.76	22.32	7.03	2.16		3.0	11.69	9.17	224.75	35.39	4.39
	3.0	5.70	4.48	26.15	8.24	2.14		3.5	13.58	10.66	259.11	40.80	4.37
	3.5	6.60	5.18	29.79	9.38	2.12	127	4.0	15.46	12.13	292.61	46.08	4.35
	2.0	4.27	3.35	24.72	7.06	2.41		4.5	17.32	13.59	325.29	51.23	4.33
	2.5	5.30	4.16	30.23	8.64	2.39		5.0	19.16	15.04	357.14	56.24	4.32
70	3.0	6.31	4.96	35.50	10.14	2.37		3.5	14.24	11.18	298.71	44.92	4.58
	3.5	7.31	5.74	40.53	11.58	2.35	133	4.0	16.21	12.73	337.53	50.76	4.56
	4.5	9.26	7.27	49.89	14.26	2.32		4.5	18.17	14.26	375.42	56.45	4.55
	2.0	4.65	3.65	31.85	8.38	2.62		5.0	20.11	15.78	412.40	62.02	4.53
	2.5	5.77	4.53	39.03	10.27	2.60		3.5	15.01	11.78	349.79	49.97	4.83
76	3.0	6.88	5.40	45.91	12.08	2.58		4.0	17.09	13.42	395.47	56.50	4.81
	3.5	7.97	6.26	52.50	13.82	2.57	140	4.5	19.16	15.04	440.12	62.87	4.79
	4.0	9.05	7.10	58.81	15.48	2.55		5.0	21.21	16.65	483.76	69.11	4.78
	4.5	10.11	7.93	64.85	17.07	2.53		5.5	23.24	18.24	526.40	75.20	4.76
	2.0	5.09	4.00	41.76	10.06	2.86		3.5	16.33	12.82	450.35	59.26	5.25
	2.5	6.32	4.96	51.26	12.35	2.85		4.0	18.60	14.60	509.59	67.05	5.23
83	3.0	7.54	5.92	60.40	14.56	2.83	152	4.5	20.85	16.37	567.61	74.69	5.22
	3.5	8.74	6.86	69.19	16.67	2.81		5.0	23.09	18.13	624.43	82.16	5.20
	4.0	9.93	7.79	77.64	18.71	2.80		5.5	25.31	19.87	680.06	89.48	5.18
	4.5	11.10	8.71	85.76	20.67	2.78							

附录 8　螺栓和锚栓规格

螺栓螺纹处的有效截面面积　　　　　　　　　　　　附表 8.1

公称直径(mm)	12	14	16	18	20	22	24	27	30
螺栓有效截面面积 A_e (cm²)	0.84	1.15	1.57	1.92	2.45	3.03	3.53	4.59	5.61
公称直径(mm)	33	36	39	42	45	48	52	56	60
螺栓有效截面面积 A_e (cm²)	6.94	8.17	9.76	11.2	13.1	14.7	17.6	20.3	23.6
公称直径(mm)	64	68	72	76	80	85	90	95	100
螺栓有效截面面积 A (cm²)	26.8	30.6	34.6	38.9	43.4	49.5	55.9	62.7	70.0

锚 栓 规 格　　　　　　　　　　　　附表 8.2

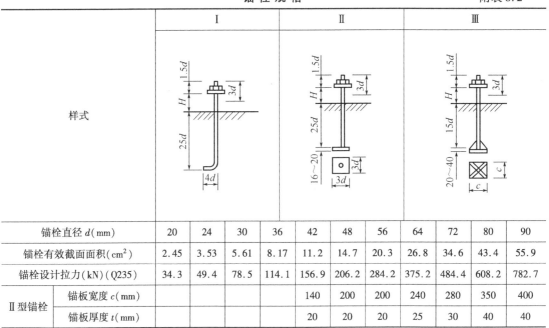

样式	Ⅰ				Ⅱ				Ⅲ		
锚栓直径 d (mm)	20	24	30	36	42	48	56	64	72	80	90
锚栓有效截面面积(cm²)	2.45	3.53	5.61	8.17	11.2	14.7	20.3	26.8	34.6	43.4	55.9
锚栓设计拉力(kN)(Q235)	34.3	49.4	78.5	114.1	156.9	206.2	284.2	375.2	484.4	608.2	782.7
Ⅱ型锚栓　锚板宽度 c (mm)					140	200	200	240	280	350	400
Ⅱ型锚栓　锚板厚度 t (mm)					20	20	20	25	30	40	40

参 考 文 献

[1] 中国建筑科学研究院有限公司. 建筑结构可靠度设计统一标准: GB 50068—2018[S]. 北京: 中国建筑工业出版社, 2018.

[2] 中华人民共和国住房和城乡建设部. 钢结构设计标准: GB 50017—2017[S]. 北京: 中国建筑工业出版社, 2017.

[3] 中华人民共和国住房和城乡建设部. 钢结构工程施工质量验收规范: GB 50205—2020[S]. 北京: 中国建筑工业出版社, 2020.

[4] 中华人民共和国住房和城乡建设部. 建筑结构荷载规范: GB 50009—2012[S]. 北京: 中国建筑工业出版社, 2012.

[5] 中铁大桥勘测设计院集团有限公司. 铁路桥梁钢结构设计规范: TB 10091—2017[S]. 北京: 中国铁道出版社, 2012.

[6] 中交公路规划设计院有限公司. 公路钢结构桥梁设计规范: JTG D64—2015[S]. 北京: 人民交通出版社股份有限公司, 2015.

[7] 叶见曙. 结构设计原理[M]. 5版. 北京: 人民交通出版社股份有限公司, 2021.

[8] 赵顺波, 钢结构设计原理[M]. 北京: 机械工业出版社, 2019.

[9] 夏志斌, 姚谏. 钢结构原理与设计[M]. 北京: 中国建筑工业出版社, 2004.

[10] 苏彦江, 赵建昌. 钢结构设计原理[M]. 北京: 中国铁道出版社, 2007.

[11] 张耀春, 周绪红. 钢结构设计原理[M]. 2版. 北京: 高等教育出版社, 2020.

[12] 沈祖炎, 陈以一, 陈杨骥, 等. 钢结构基本原理. 3版. 北京: 中国建筑工业出版社, 2018.

[13] 陈绍蕃. 钢结构设计原理. 4版. 北京: 科学出版社, 2016.